Messtechnik und Messdatenerfassung

von
Prof. Dr. Norbert Weichert und
Prof. Dr. Michael Wülker

2., aktualisierte und erweiterte Auflage

Oldenbourg Verlag München

Prof. Dr. Norbert Weichert studierte von 1957 bis 1964 an der Universität Karlsruhe mit Abschluss eines Diploms in Experimentalphysik. Er promovierte dort zum Dr. rer. nat. im Jahre 1967 mit einer Dissertation zu einem Thema im Bereich atomarer Elektronenstreuung. Von 1968 bis 1970 schloss sich eine Tätigkeit in USA (Varian Ass., Palo Alto) an, in der ein kommerzielles Elektronenspektrometer (ESCA) entstand. Von 1970 an arbeitete er bei der Siemens AG in leitenden Funktionen, in Entwicklungsbereichen zur Analysentechnik, Rechnertechnik, Softwareentwicklung, Messtechnik. Von 1991 bis 2001 wirkte er an der Hochschule Offenburg als Professor in den Fachbereichen Grundlagenwissenschaften und Maschinenbau. Seine Lehrfächer waren Mathematik, Physik, Messtechnik und Sensortechnik.

Prof. Dr. Michael Wülker schloss sein Physikstudium an der Albert-Ludwigs-Universität Freiburg 1982 mit dem Diplom ab; 1987 folgte seine Dissertation über die Produktion direkter Photonen im Rahmen eines CERN-Experiments. Im Anschluss daran war er von 1987-1988 Wissenschaftlicher Assistent an der Albert-Ludwigs-Universität und von 1988-1993 Wissenschaftlicher Mitarbeiter der Dornier GmbH, Friedrichshafen. Seit 1993 ist er Dozent an der Hochschule Offenburg. Seine Lehr- und Forschungsschwerpunkte sind Messwerterfassung und -verarbeitung, Physik, Datenverarbeitung, Mathematik, Technische Mechanik, Regelungstechnik und Robotik.

Das Titelbild wird mit freundlicher Genehmigung vom Fraunhofer Institut für Physikalische Messtechnik in Freiburg abgedruckt. Es zeigt die Aufnahme eines Raster-Kraft-Mikroskopes. Zu sehen ist die Oberfläche einer Beschichtung von PbSe (Bleiselenid) auf einem BaF_2-Kristall (Bariumfluorid). Die beobachteten Terrassen haben eine Stufenhöhe von ungefähr 0,4 nm, was einer einzigen Lage PbSe entspricht.

Bibliografische Information der Deutschen Nationalbibliothek

Die Deutsche Nationalbibliothek verzeichnet diese Publikation in der Deutschen Nationalbibliografie; detaillierte bibliografische Daten sind im Internet über <http://dnb.d-nb.de> abrufbar.

© 2010 Oldenbourg Wissenschaftsverlag GmbH
Rosenheimer Straße 145, D-81671 München
Telefon: (089) 45051-0
oldenbourg.de

Lektorat: Anton Schmid
Herstellung: Anna Grosser
Coverentwurf: Kochan & Partner, München
Gedruckt auf säure- und chlorfreiem Papier
Gesamtherstellung: Grafik + Druck GmbH, München

ISBN 978-3-486-59773-8

Inhalt

Vorwort

Die Grundlagen der Messtechnik und die modernen Verfahren der rechnergestützten Messdatenerfassung bilden für jeden Studierenden der ingenieurwissenschaftlichen Fächer einen
notwendigen Baustein seiner Ausbildung. Das vorliegende Lehrbuch stellt das Gebiet in einer Übersicht dar, welche die Bedürfnisse der Studierenden im Grund- und Hauptstudium
abdeckt. Das Buch entstand aus den Erfahrungen der Autoren in Vorlesungen und Praktika
mit Studierenden des Maschinenbaus, der Verfahrenstechnik und der Energietechnik an der
Fachhochschule Offenburg.

Für ein Buch dieses Zuschnitts musste nach Art und Umfang natürlich eine bestimmte Stoff-
auswahl getroffen werden, die sich auf das Wesentliche konzentriert. Es werden also manche
Gebiete nur kurz oder gar nicht wiedergegeben. Weder ist es in diesem Rahmen möglich, das
Gebiet der Fertigungsmesstechnik noch der eigentlichen Prozessmesstechnik darzustellen.
Auch das eng verwandte Gebiet der Regelungstechnik bleibt ausgespart, obwohl Mess- und
Regelungstechnik in der Anwendung sehr nahe beieinander liegen.

Die neuartige Kombination der Grundlagen des Messens mit einer Darstellung der rechnergestützten Messwerterfassung und -verarbeitung trägt der Tatsache Rechnung, dass der Einsatz von PCs und anderen Rechnersystemen heute in der praktischen Messtechnik zum Stan-
dardwerkzeug geworden sind.

Dieses Buch wäre nicht zustande gekommen, hätte Herr Prof. Dr. H. Geupel nicht den Stein
ins Rollen gebracht, hätten unsere Familien uns danach trotz mancher Entbehrung nicht so
dauerhaft unterstützt, und natürlich nicht ohne die Hilfe der Mannschaft des Oldenbourg-
Verlags. Ihnen allen sei an dieser Stelle einschließlich aller Kollegen und Studierenden, die
die eine oder andere „Grundsatzdiskussion" mit uns führten, ganz herzlich gedankt.

Für die zweite Auflage wurde an erster Stelle dem Fehlerteufel Paroli geboten und manche
Inkonsistenzen in der Notation wurden bereinigt. Weiterhin wurden alle Angaben zu Normen
aktualisiert und es wurde eine umfangreiche Sammlung an Aufgaben beigefügt, weil dieses
Mal einerseits mehr Zeit zur Aufbereitung zur Verfügung stand und andererseits der Aufga-
benfundus über die Jahre weiter angewachsen ist.

Last but not least, lieber Leser, sind wir (WeichertN@t-online.de und wuelker@fh-
offenburg.de) natürlich an Ihrer Kritik, Ihren Anregungen und an Ihrer Aufmerksamkeit bezüglich der immer noch verbliebenen Fehler interessiert.

Offenburg, im Winter 2010   Norbert Weichert
                                                            Michael Wülker

1   Einleitung

Pünktlich wie in fast allen Jahren hatte der Nil seine Fluten über die Felder des alten Ägypten gesandt und neben der Feuchtigkeit eine dicke Schicht fruchtbaren Schlamms zurückgelassen. Leider waren darunter auch die Grenzmarken der Felder verschwunden. Die Seilspanner, so nannten die alten Ägypter ihre Landvermesser, hatten also einen sicheren Arbeitsplatz. Man konnte schon rechnen und schreiben, Pyramiden bauen, deren Grundlinien weniger als 3 Winkelminuten von der Nordrichtung abwichen, benutzte den Lauf der Sterne, um Feiertage und die Nil-Überschwemmungen vorherzusagen. Die Waage, als Mittel fairen Interessenausgleichs im Handel, war bekannt. Man hatte einen Kalender, es war irgendwann zwischen 2000 und 1000 Jahre vor unserer Zeitrechnung.

Der dänische König Friederich II beschäftigte einen Hofastronom, Tycho de Brahe (1546-1601). 20 Jahre lang beobachtete dieser mit Peilvorrichtungen und großen Teilkreisen den Himmel und zeichnete peinlich genau Positionsdaten der Planeten auf. Zu seinem Bedauern konnte er keine größere Genauigkeit als 2 Winkelminuten erreichen, das Fernrohr war ja leider noch nicht erfunden. Immerhin reichten seine Messungen aus, dass Kepler, aufbauend auf den Ideen und Arbeiten von Kopernikus, die Planetenbewegungen als Ellipsenbahnen um die Sonne richtig beschreiben konnte.

Ein anderer Däne, Ole Römer (1644-1710), beobachtete – inzwischen war das Fernrohr erfunden –, dass die Umlaufzeit der Jupitermonde scheinbar etwas kürzer war, wenn sich die Erde in ihrer Bahn auf den Jupiter zu bewegte im Vergleich zur entfernenden Bewegung auf der anderen Seite der Erdbahn. Daraus schloss er auf die endliche Geschwindigkeit des Lichts, und bestimmte erstmals ihren ungefähren Wert.

Heute werden Teile komplexer Maschinen oft an verschiedenen Orten gebaut. Spezialisierte Fabriken, z. B. Motorenwerke, fertigen große Stückzahlen, die oft in mehreren Fahrzeugtypen verwendet werden. Teile der Airbus-Flugzeuge werden als große Aggregate in mehreren Ländern Europas gefertigt und erst ganz zum Schluss zusammenmontiert. Aber auch so alltägliche Teile wie Kugellager werden von spezialisierten Firmen hergestellt und überall im Maschinenbau eingesetzt. Für die Funktionsfähigkeit der Teile und der zusammengesetzten Maschinen ist das Einhalten der spezifizierten Maße ein absolutes Muss.

Das genaue, messende Verfolgen von Vorgängen in Natur und Technik war und ist für die Entwicklung der Wissenschaften von ausschlaggebender Bedeutung. Technik und Handel sind ohne quantitatives Erfassen ihrer Operationsgrößen nicht denkbar. Nur ständiges Überwachen garantiert Qualität und Wirtschaftlichkeit einer Produktion.

Einfaches Messen ist uns eigentlich aus der täglichen Erfahrung vertraut. Wir messen Längen mit dem Meterstab, benutzen Schieblehren und kaufen Nahrungsmittel nach Gewicht.

Beim Autofahren erkennen wir durch einen Blick auf das Tachometer unsere Geschwindigkeit und werden durch weitere Instrumente über Benzinvorrat und Kühlwassertemperatur in-
formiert. Wo also liegt das Problem? Tiefere Kenntnisse brauchen wir, wenn die Messgenauigkeit über das einfache Maß hinaus gesteigert werden muss. Wir brauchen auch Verfahren,
mit denen die Genauigkeit unserer Messungen abgeschätzt werden kann. Und wir müssen die
Methoden kennenlernen, mit denen die vielen verschiedenartigen Messgrößen der technischen Welt erfasst werden können.

Und was sagen die gewonnen Messwerte aus? Das hängt natürlich davon ab, ob man gerade
Auto fährt, eine Fertigungsstraße überwacht oder eine Testfahrt auswerten möchte, also von
den Fragestellungen des Anwenders. Im Zeitalter des Computers wird man sich in jedem Fall
dabei möglichst viel an Routinearbeit abnehmen lassen, und nicht mehr wie seiner Zeit Tycho de Brahe die Werte buchweise von Hand aufzeichnen. Und darüber hinaus sollen dann
die Messwerte in ihrer zeitlichen Entwicklung graphisch dargestellt werden, es sollen Mittelwerte und weitere Kenndaten ermittelt und angezeigt oder Frequenzspektren berechnet
und „online" ausgewertet werden. Die Messdaten sollen zudem noch übersichtlich in einer
Archiv-Datenbank abgelegt werden. Voraussetzung zur Erfüllung all dieser Wünsche ist,
dass die Messwerte in die Form gebracht werden, mit der ein Digitalrechner umgehen kann,
und das ist nun mal nur eine Folge von Nullen und Einsen.

Dieses Buch versucht, zur Beantwortung aller Fragen das nötige Wissen zu bieten, indem es
einen Bogen von den Grundlagen und allgemeinen Hilfsmitteln der Messtechnik über die
Beschreibung spezieller Messverfahren, der Prinzipien bei der Erfassung von Messdaten mit
einem Digitalrechner und weiter über die Auswahl und die Realisierungsmöglichkeiten konkreter Messsysteme für das Labor und das industrielle Umfeld spannt. Der Anfang zeigt sich
dadurch vielleicht etwas theoriebeladen, doch ist dieser Weg bei einem Lehrbuch der metho-
disch richtige.

Da Bücher durch ihren Aufbau nicht nur *sequenziellen* sondern auch *wahlfreien* Zugriff erlauben, kann der Leser bei Bedarf auch seinen eigenen Weg bei der Erarbeitung des Stoffs
gehen.

2 Grundlagen

2.1 Begriffe

Wie viele Gebiete hat die Messtechnik im Laufe ihrer Entwicklung eine eigene Fachsprache entwickelt. Sie dient der Verständigung und enthält in ihren begrifflichen Festlegungen gleichzeitig die Grundlagen dieser angewandten Wissenschaft. Die Messtechnik ist keine selbständige Wissenschaft, sondern das notwendige Gerüst für exaktes Arbeiten und Beschreiben in Naturwissenschaft und Technik. Internationale Vereinbarungen sorgen dafür, dass man überall auf der Welt weitgehend mit den selben Begriffen arbeitet, wenn auch Sprache und Traditionen zu besonderen Ausprägungen geführt haben.

2.1.1 Größen und Einheiten

„Ein Inch ist die durchschnittliche Daumendicke dreier Männer, eines großen, eines kleinen und eines mittelgroßen Mannes", legte 1150 König David von Schottland fest. So wurde eine der vielen Längeneinheiten im Lauf der Geschichte definiert. War sie es wirklich? Zweifellos war hier durch die willkürlich mögliche Auswahl der Männer eine große Unsicherheit vorhanden. Man suchte solche Einheiten daher immer genauer zu definieren, möglichst mit Elementen zu verbinden, die in der Natur wohldefiniert vorhanden sind, oder indem man sie durch sogenannte „Normale" festlegte. Man braucht solche *Einheiten*, wenn man *Größen*, wie Länge, Masse, Zeit, quantitativ erfassen will. Eine Größe wird angegeben als Vielfaches oder Teil einer zu dieser Größe festgelegten Einheit:

> *Größe = Maßzahl · Einheit*

Die Angabe z. B., ein Stab habe eine Länge von 3,5 Meter, besagt, dass er eine bestimmte Länge besitzt, die 3,5-mal so groß wie der Meter (Einheit der Länge) ist. Damit diese Aussage sinnvoll ist, sind drei Dinge notwendig:

- Die Länge des Stabs muss eine definierte Größe sein. Er darf z. B. nicht schräg abgeschnitten sein.
- Die Einheit der Länge, der Meter, muss festgelegt sein.
- Es muss ein Verfahren existieren, mit dessen Hilfe man den Vergleich der Stablänge mit der Einheit (Meter) ausführen kann.

Größen, die durch eine Messung bestimmt werden sollen, werden auch „Messgrößen" genannt. Verschiedene Größen werden in der Naturwissenschaft und Technik oft durch Symbole abgekürzt. So bezeichnet man z. B. eine Länge mit l, einen Druck mit p, eine Temperatur mit T. Will man bezogen auf das Symbol die Maßzahl oder die Einheit angeben, so verwendet man dazu bestimmte Klammern. Es bedeutet

[l] = die Einheit der Länge, in obigem Beispiel also der Meter

{ l } = die Maßzahl der Länge, in obigem Beispiel die Zahl 3,5

Somit besteht in dieser Schreibweise der Zusammenhang:

$$l = \{\,l\,\}\,[\,l\,]$$

Leider werden solche Klammern oft falsch eingesetzt. Selbst in vielen Büchern findet sich z. B. die Unsitte, bei einer Größenangabe die Einheit in Klammern zu setzen, also z. B. $p = 100{,}3$ [Pa] zu schreiben. Es sei ausdrücklich darauf hingewiesen, dass dies durch keine Norm oder Vereinbarung festgelegt ist, also als falsch gelten muss. $p = 100{,}3$ Pa ist richtig, d. h. die Einheit wird *ohne* Klammern mit einem Zwischenraum hinter die Maßzahl gesetzt. (siehe auch DIN 1313).

Die heute gültigen Einheiten wurden durch internationale Übereinkunft und nachvollziehende nationale Gesetzgebung festgelegt. Das verwendete System heißt „Système International d'Unités", abgekürzt „SI". Es legt sieben Basiseinheiten und daran angeschlossene Einheiten fest. Das Festlegen der Basiseinheiten ist mit der Angabe der zugehörigen Normale verbunden. Normale bestimmen die Darstellung der Einheiten. Früher waren das z. B. Verkörperungen wie das Urmeter, ein Metallprofil mit zwei Abstandsmarken, das einmal angefertigt und dann sorgfältig aufbewahrt wurde. Heute handelt es sich überwiegend um Vorschriften, die das Darstellen der Einheiten auf natürliche, reproduzierbare Naturkonstanten zurückführen. Die sieben Basiseinheiten sind durch die in Tabelle 2-1 beschriebenen Definitionen festgelegt. Sie sind an die vorausgehenden historischen Definitionen angepasst. So soll z. B. der Meter den 10^{-7}ten Teil eines Viertel des Erdumfangs betragen, 86 400 Sekunden sollen einen „mittleren Sonnentag" bilden, das Kilogramm war ursprünglich die Masse eines Liter Wassers. Die verschiedenen zeitlich dazwischen liegenden Definitionen spielen aber hier ebenfalls eine Rolle, sodass diese Anpassungen nach heutigen Maßstäben meist nur ungenau gelten.

Natürlich braucht man noch viele weitere Einheiten, da es ja auch andere Größen gibt. Die Einheiten dieser Größen werden über physikalische Gesetze auf die Basiseinheiten zurückgeführt. Die Einheit der Kraft wird z. B. über das zweite Newtonsche Axiom ($F = m\,a$) definiert, indem man in dieser Beziehung eine an sich notwendige Proportionalitätskonstante = 1 setzt. Somit ergibt sich für die Einheit der Kraft: kg m s^{-2}. Da diese Einheit häufig gebraucht wird erhält sie einen eigenen Namen: 1 Newton mit der Abkürzung N.

Auf diese Weise werden alle „zusammengesetzten Einheiten" gebildet. Wir werden bei der Besprechung der Messverfahren für bestimmte Größen jeweils die entsprechenden Einheitendefinitionen erläutern.

Tabelle 2-1: Die sieben Basiseinheiten des SI

Basisgröße	Basiseinheit	Symbol	Definition
Zeit	Sekunde	s	1 Sekunde ist das 9 192 631 770fache der Periodendauer einer elektromagnetischen Strahlung aus dem Übergang zwischen den Hyperfeinstruktur-Niveaus des Grundzustands von Atomen des Cäsiumisotops ^{133}Cs
Länge	Meter	m	1 Meter ist die Strecke, die das Licht im Vakuum in der Zeit 1/299 792 458 Sekunden zurücklegt.
Masse	Kilogramm	kg	1 Kilogramm ist die Masse des internationalen „Urkilogramms".
Elektrische Strom-stärke	Ampere	A	1 Ampere ist die Stärke eines elektrischen Stroms, der durch zwei im Abstand von 1 m angeordnete dünne, sehr lange Drähte fließt und dabei zwischen den Drähten eine Kraft von $2 \cdot 10^{-7}$ Newton pro Meter Leitungslänge entstehen lässt.
Temperatur	Kelvin	K	1 Kelvin ist der 273,16te Teil der Temperaturdifferenz zwischen dem absoluten Nullpunkt und dem Tripelpunkt des Wassers.
Lichtstärke	Candela	cd	1 Candela ist die Lichtstärke einer Strahlungsquelle, die eine monochromatische Strahlung der Frequenz $540 \cdot 10^{12}$ Hertz aussendet und in Messrichtung eine Strahlungsstärke von 1/683 Watt/sterad besitzt.
Stoffmenge	Mol	mol	1 Mol ist die Menge eines Stoffs, die eben so viele Moleküle bzw. Atome besitzt wie Atome in 12 Gramm des Kohlenstoffisotops ^{12}C enthalten sind. (Das sind $6{,}022 \cdot 10^{23}$)

Zur Angabe von dezimalen Vielfachen der Einheiten werden Abkürzungen verwendet, die der Tabelle 2-2 zu entnehmen sind. Sie werden nur in Verbindung mit einfachen Einheiten verwendet, nicht bei zusammengesetzten, und nicht als Kombination. Als z. B. kN für Kilo-Newton, nicht mkg (als MilliKilogramm), eigentlich nicht km/s sondern m/s.

Tabelle 2-2: Vorsätze für dezimale Vielfache von Einheiten

Vorsatz	Zeichen	Zahlenwert	Vorsatz	Zeichen	Zahlenwert
Exa	E	10^{18}	Dezi	d	10^{-1}
Peta	P	10^{15}	Zenti	c	10^{-2}
Tera	T	10^{12}	Milli	m	10^{-3}
Giga	G	10^{9}	Mikro	μ	10^{-6}
Mega	M	10^{6}	Nano	n	10^{-9}
Kilo	k	10^{3}	Pico	p	10^{-12}
Hekto	h	10^{2}	Femto	f	10^{-15}
Deka	da	10	Atto	a	10^{-18}

2.1.2   Sonstige Fachbegriffe

In der Kunst des Messens hat sich eine weitere Reihe von Begriffen entwickelt, die näherer Erläuterung bedürfen. Sie seien hier in tabellarischer Form zusammengestellt (Tabelle 2-3). Sie werden immer wieder auftreten, daher sollte man sich mit ihrer Bedeutung vertraut machen. Teilweise sind die Festlegungen leicht verständlich, andere wieder erscheinen mit einem kurzen Satz nicht ausreichend erklärt. Vielleicht hilft es, wenn man sich nochmals die grundlegenden Probleme des Messens vor Augen hält:

Messen als Vergleich mit einem Normal wird nur in seltenen Fällen durchgeführt. Meistens verwenden wir Messgeräte, die die gewünschten *Messwerte* mit Zeiger und Skalen oder Ziffernanzeigen darstellen. Wenn wir z. B. eine Temperatur messen wollen, verwenden wir einen physikalischen Effekt, der eine Abhängigkeit von der Temperatur zeigt. Stoffe vergrößern ihr Volumen mit steigender Temperatur, Metalle verändern ihren Widerstand. Wir können diese Effekte zur Messung von Temperaturen benutzen, wenn wir die genauen Abhängigkeiten kennen und wenn wir Vorrichtungen benutzen, die ein reproduzierbares Ablesen der Folgeeffekte, also der Volumenänderung oder der Widerstandsänderung ermöglichen. So kommen wir zum Glas-Flüssigkeits-Thermometer bzw. zu einer Anordnung aus Metallwiderstand und zugehöriger Elektronik.

Das Glasthermometer besteht aus einer kleinen, hohlen Glaskugel und einem angeschmolzenen dünnen Glasrohr. In die Kugel und teilweise in das Rohr wird eine Flüssigkeit (Quecksilber, Alkohol) gefüllt. Da sich mit steigender Temperatur die Flüssigkeit stärker ausdehnt als das Glas, steigt die Flüssigkeit weiter in das Rohr hinein. Auf einer Skala, die mit dem Rohr verbunden ist, können die zugehörigen Temperaturwerte vermerkt werden. Man nennt diesen Vorgang *Kalibrieren*. Wenn man sich davon überzeugt hat, dass im Messbereich des Thermometers im Rahmen der gewünschten Messgenauigkeit die Ausdehnung eine lineare Funktion der Temperatur ist, kann die Skala als lineare Teilung ausgeführt werden. Die Teilungsweite muss durch Vergleich mit mindestens zwei Fixpunkten (genau definierte Temperaturwerte) festgestellt werden, der Einbau der Skala muss durch Vergleich an mindestens einem Temperaturpunkt erfolgen.

Beim Kalibrieren einer Vorrichtung zur Anzeige eines Messwerts wird also stets ein Vergleich mit genau bekannten Werten der *Messgröße* durchgeführt, alle Zwischenwerte der Anzeige werden durch Interpolation ermittelt.

Benutzt man die Abhängigkeit des elektrischen Widerstands eines Metalldrahts zur Messung von Temperaturen, werden die verschiedenen Funktionen einer solchen Anordnung deutlich: Der eigentliche Messeffekt (Temperatur → Widerstand) wird mit Hilfsmitteln (Elektronik) einer *Anzeige* (Skala mit Zeiger oder Ziffern) zugeführt, die den *Messwert* darstellt. Man nennt eine solche Anordnung auch *Messkette*. Der Teil, der mit dem Messobjekt in Kontakt gebracht wird, und der das Wandlungselement (hier der Metallwiderstand) enthält, wird meist als *Messaufnehmer* bezeichnet.

Tabelle 2-3: Einige wichtige Begriffe der Messtechnik (siehe auch. DIN 1319).

Messgröße	Eine Größe, deren Wert durch Messen bestimmt werden soll.
Messen	Die zu messende Größe als Vielfaches einer Einheit bestimmen.
Messwert	Der gemessene Wert einer Messgröße, z. B. eine Anzeige eines Messgeräts
Messergebnis	Aus einem oder mehreren Messwerten gleicher oder verschiedener Art bestimmter Wert, z. B. Volumenbestimmung über Längenmessungen an einem Gefäß.
Messprinzip	Der physikalische Effekt, mit dessen Hilfe der Vergleich mit dem Normal durchgeführt wird, oder der benutzt wird, um eine Messgröße in die Anzeige eines Messgeräts zu wandeln.
Messverfahren	Die Anwendung des Messprinzips in Messeinrichtungen und Messgeräten, d. h. die technische Realisierung eines Messprinzips.
Messaufnehmer	Eine Einrichtung, die eine nichtelektrische Größe (z. B. Druck, Temperatur) in ein elektrisches Signal (z. B. Strom, Spannung, Widerstand) umwandelt. Wird auch als „Messwandler", „Messfühler" oder „Sensor" bezeichnet.
Anzeigen	Einrichtungen, die es erlauben, Messwerte abzulesen entweder in „analoger Form", d. h. mit Hilfe von Zeigern und Skalen oder „digital", d. h. als ablesbare Zahlen in Form von Ziffernfolgen.
Messkette	Zusammenschaltung von Komponenten, die alle Funktionen von der Wandlung einer nichtelektrischen Größe in ein elektrisches Signal bis zur Anzeige oder Registrierung des Messwerts in ablesbarer Form beinhaltet.
Kalibrieren	Bestimmen des quantitativen Zusammenhangs zwischen Anzeige oder Ausgangssignal einer Messeinrichtung und dem wahren Wert der Messgröße über den gesamten Messbereich der Messeinrichtung.
Justieren	Einstellen eines Messgeräts, um systematische Messabweichungen so weit zu beseitigen, wie es für die vorgesehene Anwendung erforderlich ist.
Eichen	Kalibrieren durch amtliche Institutionen (Eichämter). Notwendig bei einigen Messeinrichtungen, die im öffentlichen Verkehr eingesetzt werden, z. B. Waagen im Handel.
Ausschlags- verfahren	Messverfahren, das die Anzeige des Messwerts als direkte Folge des Einflusses der ursprünglichen Messgröße erzeugt, die Energie zur Anzeigenänderung wird dabei teilweise oder vollständig dem untersuchten Objekt entnommen. Beispiele: Quecksilberthermometer, Federwaagen, Drehspul-Amperemeter.
Kompensations- verfahren	Messverfahren, das der Messgröße einen kalibrierten Wert gleicher Art gegenüberstellt. Der kalibrierte Wert wird solange verändert bis er gleich groß ist wie die Messgröße, die Gleichheit wird durch ein empfindliches Messgerät festgestellt. Der abgeglichene kalibrierte Wert gibt dann den Messwert wieder. Im abgeglichenen Zustand wird dem Messobjekt i. Allg. keine Leistung entnommen. Beispiele: Waagen, die Gewichtssätze verwenden, elektrische Messbrücken.

Die *Anzeigen* haben die Aufgabe die Messwerte in einer ablesbaren Form darzustellen. Man unterscheidet *analoge* und *digitale* Anzeigen. Die analogen Anzeigen stellen den Messwert auf einer Skala dar. Dazu gehören alle Zeigerinstrumente, Schreiber und Oszillographen. Die digitalen stellen Messwerte in Form von Zahlen dar. Man findet sie in vielen modernen Messgeräten, auch spezielle Druckwerke liefern solche Darstellungen. Wird die Messwerterfassung von Computern unterstützt, kann auf dem Bildschirm jede Form der Darstellung leicht realisiert werden. Im Vergleich der analogen und digitalen Anzeigen ist festzuhalten, dass die analogen Anzeigen rascher abzulesen sind, die digitalen jedoch meist eine höhere Auflösung haben, d. h. ein Messwert ist mit mehr Ziffern abzulesen. Man verwendet daher analoge Anzeigen bei unkritischer Genauigkeit, bei Einstellarbeiten und für zeitlich rasch veränderliche Größen. Für hohe Ablesegenauigkeit werden heute immer digitale Anzeigen eingesetzt.

2.2   Messfehler, Messunsicherheit

2.2.1   Übersicht

Wenn wir das Wort Fehler hören, denken wir, da ist etwas falsch und sollte berichtigt werden. Leider gibt es nur in der Logik und vielleicht noch in ein paar anderen Gebieten wie z. B. der Orthographie den Fall, dass etwas entweder falsch oder richtig ist. In diesem Sinne sind Messwerte eigentlich fast immer falsch. Wir sind schon froh, wenn wir eine Messgröße ausreichend genau bestimmen können. Oft beinhaltet schon die Messaufgabe eine ungenaue Frage. Wenn wir die Temperatur eines Wohnraums messen wollen und gewissenhaft vorgehen, stellen wir fest, dass verschiedene Punkte im Raum durchaus verschiedene Temperaturen haben, oben ist es wärmer als unten, nahe dem Fenster messen wir im Winter vielleicht besonders niedrige Temperaturen. Selbst wenn wir aus allen Messungen einen Mittelwert bilden, hängt dieser immer noch von der Verteilung unserer Messpunkte ab. Die Messgröße selbst ist also oft eine ungenaue Größe. Aber auch unser Messverfahren und die verwendeten Messgeräte können ungenau sein, sodass auch eine wohldefinierte Größe von uns nur ungenau bestimmt werden kann. Schließlich besteht auch bei bester Ausrüstung die Möglichkeit, dass der Beobachter Fehler beim Ablesen oder Notieren der Messwerte macht. Unser Ziel bei einer Messung muss daher immer eine möglichst genaue Bestimmung der Messgröße sein und eine Schätzung der Genauigkeit, die wir dabei erreicht haben. Ohne diese Schätzung ist eigentlich die Angabe eines Messwerts nicht viel wert. Um den richtigen Umgang mit diesen Problemen zu beherrschen, ist leider wieder eine ganze Reihe neuer Begriffe und Verfahren zu erlernen.

Da der Begriff *Messfehler* historisch in vielfältigem Zusammenhang benutzt wurde, vermeidet die neuere Normung (DIN 1319) den Begriff völlig und ersetzt ihn durch genauere Definitionen:

Es existiere eine Größe X, die wohldefiniert ist. Durch eine Messung wird ihr Wert zu X_a bestimmt. X und X_a werden im Allgemeinen voneinander abweichen. Ihre Differenz wird als *Messabweichung E* bezeichnet. Es gilt:

> *Messabweichung E = Messwert X_a - richtiger (wahrer) Wert X*

Man beachte, dass die *Messabweichung* nach dieser Definition ein Vorzeichen hat, sie kann negativ oder positiv sein. Man wird diesen Wert in der Praxis kaum je ermitteln können, denn seine Berechnung setzt voraus, dass man den *wahren Wert* kennt. Unser Bestreben muss darauf gerichtet sein, eine Schätzung zu einem wahrscheinlichen Intervall durchzuführen, innerhalb dessen, der wahre Wert liegt. Dieses Intervall wird als *Messunsicherheit* bezeichnet.

Nach ihren Ursachen unterscheidet man typische Entstehungsmechanismen für Messabweichungen:

- *Rückwirkung des Messvorgangs auf die Messgröße.* Am Messobjekt wird durch den Messvorgang eine Veränderung der Messgröße hervorgerufen. Beispielsweise kann ein Thermometer beim Kontakt mit einem Messobjekt dessen Temperatur auf Grund seines eigenen Wärmeinhalts verändern.
- *Deformierende äußere Störeinflüsse auf das Messgerät.* Der Messvorgang verändert das Übertragungsverhalten des Messgeräts, d. h. durch die Messung selbst wird die Kalibrierung des Messgeräts verändert. Der Innenwiderstand eines Messgeräts für elektrische Spannungen kann sich z. B. durch den Durchgang des Messstroms erhöhen (Temperatureffekt). Dies wirkt sich bei Drehspulinstrumenten direkt auf die Kalibrierung aus.
- *Innere Störeinflüsse im Messgerät.* Messgeräte können auch bei sorgfältiger Kalibrierung in bestimmten Situationen auf Grund von inneren Mängeln fehlerbehaftete Werte anzeigen. Besonders bei Instrumenten mit mechanischen Bauteilen können durch Lagerspiel und Lagerreibung solche spontanen Fehler auftreten.
- *Systematische Messabweichungen.* Dies sind Messabweichungen, die bei wiederholten Messungen immer mit dem gleichen Betrag und Vorzeichen auftreten. Sie beruhen auf Fehlern der Kalibrierung, die entweder von Anfang an bestanden oder sich im Laufe der Zeit durch Veränderungen am Messgerät einstellen.
- *Zufällige Messabweichungen.* Fehler, die bei Messung an einer Größe, von der man Konstanz erwartet, sich bei wiederholten Messungen einstellen, wobei sich Betrag und Vorzeichen bei jeder Einzelmessung in nicht vorhersagbarer Weise verändern. Sie treten dann auf, wenn irgendein Glied einer Messkette durch ein zufällig schwankendes Störsignal (Rauschen) beeinflusst wird. Systematische und zufällige Messabweichungen können bei einer Messung nebeneinander auftreten.
- *Statische und dynamische Messabweichungen.* Es kann durchaus sein, dass eine Messeinrichtung sehr genaue Werte liefert, wenn erstens die Messgröße zeitlich konstant ist und man zweitens der Messeinrichtung ausreichend lange erlaubt, sich auf die Messgröße einzustellen. Jede Änderung der Messgröße löst einen erneuten Vorgang aus, während dessen sich die Anzeige auf den neuen Messwert einstellt. Bei Messgrößen, die dauernden Änderungen unterworfen sind, kann dieser Einstellvorgang u. U. nie zum Abschluss kommen. Wie groß die dabei auftretenden *Messabweichungen* sind, hängt vom zeitlichen Verhalten der Messeinrichtung ab. Die Messabweichungen, die sich bei konstanter Messgröße und ausreichender Zeit für das Einstellen der Messeinrichtung ergeben, nennt man *statische Messabweichungen.* Die *Messabweichungen*, die auf Grund des zeitlichen Verhaltens der Messeinrichtung bei zeitlich veränderlichen Signalen auftreten, nennt man *dynamische Messabweichungen.* Dynamische und statische *Messabweichungen* können gleichzeitig auftreten.
- *Messunsicherheit.* Intervall um ein Messergebnis, das den geschätzten Bereich angibt, innerhalb dessen der wahre Wert mit einer bestimmten Wahrscheinlichkeit liegt.
- *Quantisierungsunsicherheit.* Die Darstellung einer analogen Messgröße durch einen digitalen Wert kann technisch immer nur mit einer bestimmten Auflösung erfolgen. Ein kontinuierlich ansteigendes Signal verwandelt sich in eine Treppenkurve. Die Messwerte haben daher eine Unsicherheit, die etwa einer Stufe entspricht.

- *Abtastunsicherheit.* Wird eine Messgröße durch eine Messeinrichtung in gleichmäßigen zeitlichen Abständen erfasst, so besteht für das Verhalten der Messgröße zwischen zwei Abtastzeitpunkten eine Informationslücke. Die Unsicherheit, die dadurch zustande kommt, nennt man *Abtastunsicherheit.*
- Messabweichungen *durch die Auswertehypothese.* Wenn nicht nur eine bestimmte Messgröße als Einzelwert zu bestimmen ist, sondern eine funktionelle Abhängigkeit zwischen mehreren Größen, muss man bei der Bestimmung dieser Abhängigkeiten einen bestimmten Funktionstyp zu Grunde legen. Er kann aus dem Wissen über den physikalischen Hintergrund bestimmt werden oder durch plausible Annahmen. So liefern z. B. Thermoelemente eine bestimmte Spannung in Abhängigkeit von der Temperatur. Sie kann für nicht allzu große Temperaturintervalle als linear angenommen werden, bei genauem Messen stellt man jedoch fest, dass dies nur näherungsweise gilt. Bestimmt man also die Abhängigkeit durch einige Messpunkte und legt eine ausgleichende Gerade durch diese, so wird die gemessene Abhängigkeit durch eine Gleichung der Form $U = k\,T + U_0$ wiedergegeben, in der k und U_0 aus der Messung bestimmt werden. Benutzt man diese Formel zur Berechnung unbekannter Temperaturwerte aus gemessenen Spannungswerten, können beträchtliche Messabweichungen auftreten. Man hat also durch die falsche Annahme (Linearität) den Grund für das Auftreten von Messabweichungen gelegt.

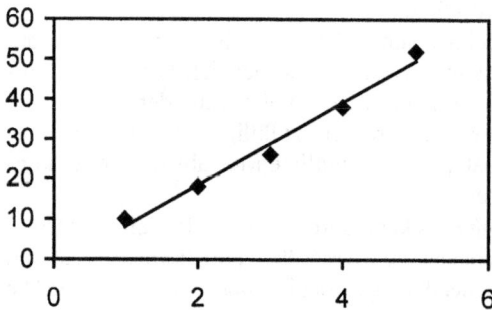

Abbildung 2-1: Messabweichungen durch Annahme einer linearen Abhängigkeit bei der Auswertung

- *Fehlerfortpflanzung.* Tragen mehrere Messwerte zum Messergebnis bei, liefern alle Messunsicherheiten der Ausgangswerte einen Beitrag zur Messunsicherheit des Messergebnisses. Ihr Wert wird mit der Methode des „Gaußschen Fehlerfortpflanzungsgesetzes" abgeschätzt (s. 2.2.2.1).
- *Messabweichungen von Messgeräten.* Messgeräte haben z. T. bauartbedingte spezielle Probleme, die durch besondere Angaben erfasst werden. Sie werden in der Regel in Datenblättern oder am Gerät angegeben (vgl. Tabelle 2.3).

Tabelle 2-3: Messgerätekennwerte

Ansprechschwelle	Mindestgröße, um die sich das Messsignal von Null unterscheiden muss, um eine von Null verschiedene Anzeige zu bewirken.
Umkehrspanne, Hysterese	Größte Differenz der Anzeige beim gleichen Messwert, wenn die Messung bei steigender bzw. fallender Messgröße vorgenommen wird. (hervorgerufen z. B. durch Getriebespiel, Reibung)
Auflösung	Kleinster Betrag der Änderung der Messgröße, der noch eine Änderung der Anzeige bewirkt.
Nullpunktsdrift	Schwankungsbreite der Lage des Nullpunkts des Messgeräts, bezogen auf einen bestimmten Zeitraum, z. B. ± 2 mV / 24 h.
Nichtlinearität	Wird vom Messgerät ein linearer Zusammenhang zwischen Eingangs- und Ausgangssignal (Anzeige) erwartet, entstehen durch Abweichungen von dieser Annahme Messabweichungen. Die größte derartige Abweichung im Messbereich wird als Nichtlinearität bezeichnet.
Fehlergrenze	Grenze für die Messabweichung eines Messgeräts, die unter keinen Umständen überschritten werden darf.
Güteklasse	Angabe auf einem Messgerät in der Form von z. B. 0,5. Die Angabe bedeutet, dass die Fehlergrenze von 0,5 % bezogen auf den Skalenendwert nicht überschritten wird.

2.2.2 Methoden der Schätzung der Messunsicherheit

Die besprochenen Fehler sind mehr oder minder unvermeidbar. Wenn man genauer messen will, muss man in der Regel ein Messgerät höherer Qualität einsetzen. In jedem Fall interessiert neben dem ermittelten Messwert auch die Frage, wie genau die Messung war. Eine Schätzung der Messunsicherheit ist notwendiger Bestandteil eines Messergebnisses. In manchen Fällen kann eine geeignete Messmethode und eine entsprechende Auswertung eine Verbesserung der Messgenauigkeit liefern. Die Methoden der mathematischen Statistik liefern Hilfsmittel für dieses Gebiet.

2.2.2.1   Messunsicherheit statischer Messungen

Wenn eine Größe bestimmt werden soll, von der man annehmen kann, dass sie sich während der Messung nicht verändert, so wird die Differenz zwischen dem wahren Wert und dem ermittelten Wert als *statische Messabweichung* bezeichnet. Dabei ist vorausgesetzt, dass dem Messgerät nach dem Anlegen der Messgröße ausreichend Zeit zu Verfügung gestellt wird, sich auf die Messgröße einzustellen. Bei mehrfacher Durchführung der Messung stellen wir fest, dass die Anzeige oder das elektrische Ausgangssignal im Rahmen der gegebenen Auflösung entweder immer denselben Wert liefert oder schwankende Ergebnisse. Wenn wir den Durchmesser eines Werkstücks, das auf einer Drehmaschine hergestellt wurde, mehrfach mit einer Schieblehre messen, werden wir höchstwahrscheinlich immer den gleichen Wert ablesen. Die Auflösung der Schieblehre beträgt bestenfalls 0,05 mm, die Ungenauigkeiten der Rundheit des Drehteils liegen im Bereich μm. Soll die Temperatur an einer Messstelle mit einem Thermoelement bestimmt werden und wir verwenden zur Messung der Thermospannung ein digitales Messgerät mit einer Auflösung von 6 Dezimalstellen, so werden die letzten Ziffern heftig schwanken. Das kann ursächlich durch Temperaturschwankungen des Messobjekts, aber auch durch Störsignale an anderer Stelle der Messkette ausgelöst werden.

Bei solchen schwankenden Messergebnissen beobachtet man fast immer, dass die Werte mit mehr oder minder großen Abweichungen um einen mittleren Wert schwanken. Man spricht hier von *zufälligen Messabweichungen*.

In diesem Fall bildet man als wahrscheinlichsten Wert für den Messwert den Mittelwert aus allen Einzelmessungen:

$$\overline{x} = \frac{1}{n} \sum_{i=1}^{n} x_i$$

n ist die Zahl der Messungen, x_i ist die i-te Einzelmessung. Je mehr Einzelmessungen man macht, desto definierter wird dieser Mittelwert. Der Wert, den man für sehr viele Messungen erhält, wird als *Erwartungswert* μ bezeichnet:

$$\mu = \lim_{n \to \infty} (\frac{1}{n} \sum_{i=1}^{n} x_i)$$

Er ist eine theoretische Größe, die man nur näherungsweise bestimmen kann. Dieser Mittelwert kann vom wahren Wert x der Messgröße abweichen, das Messgerät kann in systematischer Weise eine zusätzliche Abweichung liefern, die bei allen Einzelmessungen immer mit dem gleichen Betrag und gleicher Richtung auftritt. Man nennt sie eine *systematische statische Messabweichung* E_s:

$$E_s = \mu - x$$

Als *zufällige Messabweichung* E_{zi} *einer Einzelmessung* x_i wird die Differenz aus dem Wert der Einzelmessung und dem Erwartungswert μ bezeichnet:

$$E_{zi} = x_i - \mu$$

Im Folgenden wollen wir das Vorgehen beim Vorhandensein verschiedenartiger statischer Messabweichungen näher betrachten. Zunächst soll aus den *zufälligen Messabweichungen einer Messreihe* eine Fehlerschranke ermittelt werden. Für den Fall, dass nicht bestimmte feste Messgrößen, sondern ganze funktionelle Abhängigkeiten (Messkurven) ermittelt werden, brauchen wir das Mittel der *Regression*. Wird ein Messergebnis aus mehreren, auch verschiedenartigen Messwerten ermittelt, müssen wir aus den Messunsicherheiten der einzelnen Messwerte eine Schätzung der gesamten Messunsicherheit ermitteln. (s. *Fehlerfortpflanzung*)

Zufällige Messabweichungen

Wenn eine Messung zufällig streuende Werte liefert, kann dies seine Ursache am Messobjekt selbst haben oder durch ein Störsignal in der Messkette erzeugt werden. Für die Auswertung ist der Unterschied ohne Belang. Tragen wir die Messwerte auf einer Zahlengeraden auf, ergibt sich z. B. folgendes Bild:

Abbildung 2-2: Streuende Messwerte auf einer Zahlengerade

Um den Mittelwert bildet sich stets eine Häufung der Messwerte aus. Zur Darstellung der Zahl der Messwerte, die in einem bestimmten Intervall liegen, benutzt man ein *Histogramm* (Abbildung 2-3). Die *x*-Achse wird in gleichmäßige Intervalle der Breite Δx eingeteilt. In der Statistik wird ein solches Intervall als *Klasse* bezeichnet. Die Zahl der Messungen wird als Balken über der entsprechenden Klasse aufgetragen. Die Klassen werden nummeriert (*i*). Die Zahl der Messwerte in der *i*-ten Klasse wird mit n_i bezeichnet.

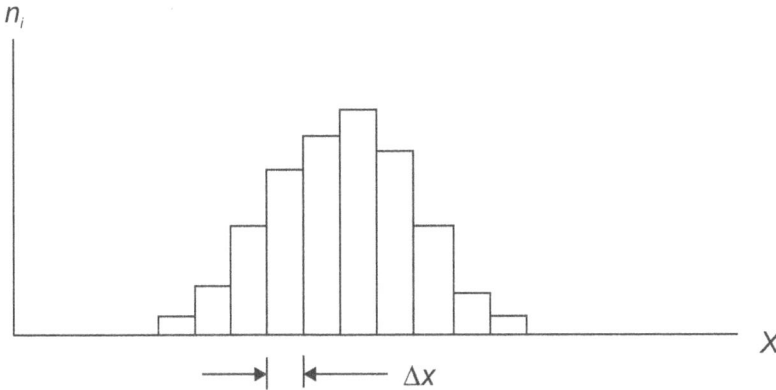

Abbildung 2-3: Häufigkeitsverteilung der Messwerte (Histogramm)

Naturgemäß gilt für die Gesamtzahl *n* aller Messungen:

$$n = \sum_i n_i$$

Wenn man verschiedene Messreihen bezüglich ihres Streuverhaltens vergleicht, geht man zu einer normierten Darstellung über. Man bildet die *relative Häufigkeit pro Klasse* h_i:

$$h_i = \frac{n_i}{n \, \Delta x}$$

Die h_i bilden wieder ein Histogramm ähnlich Abbildung 2-3. Wenn man sehr viele Messungen durchführt, nähert man sich der theoretischen Größe *Wahrscheinlichkeitsdichteverteilung h* an. Sie ist eine stetige Funktion $h(x)$, die die Form einer Glockenkurve besitzt.

$$h(x) = \lim_{n \to \infty; \Delta x \to 0} \frac{\Delta n}{n \, \Delta x}$$

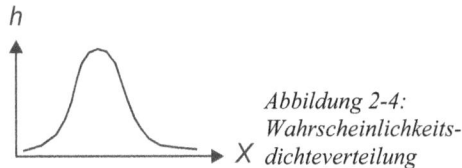

*Abbildung 2-4:
Wahrscheinlichkeits-
dichteverteilung*

Sowohl die Verteilung der $h_i(x)$ als auch die Kurve $h(x)$ schließen mit der x-Achse eine Flä-che der Größe 1 ein, eine Folge ihrer Definition. Ein Flächenstück $h(x)\,dx$ unter der Kurve $h(x)$ gibt die Wahrscheinlichkeit wieder, dass bei vielen Messungen ein Messwert mit der Größe x im Intervall dx auftritt. Für den Fall echt zufälliger Verteilung bei großer Zahl der Messwerte, kann man die Wahrscheinlichkeitsdichteverteilung durch einen analytischen Ausdruck wiedergeben, wir erhalten die sogenannte *Gaußsche Normalverteilung*:

$$h(x) = \frac{1}{\sigma\sqrt{2\pi}} e^{-\frac{(x-\mu)^2}{2\sigma^2}}$$

Bezeichnungen:

σ *Standardabweichung*

σ^2 *Varianz* oder *Streuung*

μ *Erwartungswert*

Die *Standardabweichung* σ gibt die Breite der Kurve wieder. Man rechnet leicht nach, dass für $x-\mu = \sigma$ die Gaußverteilung auf $e^{-1/2}$ abgesunken ist, bezogen auf ihr Maximum bei $x = \mu$. Das ist bei etwa 61 % des Maximums, dort hat sie also eine „Taillenbreite" von 2σ. Eine Messreihe kann durchaus einer Wahrscheinlichkeitsdichteverteilung folgen, die von der Gaußverteilung abweicht. Es können für das Streuen der Messwerte Bedingungen vorliegen, die nicht rein zufälligen Charakter haben. Abweichungen erhält man auch für den Fall, dass nur eine geringe Anzahl von Einzelmessungen zur Bestimmung der Verteilung zur Verfügung steht.

Kennt man die Verteilungsfunktion $h(x)$, so kann man die *Wahrscheinlichkeit P* dafür be-rechnen, dass eine erneute Messung in ein bestimmtes Intervall (x_1, x_2) fällt:

$$P(x_1, x_2) = \int_{x_1}^{x_2} h(x)\,dx$$

Für den Fall der Gaußschen Normalverteilung ergibt sich

$$P(x_1, x_2) = \frac{1}{\sigma\sqrt{2\pi}} \int_{x_1}^{x_2} e^{-\frac{(x-\mu)^2}{2\sigma^2}}\,dx$$

Leider ist dieses Integral nicht geschlossen lösbar. Man kann es durch numerische Integrati-on berechnen. Entsprechende Tabellen finden sich in Büchern der Statistik. Auch Tabellen-kalkulationsprogramme wie MS-Excel bieten entsprechende Funktionen. Die Wahr-scheinlichkeit P ist eine Zahl zwischen 0 und 1, häufig gibt man sie auch in Prozent (0 % bis 100 %) an.

Tabelle 2-4: Wahrscheinlichkeit P für ausgewählte Intervalle der Normalverteilung.

x_1	x_2	$P(x_1, x_2)$ in %
$\mu - \sigma$	$\mu + \sigma$	68,3
$\mu - 2\sigma$	$\mu + 2\sigma$	95,5
$\mu - 3\sigma$	$\mu + 3\sigma$	99,7

Im Allgemeinen besteht eine Messreihe nur aus etwa 5 bis 10 Einzelmessungen. Die genaue Bestimmung der Dichteverteilung mit dem Erwartungswert μ und der Standardabweichung σ ist daher nicht möglich. Man ersetzt sie durch Schätzwerte, die wie folgt berechnet werden:

Die Messreihe ergibt n *Messwerte* $x_1, x_2, ..., x_n$. Anstelle von μ benutzt man den *Mittelwert*

$$\overline{x} = \frac{1}{n} \sum_{i=1}^{n} x_i$$

Nach Berechnung aller *Abweichungen vom Mittelwert*

$$v_i = x_i - \overline{x}$$

erhält man als Schätzung für die Standardabweichung σ die Größe s:

$$s = \sqrt{\frac{\sum\limits_{i=1}^{n} v_i^2}{n-1}}$$

Diese Größe s wird ebenfalls *Standardabweichung* genannt oder auch *mittlerer Fehler der Einzelmessung*. Die Schätzung für die *Messunsicherheit* Δx des aus der Messreihe berechneten *Mittelwerts* ergibt sich aus

$$\Delta x = \frac{s}{\sqrt{n}} = \sqrt{\frac{\sum\limits_{i=1}^{n} v_i^2}{n(n-1)}}$$

Die Messreihe liefert für die gesuchte Messgröße x als das „vollständige Ergebnis"

$$x = \overline{x} \pm \Delta x$$

Man beachte: Die Wahrscheinlichkeit, dass der wirkliche Wert für x im angegebenen Intervall $\left(\overline{x} - \Delta x, \overline{x} + \Delta x \right)$ liegt, beträgt lediglich 68 %, Gaußsche Normalverteilung vorausgesetzt.

Wenn man eine höhere Wahrscheinlichkeit erreichen will, muss das Intervall entsprechend erweitert werden. Für genauere Angaben sind auch Korrekturen für eine niedrige Zahl an Messungen erforderlich. Man kann beide Korrekturen zusammenfassen, indem man das durch die Standardabweichung gegebene Intervall mit einem Faktor erweitert, den man aus der korrigierten Verteilungsfunktion (*Student-Verteilung*) ermittelt. Auch hierfür bieten Tabellenkalkulationsprogramme entsprechende Funktionen. Für häufig benutzte Bereiche können die Werte für den Korrekturfaktor auch der Tabelle 2-5 entnommen werden. Die Tabelle liefert beispielsweise: Bei 10 Messungen, d. h. bei 9 *Freiheitsgraden* und einer gewünschten Wahrscheinlichkeit von 99 % ergibt sich ein Korrekturfaktor $c = 3,250$. Das Ergebnis der Messreihe ist dann:

$$x = \bar{x} \pm c \cdot \Delta x$$

Hierin ist Δx die einfache, vorstehend aus der Standardabweichung berechnete Messunsicherheit. Wird diese *erweiterte Messunsicherheit* benutzt, muss die gewählte Wahrscheinlichkeit zusätzlich angegeben werden. Fehlt diese Angabe, geht der Leser immer von $P = 68$ % aus!

Beispiel: $\quad J = \left(128,34 \pm 0,23\right) \mathrm{m^2 kg} \quad$ mit $P = 99$ %

Tabelle 2-5: Korrekturfaktor c für die Messunsicherheit bei kleiner Zahl von Messungen und erhöhter Aussagewahrscheinlichkeit.

P in %	Zahl der Freiheitsgrade = Zahl der Messungen – 1							
	1	2	3	4	5	9	19	99
99	63,656	9,925	5,841	4,604	4,032	3,250	2,861	2,626
98	31,821	6,965	4,541	3,747	3,365	2,821	2,539	2,365
96	15,894	4,849	3,482	2,999	2,757	2,398	2,205	2,081
94	10,579	3,896	2,951	2,601	2,422	2,150	2,000	1,903
92	7,916	3,320	2,605	2,333	2,191	1,973	1,850	1,769
90	6,314	2,920	2,353	2,132	2,015	1,833	1,729	1,660
88	5,242	2,620	2,156	1,971	1,873	1,718	1,628	1,568
86	4,474	2,383	1,995	1,838	1,753	1,619	1,540	1,488
84	3,895	2,189	1,859	1,723	1,649	1,532	1,462	1,416
82	3,442	2,026	1,741	1,623	1,558	1,454	1,392	1,350
80	3,078	1,886	1,638	1,533	1,476	1,383	1,328	1,290
78	2,778	1,763	1,545	1,453	1,401	1,318	1,268	1,234
76	2,526	1,654	1,462	1,379	1,333	1,258	1,213	1,182
74	2,311	1,556	1,385	1,311	1,270	1,202	1,161	1,133
72	2,125	1,467	1,315	1,248	1,211	1,149	1,112	1,086
70	1,963	1,386	1,250	1,190	1,156	1,100	1,066	1,042
68	1,819	1,312	1,189	1,134	1,104	1,053	1,021	0,999

Fehlerfortpflanzung

Messergebnisse müssen häufig aus verschiedenen Teilmessungen zusammengefügt werden. So kann z. B. das Volumen eines Behälters durch Messen seiner Geometrie, d. h. durch Bestimmen verschiedener Längen ermittelt werden. Es besteht eine Gesetzmäßigkeit, die die Längendaten mit dem Volumen verknüpft. Für einen zylindrischen Körper gilt beispielsweise $V = r^2 \pi h$, worin V das Volumen, r der Radius und h die Höhe bedeuten. Misst man also den Durchmesser und die Höhe, kann man daraus das Volumen berechnen. Die Messung des Durchmessers und der Höhe wird mit einer bestimmten Genauigkeit erfolgen, man kann für beide Werte Messunsicherheiten schätzen. Sie ergeben sich aus der Genauigkeit der verwendeten Messgeräte, aber auch aus der Genauigkeit, mit der der Körper wirklich dem Ideal eines Zylinders entspricht. Er kann unrund sein, die Endflächen sind vielleicht nicht eben oder stehen leicht schräg zur Zylinderachse. Solche Abweichungen von der Idealgestalt lassen sich am besten durch Messungen des gleichen Parameters, also der Höhe oder des Durchmessers, an verschiedenen Stellen erkennen. Wir erhalten Messreihen, aus denen sich mit den im vorigen Abschnitt besprochenen Methoden Messunsicherheiten schätzen lassen. Es ergibt sich nun das Problem, aus den verschiedenen Messwerten und Messunsicherheiten ein vollständiges Messergebnis für die Zielgröße, im Fall des Zylinders also für das Volumen zu bestimmen. Messabweichungen in der Bestimmung des Radius werden sich stärker auf das Messergebnis auswirken als Messabweichungen der Höhe, da der Radius mit r^2, die Höhe nur linear in das Ergebnis eingeht. Die Einzelfehler müssen also mit verschiedenen Gewichten berücksichtigt werden. Genauere Betrachtungen der Abhängigkeiten, aber auch der Wahrscheinlichkeit, mit der sich Abweichungen addieren oder ausmitteln, führen zu einer Vorschrift, die diese gewichtete Verrechnung der Fehlerschranken erlaubt, dem

Gaußschen Fehlerfortpflanzungsgesetz:

Es existieren n Messungen $x_1, x_2, ..., x_n$ und eine Beziehung $R = R(x_1, x_2, ..., x_n)$, die die Variablen $x_1, x_2, ..., x_n$ zur Zielgröße R verknüpft. Die Messungen $x_1, x_2, ..., x_n$ sind Mittelwerte mit Messunsicherheiten $\Delta x_1, \Delta x_2, ..., \Delta x_n$. Die Messunsicherheit für die Zielgröße R ergibt sich zu

$$\Delta R = \sqrt{\sum_{i=1}^{n} \left(\frac{\partial R}{\partial x_i} \Delta x_i \right)^2}$$

Das Messergebnis für R berechnet sich durch Eingabe der Messwerte (Mittelwerte) x_i in die Beziehung $R = R(x_1, x_2, ..., x_n)$. Das Messergebnis stellt sich somit dar als

$$R = R(x_1, x_2, ..., x_n) \pm \Delta R$$

Die unter der Wurzel auftretenden partiellen Ableitungen werden aus der Funktion $R = R(x_1, x_2, ..., x_n)$ durch partielles Differenzieren nach den Variablen x_i ermittelt. Ihr Wert ergibt sich anschließend durch Einsetzen der Messwerte x_i in die beim Differenzieren erhaltenen Ausdrücke. (Die Bezeichnung x_i wird hier in *zweifacher* Bedeutung verwendet, als Variable der Funktion R und als Messwert.)

Für das Beispiel des zylindrischen Körpers ergibt sich: Gemessen wurden Durchmesser $D \pm \Delta D$ und Höhe $h \pm \Delta h$ mit den Messunsicherheiten. Die Funktion R ist hier

$$R(x_1, x_2) = V(D, h) = \left(\frac{D}{2}\right)^2 \pi \; h = V$$

D und h entsprechen den Variablen x_1 und x_2, $n = 2$.

Das Fehlerfortpflanzungsgesetz lautet in diesem Fall:

$$\Delta V = \sqrt{\left(\frac{\partial V}{\partial D} \Delta D\right)^2 + \left(\frac{\partial V}{\partial h} \Delta h\right)^2}$$

Mit den eingesetzten partiellen Ableitungen also:

$$\Delta V = \sqrt{\left(\frac{D}{2}\pi \; h \; \Delta D\right)^2 + \left(\frac{D^2}{4}\pi \; \Delta h\right)^2}$$

Für eine Reihe häufig vorkommender Beziehungen liefert das Fehlerfortpflanzungsgesetz die in Tabelle 2-6 zusammengestellten Ergebnisse:

Tabelle 2-6: Messunsicherheiten nach Gaußschem Fehlerfortpflanzungsgesetz für spezielle Fälle

$R = C \cdot (x \pm y)$	$\Delta R = C \cdot \sqrt{(\Delta x)^2 + (\Delta y)^2}$
$R = C \cdot x \cdot y \quad$ und $\quad R = C\dfrac{x}{y}$	$\dfrac{\Delta R}{R} = \sqrt{\left(\dfrac{\Delta x}{x}\right)^2 + \left(\dfrac{\Delta y}{y}\right)^2}$
$R = C \cdot x^\alpha \cdot y^\beta$	$\dfrac{\Delta R}{R} = \sqrt{\left(\alpha\dfrac{\Delta x}{x}\right)^2 + \left(\beta\dfrac{\Delta y}{y}\right)^2}$

Lineare Regression (Ausgleichsgerade)

Häufig ist das Ziel einer Messung nicht nur eine Messgröße mit einem bestimmten Wert, sondern mit der Messung soll ein funktioneller Zusammenhang quantitativ erfasst werden. Das gilt beispielsweise bei der Ermittlung von Kalibrierkurven für Messgeräte, bei der Kontrolle technisch-wissenschaftlicher Gesetzmäßigkeiten oder bei der Ermittlung des Verhaltens technischer Systeme unter variierenden äußeren Einflüssen. Oft kennt man die Gesetze, die der Eigenschaft des Messobjekts zu Grunde liegen. In manchen Fällen besteht ein linearer Zusammenhang zwischen zwei Größen, d. h. eine Größe y hängt mit einer Größe x durch eine Funktion $y = a\, x + b$ zusammen, wobei a und b Konstanten sind.

Man wird also zur Überprüfung des Zusammenhangs eine Messreihe aufnehmen, die aus Paaren von Messwerten x_i und y_i besteht. Die Messreihe zeigt dann, ob wirklich ein linearer

Zusammenhang vorliegt. Man stellt die Werte als Punkte in einem x-y-Diagramm dar und legt eine ausgleichende Gerade durch die Punkte.

Abweichungen vom linearen Zusammenhang oder andere Fehler der Messung fallen ab einer gewissen Größe in der Graphik auf. Aus der Steigung und dem Schnittpunkt der Geraden mit der y-Achse erhält man die Parameter a und b. Eine solche graphische Auswertung einer Messreihe ist für viele Zwecke durchaus ausreichend. Für eine genauere Auswertung, insbesondere für die Schätzung von Fehlerschranken für die Parameter der Ausgleichsgeraden, ist eine rechnerische Durchführung der linearen Ausgleichung notwendig.

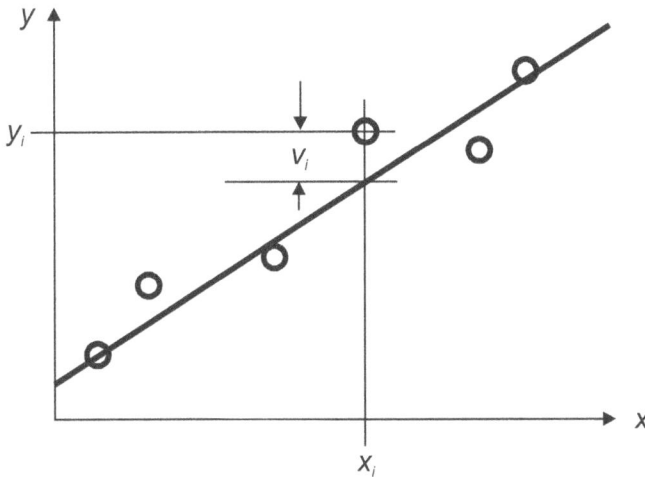

Abbildung 2-5: Ausgleichsgerade $y = a\,x + b$ durch streuende Messwerte

Man benutzt dazu ein Rechenschema, das auf folgenden Überlegungen beruht: Die Messwerte x_i werden als fehlerfrei angenommen, die Größen y_i als fehlerbehaftet. Legen wir eine Ausgleichsgerade $y = a\,x + b$ durch die Messpunkte, ergeben sich Abweichungen $v_i = y_i - y$. Nach Gauß ist unter allen möglichen Ausgleichsgeraden diejenige die wahrscheinlichste, für die $\Sigma\,v_i^2$ ein Minimum annimmt. Die Berechnung dieses Minimumsproblems (bezüglich der Variablen a, b) führt für die gesuchten Größen zu folgendem Formelsatz, der aus den Messwerten x_i, y_i die gesuchten Größen liefert (Tabelle 2-7). Die Berechnung erfolgt in der aufgeführten Reihenfolge, die immer wieder auftretenden Summen $\Sigma\,x_i^2$, $\Sigma\,x_i y_i$, $\Sigma\,x_i$, $\Sigma\,y_i$ werden zuerst berechnet.

Der Einfachheit halber wurde in Tabelle 2-7 für die Summen an Stelle $\sum_{i=1}^{n}...$ nur $\sum...$ geschrieben. Die Zahl der Wertepaare ist n. Die Berechnung ist mit möglichst hoher Rechengenauigkeit auszuführen, da z. T. Differenzen sehr großer Zahlen bearbeitet werden müssen. Die gesamte Berechnung erfolgt zweckmäßig in einem Tabellenkalkulationsprogramm wie MS-Excel.

Wie angegeben, liegt dieser Auswertung die Annahme zu Grunde, dass die x_i fehlerfrei seien. In der Praxis sind meist sowohl die x_i als auch die y_i fehlerbehaftet. Dies stellt im Allgemeinen keine gravierende Einschränkung für die Anwendbarkeit des Schemas dar. Wenn möglich, wähle man für x die Größe, welche die höhere Messgenauigkeit besitzt.

Wenn der funktionelle Zusammenhang nichtlinear ist, kann eine entsprechend kompliziertere Funktion mit freien Parametern als ausgleichende Funktion gewählt werden.

Tabelle 2-7: Berechnung der Parameter einer Ausgleichsgerade $y = a\,x + b$.

$\Delta = n\sum x_i^2 - \left(\sum x_i\right)^2$	Hilfsgröße
$a = \dfrac{n\sum x_i y_i - \left(\sum x_i\right)\left(\sum y_i\right)}{\Delta}$	Steigung a der Ausgleichsgeraden
$b = \dfrac{\left(\sum x_i^2\right)\left(\sum y_i\right) - \left(\sum x_i\right)\left(\sum x_i y_i\right)}{\Delta}$	Ordinatenabschnitt b der Ausgleichsgeraden
$\sum v_i^2 = \sum (y_i - a x_i - b)^2$	Summe der Abweichungsquadrate
$\Delta a = \pm\sqrt{\dfrac{n\sum v_i^2}{(n-2)\Delta}}$	Unsicherheit der Steigung
$\Delta b = \pm\sqrt{\dfrac{\sum x_i^2 \sum v_i^2}{(n-2)\Delta}}$	Unsicherheit des Ordinatenabschnittes

Die Berechnung der freien Parameter unter der Bedingung $\Sigma\, v_i^2$ = min. ist für viele andere Funktionen möglich und in der entsprechenden Literatur dargestellt. Auch in Programmpaketen für Statistik finden sich solche Hilfsmittel. Meist ist es jedoch einfacher, die gemessenen Werte tabellarisch einer Transformation zu unterwerfen, sodass ihr Zusammenhang linear wird. Dies soll an einem Beispiel erläutert werden:

Einem Vorgang liege das physikalische Gesetz $T^2 = 4\pi^2 \dfrac{J_0 + m\ s^2}{D}$ zu Grunde. (Eine kleine Masse m wird in einem System, das zu Rotationsschwingungen fähig ist, in verschiedene Abstände s von der Drehachse gebracht.) J_0, m und D sind Konstanten, T ist eine Funktion von s. Das Gesetz wird durch eine Messreihe für T und s überprüft, m ist bereits bekannt. Wir teilen die rechte Seite des Ausdrucks in einen Teil ohne die Variable s und einen Teil, der die Variable s enthält:

$$T^2 = \frac{4\pi^2 J_0}{D} + \frac{4\pi^2 m}{D} s^2$$

Wenn wir jetzt folgende Substitutionen durchführen

$$T^2 = y \ , \ s^2 = x \ , \ \frac{4\pi^2 J_0}{D} = b \ , \ \frac{4\pi^2 m}{D} = a$$

erhalten wir die lineare Beziehung $y = ax + b$, für die wir eine normale Ausgleichsgerade ansetzen und berechnen können. Aus der Steigung a der Ausgleichsgeraden können wir die unbekannte Konstante D berechnen und anschließend aus dem Achsenabschnitt b die Unbekannte J_0. Für die praktische Ausführung legen wir eine Tabelle an, die etwa folgendes Aussehen hat:

Tabelle 2-8: Beispiel für die Linearisierung eines nichtlinearen Zusammenhangs

i	s	T	$s^2 = x$	$T^2 = y$
1	0,00	5,00	0	25,0000
2	1,11	5,26	1,2321	27,6676
3	2,23	5,85	4,9729	34,2225
4	3,29	6,85	10,8241	46,9225
5	4,65	8,42	21,6225	70,8964

Die beiden letzten Spalten liefern die Werte für die x_i und y_i der Ausgleichsgeraden.

Beim Umgang mit Ausgleichsgeraden vergesse man nie, dass alle Elemente „Größen" sind, also aus Zahlenwerten *und* Einheiten zusammengesetzt sind. Die Einheiten von x und y bestimmen die Einheiten von a und b. Dies ist insbesondere zu beachten, wenn die Beziehung formelmäßig dargestellt wird. Man verwende die ursprünglichen Symbole, nicht x und y. Beispiel für eine Beziehung $U = a\,T + b$:

$$U = (49{,}31 \pm 0{,}23)\ \mu\text{V/K} \cdot T + (2{,}03 \pm 0{,}34) \cdot 10^{-3}\,\text{V}$$

2.2.2.2 Messunsicherheit dynamischer Messungen

Wenn sich eine Messgröße während der Beobachtung ändert, muss das Messgerät dieser Änderung folgen. Je nach Messprinzip kann es mehr oder weniger lange dauern, bis das Messgerät sich auf einen neuen Wert eingestellt hat. Ein Thermometer, das einer plötzlichen Temperaturänderung des Messobjekts ausgesetzt ist, muss durch Wärmeleitungsprozesse sich in all seinen Teilen an die neue Temperatur angleichen. Wenn sich die Messgröße laufend ändert, kann sich das Messinstrument u. U. nie auf einen „richtigen" Wert einstellen, es bleiben immer mehr oder minder große Abweichungen: *dynamische Messabweichungen*. Diese Abweichungen sind zeitlich veränderlich, sie hängen sowohl vom Messgerät als auch vom zeitlichen Verlauf des Messsignals ab.

Das zeitliche Verhalten der Messgeräte hängt vom Aufbau und vom Messprinzip ab. Mechanische Messsysteme besitzen fast immer Massen und Federn, die sie zu schwingungsfähigen

Systemen machen (Beispiel: Drehspulgalvanometer). Sie müssen mit inneren Dämpfungsein-richtungen ausgestattet werden, welche die angestoßenen Eigenschwingungen rasch ver-schwinden oder nicht entstehen lassen.

Mathematisch lässt sich das zeitliche Verhalten der Messsysteme durch Differenzial-gleichungen beschreiben. Meist beschränkt man sich dabei auf Näherungs-Modelle, die sich durch inhomogene lineare Differenzialgleichungen darstellen lassen. Je nach Typ ergeben sich Differenzialgleichungen erster, zweiter oder höherer Ordnung. Die *Störfunktion* der Dif-ferenzialgleichung gibt das *Messsignal* wieder, die *Lösung* der Differenzialgleichung die *An-zeige* oder das *Ausgangssignal* des Messsystems. Die Ermittlung der Parameter (Koeffizien-ten) der Differenzialgleichung erfolgt fast immer experimentell. Man legt ein Testsignal mit bestimmtem zeitlichem Verlauf an und beobachtet das Ausgangssignal. Mit der Theorie der Laplace-Transformation ist die Bestimmung der Ordnung des Systems und der Parameter prinzipiell möglich. Theoretisch ist bei Kenntnis der Systemparameter eine Rekonstruktion eines beliebigen Messsignals aus dem beobachteten Ausgangssignal möglich.

In der Praxis beschränkt man sich fast immer auf die Angabe sehr vereinfachender Para-meter. Man benutzt als Testfunktion einmal eine Sprungfunktion und misst die Zeit bis die Anzeige des Messgeräts sich dauerhaft dem Anzeigewert für lange Beobachtungsdauer bis auf eine Abweichung von 5 oder 10 % angenähert hat. Man nennt diese Zeit die *Einstellzeit* oder *Einschwingzeit*. Zum anderen wird die Reaktion des Messsystems auf ein sinusförmiges Eingangssignal variabler Frequenz untersucht. Die Frequenz bei der das Ausgangssignal auf einen Wert von $1/\sqrt{2}$ bezogen auf das optimale Verhalten absinkt, wird als *Grenzfrequenz* bezeichnet. Beide Werte, Einstellzeit und Grenzfrequenz, charakterisieren das Verhalten des Messsystems zumindest grob. Die Einstellzeit dient bei der Erfassung von zeitlichen Signal-verläufen zur Abschätzung inwieweit mit dynamischen Fehlern zu rechnen ist. Die Grenz-frequenz gibt einen Hinweis, ob bei der Erfassung von Schwingungssignalen mit einer Ver-fälschung der gemessenen Amplitude zu rechnen ist.

Als allgemeine Regel sollte gelten, dass man die Messeinrichtungen so wählt, dass die dy-namischen Messfehler so klein bleiben, wie es für die Aufgabe erforderlich ist. Eine nach-trägliche Korrektur des Messsignals zur Verminderung der dynamischen Messfehler wird nur in ganz speziellen Aufgabengebieten sinnvoll sein.

2.3   Darstellung von Messwerten

Bei der Angabe von Messwerten und Messergebnissen muss man immer daran denken, dass es sich stets um Zahlen endlicher Genauigkeit handelt. Ihre Maßzahlen werden durch Dezi-malbrüche angegeben. Eigentlich sollte eine Schätzung der Fehlerschranke immer Bestand-teil eines Messergebnisses sein. Ungeübte haben oft große Schwierigkeiten, eine sinnvolle Darstellung des gefundenen Messergebnisses zu finden. Jemand möchte beispielsweise das Volumen eines zylindrischen Behälters bestimmen. Er misst mit einer Schieblehre Innen-durchmesser $D = 30{,}21$ cm und Höhe $h = 20{,}45$ cm. Das Volumen V berechnet er gemäß $V = (D/2)^2 \pi\, h$ auf einem Taschenrechner. Stolz notiert er in seinem Ergebnisprotokoll $V = 14658{,}33502$ cm^3. Hätte er bei der Bestimmung von D einen Wert von $30{,}22$ cm erhalten (andere   Messstelle,   andere   Messkraft   oder   nur   anders   abgelesen)   hätte   er

$V = 14668,04095$ cm^3 verkünden müssen. Schon die vierte Ziffer von vorn, noch vor dem Komma, hat sich verändert, die folgenden 6 Ziffern haben offenbar keinerlei Aussagekraft. Um eine sinnvolle Stellenzahl für die Angabe des Messergebnisses zu finden, muss man die Genauigkeit des Ergebnisses kennen. Man geht also in folgenden Schritten vor:

Alle Messwerte werden mit allen ablesbaren Stellen notiert, auf Skalen sollen Zwischenwerte geschätzt werden. Nullen am Ende werden notiert, denn 1,4 bedeutet etwas anderes als 1,40. Die Zahl 1,4 liegt zwischen 1,35 und 1,44, dagegen liegt 1,40 zwischen 1,395 und 1,404. Unter Berücksichtigung aller Fehlereinflüsse wird mit Hilfe des Fehlerfortpflanzungsgesetzes eine Messunsicherheit für das Messergebnis bestimmt. Alle Zwischenrechnungen sollen mit hoher Genauigkeit ausgeführt werden, alle Zwischenergebnisse werden mit ausreichender Genauigkeit festgehalten.

Die *Messunsicherheit für das Endergebnis* ist ein Schätzwert, eine ungenaue Zahl. Es ist daher nicht sinnvoll, sie mit vielen Stellen anzugeben, i. Allg. wird sie mit zwei Ziffern angegeben. Wenn die erste Ziffer eine 1 oder 2 ist, kann man auch 3 Ziffern angeben. So erreicht man eine relative Auflösung im Prozentbereich. Die Lage des Kommas ist dabei unerheblich, doch sollte auf jeden Fall ein Dezimalbruch, nicht eine ganze Zahl verwendet werden. Beispiele für sinnvolle Angaben: $\pm 0,59$; $\pm 6,3$; $\pm 1,34$; $\pm 0,41 \cdot 10^{-6}$; $0,00035$. Nachdem diese Messunsicherheit festliegt, kann man die Darstellung der Maßzahl darauf einrichten. Sie wird so gerundet, dass ihre letzte Ziffer den gleichen Stellenwert hat wie die der Messunsicherheit, d. h. beide Zahlen haben die gleiche Stellenzahl nach dem Komma. Es ergeben sich also z. B. Kombinationen wie $124,23 \pm 0,47$ oder $2,3427 \pm 0,0039$. Natürlich muss auch die verwendete Einheit bei Messergebnissen vermerkt werden. Da sowohl der Messwert als auch die Messunsicherheit mit der Einheit zu ergänzen sind, klammert man am besten Messwert und Messunsicherheit und schreibt die Einheit hinter die Klammer. Auch gemeinsame 10er-Potenzen werden ausgeklammert. Es ergeben sich damit Darstellungen wie

$$A = (124,23 \pm 0,47) \ \text{m}^2 \qquad \text{oder} \qquad m = (217,33 \pm 1,42) \cdot 10^{-6} \ \text{kg}$$

Bei zusammengesetzten Einheiten sollen stets Basiseinheiten (kg, m, s, ...) oder einfache Einheiten (Pa, ...) benutzt werden, die *nicht* mit Dezimalvorsätzen (k, M, μ, ...) versehen werden. Also z. B. $(234,3 \pm 1,6)$ m kg s^{-2}. (Das „kg" muss hier natürlich benutzt werden, da es Basiseinheit ist.) Eine Ausnahme bilden „Empfindlichkeiten" von Messwandlern oder Steigungen von Kalibrierkurven. So ist es z. B. durchaus üblich, die Empfindlichkeit eines Thermoelements mit 51,5 μV/K anzugeben.

(siehe auch DIN 1319 Teil 3)

3 Messsysteme

Messen heißt, eine Messgröße als Vielfaches oder Teil einer Einheit bestimmen. Wie schon in 2.1.2 dargestellt, wird ein direkter Vergleich mit einem Normal als Verkörperung der Einheit nur ganz selten durchgeführt. In der Praxis verwenden wir kalibrierte Messgeräte oder Zusammenschaltungen von Komponenten, um eine Messaufgabe zu erledigen. Sehr häufig findet eine Wandlung der primären Messgröße in ein elektrisches Signal statt. Dies hat den Vorteil, dass zur Anzeige, Darstellung, Registrierung und Weiterverarbeitung des Messsignals eine große Zahl von Komponenten der elektrischen Messtechnik und der Datenverarbeitung zur Verfügung steht, die *nicht* auf eine spezielle Messgröße zugeschnitten sind. Ein weiterer Vorteil ist, dass der Messort und der Beobachtungsort räumlich getrennt sein können, da die elektrischen Signale auch über größere Entfernungen geleitet werden können. Die Anpassung der Messeinrichtung an die Messaufgabe erfolgt durch den Einsatz von *Messaufnehmern (Messfühler)*. Die allgemeinen Fragen in diesem Zusammenhang sollen in diesem Kapitel besprochen werden. Die speziellen Wandlungsverfahren bilden den wesentlichen Teil des Kapitels 4, im Kapitel 5 werden dann die Verfahren des rechnergestützten Messens dargestellt.

3.1 Messketten

Als Messkette bezeichnet man eine Zusammenschaltung von Komponenten, die Erfassung, Wandlung, Signalaufbereitung, -weiterleitung und Anzeige bewirkt.

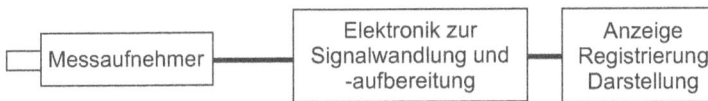

Abbildung 3-1: Messkette

Der *Messaufnehmer* ist z. B. ein Widerstand, dessen Wert sich mit der anliegenden Messgröße ändert. Immer ist es eine elektrische Eigenschaft, die sich mit der Messgröße in definierter Weise ändert. Als Ausgangsgrößen von Messaufnehmern werden verwendet:

Spannung	Stromstärke	Widerstandswert	Kapazität
Induktivität	Frequenz	Impulsrate	

Welche Ausgangsgröße verwendet wird, hängt vom Wandlungsprinzip des Aufnehmers ab. Die Ausgangssignale können sehr leistungsarm sein oder nur geringe Signalpegel aufweisen.

Aufgabe der angeschlossenen *Wandlungselektronik* ist es, ein robustes, leistungsstarkes Signal zu erzeugen, das sich zur Weiterleitung über Kabel eignet und durch die Leistungsentnahme durch das angeschlossene Anzeigegerät nicht verfälscht wird. Hierzu werden elektronische Elemente eingesetzt, die

- Wandlungen durchführen, z. B. einen Kapazitätswert in eine Spannung umwandeln,
- einen Spannungswert, einen Strom oder die Leistung eines Signals verstärken,
- Filterfunktionen wahrnehmen, d. h. beispielsweise hochfrequente Störungen unterdrücken, die in einer Messkette durch innere oder äußere Störquellen auftreten können.

Je nach Anforderung kommen hier auch komplexere Verfahren zur Anwendung, wie z. B. eine Trägerfrequenzverstärkung.

Am Ende der Kette steht ein Ausgabegerät, das eine Anzeige für einen Beobachter bietet. Es muss eine problemorientierte Darstellung liefern. Die Wahl wird entscheidend vom zeitlichen Verhalten des Messsignals bestimmt.

3.2   Ausgabegeräte

Die Ausgabe eines Messsignals muss so erfolgen, dass ein Beobachter es aufnehmen kann. Das menschliche Wahrnehmungsvermögen fordert eine konstante Darstellung eines Sachverhalts, die mindestens im Sekundenbereich liegt. Signale, die sich schneller ändern, werden daher stets so transformiert, dass sie in diesen Bereich fallen oder sie werden *aufgezeichnet*, sodass sie beliebig lange dargestellt werden können. Das Aufzeichnen ist auch dann notwendig, wenn eine Messung den Verlauf eines Signals über längere Zeit (Stunden, Tage, Monate, ...) erfassen soll, ohne dass ein Beobachter ständig anwesend ist.

Einfache Werte, d. h. Werte, die nur aus *einer* Maßzahl bestehen, werden entweder mit Zeigern und Skalen „analog" dargestellt oder auf Ziffernanzeigen „digital". Analoge Anzeigen eignen sich besser, wenn langsam veränderliche Größen durch den Beobachter verfolgt werden. Das *Einstellen* einer Einrichtung auf einen bestimmten Wert durch den Beobachter ist ebenfalls am Zeigerinstrument leichter als mit Hilfe einer Digitalanzeige. Ihre Grenzen finden Analoganzeigen, wenn höhere *Auflösung* verlangt wird. Die Auflösung einer üblichen Analoganzeige liegt zwischen $1{:}10^2$ bis höchstens $1{:}10^3$. Die Auflösung einer Digitalanzeige ist durch die Zahl der verwendeten Ziffern begrenzt. Sechsstellige Anzeigen sind heute keine Seltenheit mehr. Da die *Genauigkeit* der Messgeräte auf die *Auflösung* der Anzeigen angepasst wird, steigt der Preis der „digitalen" Messgeräte mit der Zahl der Ziffern stark an.

Für die Darstellung funktioneller Zusammenhänge, insbesondere für den zeitlichen Verlauf eines Signals werden Kurvendarstellungen benötigt. Für *langsame* Signale eignen sich „Schreiber", Geräte, die Signale auf Papier aufzeichnen. *Schnelle* Signale können durch Elektronenstrahl-Oszillographen dargestellt werden.

Alle erwähnten Geräte können auch durch eine Kombination von *Analog-Digitalwandlern* mit *Rechnern* ersetzt werden. Auf dem Bildschirm eines Rechners kann jede klassische Anzeige simuliert werden, darüber hinaus können auch die Ergebnisse der Messwertverarbeitung dargestellt werden. Komplexe Zusammenhänge lassen sich in Diagrammen und Tabellen übersichtlich darbieten und archivieren. Noch vor 30 Jahren waren die zentralen Warten von Kraftwerken mit hunderten von Einzel-Analog-Anzeigen und Schreibern ausgerüstet. Die Einstellorgane waren auf Tischen und Wänden als Drehsteller oder Schieber vorhanden. Heute findet man hauptsächlich Computer-Monitore und Tastaturen in den Warten, die dem Wartenpersonal eine sehr viel bessere Übersicht über die zu steuernden Prozesse ermöglichen. Für die Besprechung des *rechnergestützten Messens* sei der Leser auf Kapitel 5 verwiesen.

3.2.1   Anzeigen für einfache Größen

Viele Messketten liefern als Endsignal eine Spannung oder einen Strom. Die Anzeige eines solchen Signals erfolgte lange Zeit hauptsächlich durch „Drehspulinstrumente": Eine kleine *Kupferdrahtspule* ist im Feld eines Permanentmagneten drehbar gelagert. Eine Spiralfeder hält die Spule in einer bestimmten Position. Wird die Spule von einem Strom durchflossen, erzeugt sie ihrerseits ein Magnetfeld, das durch die Wechselwirkung mit dem äußeren Magnetfeld zu einem Drehmoment auf die Spule führt. Sie dreht sich soweit aus ihrer Ruhelage, bis das in der Spiralfeder erzeugte Drehmoment gleich dem magnetisch erzeugten Drehmoment ist. Mit der Spule ist ein Zeiger verbunden, der auf einer Skala den Strom anzeigt. Anstelle des Drehlagers und der Spiralfeder werden auch Torsionsbänder verwendet, an denen die Spule aufgehängt wird. Die Spule hat einen Widerstand von wenigen Ω. Spannungsmessgeräte erhalten einen hohen Vorwiderstand, der im Wesentlichen den Spulenstrom in Abhängigkeit von der anliegenden Spannung definiert. Durch Verwendung weiterer umschaltbarer Widerstände parallel und in Serie, können Messbereiche von „Vielfach-Instrumenten" realisiert werden. Diese elektromechanischen Instrumente werden mehr und mehr durch „digitale" Anzeigen verdrängt.

Ein digitales Instrument zur Messung von Strom- oder Spannungswerten besteht aus einem Analog-Digital-Umsetzer (s. 5.3), einer Anzeigeeinheit für Ziffern, der Ansteuerelektronik für die Ziffernanzeige und integrierten Verstärkern und Widerstandsnetzwerken zur Messbereichswahl. Für die Ziffernanzeigen werden vorwiegend *LCD*- oder *LED*-Anzeigen verwendet. *LCD*s, *L*iquid *C*rystal *D*isplays bauen eine Ziffer aus Einzelsegmenten auf, die als durchsichtige Elektroden auf den inneren Oberflächen zweier paralleler Glasplatten aufgebracht sind. Der Zwischenraum ist mit „Flüssigkristallen" ausgefüllt. Diese haben die Eigenschaft, dass ihre Lichtdurchlässigkeit sich mit der anliegenden Spannung verändert. Der Effekt kann im Auflicht, also von außen beleuchtet oder im Durchlicht, d. h. von hinten mit einer Lampe beleuchtet, verwendet werden. Besonders die Auflicht-Verwendung eignet sich optimal für den Einsatz bei Tageslicht oder heller Beleuchtung. Ziffern werden durch Anlegen von Spannungen an die notwendigen Segmente erzeugt, mehrere Ziffern können in einem Display kombiniert werden. *LED*s erzeugen die Segmente durch *L*icht-*E*mittierende Halbleiter-*D*ioden. Da sie selbstleuchtend sind, eignen sich diese Anzeigen hervorragend für die Verwendung in Innenräumen bei normaler oder schwacher Beleuchtung und in Dunkelheit. Sie verbrauchen für die Anzeigefunktion eine höhere Leistung als die LCDs, daher werden in batteriebetriebenen Geräten meistens LCDs eingesetzt. Digitale Anzeigen werden als Teile von Messgeräten eingesetzt oder als selbständige, frei kombinierbare Messgeräte für elektrische Signale. Die o. a. Vorteile der *analogen Anzeigen* werden bei den Digitalanzeigen in manchen Fällen noch durch zusätzliche „Bars" ergänzt, das sind aus Segmenten aufgebaute Striche, deren Länge sich mit der Höhe des Signals ändert.

3.2.2   Schreiber

Schreiber verwenden zur Aufzeichnung von Messkurven Papier und „schreibende Messwer-ke". Schreiber, die ausschließlich den zeitlichen Verlauf eines Signals registrieren (*X-T*-Schreiber), besitzen eine Transportvorrichtung für das Papier, das von einer Vorrats-rolle läuft. Die Skalierung der Zeitachse wird durch die Transportgeschwindigkeit des Pa-piers definiert. Innerhalb gewisser Grenzen lässt sich diese variieren (etwa cm/h bis cm/s). Das Papier wird speziell auf den Schreiber abgestimmt und bei der Herstellung mit einem geeigneten Raster bedruckt. Der schreibende Stift, meist ein Kapillarröhrchen, das Tinte aus einem Tintenvorrat bezieht, oder ein Faserschreiber, wird quer zur Laufrichtung des Papiers bewegt. Sein Antrieb erfolgt entweder durch ein Drehspul-Messwerk oder eine Kompensati-onsschaltung mit motorischem Antrieb. Das Drehspul-Messwerk ist im Prinzip wie ein Drehspulinstrument aufgebaut, allerdings meist mit zusätzlichen Hebelmechanismen, die die Spulendrehung in eine lineare Bewegung der Feder umsetzen. Das Kompensations-Messwerk verbindet die linear geführte Feder mit einem Motorantrieb und einem Potentio-meter als Stellungsmelder für die Position der Feder. Eine Regelschaltung führt die Feder auf eine der Eingangsspannung entsprechende Position (Abbildung 3-2). Ein solcher Schreiber eignet sich für nicht allzu schnelle Signale, die Frequenzen des Eingangssignals dürfen höchstens im Bereich 1 Hz bis 2 Hz liegen.

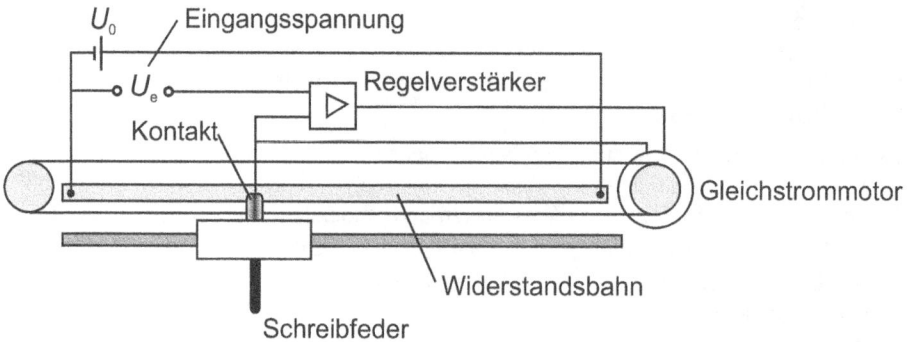

Abbildung 3-2: Motorisch angetriebene Schreiberachse mit Spannungskompensation

X-Y-Schreiber vereinigen zwei solcher Achsen, die senkrecht zueinander stehen. Die *X*-Achse transportiert die *Y*-Achse, diese wiederum die Schreibfeder. Auf diese Weise kön-nen zwei voneinander abhängige Eingangssignale eine *X-Y*-Kurve auf einem Blatt Papier (meist DIN A3) erzeugen. Fast immer enthält die Elektronik des Schreibers einen Generator, der eine in der Zeit linear ansteigende Spannung erzeugt. Mit Hilfe dieser Spannung kann die *X*-Achse auch als Zeitachse verwendet werden, zur Aufzeichnung zeitabhängiger Signale. Umschaltbare Verstärker mit der Möglichkeit der Nullpunktsverschiebung und verschiedene Fahrgeschwindigkeiten der Zeitablenkung erlauben das Anpassen des Aufzeichnungsbe-reichs an das Messproblem. Eine schaltbare Vorrichtung für das Festhalten des Papiers (elektrostatisch oder durch Unterdruck) vervollständigt die Funktionen des Schreibers (Abbildung 3-3).

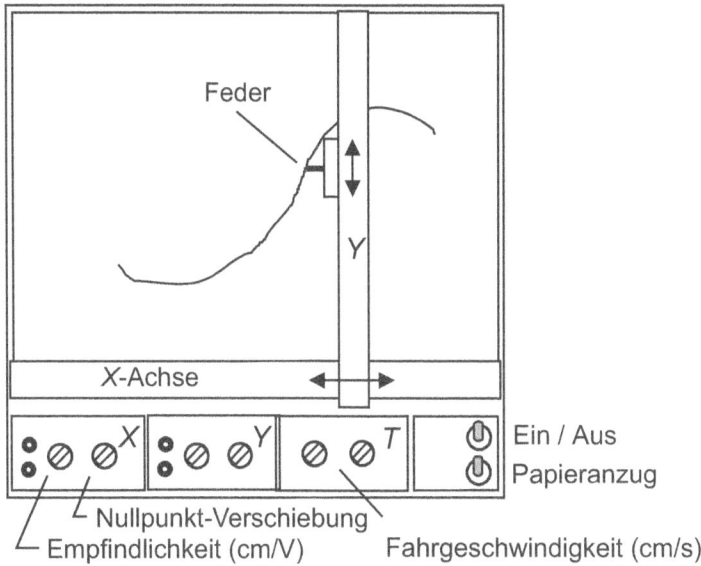

Abbildung 3-3: X-Y-Schreiber, wesentliche Funktionen und Einstellmöglichkeiten

3.2.3   Elektronenstrahl-Oszillographen

Für die Darstellung schneller, periodischer Signale, wie sie z. B. in Zusammenhang mit Schwingungen oder Drehbewegungen auftreten, werden *Elektronenstrahl-Oszillographen* verwendet. Sie benutzen als Schreibwerkzeuge Elektronen, die wegen ihrer geringen Masse durch elektrische oder magnetische Felder leicht und daher trägheitsarm zu beeinflussen sind. Kernstück des Oszillographen ist eine „Braunsche Röhre", ein evakuiertes Glasgefäß das eine *Elektronenkanone*, eine *Ablenkeinheit* und den *Leuchtschirm* enthält. In der Elektronenkanone werden Elektronen aus einer Glühkathode durch elektrostatische Mittel so gebündelt, dass sie nach Verlassen der beschleunigenden Anode durch eine zentrale Öffnung einen *Elektronenstrahl* bilden. Dieser Elektronenstrahl durchläuft zunächst zwei metallische Plattenpaare, die gegeneinander um 90° verdreht sind. Anlegen einer Spannung an eines der Plattenpaare bewirkt eine Ablenkung des Elektronenstrahls um einen der Spannung proportionalen Betrag. Da zwei Plattenpaare zur Verfügung stehen, kann der Auftreffpunkt des Elektronenstrahls auf der Schirmseite im Sinne von *X-Y*-Koordinaten durch die Plattenspannungen bestimmt werden. Die Innenseite der Auftrefffläche ist mit einem Leuchtstoff beschichtet, der durch die auftreffenden Elektronen zum Leuchten angeregt wird. Der stationäre Elektronenstrahl (konstante Spannungen an den Ablenkplatten) erzeugt also einen ruhenden Leuchtpunkt auf dem Schirm. Eine in der Zeit linear ansteigende Spannung am Plattenpaar für die *X*-Ablenkung führt den Leuchtpunkt horizontal über den Schirm. Wird dieser Vorgang in rascher Folge wiederholt, nimmt das Auge einen horizontal liegenden Strich auf dem Schirm war, da es dem Bewegungsvorgang nicht mehr folgen kann. Die zugehörige Spannung am Plattenpaar ist ein sägezahnartiger Spannungsverlauf in der Zeit. Legen wir an das *Y*-Plattenpaar eine zeitlich veränderliche Spannung, welche die *gleiche* Periode wie die

X-Sägezahnspannung hat, entsteht für das Auge auf dem Schirm ein stehendes Bild einer Periode des Y-Signals. (In Wirklichkeit wird in rascher Folge immer wieder die gleiche Kurve geschrieben.)

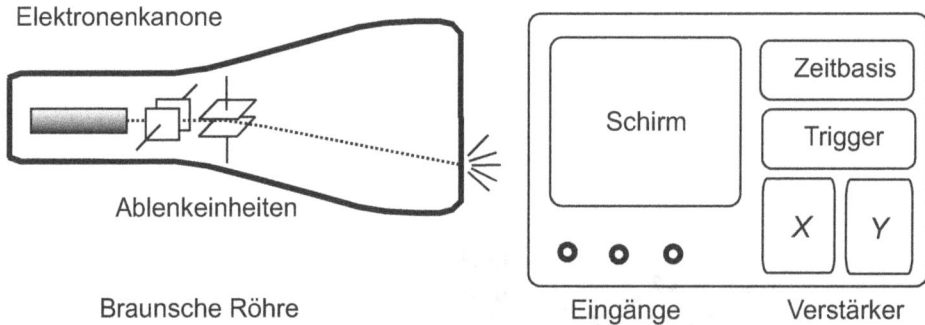

Elektronenkanone

Schirm

Zeitbasis

Trigger

X Y

Ablenkeinheiten

Braunsche Röhre

Eingänge

Verstärker

Abbildung 3-4: Elektronenstrahl-Oszillograph, Schema der Braunschen Röhre und der Bedienseite

Neben der Braunschen Röhre benötigt ein Elektronenstrahl-Oszillograph mindestens folgende Grundfunktions-Einheiten:

- Verstärker mit einstellbaren Verstärkungsfaktoren für die X- und Y-Ablenkung
- Einen einstellbaren Generator für die Zeitablenkung (Sägezahn)
- Eine „Triggereinrichtung", welche den Generator für die Zeitablenkung auf die Frequenz des Y-Signals synchronisiert. (Der Sägezahn wird jeweils gestartet, wenn das Y-Signal einen bestimmten, wählbaren Wert, die so genannte „Triggerschwelle" überschreitet bzw. unterschreitet.)

Der Oszillograph kann auch als „X-Y-Schreiber" benutzt werden, wenn sowohl an die X-Ablenkung wie an die Y-Ablenkung ein Signal gelegt wird, das die gleiche zeitliche Periode besitzt. Beide Signale müssen sich in der Zeit periodisch wiederholen, um ein stehendes Bild zu erzeugen. Der Generator für die Zeitablenkung wird in diesem Fall nicht benutzt.

Manche Oszillographen besitzen mehrere Eingänge für Y-Signale und können diese „gleichzeitig" auf dem Schirm darstellen. Nach individueller Verstärkung der Signale werden diese nacheinander, das heißt in aufeinanderfolgenden Durchgängen des T-Sägezahns, auf dem Schirm dargestellt, oder sogar durch rasches Umschalten zwischen den beiden Spuren während eines Durchgangs. In beiden Fällen erscheinen die „Spuren" der einzelnen Signale als stehende Bilder auf dem Schirm, für das Auge also gleichzeitig.

Das beschriebene System arbeitet also durchweg mit „Analogsignalen". Neben diesen Systemen werden zunehmend „Digitaloszillographen" eingesetzt. Sie wandeln die Eingangssignale mit rasch abtastenden A/D-Wandlern und speichern diese in Halbleiterspeicher. Der Inhalt dieses Speichers wird dann rasch wiederholend über D/A-Wandler auf dem Schirm dargestellt. Der große Vorteil dieser digitalen Systeme ist, dass auch einmalige, kurzzeitige Vorgänge aufgenommen und dargestellt werden können. Umgekehrt können insbesondere bei höheren Frequenzen durch das Abtasten Aliaseffekte auftreten (s. Kapitel 5.3.2). Beide Systeme haben also sowohl Vor- als auch Nachteile und bestehen daher nebeneinander.

Beim Einsatz von Oszillographen sind viele Feinheiten zu beachten, neben den beschriebenen Funktionseinrichtungen werden weitere verwendet. Die Bedienseite eines Oszillographen ist daher von einer Vielzahl von Einstellern und Schaltern geprägt. Für den effektiven Einsatz der Systeme ist eine gründliche Einarbeitung erforderlich.

4 Messverfahren

Für jedes Messproblem gibt es meist eine ganze Reihe von Verfahren, die eingesetzt werden können. Um die richtige Wahl zu treffen, müssen einerseits die Anforderungen des Messproblems definiert werden, z. B. welche Genauigkeit soll erreicht werden, welche Umgebungsbedingungen liegen vor, kann ein Messaufnehmer direkt am Messobjekt angebracht werden oder ist ein „berührungsloses" Messen gefordert, genügt eine einmalige Messung oder ist eine fortlaufende Registrierung notwendig. Andererseits sind entsprechende Kenntnisse über die verschiedenen Verfahren und deren Eigenschaften erforderlich, um eine optimale Wahl treffen zu können. Nicht zuletzt werden auch wirtschaftliche Gesichtspunkte eine Rolle spielen. Besonders für Dauermesseinrichtungen oder Neuanschaffung von Messgeräten werden die Kosten in weitem Maße durch die Anforderungen des Messproblems bestimmt. Eine Schieblehre ist erheblich billiger als eine hochauflösende Koordinatenmessmaschine, nur hat sie eben weit geringere Genauigkeit.

Die folgenden Beschreibungen können lediglich einen ersten Überblick vermitteln. Für die praktische Tätigkeit stehen dem Ingenieur weiterführende Handbücher, Literatur der Messgerätehersteller und für viele Verfahren DIN-Normen und Internationale Normungen zur Verfügung.

4.1 Längen-, Weg- und Drehwinkelmessung

Das Messen von Längen und Winkeln ist notwendig, wenn wir entweder genaue Aussagen über die *Gestalt* von Objekten treffen müssen oder über die *Position* von Objekten in Bezug auf ihre Umgebung. Das Messen und Prüfen der Maße von maschinell gefertigten Teilen bildet das große Gebiet der *Fertigungsmesstechnik*. Positionen sind zu bestimmen, wenn technische Aggregate Parameter besitzen, die nicht zwingend festgelegt sind. Als Beispiele seien genannt:

- Stellung einer Drosselklappe oder eines Ventils in einem durchströmten System
- freibewegliche Objekte wie Fahrzeuge, Flugzeuge
- tatsächliche Bewegung einer Welle oder eines Turbinengehäuses unter dem Einfluss dynamischer Kräfte
- Position des Werkzeugs einer Bearbeitungsmaschine

Die Einheit der Länge ist der *Meter*. Er ist festgelegt als die Strecke, die das Licht im Vakuum in der Zeit 1/299 792 458 Sekunden zurücklegt. Abkürzung: m

Winkel werden im Gradmaß gemessen. Ein Vollkreis wird gleichmäßig in 360 Teile, Winkelgrade, geteilt. Abkürzung: ° , z. B. 15°. Weitere Unterteilungen:

  1 Grad = 60 Minuten   (1° = 60')

  1 Minute = 60 Sekunden   (1' = 60")

Nur in der Geodäsie wird ein anderes System benutzt, man teilt den Vollkreis in 400 gleiche Teile und nennt sie „Gon".

4.1.1   Mechanische Verfahren

Das Messen von Längen durch Vergleich mit *Maßstäben*, die eine entsprechende Teilung aufweisen, ist ein allgemein bekanntes Verfahren. Die erzielbare Genauigkeit hängt von der Genauigkeit der Teilung, von der Konstanz des Materials des Maßstabs und von der Sorgfalt des Vergleichs ab. Metallmaßstäbe sind Holz- oder Kunststoffmaßstäben überlegen. Die Auflösung der Teilung ist meist 1 mm, Bruchteile können geschätzt werden. Für größere Längen werden auch Maßbänder verwendet, die aufgerollt werden können.

Erhöhte Genauigkeit erzielt man mit *Schieblehren*. Durch die Verwendung der parallelgeführten Kontaktflächen, wird bei harten Messobjekten eine verbesserte Genauigkeit des Vergleichs erzielt. Die Verwendung des „Nonius" verbessert außerdem die Ablesegenauigkeit, sodass eine Messgenauigkeit im Bereich 1/10 mm erreicht wird.

Wenn für die Bewegung des Tastflächenpaars eine genau gearbeitete Gewindespindel verwendet wird, bildet die Spindel den eigentlichen Maßstab. Für die Ablesung wird zusätzlich eine Teilung der Drehbewegung zur Anzeige verwendet. Diese *Mikrometer* bieten eine Auflösung im Bereich 1/100 mm.

Für noch höhere Auflösung wird die Position eines Taststifts durch eine Getriebeübersetzung auf ein Zeigerwerk übertragen, diese *Messuhren* erlauben in Verbindung mit Haltevorrichtungen Distanzmessungen im μm-Bereich.

Wenn für einen Messvorgang, insbesondere für Kalibrierzwecke, eine genaue Darstellung einer Messstrecke erforderlich ist, bedient man sich sog. Parallelendmaße. Dies sind Sätze quaderförmiger Körper aus harten, verschleißfesten Materialien, die in verschiedenen Längen mit genau planparallel gearbeiteten Endflächen gefertigt werden. Ein bestimmtes Maß kann damit durch Kombination verschiedener Endmaße dargestellt werden. Da die Endflächen sehr präzis gefertigt sind, stellen sich beim Zusammenfügen der Messflächen zwischenatomare Kräfte ein, die zu einem Haften der Flächen untereinander führen. Je nach Verwendungszweck stehen verschiedene Genauigkeitsklassen zur Verfügung.

Für das direkte Messen von *Winkeln* werden Winkelmesser benutzt, die aus einer Winkelteilung und Anlegelinealen bestehen. Die Ablesung der Teilungsskala kann durch einen *Nonius* unterstützt werden. Man erreicht damit Ablesegenauigkeiten von 1/12°.

Für das *Vermessen* eines Werkstücks, d. h. einer vollständigen Überprüfung seiner Gestalt, sind weitere Hilfsmittel notwendig. Dazu gehören ebene Tische, auf die Messobjekte und Messmittel aufgespannt werden können und genau gearbeitete Stative, die definiertes Verschieben oder Drehen der Messmittel erlauben.

Das Vorgehen beim Vermessen von Objekten erfordert Sachkenntnis und genaue Planung. Eine Darstellung der Probleme überstiege den Rahmen dieses Buchs. Der Leser sei auf entsprechende Fachliteratur hingewiesen. Eine wichtige Regel sei jedoch auch hier erläutert:

Wenn Tastvorrichtungen längs Maßstäben verschoben werden, soll der Antastpunkt möglichst nahe bei der Achse des Maßstabs liegen. Jede Verlängerung der Halterung des Tastwerkzeugs senkrecht zur Maßstabsachse erhöht die Messunsicherheit (Spiel, Winkelfehler, elastische Verformung der Halterung).

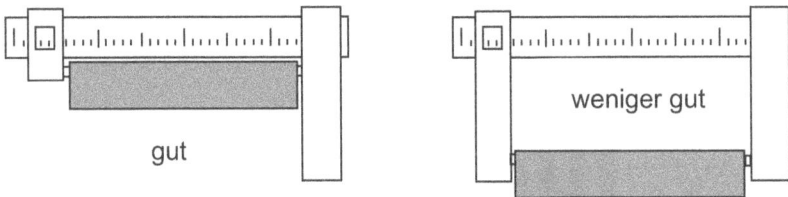

Abbildung 4-1: Günstige und weniger günstige Lage des Messobjekts relativ zum Maßstab

Wie fast alle Tätigkeiten, die nach gewissen Regeln ausgeführt werden, eignet sich das Vermessen von Objekten zur Automatisierung. Überlässt man das Verschieben von Tastpunkten elektrischen Antrieben und das Ablesen der Maßstäbe optischen Sensoren und fügt eine intelligente Rechnersteuerung hinzu, so kommt man zu *Koordinaten-Messmaschinen*. Die Maschinen verfügen in der Regel über 3 Messachsen, die so gekoppelt sind, dass räumliche Koordinaten ermittelt werden können. Der Tastfühler trägt an der Spitze eine präzis gearbeitete kleine Kugel, die beim Anfahren an das Werkstück den Kontakt vermittelt. Das Erkennen des Berührens wird dem System durch eine federnde Lagerung des Tastfühlers ermöglicht. Die Auslenkung der Tastkugel erzeugt entweder einen Schaltvorgang oder einen Messwert für die elastische Auslenkung der Kugel. Beim Erkennen des Kontakts wird der Antrieb der Maschine gestoppt. Wenn die Richtung der kontaktierten Werkstückoberfläche bekannt ist, kann das System aus den zunächst nur vorliegenden Koordinaten des Kugelmittelpunkts die Koordinaten des Berührpunkts berechnen. Je nach Anordnung der Messachsen kennt man verschiedene Bauarten, die sich auch bezüglich ihrer Leistungsfähigkeit und dem Volumen des Messbereichs unterscheiden. Auch hier muss angemerkt werden, dass der Einsatz solcher Systeme umfangreiche Kenntnisse erfordert, die hier nicht vermittelt werden können.

Das genaue *maschinelle Ablesen von Positionen relativ zu Maßstäben* ist ein wesentliches Element solcher Messmaschinen. Auch Bearbeitungsmaschinen benutzen zur Positionierung ihrer Werkzeuge maschinell ablesbare Maßstäbe und Winkelteilungen. Im Laufe der Entwicklung wurden verschiedenartige Systeme eingesetzt. Den Schwerpunkt bilden heute Systeme mit durchsichtigen oder reflektierenden Glas- bzw. Metallmaßstäben, die photoelektrisch abgetastet werden. Ein solcher Maßstab besteht aus einer regelmäßigen Anordnung heller und dunkler Bereiche (Strichteilung). Würde man einen Photodetektor längs des Maßstabs führen, erhielte man eine Folge von Impulsen. Diese könnte man elektronisch zählen und könnte, ausgehend von einer normierten Anfangslage und bekanntem Teilungsabstand aus der Zahl der registrierten Impulse den Abstand von der Ausgangslage berechnen. Dieses Vorgehen hat jedoch eine Reihe entscheidende Nachteile:

- Die Auflösung ist nicht besser als der Abstand zweier Striche.

- Eine Umkehr der Fahrtrichtung kann nicht erkannt werden.

- Zählfehler beeinträchtigen die Genauigkeit.

- Bei einer Störung muss das System ganz zur Anfangsposition fahren, um seine Nullposition neu zu erstellen.

Die Probleme werden durch folgende Maßnahmen beseitigt: Das Abtasten erfolgt mit Photodetektoren, die einen ganzen Bereich des Maßstabs gleichzeitig erfassen. Vor dem Detektor wird eine Rasterblende mit derselben Teilung wie die des Maßstabs gesetzt.

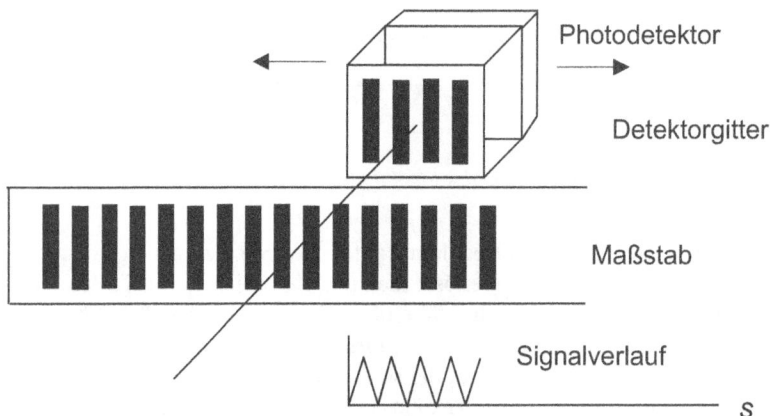

Abbildung 4-2: Photoelektrische Abtastung einer Maßstabsteilung

Beim Fahren längs des Maßstabs entsteht nunmehr ein sägezahnartiges stetig zu und abnehmendes Signal. Die Periode des Signals entspricht einem Teilungsschritt. Aus diesem Signal können nun recht genau Zwischenpositionen ermittelt werden. Eine Teilung von z. B. 50 µm erlaubt eine Auflösung von Bruchteilen von µm. Durch Verwenden mehrerer solcher Detektoren, deren Position im Raster leicht verschoben ist, können weitere Signale gewonnen werden, die die Umkehr der Fahrtrichtung erkennen lassen. In regelmäßigen Abständen werden auf dem Maßstab zusätzliche kodierte Markierungen angebracht, die ein Ablesen der absoluten Position ermöglichen, sodass bei einer Störung nicht zwangsweise die Nullmarke angefahren werden muss. Die Auswertung des Signals geschieht durch entsprechende elektronische Aufbereitung. Am Ende der Kette steht ein digitales Positionssignal zur Verfügung. Dies ist der Grund, warum das Verfahren manchmal als *digitale Längenmessung* bezeichnet wird. Man beachte jedoch, dass die Genauigkeit letztlich durch den Maßstab bestimmt wird. Seine Gestalt (Länge, Teilung) ist eine *analoge* Größe!

Das gleiche Prinzip wird auch für die Erkennung von *Winkelstellungen* an drehbaren Elementen benutzt. Anstelle des linearen Maßstabs tritt eine kreisförmige Winkelteilung.

4.1.2   Optische Verfahren

Licht ist elektromagnetische Strahlung, die Wellenlängen des sichtbaren Bereichs erstrecken sich etwa von 390 nm bis 770 nm. Für den Einsatz in der Messtechnik besitzt Licht eine Reihe hervorragender Eigenschaften:

- Licht läuft im Vakuum und homogenen Medien *geradlinig*.
- Licht läuft mit einer *bestimmten Geschwindigkeit*.
- Licht kann als Welle mit einer *definierten Wellenlänge* erzeugt werden.
- Licht kann durch photoelektrische Sensoren leicht in elektrische Signale gewandelt werden.
- Licht übt beim Auftreffen auf Messobjekte keine nennenswerte Kraft aus, optische Verfahren gelten daher als „berührungslos".

Alle diese Eigenschaften werden in verschiedenen Verfahren zur Längenmessung genutzt. Da die genannten Eigenschaften besonders definiert mit Lasern zu realisieren sind, findet man diese in den meisten Anwendungen. Aus der Vielfalt der möglichen Verfahren werden hier die wichtigsten erläutert:

4.1.2.1   Triangulation

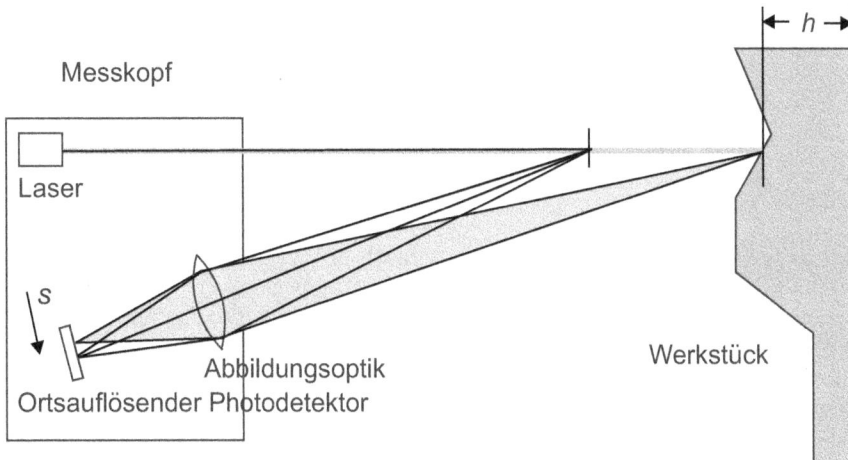

Abbildung 4-3: Abstandsmessung durch Triangulation

Sind in einem Dreieck drei Bestimmungsstücke, z. B. eine Seite und zwei Winkel bekannt, so können die übrigen Stücke bestimmt werden. Man benutzt dies zur Distanzmessung, indem man auf einer festen Basis eine strahlerzeugende Lichtquelle, eine Abbildungsoptik und einen positionsempfindlichen Lichtdetektor kombiniert (s. Abbildung 4-3). Die Auslenkung *s* des Lichtflecks auf dem positionsempfindlichen Photodetektor ist proportional zum Abstand *h* des Strahlauftreffpunkts zu einer Bezugsfläche. Der komplette Messkopf mit zugehöriger Elektronik wird als Abstandssensor angeboten.

4.1.2.2   Längeninterferometrie

Die Welleneigenschaft des Lichts kann zur Darstellung eines hochauflösenden, lokalen Längennormals eingesetzt werden. Das Licht einer möglichst monochromatischen Lichtquelle wird durch einen „Strahlteiler" in zwei Teilstrahlen zerlegt und nach einer Laufstrecke wieder zusammengeführt. Am Ort der Zusammenführung interferieren die beiden Teilstrahlen, d. h. die Überlagerung der Lichtwellen ergibt je nach Wegdifferenz Helligkeit, Dunkelheit oder Zwischenintensitäten. Wird einer der beiden Teilwege z. B. durch ein verschiebbares Spiegelelement verändert, so durchläuft die Intensität am Interferenzort periodische Hell-Dunkel-Änderungen. Durch Abzählen der Helligkeitswechsel kann man bei bekannter Wellenlänge des Lichts direkt auf den Verschiebungsweg des Spiegelelements schließen.

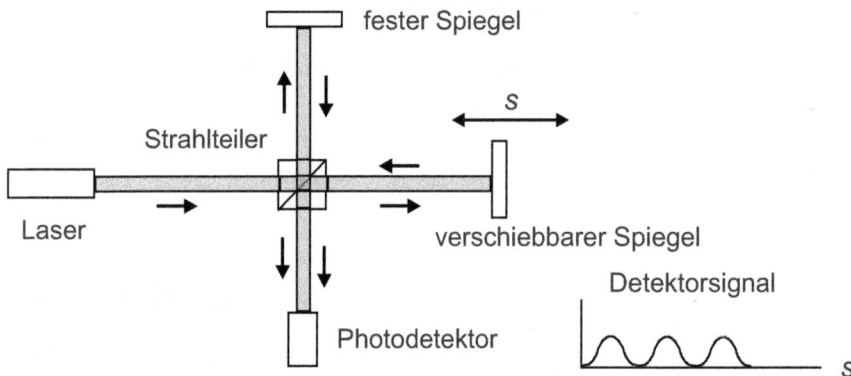

Abbildung 4-4: Michelson-Interferometer

Eine der möglichen Ausführungsformen stellt das Michelson-Interferometer dar (Abbildung 4-4). Der Strahl des Lasers wird durch einen Strahlteiler (Doppelprisma) in einen durchgehenden und einen reflektierten Strahl zerlegt. Beide Teilstrahlen werden durch Spiegel in sich reflektiert, am Strahlteiler entstehen wieder zwei Strahlen, die auf einem gemeinsamen Weg zum Photodetektor gelangen. Die Interferenz der beiden Teilstrahlen erzeugt bei Verschieben eines der Spiegel ein Signal wie in Abbildung 4-4 dargestellt. Dem Abstand zweier Maxima entspricht eine Spiegelverschiebung um eine *halbe* Wellenlänge des verwendeten Laserlichts. Die Größe der Spiegelverschiebung kann durch Abzählen der Maxima bestimmt werden. Zusätzlich kann durch Auswerten des Signalverlaufs eine Auflösung erreicht werden, die noch um ein bis zwei Zehnerpotenzen höher als die durch das einfache Abzählen erreichbare ist.

Solche Interferometer liefern also eine sehr hohe Genauigkeit und Auflösung. Der Gesamtaufwand ist jedoch beträchtlich, sodass diese Verfahren meist nur als Referenzverfahren, seltener als Betriebsmessmittel eingesetzt werden.

4.1.2.3   Kameramesstechnik

Eine Videokamera bildet eine äußere Szene auf einen flachen Chip ab, der eine Matrix von photoelektrischen Elementen trägt. Das Abbild der äußeren Szene erzeugt in jedem Photo-element ein elektrisches Signal, das dem Helligkeitswert des entsprechenden Bildpunkts ent-spricht. Da die Lage der Photoelemente definiert und unveränderbar ist, kann aus den Signa-len der Kamera der Abstand von Punkten in der Szene bestimmt werden, wenn die Abbil-dungsfunktion bekannt oder kalibriert ist. Für einfache Überwachungsaufgaben, z. B. Bestimmen der Breite eines Bands oder eines Stabs kann die Auswertung mit einfachen elektronischen Mitteln ausgeführt werden. Bei komplexeren Aufgaben werden die Signale der Kamera in den Speicher eines Rechners eingelesen. Aus diesen Daten können dann mit den Mitteln der *Bildauswertung* durch entsprechende Programme Informationen über Lage, Eigenschaften und Typ von Gegenständen gewonnen werden. Die automatisierte Bildaus-wertung ist ein weit entwickeltes Gebiet, mit dem heute viele Aufgaben effektiv bearbeitet werden können. Leider muss auch hier der interessierte Leser auf spezielle Literatur verwie-sen werden.

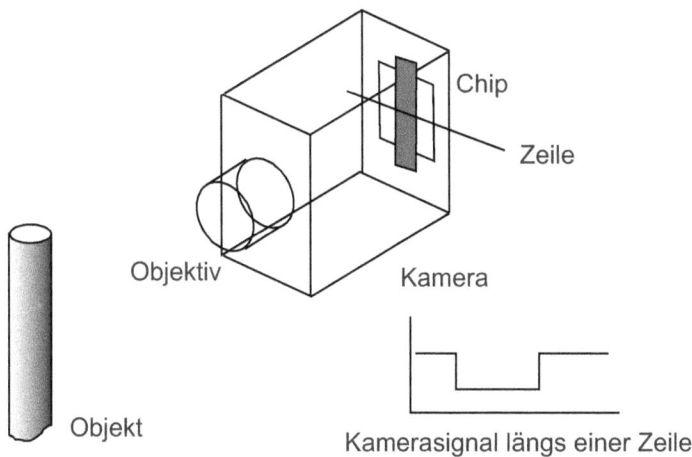

Abbildung 4-5: Überwachung einer Objektdimension mit Hilfe einer Videokamera

Die technischen Beschränkungen für Längenmessungen liegen in der endlichen Zahl der Photoelemente des Chips. Sie reduziert die mögliche Anzahl der auflösbaren Bildpunkte in der Breite oder Höhe des Bilds auf ca. 1000. Trotzdem werden die Verfahren eingesetzt, da sie sich sehr gut zur Automatisierung von Prozessen eignen.

4.1.2.4   Laufzeitverfahren

Die Eigenschaft des Lichts, sich mit einer bestimmten Geschwindigkeit auszubreiten, wird benutzt, um mit Hilfe von kurzen Lichtblitzen und der Messung der Laufzeiten Distanzmes-sungen durchzuführen. Wegen der scharfen Bündelung des Strahls werden als Lichtquellen Laser eingesetzt. Durch elektronische Kurzzeitmessung wird die Zeit bestimmt, die der Lichtimpuls braucht, um vom Laser zum Objekt und wieder zurück zur Messeinheit zu gelangen. Bei größeren Distanzen wird am Objekt, dessen Abstand bestimmt werden soll, ein Retroreflektor angebracht, der den Strahl in sich zurückspiegelt. Damit wird am Empfänger eine genügend hohe Lichtleistung sichergestellt, sodass selbst Entfernungen im km-Bereich gemessen werden können. Wegen der hohen Lichtgeschwindigkeit muss das Messverfahren im Pico-Sekunden-Bereich arbeiten. Die kleinsten messbaren Abstände sind etwa 0,5 m, die Auflösung beträgt ca. 1 mm.

4.1.3   Elektrische Verfahren

Die Änderung einer Länge kann mit entsprechenden Mitteln auf die Änderung einer elektrischen Größe übertragen werden, also auf die Änderung eines Widerstandswerts, einer Kapazität oder Induktivität. Der wesentliche Vorteil einer solchen Wandlung ist die Möglichkeit, den Messwert über eine elektrische Leitung einer *Ablesung* an einem vom Messort entfernten Beobachtungsort zu übertragen, oder einer *Registrierung* oder *Weiterverarbeitung* in einem Auswerte- oder Automatisierungssystem zuzuführen. So kann z. B. die Stellung eines Ventils oder die Durchbiegung einer druckbelasteten Membran erfasst werden.

4.1.3.1   Widerstandsaufnehmer

Ein Widerstandsaufnehmer besteht aus einer Widerstandsbahn und einem längs der Bahn verschiebbaren, auf der Bahn aufliegenden Kontakt. Je nachdem, ob eine lineare Bewegung oder eine Winkelstellung erfasst werden soll, ist die Bahn gerade oder kreisförmig ausgeführt (Abbildung 4-6).

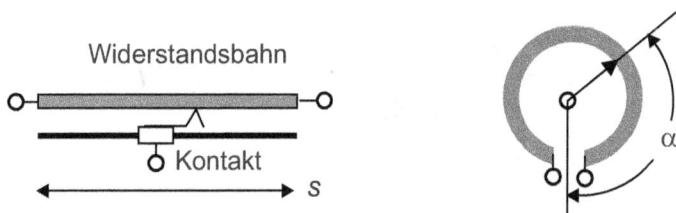

Abbildung 4-6: Widerstandsaufnehmer für Wege (s) und Winkel (α)

Der Kontakt des linearen Wegaufnehmers ist mechanisch auf einer geraden Bahn geführt, der Kontakt des Winkelaufnehmers ist mit einer Drehachse verbunden. Für die Widerstandsbahn ist ein genügend hoher Widerstand erforderlich, sodass auch noch bei Abgriff am Ende der Bahn ein ausreichend hoher Widerstandswert zur Verfügung steht. Die üblichen Widerstandswerte der Gesamtbahn liegen im kΩ-Bereich. Sie werden für einfache Anwendungen als Wickelelemente aus Draht einer Legierung mit höherem, wenig temperaturabhängigen spezifischen Widerstand (Konstantan) gefertigt (Abb. 4-7a). Da der Abgriff beim Verschieben von Windung zu Windung gleitet, ändert sich der Widerstandswert stufenartig, d. h. die Auflösung ist nicht sehr hoch. Diesen Nachteil vermeiden Widerstandsbahnen, bei denen Metallpulver oder Graphit in eine Matrix aus Kunststoff oder Keramik eingelagert ist. Sie besitzen eine viel höhere Auflösung. Die Kraft, die zur Verschiebung des Abgriffs notwendig ist, kann durch sorgfältige Konstruktion sehr klein gehalten werden.

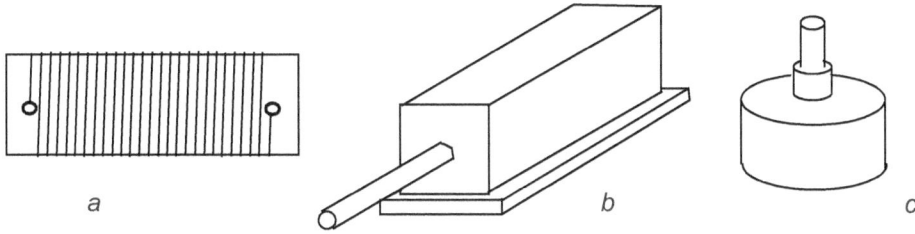

Abb. 4-7: Bauformen für drahtgewickelte Bahnen (a), Wegaufnehmer (b) und Winkelaufnehmer (c)

Die Elemente werden in Gehäuse (Abb. 4-7) eingebaut, die sowohl Schutzfunktion haben, als auch einen Teil der Abgrifflagerung darstellen. Lineare Wegaufnehmer werden mit Messbereichen zwischen wenigen cm und Längen bis zu zwei Meter hergestellt. Bei den Winkelaufnehmern ist zwischen Typen zu unterscheiden, deren Kontakt volle 360° und mehr durchgedreht werden kann und solchen, die am Ende der Bahn Anschläge besitzen, also nicht volle 360° abdecken können. Die Lebensdauer ist recht hoch, allerdings hängt sie von der Art des Einsatzes ab. So kann z. B. der Einsatz als Stellungsgeber in Systemen mit Regelkreisen, die zu Schwingungen neigen, zur Zerstörung innerhalb weniger Tage führen. Natürlich sollte man auch nicht Winkelgeber mit ständig rotierenden Wellen kombinieren.

Die elektrische Auswertung des Widerstandswerts kann auf vielfältige Art geschehen. Eine einfache und wirkungsvolle Auswerteschaltung ist in Abbildung 4-8 wiedergegeben.

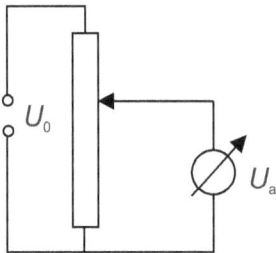

Abbildung 4-8:
Auswerteschaltung für Wegaufnehmer

Die Widerstandsbahn wird an eine passende, konstante Spannung U_0 gelegt. Dann ergibt eine Spannungsmessung zwischen Abgriff und *einem* Ende der Widerstandsbahn eine Spannung U_a proportional zum Abstand Bahnende – Abgriff. Der Innenwiderstand des Spannungsmessers muss mindestens um 2 bis 3 Zehnerpotenzen höher liegen als der Bahnwiderstand, sonst ergeben sich merkliche Linearitätsfehler.

4.1.3.2   Induktive Wegaufnehmer

Die Induktivität einer Spule hängt ab von ihrer Windungszahl, ihrer Geometrie und dem Material in ihrem Innenraum und in der äußeren Umgebung. Daher besteht die Möglichkeit, durch Verschieben eines Eisenkerns, der sich in oder in der Nähe einer Spule befindet, ihre Induktivität zu verändern. Die Verschiebung lässt sich der Induktivitätsänderung zuordnen. Als einfachste Form, dem Tauchanker-Wegaufnehmer ergibt sich eine Anordnung nach Abbildung 4-9. Eine zylindrische Spule mit der Windungszahl N, mit einem verschiebbaren

Eisenkern und einem inneren freien Querschnitt A besitzt näherungsweise die in der Formel angegebene Induktivität L. (μ_0 ist die *Induktionskonstante*.)

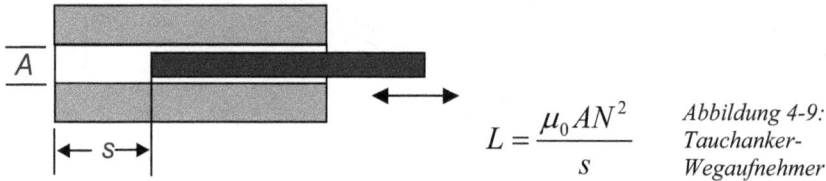

$$L = \frac{\mu_0 A N^2}{s}$$

Abbildung 4-9:
Tauchanker-
Wegaufnehmer

Es fällt auf, dass die Induktivität sich mit $1/s$ ändert, s ist der nicht vom Eisenkern gefüllte Teil der Spule. Dieser Wegaufnehmer liefert somit kein der Kernverschiebung proportionales Ausgangssignal. Wenn man sich auf kleine Verschiebungen Δs beschränkt, erhält man näherungsweise proportionale Änderungen $-\Delta L$. (Ersatz der $1/s$ - Kurve durch eine Tangente.)

Ein ähnliches Verhalten zeigt der Queranker-Aufnehmer. Er benutzt einen variablen Luftspalt s. Eine Spule umfasst einen C-förmigen Eisenkern, der einem Eisenjoch gegenübersteht. Das Eisenjoch ist der bewegliche Teil des Aufnehmers, der z. B. mit einem Maschinenteil verbunden sein oder selbst Teil einer Maschine sein kann.

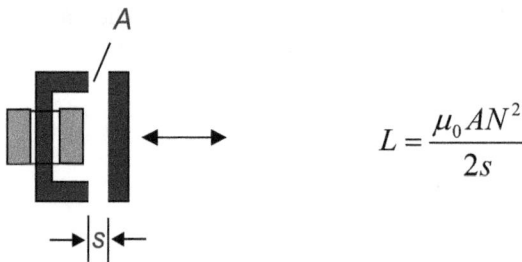

$$L = \frac{\mu_0 A N^2}{2s}$$

Abbildung 4-10:
Queranker-
Wegaufnehmer

Joch und Kern können sich sogar in verschiedenen Räumen befinden. Die Wand zwischen den Räumen bildet also einen Teil des Spalts und muss aus einem unmagnetischen Material wie Kupfer, Edelstahl oder Kunststoff bestehen.

Den Nachteil des nichtlinearen Ausgangssignals beider Aufnehmer vermeiden Differenzial-Anordnungen, die jeweils zwei Spulen besitzen. Ein gemeinsamer beweglicher Kernteil beeinflusst die beiden Spuleninduktivitäten gegenläufig. Die Auswertung dieser Änderungen in einer Brückenschaltung liefert ein der Verschiebung proportionales, lineares Ausgangssignal.

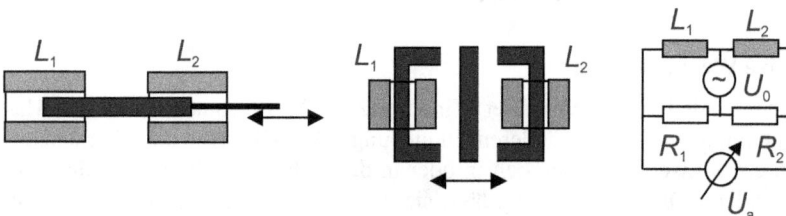

Abbildung 4-11: Induktiver Differenzial-Wegaufnehmer und Auswerteschaltung

Eine einfache Brückenschaltung gemäß Abbildung 4-11 ergibt ein Signal, das die Verschiebung des Kerns vom Abgleichpunkt widerspiegelt, man kann nicht erkennen, ob die Verschiebung nach rechts oder links erfolgt. Diesen Nachteil vermeiden sogenannte *Trägerfrequenzverstärker*, die die Phasenlage des Ausgangssignals relativ zum Speisesignal berücksichtigen. Sie liefern ein Gleichspannungs-Ausgangssignal mit Vorzeichen, das beim Überfahren des Abgleichpunkts die Polarität wechselt.

Eine weitere Variante, die die magnetische Induktion benutzt, ist der Aufnehmer nach dem Prinzip eines Transformators. Er besitzt drei Wicklungen über einem verschiebbaren gemeinsamen Eisenkern (Abbildung 4-12).

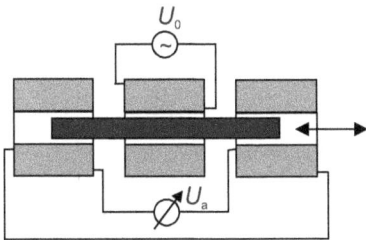

Abbildung 4-12:
Differenzialtransformator als Weg-
aufnehmer

Die mittlere Wicklung wird mit einem Wechselstrom gespeist, der im Kern ein entsprechendes Magnetfeld erregt. Das Feld des Kerns induziert in beiden Seitenwicklungen Spannungen, die von der jeweiligen Eintauchtiefe abhängen. Verbindet man die Seitenwicklungen gegenphasig, so misst man an ihnen bei Mittelstellung des Kerns die Spannung 0 V. Eine seitliche Verschiebung des Kerns lässt am Ausgang die Differenzspannung der beiden induzierten Spannungen erscheinen, die proportional zur seitlichen Verschiebung des Kerns ist. Auf diese Weise lassen sich Wegaufnehmer für große Verschiebungen realisieren.

4.1.3.3 Kapazitive Wegaufnehmer

Eine weitere Möglichkeit, Verschiebungen von Tastern oder Maschinenelementen in elektrische Signale umzusetzen, besteht in der Verwendung von Kapazitäten. Zwei Elektroden, die sich voneinander isoliert gegenüberstehen, bilden einen Kondensator mit einer bestimmten Kapazität C. Der Raum zwischen den Elektroden kann zur Erhöhung der Kapazität von einem Isolator (Dielektrikum) ausgefüllt sein. Der Wert der Kapazität wird durch Geometrie und Dielektrikum bestimmt. Im bekannten Fall eines Plattenkondensators gilt $C = \varepsilon\,\varepsilon_0\,A\,/d$. A ist die wirksame Fläche einer Plattenelektrode, d der Abstand zwischen den Elektroden und ε die Dielektrizitätskonstante des Dielektrikums, von dem zunächst angenommen wird, dass es den gesamten Raum zwischen den Elektroden ausfüllt.

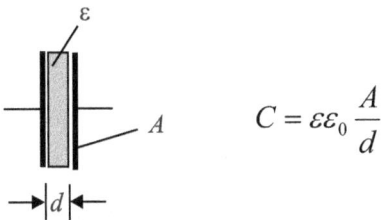

$$C = \varepsilon\varepsilon_0 \frac{A}{d}$$

Abbildung 4-13:
Plattenkondensator mit Dielektrikum

Jede der genannten Größen kann mechanisch verändert werden, insbesondere der Plattenabstand d oder die Plattenüberdeckung A. Auch das Herausziehen des Dielektrikums verändert die Kapazität C stetig. Praktische Bedeutung für die Messung von Verschiebungen haben vor allem zwei Anordnungen gefunden: der Plattenkondensator mit Variation von d für kleine Verschiebungen und eine konzentrische Anordnung zweier Rohre, die in Richtung ihrer gemeinsamen Achse gegeneinander verschoben werden. Dieser „Rohrkondensator" erlaubt bei entsprechender Auslegung auch das Erfassen von Verschiebungen im Meter-Bereich.

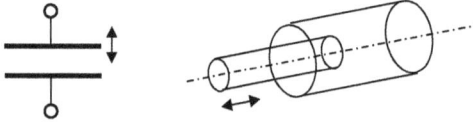

Abbildung 4-14: Platten- und Rohr-
kondensator als Wegaufnehmer

Die Bestimmung der Kapazität der Messkondensatoren erfolgt stets in Wechselstromschaltungen. Ein Kondensator der Kapazität C hat einen Wechselstromwiderstand $1/\omega C$. Dieser wird mit einer Wechselspannungsquelle der Kreisfrequenz ω bestimmt. Bei Variation von d werden gerne Differenzialkondensatoren in Verbindung mit Brückenschaltungen eingesetzt (Abbildung 4-15). Sie ergeben für kleine Verschiebungen einen linearen Zusammenhang von Messgröße und Ausgangssignal.

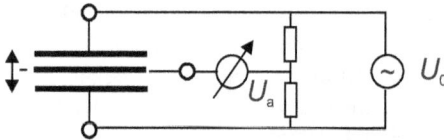

Abbildung 4-15: Differenzial-
Kondensator und Brückenschaltung

Insgesamt hat die Verwendung von Kapazitäten zur Messung von Verschiebungen nicht die Verbreitung der induktiven Wegerfassung erreicht. Sie erfordert stets gute Schirmung des Kondensators und eine elektronische Auswertung möglichst nahe am Kondensator, also die Vermeidung von langen Kabeln zwischen Kondensator und Messelektronik. Das Signal ist ursprünglich nicht so störunempfindlich wie das von induktiven Aufnehmern. Die Verwendung moderner, preiswerter Halbleiterelektronik lässt diesen Nachteil neuerdings weniger bedeutungsvoll erscheinen. Ein Vorteil der kapazitiven Verschiebungsmessung ist, dass die Messkondensatoren unter Verwendung von nichtisolierten Metallelektroden und Keramik als isolierende Halterungen aufgebaut werden können. Diese Materialien können auch bei erhöhten Temperaturen eingesetzt werden, eignen sich also selbst für Messanordnungen in Öfen. Induktive Aufnehmer dagegen enthalten immer Spulen aus lackisoliertem Kupferdraht, sie können daher *nicht* bei erhöhten Temperaturen eingesetzt werden.

4.1.4   Dehnungsmessung und Spannungsmessung

Werden Strukturen wie Maschinen- oder Bauteile äußeren Kräften ausgesetzt, so ändert sich ihre Form. Alle feste Materie zeigt dieses Verhalten mehr oder minder stark. Wenn diese Verformung nach Wegnahme der äußeren Kraft sich wieder zurückbildet, spricht man von *elastischer* Verformung, bildet sich die Verformung nicht zurück wird diese als *plastische* Verformung bezeichnet. Zur Beschreibung der Längenänderungen benutzt man den Begriff der *Dehnung*. Wird z. B. ein Stab der Länge *l* einer Zugkraft *F* ausgesetzt, wird sich seine Länge um einen Betrag Δl erhöhen (Abbildung 4-16).

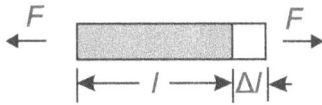

$$\varepsilon = \frac{\Delta l}{l}$$

Abbildung 4-16:
Dehnung eines
homogenen Stabs

Als Dehnung bezeichnet man die relative Längenänderung $\Delta l/l$. Hat der Stab überall den gleichen Querschnitt, wird jede Messung auf einer Teillänge des Stabs ebenfalls den gleichen Dehnungswert liefern. Die Dehnung ist also auch als *lokale* Größe zu verstehen, die auf kleinen Abschnitten interessiert. Die Dehnung wird meist mit ε bezeichnet, also $\varepsilon = \Delta l/l$. Sie ist eigentlich eine einheitenfreie Größe, wird aus praktischen Gründen aber oft in µm/m angegeben.

Für kompliziertere Bauteilformen, die Kräften ausgesetzt sind, werden sich örtlich verschiedene Dehnungen ergeben. Das technische Interesse besteht in der experimentellen Erfassung der Dehnungsverteilung in einem belasteten Bauteil. Wenn in einem Material bestimmte Dehnungswerte überschritten werden, treten zunächst bleibende Verformungen ein, die bei weiterer Erhöhung der Belastung zum Bruch führen. Bei der Auslegung von Bauteilen möchte man naturgemäß möglichst materialsparend konstruieren, muss andererseits aber die Sicherheit der Konstruktion garantieren können. Bei komplizierteren Strukturen ist daher eine experimentelle Überprüfung des Dehnungsverhaltens unter Belastung unverzichtbar.

Für die Messtechnik stellt sich also die Aufgabe, solche minimalen Änderungen der Geometrie lokal zu erfassen. Neben weniger bedeutenden Methoden hat sich als wichtigstes Verfahren die Messung mit *Dehnungsmessstreifen (DMS)* durchgesetzt. Ein Dehnungsmessstreifen besteht aus einem dünnen Metallwiderstand mit mäanderförmiger Struktur der auf einem isolierenden Träger aufgebracht ist (Abbildung 4-17).

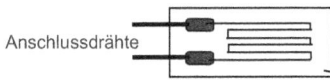

Anschlussdrähte

Kunststofffolie   *Abbildung 4-17: Dehnungsmessstreifen*

Der Widerstand wird durch Formätzen aus einer Metallfolie erzeugt, der Träger ist eine Kunststofffolie. Die übliche Länge des „Messgitters" liegt bei wenigen mm, sein elektrischer Widerstand im Bereich zwischen 100 Ω und 1 kΩ. Er wird beim Einsatz auf die Oberfläche der zu untersuchenden Struktur aufgeklebt und folgt damit der Dehnung der Unterlage. Wird das Messgitter in Längsrichtung gedehnt, erhöht sich sein Widerstand, wird es quer dazu gedehnt, verändert sich sein Widerstand nur wenig. Die Ursache für die Widerstandsänderung ist die Kombination dreier Effekte: Verlängerung der Widerstandsbahnen, Reduzierung ihres Querschnitts und Veränderung des spezifischen Materialwiderstands. Der Einfluss der Effekte nimmt in der Reihenfolge der Aufzählung ab. Wird ein DMS gestaucht, erniedrigt sich entsprechend sein Widerstand. Man spricht in diesem Zusammenhang von *negativer Dehnung*. Die relative Widerstandsänderung ist proportional zur Dehnung:

$$\Delta R / R = k \, (\Delta l / l) = k \, \varepsilon$$

Der Proportionalitätsfaktor k ist materialabhängig, er wird meist kurz als *k-Faktor* bezeichnet. Für Metalle liegt sein Wert bei $k = 2$. Seine Temperaturabhängigkeit hängt vom Material des Messgitters ab. Sie könnte durch eine entsprechende Materialwahl nahezu zu Null gemacht werden. Dies ist für Messungen an Objekten, deren Dehnungsverhalten unter dem Einfluss von Kräften untersucht werden soll, jedoch nicht sinnvoll. Ihre Dehnung unter dem Einfluss einer Temperaturänderung ist real vorhanden, sollte bei einer Spannungs-Dehnungsmessung aber gerade nicht in die Messung eingehen. Man wählt das Material des Messgitters daher so, dass eine Dehnung des Messobjekts aus thermischen Ursachen nahezu keine Änderung des DMS-Widerstands erzeugt. Diese *Kompensation* des thermischen Einflusses muss angepasst an das Material des Messobjekts erfolgen. Man verwendet daher z. B. *DMS für Stahl* oder *DMS für Aluminium*.

Die Widerstandsänderung ist sehr klein. Die relative Widerstandsänderung liegt ja in der Größenordnung der mechanischen Dehnung, die zwischen 0 und 10^{-3} liegt. Man benutzt zur Messung der Widerstandsänderung praktisch immer Brückenschaltungen. Da eine Brücke stets aus vier Widerständen besteht, kann man verschiedene Kombinationen von DMS-Widerständen auf dem Messobjekt und Widerständen in einer Zusatzschaltung wählen. Widerstände im Dehnungsbereich des Messobjekts werden auch als *aktive Widerstände* bezeichnet. Je nachdem, wie viel aktive Widerstände eingesetzt werden, spricht man von Viertel-, Halb- oder Vollbrücken (Abbildung 4-18). Man wählt normalerweise alle vier Widerstände von gleicher Größe und gleicht im dehnungsfreien Zustand die Brücke durch Hilfswiderstände auf Ausgangsspannung 0 V ab.

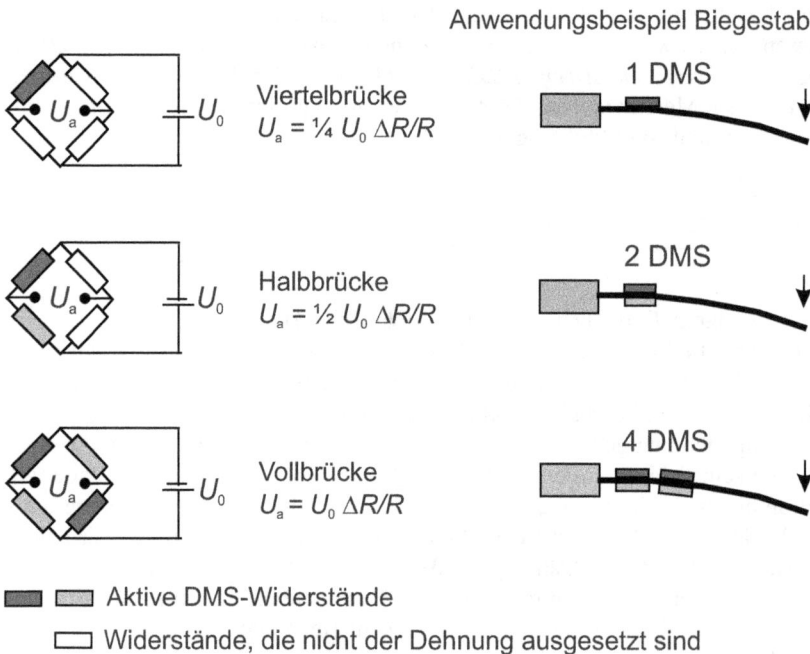

Abbildung 4-18: Brückenschaltungen für Dehnungsmessstreifen und Anwendungsbeispiel

Die Ausgangsspannung, die eine Brücke liefert, ist umso höher, je mehr aktive Widerstände eingesetzt werden, sofern benachbarte Widerstände Dehnungen mit verschiedenem Vorzeichen erfahren. Die Vollbrücke besitzt einen praktisch linearen Zusammenhang zwischen Ausgangsspannung und Dehnung, Viertel- und Halbbrücke nur näherungsweise. Welche der Schaltungen man wählt, hängt von der Anwendung ab. Hat man viele Messstellen an einem kompliziert geformten Objekt, wird man pro Messstelle nur einen aktiven DMS einsetzen. Strukturen, die einer Biegebeanspruchung ausgesetzt werden, untersucht man am besten mit zwei DMS, die an komplementären Stellen mit positiver und negativer Dehnung angebracht werden. Messaufnehmer an Verformungskörpern zur Kraft- (4.3.1) oder Druckmessung (4.5) werden fast immer mit vier aktiven DMS ausgestattet. Die Verwendung von DMS an Stellen der Messobjekte, die keiner Dehnung unterworfen sind oder in Kleberichtung quer zur Dehnung, kann ebenfalls sinnvoll sein. Man erreicht mit ihnen eine zusätzliche Kompensation von Temperatureinflüssen, wenn sie richtig in der Brücke angeordnet werden und wenn an ihrer Position die gleiche Temperatur wie am Ort der aktiven DMS herrscht (Abbildung 4-19).

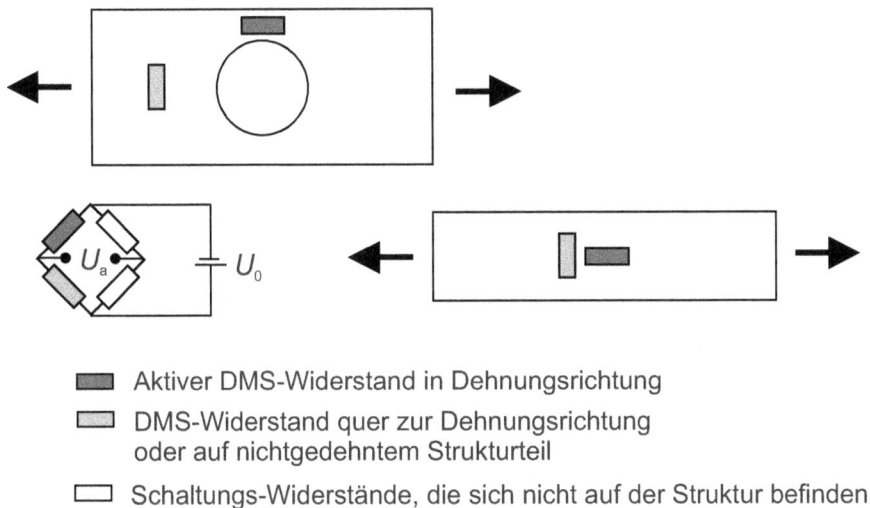

■ Aktiver DMS-Widerstand in Dehnungsrichtung
□ DMS-Widerstand quer zur Dehnungsrichtung
  oder auf nichtgedehntem Strukturteil
▭ Schaltungs-Widerstände, die sich nicht auf der Struktur befinden

Abbildung 4-19: Zwei Beispiele für Temperaturkompensation durch geeignet verteilte DMS-Widerstände auf der Untersuchungsstruktur

Die Applikation von DMS auf Prüfobjekten oder Messaufnehmern ist eine handwerkliche Kunst, die Kenntnisse über das Reinigen, die Kleber, das Löten der Anschlussdrähte usw. erfordert. Vieles davon wird auch durch Spezialliteratur der DMS-Hersteller beschrieben.

Für spezielle Anwendungen werden auch spezialisierte Typen angeboten, die mehrere DMS auf einem Träger vereinen. Ist z. B. nicht bekannt, in welcher Richtung die Dehnungen in einer Fläche liegen, verwendet man drei Messgitter, die zueinander Winkel von 45° bzw. 90° bilden (ähnlich Abbildung 4-20). Aus den drei Signalen lassen sich Größe und Richtung der Dehnung ermitteln. Für Membranen, wie sie bei Druckmessungen (4.5) eingesetzt werden, sind *Rosetten* erhältlich, die je zwei Paare DMS für Tangential- und Radialdehnungen zusammenfassen.

Das Messen der Dehnung in der Oberfläche eines belasteten Objekts wird auch als *Spannungsmessung* bezeichnet. Als Spannung in einem Objekt bezeichnet man den Zustand, den ein Kräftepaar *F, F'* erzeugt, das senkrecht zu einem Querschnitt *A* des Objekts wirkt. Als Spannung bezeichnet man die Größe $\sigma = F/A$. Für metallische Werkstoffe gilt in einem Anfangsbereich $\sigma = E\,\varepsilon$, d. h. die Spannung erzeugt eine proportionale Dehnung. Diese Beschreibung des elastischen Verhaltens wird als *Hookesches Gesetz* bezeichnet. Der Proportionalitätsfaktor *E* beschreibt die Steifigkeit eines Werkstoffs und wird als E-Modul bezeichnet. Da ε keine Einheit besitzt, haben *E* und σ die gleiche Einheit, nämlich N/m^2. Kennt man den *E*-Modul eines Werkstoffs, kann man aus einer gemessenen Dehnung die Spannung bestimmen.

Hier wurden nur grundlegende Zusammenhänge zwischen Spannung und Dehnung beschrieben. In Wirklichkeit ist dieses Gebiet um einiges komplexer. Insbesondere müssen auch noch Schubspannungen betrachtet werden und kombinierte Spannungszustände. Der Leser sei hier auf die entsprechende Literatur der technischen Mechanik verwiesen.

Material, das bei der Herstellung einer Verformung ausgesetzt ist, z. B. Walzblech, kann *Eigenspannungen* aufweisen, d. h. ohne äußere Kräfte können im Material Spannungszustände eingebaut sein, die sich nicht ausgeglichen haben, da die starre Umgebung einer betrachteten Stelle im Material als Abstützung wirkt. Kenntnisse über solche Eigenspannungszustände sind wichtig bei der weiteren Verarbeitung des Materials durch Biege- oder Pressverformung. Die Messung kann ebenfalls durch DMS erfolgen. Einer repräsentativen Probe des Materials wird ein Dehnungsmessstreifen nach Abbildung 4-20 aufgeklebt. Im Zentrum des DMS wird dann ein Teil des Materials herausgebohrt. Dort wo die DMS-Widerstände liegen ist das Material jetzt nur noch einseitig mit der Umgebung verbunden, der Spannungszustand also beseitigt. Die Widerstandsänderungen der DMS als Differenz vor und nach dem Bohren ergeben den Spannungszustand nach Größe und Richtung.

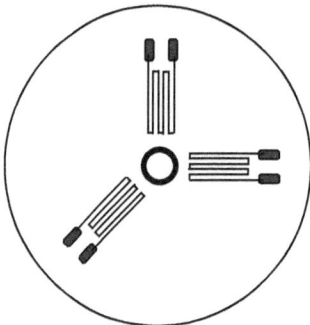

Abbildung 4-20:
DMS für die Messung
von Eigenspannungen

Dehnungsmessungen und Spannungsmessungen mit DMS erfordern für die Erfassung des Messsignals z. T. spezielle Technik. Wie oben geschildert erfolgt die Erfassung der Dehnung meist in Brückenschaltungen. Die Ausgangssignale sind klein und müssen immer verstärkt werden. Je nach Aufgabe ist auch zu entscheiden, ob die Speisung der Brücke durch eine

Gleich- oder Wechselspannung erfolgt. Wenn die Dehnungen in der Zeit sich nicht oder langsam verändern, ist die Speisung durch eine Wechselspannungsquelle vorzuziehen, weil dann die Verstärkung leichter mit hoher Genauigkeit zu realisieren ist. Entsprechende Geräte, die sowohl Wechselspannungsgenerator als auch Verstärker und Abgleichelemente enthalten, werden angeboten. Wenn der DMS dynamischen Signalen ausgesetzt wird, beispielsweise zur Erfassung von mechanischen Schwingungen von Bauteilen, ist eine Speisung durch Gleichspannung vorzuziehen, weil damit eine bessere zeitliche Auflösung zu erzielen ist. Die Frequenzen von Schwingungen die mit DMS erfasst werden sollen, können durchaus im Ultraschallbereich liegen. Die Zeitkonstante eines kleinen DMS, gemessen mit einem sprungförmigen Dehnungswechsel, liegt im µs-Bereich.

4.2   Zeitmessung

Die Zeit, die merkwürdigste der Basisgrößen, ist einfach da und läuft immer in eine Richtung, von vorher nach nachher. Wir brauchen sie, wenn wir Vorgänge beschreiben wollen. Sie bestimmt unser Leben intensiver als alle anderen Basisgrößen. Wir brauchen sie, wenn wir Vorhersagen über die Zukunft aus unseren Erfahrungen heraus verlässlich gewinnen wollen. Der Mensch hat ein Gefühl für Zeit, seine innere Uhr. Er bekommt Signale aus der Außenwelt, die mit dem Ablauf der Zeit verbunden sind. Die Erde dreht sich um sich selbst, und lässt mit der Sonne und dem Sternenhimmel den Ablauf der Zeit deutlich werden. Der Wechsel zwischen Tag und Nacht bestimmt unseren Lebensrhythmus. Der Umlauf der Erde um die Sonne erzeugt die Jahreszeiten. Der Mensch braucht nur Tage und Jahre zu zählen und hat damit ein Maß für die Zeit.

Schwieriger wird es, wenn er versucht diese Intervalle weiter zu zerlegen, dann versagt sich die unmittelbar beobachtbare Natur. Er behilft sich damit, Vorgänge zu suchen, von denen er hofft, dass sie „gleichmäßig" ablaufen und teilt den Ablauf in gleiche Intervalle: das Wandern des Sonnenschattens (Sonnenuhr), Wasser- oder Sandbehälter, die ihren Inhalt langsam durch eine enge Öffnung entlassen, oder Kerzen die langsam niederbrennen. Ein Pendel führt offenbar auch eine regelmäßige, periodische Bewegung aus. Durch geeignete Energiezufuhr kann man den Energieverzehr durch Reibung ausgleichen, sodass man eine Einrichtung besitzt, die kleine, gleiche Zeitintervalle darstellt. Mit summierenden Werken kann man die Intervalle zu größeren Einheiten zusammenfassen. Mit Anzeigen wie Zifferblättern und Zeigern oder digitalen Displays kann man die Zeit als quantitative Größe sichtbar machen. Dies ist das Prinzip fast aller heute verwendeten Uhren. Sie unterscheiden sich lediglich in der Art des verwendeten „Pendels" und der „Zählwerke".

Die mechanischen Uhren verwenden Schwerependel oder Drehpendel. Sie sind eigentlich sämtlich veraltet, da das Verhältnis Aufwand/Genauigkeit im Vergleich zu anderen Lösungen schlecht ist und höchste Genauigkeit nicht erzielbar ist. Die Gebrauchsuhr ist die „Quarzuhr", sie enthält eine aus einem Quarzkristall geschnittene kleine Scheibe, die mit Elektroden versehen ist. Die Scheibe besitzt eine Eigenfrequenz, mit der sie mechanische Schwingungen ausführen kann. Bei Anlegen einer Wechselspannung dieser Frequenz führt sie eine fortwährende Schwingung aus, die die Frequenz des elektrischen Oszillators durch elektrische Rückwirkung stabilisiert. Die Eigenfrequenz der Scheibe bestimmt also die Oszillatorfrequenz und dies mit sehr hoher Genauigkeit. Gute Quarzuhren besitzen eine Genauigkeit von besser als 1 s in 10 Jahren. Sie werden sowohl als Uhren zur *Zeitanzeige* als auch als *Zeitgeber* in vielen technischen Einrichtungen und Messeinrichtungen verwendet. Die Einzelschwingungen werden durch elektronische Zähler erfasst und verarbeitet. Ergänzt durch Start-, Stopp- und Rücksetzfunktionen werden sie zur *Intervallmessung* eingesetzt, kombiniert mit einer weiteren Zähleinrichtung auch als Frequenzmesser. *Schaltuhren* steuern Prozesse in ihrem Zeitablauf. Eingänge wie Ausgänge tragen elektrische Signale, die mechanische Bedienung erfolgt über Schaltkontakte.

Übertroffen wird die Genauigkeit der Quarzuhr nur von der Atomuhr. Das „Pendel" ist eine inneratomare Schwingungsform in der Elektronenhülle von Cäsium-Atomen, bei der das Magnetfeld des Atomkerns mitwirkt. Sie kann in Wechselwirkung mit einem elektronischen Oszillator ihre Genauigkeit auf die des Oszillators übertragen. Betrieben werden diese Atomuhren von nationalen Ämtern, in Deutschland von der Physikalisch-Technischen Bundesanstalt in Braunschweig. Ihre relative Unsicherheit beträgt lediglich $1/10^{14}$. Mehrere parallel betriebene Uhren und ihr Vergleich stellen dies sicher. Da die Cäsium-Atomuhr der genaueste Zeitmesser ist, wurde sie auch zur gültigen Definition der Sekunde herangezogen: Eine Sekunde besteht aus 9 192 631 770 Schwingungen des Oszillators der Atomuhr.

Die Atomuhr ist viel genauer als die Erdrotation. Man kann mit ihr Schwankungen der Erdrotation feststellen, insbesondere ihre allmähliche Verlangsamung auf Grund der Gezeitenreibung.

Den Zugang zu diesen Normal-Uhren erhalten wir über verschiedene Wege. Der genaueste, aber auch aufwendigste, ist die Weitergabe durch Sekundär-Atomuhren, die als weniger genaue, aber transportable Uhren, die Zeit an andere Orte transportieren können. Bequemer ist die Übermittlung durch Funksignale. Ein Langwellensender (DCF77) bei Frankfurt am Main wird von der Primäratomuhr gesteuert. Seine Trägerfrequenz von 77,5 kHz wird von der Atomuhr stabilisiert. Weiter ist der Träger durch Sekundenmarken moduliert. Datum und Uhrzeit werden ebenfalls in kodierter Form übertragen. Als Empfänger dienen die „Funkuhren", deren interner Oszillator und deren Anzeige durch das Funksignal laufend synchronisiert werden. Sie lassen sich genauer als mit einer Millisekunde Abweichung auf der Zeit der Primäratomuhr halten.

Zusätzlich wird die Atomuhr-Zeit über das Telefonnetz und über das Internet verbreitet. Hier lassen sich wegen der Signallaufzeiten nur eingeschränkte Genauigkeiten erreichen, doch rechnet man selbst im Internet noch mit einem maximalen Fehler von weniger als einer Sekunde.

Wenn man die Genauigkeit der Zeitmessung betrachtet, muss man stets unterscheiden, ob man sich auf die genaue *Uhrzeit* des Normals bezieht, oder ob man die Genauigkeit für das Messen von Zeitabschnitten meint. In den meisten Fällen, so z. B. für das Messen von Geschwindigkeiten, kommt nur die Genauigkeit der Zeitintervalle zum Tragen. Für übliche technische Messungen ist dann die Ganggenauigkeit einer modernen quarzgesteuerten Uhr vollkommen ausreichend. Die Messfehler entstehen meist beim Starten und Stoppen der Uhr, insbesondere bei manueller oder mechanischer Betätigung.

4.3   Kraft- und Drehmomentmessung

4.3.1   Kraftmessung

Kräfte sind Größen, für die wir eine Wahrnehmungsfähigkeit besitzen, im Wechselspiel mit unseren Muskeln fühlen wir sie, wenn sie z. B. auf unsere Hand oder Arm einwirken. Eine Kraft besitzt eine Größe und Richtung, sie ist also eine vektorielle Größe. Kräfte, die an einem Punkt angreifen, können vektoriell zu einer resultierenden Kraft zusammengesetzt werden. Sie sind die Ursache für *beobachtbare* Wirkungen:

- Wirkt eine Kraft auf eine Masse ein, wird diese beschleunigt.

- Eine elastische Struktur wird durch Kräfte verformt.

Zur Messung von Kräften werden meist elastische Verformungen herangezogen, zur Definition der Einheit hat man die beschleunigende Wirkung auf Massen benutzt. Das 2. Newtonsche Axiom stellt fest, dass eine Kraft F, die auf eine Masse m wirkt, eine der Kraft proportionale Beschleunigung verursacht: $\vec{F} = k \; m \; \vec{a}$. Der Proportionalitätsfaktor k ist solange notwendig, wie die Einheit der Kraft nicht festgelegt ist. Der Einfachheit wegen legte man die Einheit der Kraft nun so fest, dass $k = 1$ wird. Damit ergibt sich die Einheit der Kraft zu $[F] = [m] \, [a] = \mathrm{kg \; m \; s^{-2}}$. Man nannte sie *Newton* mit der Abkürzung N.

Da Kräfte nur über ihre Wirkung gemessen werden können, muss bei der Messung einer Kraft immer eine Wandlung durchgeführt werden. Eine ganze Reihe verschiedenartiger Messprinzipien werden in der Praxis verwendet.

4.3.1.1   Mechanische Systeme

Kräfte können durch Gewichte erzeugt werden und ins Gleichgewicht zu einer zu messenden Kraft gesetzt werden. Für den Vergleich werden Balkenwaagen benutzt. Das Verfahren verlangt das Hantieren mit Gewichtssätzen, gilt daher als umständlich und wird nur in Ausnahmefällen eingesetzt. Die Genauigkeit ist jedoch bei Verwendung genauer Gewichtssätze hoch und erfordert keine weitere Kalibrierung. Für Präzisionsmessungen muss der *örtliche* Wert für die Erdbeschleunigung g verwendet werden ($F = m \, g$).

Die Verformung von Federn im elastischen (Hookeschen) Bereich liefert einen linearen Zusammenhang von Kraft und Verformungsweg. Die praktische Realisierung des Messprinzips erfolgt durch „Federwaagen", Systeme, die den Federweg durch Skalen und Zeiger ablesbar machen. Es werden sowohl direktanzeigende, lineare Systeme verwendet als auch solche bei denen der Federweg durch ein mechanisches Getriebe auf einen Zeiger mit Rundskala übertragen wird. Die mechanischen Eigenschaften der Feder bestimmen den Messbereich dieser Kraftmesser.

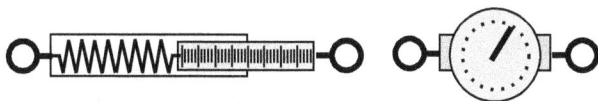

Abbildung 4-21: „Federwaagen" zur Messung von Kräften

Die Einleitung der Kraft in das elastische System kann auch hydraulisch erfolgen. Eine Dose mit einer Kolben-Zylinder-Kombination nimmt die Kraft auf und wandelt sie in einen proportionalen hydrostatischen Druck. Dieser wird über einen druckfesten Schlauch an ein Druckmesswerk weitergeleitet. Das Druckmesswerk kann direkt als Kraftanzeige kalibriert werden, da der aufnehmende Kolben ja eine ganz bestimmte, festliegende Fläche besitzt.

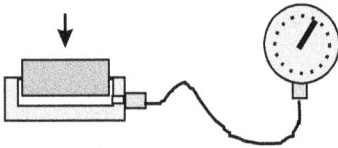

Abbildung 4-22:
Hydraulischer Kraftaufnehmer

Der Vorteil eines solchen Systems ist die räumliche Trennung von Kraftaufnehmer und Anzeige. Durch entsprechende Auslegung kann der Messbereich eingerichtet werden, es gibt Systeme mit Nennbereichen von 10^2 N bis 10^7 N, die Genauigkeit liegt bei 1 % bis 2 %.

4.3.1.2   DMS-Kraftaufnehmer

Die DMS-Kraftaufnehmer benutzen die elastische Verformung von elastischen Strukturen, deren Verformung durch Dehnungsmessstreifen (DMS) erfasst werden. Die Vorteile solcher DMS-Wandler sind, dass man durch die Auslegung der elastischen Elemente die Messbereiche in weiten Grenzen frei wählen kann und man einen elektrischen Wert als Ausgangssignal erhält. Die verschiedenen Typen unterscheiden sich durch die Form des elastischen Elements und die Applikation der DMS. Als elastische Elemente werden die Grundformen Stab, Rohr, Ring und Biegebalken eingesetzt (Abbildung 4-23).

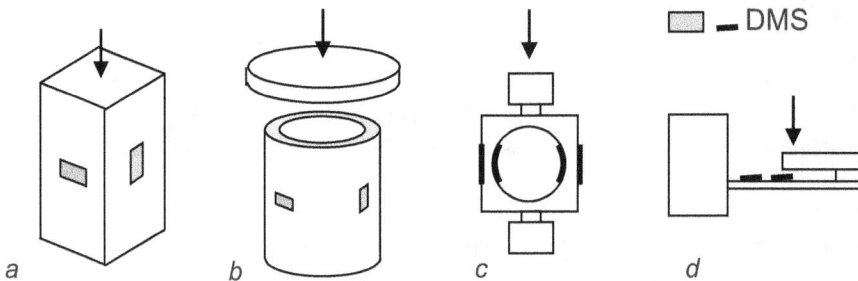

Abbildung 4-23: Verformungselemente vom Typ Stab (a), Rohr (b), Ring (c), Balken (d)

Das Material für Messelement und Gehäuse ist fast immer Stahl. Die Art der Krafteinleitung muss sorgfältig in der Aufnehmerkonstruktion eingeplant werden. Es muss sichergestellt sein, dass der Aufnehmer in der vorgesehenen Richtung beansprucht wird und die Kraft gleichmäßig auf das Verformungselement verteilt wird. Der Aufnehmer wird daher stets mit kugelförmigen Aufnahmeflächen (Einleitung von Druckkräften) oder Kugellagern in Aufnahmeringen (Zugkräfte) ausgerüstet, insbesondere um Drehmomente vom Aufnehmer fernzuhalten. Die DMS werden immer so angeordnet, dass ihre Dehnung über Vollbrückenschaltungen erfasst werden kann und eine optimale Temperaturkompensation erreicht wird. Die

Genauigkeiten, die bei sorgfältiger Auslegung erreicht werden, sind beachtlich. Aufnehmer sind in Klassengenauigkeit von 0,03 % bis 2 % erhältlich. Sie sind nicht nur *kalibrierfähig* sondern teilweise auch *eichfähig*. Die Grenze der Auflösung liegt bei 10^{-6}, die der Messunsicherheit bei 10^{-5}. Die technischen Gründe für die Grenzen liegen in den Problemen der Krafteinleitung und im „Kriechen" von elastischen Strukturen und DMS unter Last, d. h. dem langsamen zusätzlichen Dehnen nach Auflegen einer Kraft.

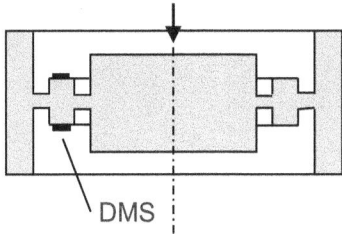

Abbildung 4-24:
Kraftaufnehmer mit radial
verformtem Biegering

Die Gründe für die verschiedenartige Auslegung der Dehnungskörper liegen z. T. im gewachsenen Know-how der Hersteller. Der einfache Stab neigt bei Druckbelastung zum Ausknicken, dies vermeidet eine rohrförmige Struktur weitgehend, doch können auch hier Asymmetrien in der Dehnung auftreten. Der in Abbildung 4-24 dargestellte Biegering scheint hier entscheidende Vorteile zu bieten. Biegebalken werden eher in unkritischen Anwendungen eingesetzt, da bei ihnen die Krafteinleitung nicht sehr präzise erfolgt.

4.3.1.3   Induktive Kraftaufnehmer

Wird die Formänderung einer elastischen Struktur durch einen induktiven Wegaufnehmer erfasst, spricht man kurz von induktiven Kraftaufnehmern. Ein Beispiel hierfür ist in *Abbildung 4-25* dargestellt. Eine doppelte Biegefeder dient gleichzeitig zur quasilinearen Führung einer Achse, die in ihrem mittleren Teil einen Eisenkern trägt. Er verschiebt sich bei Belastung axial in einer Doppelspule, die in üblicher Weise (s. 4.1.3.2) die Verschiebung der Achse zu erfassen erlaubt. Solche Systeme werden eher für die Messung kleinerer Kräfte eingesetzt, Genauigkeitsklassen von 0,2 % bis 1 %.

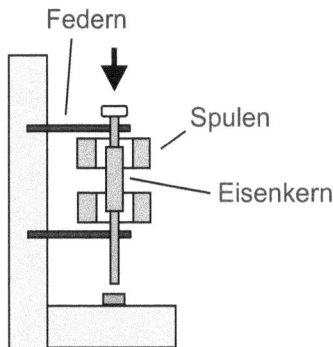

Abbildung 4-25:
Induktiver Kraftaufnehmer

4.3.1.4   Piezoelektrische Kraftaufnehmer

Bestimmte Kristalle, wie z. B. Quarz, haben einen Aufbau ihres Kristallgitters, der bei einer Dehnung des Kristalls durch äußere Kräfte elektrische Ladungen an ihrer Oberfläche erscheinen lässt. Die Ladungsmenge ist proportional zur Verformung, daher im „Hookeschen" Bereich auch proportional zu einer aufgebrachten Kraft. Da es sich um sehr geringe Ladungsmengen handelt, ist ihr sicherer Nachweis nur mit Hilfe einer sorgfältig ausgelegten Elektronik, einem so genannten Ladungsverstärker, möglich. Die Ladungen werden über flächenhafte Elektroden gesammelt und über ein geschirmtes Kabel an den Verstärker geführt. Die Grundschaltung für eine solche Anordnung ist in Abbildung 4-26 wiedergegeben.

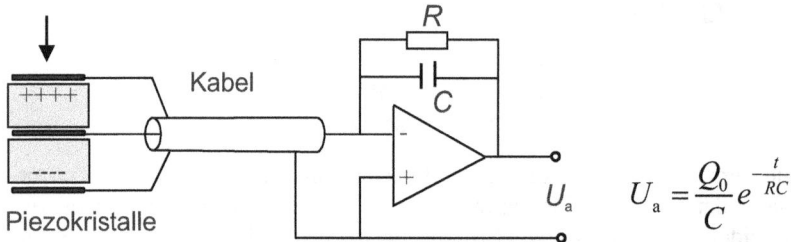

Abbildung 4-26: Piezoelektrischer Kraftaufnehmer mit Ladungsverstärkerschaltung

Die Ausgangsspannung des Operationsverstärkers in der gezeigten Schaltung ist nach dem Anbringen einer Kraft zunächst ($t = 0$) als ladungsproportionale Spannung vorhanden. Sie sinkt mit der Zeit t nach einem Exponentialverlauf, der nur von der Kapazität und dem Widerstand im Rückführungsteil des Operationsverstärkers abhängt. Die Kapazität des Kristalls und des Kabels zwischen Kristall und Ladungsverstärkereingang spielt keine Rolle. Dieses RC-Glied kann sehr groß gewählt werden, sodass das Absinken der Spannung sehr langsam erfolgt. Damit sind auch Messungen statischer oder langsam veränderlicher Kräfte möglich. Die Hauptgebiete für solche Kraftaufnehmer sind aber das Verfolgen von rasch veränderlichen Kräften in dynamischen Systemen. Entsprechende Systeme einschließlich Ladungsverstärker sind im Handel.

4.3.2   Drehmomentmessung

Kräfte erzeugen gegenüber Punkten in einem System, die nicht auf der Wirkungslinie der Kraft liegen, *Drehmomente*.

Einfachste Definition: Der Betrag eines Drehmoments ist gleich dem Betrag der Kraft F multipliziert mit dem senkrechten Abstand d_s des Bezugspunkts von der Wirkungslinie.

Allgemeine Definition eines Drehmoments: $\vec{M} = \vec{r} \times \vec{F}$

Das Drehmoment ist also ein Vektor, der auf dem Abstands- und Kraftvektor senkrecht steht. Da man sich meistens für Drehmomente in drehbaren Maschinenteilen interessiert, ist die Richtung des zu bestimmenden Drehmoments meist die Drehachse, sodass man sich auf eine Erfassung des Betrags des Drehmoments beschränken kann.

$M = d_s\,F$ $\vec{M} = \vec{r} \times \vec{F}$

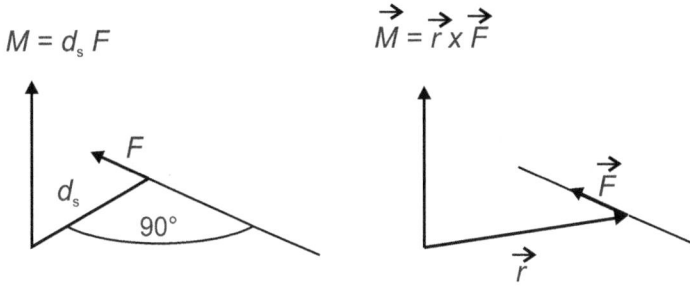

Abbildung 4-27: Definiti-
on eines Drehmoments
als Vektorbetrag und als
Kreuzprodukt

Das Messen des Drehmoments kann entweder an der Welle erfolgen, die das Drehmoment überträgt oder an den Auflagern der Maschinenteile, die mechanische Leistung auf die Welle übertragen oder entnehmen; an einem Aggregat aus Motor und Pumpe, also am Motorauflager oder am Auflager der Pumpe. Welche der Möglichkeiten vorzuziehen ist, ist nur am Einzelfall zu entscheiden.

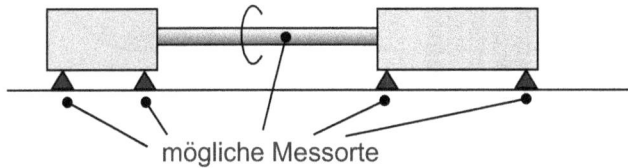

Abbildung 4-28:
Messorte für Dreh-
momentmessung an
Maschinenaggregaten

Das Messen von Drehmomenten, die durch Wellen übertragen werden, geschieht häufig zur Bestimmung der übertragenen Leistung. Dies wird in 4.4.3 näher erläutert.

4.3.2.1   Messen in der Welle

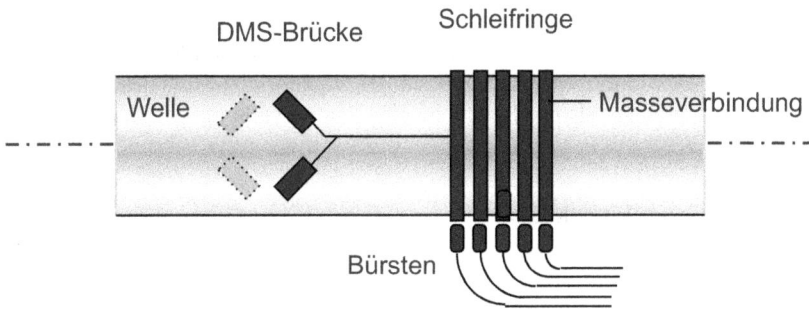

Abbildung 4-29: DMS-Brücke zur Drehmomentmessung an einer Welle und Abgriffe über Schleifringe. (Die Verdrahtung ist nur teilweise angedeutet.)

Die Maschinenwelle wird durch das Drehmoment *tordiert*. Die damit einhergehende Verformung kann durch Dehnungsmessstreifen erfasst werden. Man benutzt vier in Winkeln von 45° bzw. 135° geklebte DMS und schaltet diese in einer Vollbrücke zusammen.

Die vier Verbindungspunkte müssen einer Messeinrichtung zugeführt werden. Da die Welle rotiert, kann man den Kontakt nur über Schleifringe und Bürsten herstellen. Unter Umständen muss die Welle unterbrochen und durch ein Verbindungsstück geringeren Durchmessers ergänzt werden, um eine ausreichende Empfindlichkeit der Messbrücke zu gewährleisten. Der Vorteil eines solchen Verbindungsstücks mit Brücke und Schleifringen ist auch, dass es von einem Messtechnik-Hersteller als Komplettteil geliefert werden kann, und der Nutzer dies nur noch als Wellenzwischenstück über Anschlussflansche einbauen muss.

Die Reduzierung des Querschnitts zur Erzielung einer ausreichenden Dehnung kann auch in anderer Weise erfolgen. Das Messwellenstück kann als Hohlwelle mit Durchbrüchen ausgeführt werden, die verbleibenden Stege bilden *Biegebalken*, die mit DMS versehen werden.

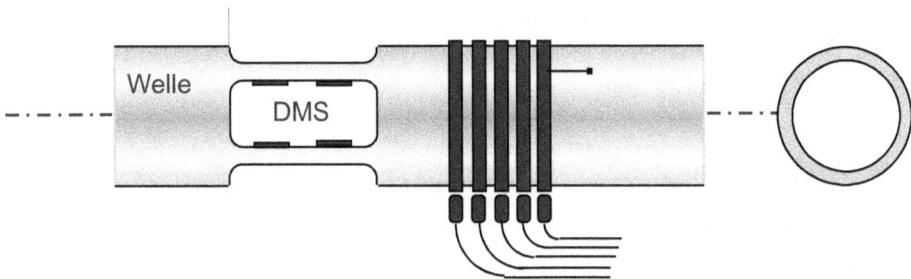

Abbildung 4-30: Drehmomentaufnahme in Wellendurchbrüchen mit „Biegebalken"

Eine weitere Möglichkeit ist die Erfassung des Drehmoments durch *piezoelektrische Kristalle*. Eine Doppelscheibe wird im Zwischenraum durch eine Reihe von Piezokristallen verbunden, die gleichmäßig auf einem Kreis um die Wellenachse angeordnet sind. Das Drehmoment bewirkt ein Schubkraft-Paar an den Oberflächen der Kristalle. Wenn die Richtung in der die Kristalle aus dem Rohrkristall geschnitten sind, richtig gewählt wird, bewirken die Schubkräfte eine proportionale Ladungserzeugung, die nach den üblichen Methoden erfasst wird (vgl. 4.3.1.4). Solche Anordnungen einschließlich der zugehörigen Messelektronik sind am Markt. Der Messkopf braucht also lediglich in eine Unterbrechung der Welle eingeflanscht werden.

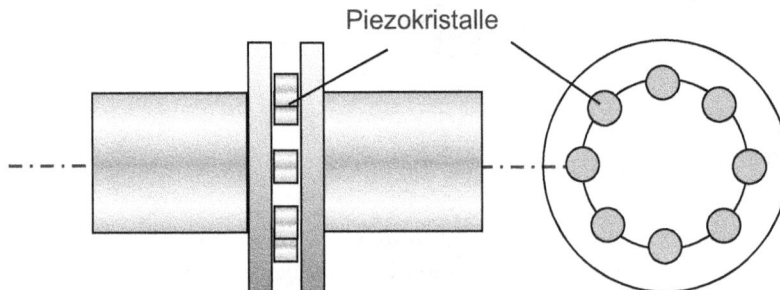

Abbildung 4-31: Drehmomenterfassung mit piezoelektrischem Aufnehmer

4.3.2.2   Messen im Auflager

Ein Drehmoment, das auf einen Körper wirkt, erscheint auch dort, wo der Körper sich gegenüber der Außenwelt abstützt, i. Allg. also in seinen Auflagern. Wird eine Auflagerflucht parallel zur Achse als Drehachse ausgebildet, so kann durch Messen der drehmomentbedingten Zusatzkraft F in einem Auflager mit Abstand d von der Auflagerachse das Drehmoment bestimmt werden: $M = F\,d$.

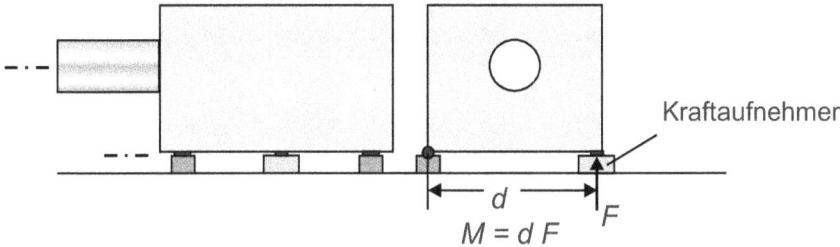

Abbildung 4-32: Messen des von der Welle übertragenen Drehmoments in den Auflagern

Eine solche Messung liefert natürlich nur dann richtige Ergebnisse, wenn

- die Messbrücke im drehmomentfreien Zustand auf null abgeglichen wird und

- sämtliche weiteren Anschlüsse wie Kabel, Rohre und dgl. mit der betreffenden Maschine kräftefrei und flexibel ausgeführt werden.

Wegen der aufwendigen Lagerbedingungen ist diese Messmethode nur für kleinere Aggregate geeignet.

4.4   Geschwindigkeits-, Drehzahl-, Leistungsmessung

Das Messen von Geschwindigkeiten oder Drehzahlen rotierender Teile ist immer dann notwendig, wenn diese Größen nicht oder nur ungenau aus anderen Parametern eines Systems gewonnen werden können. Die Informationen sind für den Betrieb technischer Anlagen oft funktionell notwendig, oder sie sind für die Sicherheit einer Anlage erforderlich. Häufig sind solche Messungen in Regelkreise eingebunden, um eine Anlage in einem ganz bestimmten Zustand zu halten. Die aufeinander folgenden Stationen eines Walzwerks müssen das Walzgut mit genau definierten Geschwindigkeiten transportieren. Da die Walzteile ja nicht nur dünner sondern auch länger werden, müssen die Antriebe der Walzen genauestens aufeinander abgestimmt gesteuert werden. Die Drehzahlen der Generatoren in Kraftwerken müssen so geregelt werden, dass der erzeugte Wechselstrom synchron und phasenrichtig in das Verbundnetz eingespeist werden kann.

Das Messen von Geschwindigkeiten, Drehzahlen und mechanischer Leistung ist eng miteinander verzahnt und wird daher hier zusammenfassend behandelt.

4.4.1   Messen von Geschwindigkeiten

Die Geschwindigkeit eines Objekts hat eine Richtung und einen Betrag, ist also eine vektorielle Größe. Ob sie als vektorielle Größe gemessen werden muss, hängt von der Aufgabe ab.
Häufig ist die Richtung zwangsläufig festgelegt oder bekannt, dann genügt die Erfassung des
Geschwindigkeitsbetrags. Dieser wird als Quotient einer zurückgelegten Wegstrecke Δs und
der zugehörigen Zeitspanne Δt bestimmt. Die Länge der Zeitspanne bestimmt gleichzeitig,
wie stark eine Geschwindigkeitsmessung einer Mittelwertbildung bereits bei ihrer Erfassung
unterworfen wird:

$$v = \frac{\Delta s}{\Delta t} \text{ oder} \qquad v = \frac{ds}{dt}$$

Aus einer Messreihe, die in rascher Folge Werte für s und t bestimmt, kann nicht nur eine
Weg-Zeit-Funktion $s = s(t)$ gewonnen werden, sondern durch Differenzieren auch ein Ge-
schwindigkeitsablauf $v = v(t)$.

Zwei recht verschiedenartige Aufgabenfelder bedingen ebenso verschiedene Messmethoden:
das Bestimmen von Geschwindigkeiten in *Strömungen* von Flüssigkeiten und Gasen einerseits und die Geschwindigkeitsmessung an *Objekten* andererseits.

4.4.1.1   Strömungsmessungen

Strömungen bestehen aus bewegten Flüssigkeiten oder Gasen, bei denen Geschwindigkeits-
richtung und -betrag örtlich verschieden sein können. Werden in allen Punkten der Strömung
Geschwindigkeiten nach Betrag und Richtung festgestellt, die sich zeitlich *nicht* ändern,
spricht man von stationären Strömungen. Das messtechnische Problem besteht darin, dass
man die Bewegung einer Strömung bei homogenen Medien nicht sehen kann. Man ist also
darauf angewiesen, Markierungen einzubringen, die von der Strömung mitgeführt werden
oder indirekte Methoden zu verwenden, die Wirkungen der Strömung ausnutzen.

Das Markieren von Strömungen erfolgt mit kleinen Partikeln, die im Volumen oder an der
Oberfläche mitgeführt werden. Auch kleine Luftblasen können dafür benutzt werden, da diese nur eine langsame, vernachlässigbare, auftriebsinduzierte Steiggeschwindigkeit haben.
Wird ein so markiertes Strömungsfeld fotografiert, zeichnen die Partikel auf der Aufnahme
kurze Striche, die ein Maß für die Strömungsgeschwindigkeit senkrecht zur Beobachtungs-
richtung darstellen: die Strichlänge liefert ein Δs, die verwendete Belichtungszeit das zugehörige Δt. Da Δt für alle Striche einer Aufnahme gleich ist, vermittelt eine solche Aufnahme
einen direkten Eindruck des Strömungsfelds: *ein* Strich zeigt gleichzeitig Ort, Geschwindigkeit (Strichlänge) und Strömungsrichtung.

Im Windkanal werden Strömungen durch Einblasen von Rauch sichtbar gemacht, die Strom-
linien werden dargestellt. So kann man die *Strömungsrichtung* wieder direkt am Bild ablesen, ohne allerdings eine lokale Information über die Strömungsgeschwindigkeit zu erhalten.
Da der Betrag der Hauptströmung längs des Windkanals gemessen wird, ist dies nur ein kleiner Nachteil.

Ohne zusätzliche Partikelmarkierung vermag die *Laser-Doppler-Anemometrie* Strömungsgeschwindigkeiten optisch zu erfassen. Ein Laserstrahl wird quer zur Strömungsrichtung
durch das Medium geschickt. Das Streulicht, das an vorhandenen kleinsten Verunreinigun-

gen entsteht, wird beobachtet. Da auch in Querrichtung ein *Dopplereffekt* – ähnlich wie aus der Akustik bekannt – auftritt, kann aus der Verschiebung der Wellenlänge der gestreuten Strahlung gegenüber der ursprünglichen Laserstrahlung auf die Geschwindigkeit geschlossen werden. Entsprechende Geräte sind am Markt, leider ist das Verfahren ziemlich aufwendig und damit teuer.

Wenn Strömungsgeschwindigkeiten nicht als Felder sondern lokal an einem Ort gemessen werden sollen, stehen einfache, wirkungsvolle Verfahren zur Verfügung. Radförmige Strukturen mit entsprechender Gestalt werden von Strömungen in Rotation versetzt. Ihre Drehzahl ist proportional zur Strömungsgeschwindigkeit, eine Kalibrierung ist allerdings erforderlich. Sie transformieren also die Strömungsgeschwindigkeit in eine Drehzahl, die mit den Verfahren aus 4.4.2 gemessen wird. Benutzt werden *Flügelräder* (Windrad) und *Schalenkreuze,* drei hohle Halbkugeln, die mit seitlichen Stielen an einer Rotationsachse befestigt sind. Die Rotationsachsen der Flügelräder müssen in Strömungsrichtung zeigen, die der Schalenkreuze quer zur Strömungsrichtung.

Die *Richtung* einer Strömung wird durch eine *Windfahne* angezeigt, eine flache, drehbare Struktur, deren Flächen unsymmetrisch zur Drehachse angeordnet sind. Das älteste Beispiel solcher Windrichtungszeiger sind die „Wetterhähne" auf alten Kirchtürmen, als Wetterpropheten können sie allerdings nur soweit dienen, wie Windrichtung und Wetter korrelieren. Moderne Ausführungen sind die Windrichtungsaufnehmer meteorologischer Stationen, deren Drehachsen mit Winkelaufnehmern zur Umsetzung in elektrische Signale ausgerüstet sind. Auch die *Windsäcke,* wie sie auf Sportflugplätzen und Autobahnviadukten aufgestellt sind, gehören in diese Klasse der Richtungsanzeiger für Strömungen.

Ein recht elegantes Verfahren, das ohne bewegliche Teile auskommt, ist das *Staurohr nach Prandtl* (Abbildung 4-33). Es nutzt die Tatsache aus, dass längs einer Stromlinie ein gesetzmäßiger Zusammenhang zwischen Strömungsgeschwindigkeit und Druck besteht.

Abbildung 4-33: Prandtlsches Staurohr

Befindet man sich in der Umgebung eines bestimmten Orts in der Strömung, so gilt nach Bernoulli:

$$\frac{1}{2}\rho \; v^2 + p = const.$$

Das *Prandtlsche Staurohr* setzt einen Staupunkt in die Strömung, an dem $v = 0$ ist und misst dort einen Druck p_1, an einem zweiten Punkt mit ungestörter Strömung einen Druck p_2. Dann gilt $0 + p_1 = \frac{1}{2}\rho \; v^2 + p_2$. Daraus ergibt sich:

$$v = \sqrt{\frac{2}{\rho}(p_1 - p_2)}$$

Mit dem Staurohr und einer einfachen Differenzdruckmessung lässt sich also die Strömungsgeschwindigkeit bestimmen. Das Gerät muss in Strömungsrichtung ausgerichtet werden. Es wird u. a. auch zur Messung der Geschwindigkeit von Flugzeugen relativ zur Umgebungsluft benutzt, das Staurohr ist außen oder in der vorderen Flügelkante mit der Staupunktöffnung nach vorne eingebaut.

Das Messen von Strömungsgeschwindigkeiten in Rohren, soweit es sich um Durchsatzmessungen handelt, wird in der Durchflussmesstechnik (s. 4.6) behandelt.

4.4.1.2   Geschwindigkeitsmessungen an Objekten, Fahrzeugen, Fördermitteln

Die Geschwindigkeit von Objekten, die sich relativ zu ihrer Umgebung bewegen, kann mit vielen Verfahren erfasst werden, die sich grob in drei Klassen einteilen lassen:

- Umsetzen der Linearbewegung in eine Rotation (Rad) und Erfassen der Rotationsdrehzahl
- Messen der Zeit, die das Objekt benötigt, um eine bestimmte Strecke zurückzulegen.
- Messen der Dopplerverschiebung der Frequenz von Wellen (Schall, Radar), die am bewegten Objekt reflektiert werden.

Das Prinzip des Umsetzens auf eine *Rotationsbewegung* ist uns vom Auto bekannt. Das rollende Rad überträgt seine Bewegung auf die Radachsen. Dort oder am Getriebe wird die Rotationsbewegung auf eine biegsame Welle übertragen, die mit dem Gehäuse des Tachometers verbunden ist. Das Tachometer stellt die Drehzahl mit einem *Wirbelstromtachometer* (s. 4.4.2) dar, das direkt als Geschwindigkeitsanzeige kalibriert ist. Da der Raddurchmesser in die Kalibrierung eingeht, dieser aber vom Reifenzustand und vom Luftdruck abhängt, darf man von einem solchen Gerät keine allzu hohe Genauigkeit erwarten.

Für das Messen der Zeit für eine bestimmte *Wegstrecke* muss die Wegstrecke vordefiniert werden. Dies kann entweder auf dem Objekt oder in der „Welt" geschehen, in der sich das Objekt bewegt. Auf dem Objekt kann eine entsprechende Markierung für die Messstrecke angebracht werden oder die Messstrecke wird durch Positionen der Objektbahn definiert.

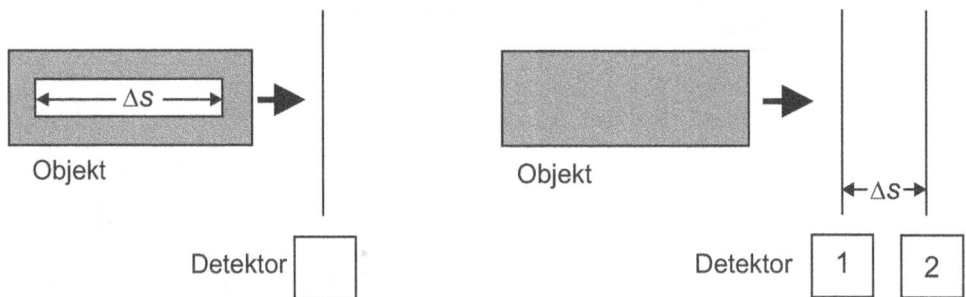

Abbildung 4-34: Geschwindigkeitsmessung als $v = \Delta s/\Delta t$, links mit Δs auf dem bewegten Objekt, rechts mit Δs als Abstand zweier ortsfester Detektoren

Die Marken oder das Objekt werden durch berührungsloses Erfassen, in der Regel mit optischen Mitteln wie Lichtschranken oder elektronischen Kameras, detektiert. Das Detektorsignal steuert eine elektronische Zeitmessung, eine rechnende Einrichtung bildet den notwendigen Quotienten $\Delta s / \Delta t = v$. Das Erfassen der Marken oder des Objekts kann natürlich auch auf andere Weise als mit optischen Hilfsmitteln erfolgen. Beispielsweise können Kombinationen von Magneten und Magnetsensoren verwendet werden, wenn das Objekt sich auf einer geführten Bahn bewegt.

Eine Variante des Verfahrens benutzt die natürliche Struktur der Umgebung des Objekts als Ortsinformation. Ein Photodetektor auf dem bewegten Objekt empfängt das Helligkeitssignal der abgetasteten Umgebung. Ein zweiter Detektor auf dem Objekt, um eine Strecke Δs in Bewegungsrichtung versetzt, empfängt das gleiche Signal, allerdings eine Zeit Δt später. Ein Rechenprogramm in einem Mikroprozessor kann den Vergleich der registrierten Signale der beiden Detektoren laufend durchführen und daraus die Zeit Δt bestimmen und die Geschwindigkeit errechnen.

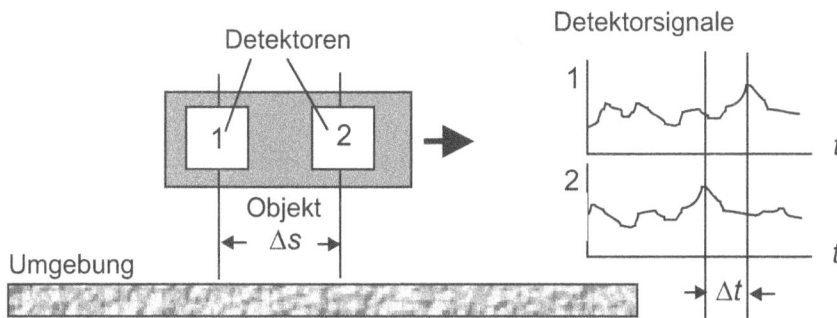

Abbildung 4-35: Anordnungsprinzip für Geschwindigkeitsmessung nach dem Korrelationsverfahren

Nach dem benutzten mathematischen Verfahren nennt man dies eine *Korrelationsmessung*. Sie kann z. B. dazu dienen, eine sehr präzise Messung der Geschwindigkeit eines Fahrzeugs vom Fahrzeug aus vorzunehmen. Natürlich kann eine solche Einrichtung auch ortsfest aufgebaut werden und damit die Geschwindigkeit von strukturierten, „endlosen" Medien wie Feststoffströmen oder Laufbändern erfasst werden.

Der *Doppler-Effekt* ist aus der Akustik bekannt. Wenn sich eine Schallquelle und ein Schallempfänger mit einer bestimmten Geschwindigkeit aufeinander zu bewegen oder sich entfernen, tritt eine entsprechende Änderung der registrierten Tonhöhe ein, also eine Frequenzverschiebung. Diesen Effekt nutzt man zur Geschwindigkeitsmessung, allerdings würde bei akustischen Messungen die Schall tragende Luft die Genauigkeit beeinflussen. Daher verwendet man elektromagnetische Wellen mit Wellenlängen im cm-Bereich (Radarwellen). Das Messgerät strahlt die Welle in Richtung auf das bewegte Objekt, in oder gegen die Fahrtrichtung, und empfängt die am Objekt reflektierte Welle. Aus dem Vergleich der Frequenzen der abgestrahlten und der reflektierten Welle berechnen die Geräte die Bewegungsgeschwindigkeit. Haupteinsatzgebiet dieser Geräte ist die Verkehrsüberwachung.

4.4.2   Messen von Drehzahlen

Das Maß der Winkelgeschwindigkeit rotierender Objekte wie Wellen, Räder usw. ist in der Technik die *Drehzahl n*. Sie gibt die Zahl der Umdrehungen pro Minute an, also:

$$n = \frac{Zahl\ der\ Umdrehungen}{Minute}$$

Ihre Einheit ist min^{-1}, da die *Zahl* keine Einheit besitzt. Sie ist eine alte Definition, die nicht in das SI passt, da die Einheit der Zeit ja die Sekunde ist. Man benutzt daher auch noch den Begriff *Drehfrequenz f* als

$$f = \frac{Zahl\ der\ Umdrehungen}{Sekunde}$$

Ihre Einheit ist also s^{-1}. Die Maßzahlen von *Drehfrequenz* und *Drehzahl* unterscheiden sich somit um einen Faktor 60. Die Winkelgeschwindigkeit der Rotationsbewegung ω hängt mit der Umlaufzeit T und der Drehfrequenz f zusammen: $\omega = 2\pi / T = 2\pi f$. Auch ω hat als Einheit s^{-1}, da das Bogenmaß des Winkels ebenfalls keine Einheit besitzt.

Um eine Drehzahl zu messen kann man viele Verfahren benutzen, die sich in zwei Klassen einteilen lassen:

- Direktes Messen der Zahl der Umdrehungen und der zugehörigen Zeit
- Nutzen von Wirkungen der Rotation

4.4.2.1   Drehzahlmessungen mit Hilfe von Rotationswirkungen

Das älteste Verfahren ist das Nutzen von Fliehkräften. Massen, die an einer senkrechten, rotierenden Achse nach *Abbildung 4-36* aufgehängt sind, werden durch die Fliehkraft von der Achse weggezogen. Im Zusammenspiel mit dem Gewicht der Massen und der Aufhängung steigen sie umso höher, je höher die Umdrehungsgeschwindigkeit ist. Diese Auslenkung kann direkt beobachtet oder auf einen Zeiger übertragen werden. Mit solchen Einrichtungen wurden z. B. die Drehzahlen stationärer Dampfmaschinen geregelt. Heute spielen sie keine Rolle mehr.

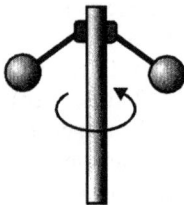

Abbildung 4-36:
Fliehkraft-Drehzahlanzeiger

Die modernen Versionen der wirkungsbezogenen Verfahren nutzen die elektromagnetische Induktion:

Wirbelstromtachometer bestehen aus einem Magneten, der mit der rotierenden Welle verbunden ist. Er erzeugt ein rotierendes Magnetfeld, dessen Feldlinien einen elektrisch leitfähigen, nichtrotierenden Becher durchsetzen (s. Abbildung 4-37). Der Becher ist drehbar gelagert, jedoch über eine Feder elastisch an eine Ruhelage gebunden. Das rotierende Magnetfeld übt über Wirbelströme in der Wand des Bechers ein Drehmoment auf den Becher aus, das proportional zur Drehzahl ist. Ein Zeiger, der mit der Becherachse verbunden ist, zeigt also eine drehzahlproportionale Auslenkung. Auch der Geschwindigkeitsmesser im Auto (s. 4.4.1.2) benutzt ein solches Wirbelstromtachometer.

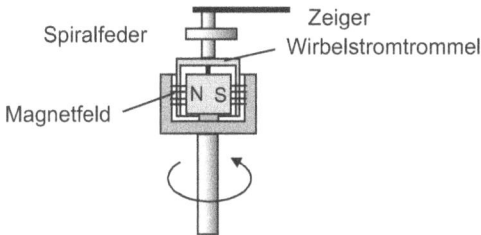

Abbildung 4-37: Wirbelstromtachometer

Tachogeneratoren, die ebenfalls häufig zur Drehzahlerfassung eingesetzt werden, sind nichts anderes als kleine elektrische Generatoren für Gleich- oder Wechselspannungen. Ihre Ausgangsspannung ist proportional zur Drehzahl.

4.4.2.2   Drehzahlmessungen über Umdrehungszahl und Zeit

Sowohl das Zählen elektrischer Impulse als auch Zeitmessungen sind mit elektronischen Mitteln problemlos und sehr genau möglich. Die darauf basierenden Verfahren unterscheiden sich hauptsächlich durch die Art, wie die Rotation in eine Erzeugung von Impulsen umgesetzt wird. Meist erzeugt man pro Umdrehung mehrere Impulse, da hierdurch die Messgenauigkeit bzw. die zeitliche Auflösung gesteigert wird.

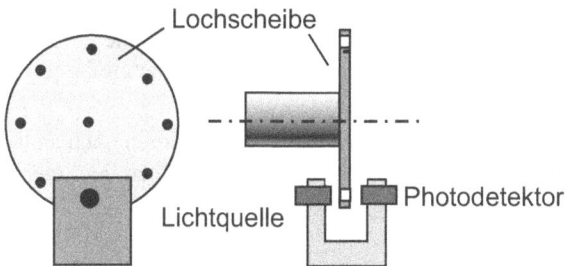

Abbildung 4-38: Impulserzeugung für Drehzahlmessung mit Lochscheibe und Lichtschranke

Eine *Lochscheibe* mit einer Anzahl gleichmäßig verteilter Löcher auf einem Kreis wird mit einer Gabellichtschranke versehen. Die Lichtschranke erzeugt bei jedem Lochdurchgang einen elektrischen Impuls, der einem elektronischen Zähler zugeführt wird. Der Zähler misst während einer elektronisch erzeugten Zeitspanne die Zahl der Impulse. Ein Rechenwerk bestimmt daraus unter Berücksichtigung der Lochzahl die Drehzahl oder die Drehfrequenz. Besonders einfach kann man die Drehzahl zur Anzeige bringen, wenn man eine Lochscheibe mit 60 Löchern benutzt. Es genügt dann, die Impulszahl für genau eine Sekunde zu erfassen, sie entspricht direkt der Maßzahl der Drehzahl.

Auch das Signal eines Wechselstromgenerators kann zur Erzeugung entsprechender Impulse benutzt werden. Allerdings ist zu beachten, dass die *Impulshöhe* hier ebenfalls von der Drehzahl abhängt. Solche Einrichtungen versagen daher, wenn die Drehzahl sehr klein ist. Eine Variante des Verfahrens benutzt einen kleinen Magneten, der mit der Welle oder einem Rad verbunden ist. Eine stationär angebrachte Induktionsspule gibt beim Vorbeigang des Magneten einen entsprechenden Induktionsimpuls ab.

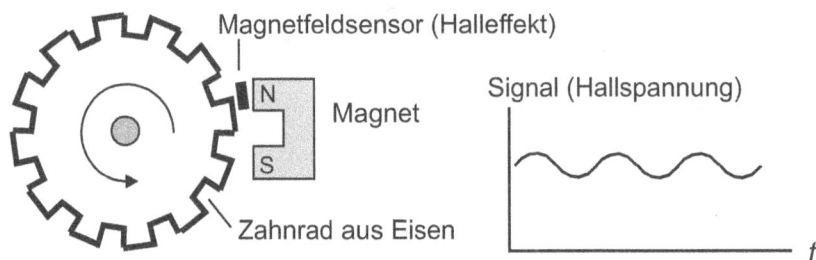

Abbildung 4-39: Drehzahlmessung mit Hilfe eines Hall-Effekt-Sensors

Den Nachteil des verschwindenden Signals bei niedrigen Drehzahlen vermeidet ein Verfahren, das zwar auch Magnetfelder benutzt, für ihre Registrierung jedoch nicht die Induktion sondern das Messen der Magnetfeldstärke durch einen Sensor für Magnetfelder heranzieht. Das Prinzip ist in Abbildung 4-39 dargestellt. Ein äußerer Permanentmagnet steht einem Rad gegenüber, das aus Eisen besteht und grobe Zähne besitzt. Das Magnetfeld greift durch den Spalt hindurch und schließt sich über den Körper des Eisenrads. Die Magnetfeldstärke im Zwischenraum ist von der Spaltweite abhängig, sie erreicht ihren größten Wert, wenn der Zahn dem Magneten genau gegenübersteht. Ein im Spalt angebrachter Hall-Effekt-Sensor liefert eine Ausgangsspannung, die proportional zum herrschenden Magnetfeld ist. Das Ausgangssignal hat etwa eine Form, wie in der Abbildung dargestellt. Die Signalhöhe ist unabhängig von der Drehzahl, das Zählen der Maxima ist nach elektronischer Aufbereitung problemlos möglich.

Die dargestellten Verfahren sind die häufigsten angewandten. Daneben existieren noch andere. Insbesondere kann die Erzeugung von Impulsen noch mit weiteren optischen oder elektromagnetischen Verfahren erfolgen.

4.4.3   Messen der von einer Welle übertragenen Leistung

Aggregate, die aus einer Antriebsmaschine (Motor, Turbine) und einer angetriebenen Maschine (Pumpe, Generator) bestehen, sind im Allgemeinen über eine rotierende Welle verbunden, welche die *Leistung* überträgt. Diese ist proportional zur *Drehzahl* und zum *Drehmoment* in der Welle.

Genauer gilt: $P = M\,\omega$ (*P* Leistung, *M* Drehmoment, ω Winkelgeschwindigkeit)

Durch Messen von Drehzahl und Drehmoment kann also die übertragene Leistung bestimmt werden. Hierzu kann grundsätzlich jede in 4.3.2 bzw. 4.4.2 beschriebene Methode benutzt werden. Die Produktbildung wird rechnerisch durchgeführt.

Eine elegante Methode, die ohne Rechnen auskommt, besteht in der Kombination einer DMS-Messbrücke für das Drehmoment und eines Tachogenerators für die Drehzahl:

- Die Ausgangsspannung U_m der DMS-Messbrücke ist proportional zum Drehmoment M und zur Speisespannung U_0: $\quad U_m = k_1\, U_0\, M$

- Die Ausgangsspannung U_T des Tachogenerators ist proportional zur Winkelgeschwindigkeit ω: $\quad U_T = k_2\, \omega$

- Die Ausgangsspannung des Tachogenerators wird als Speisespannung der Drehmoment-Messbrücke benutzt: $\quad U_0 = U_T$

- Dann ergibt sich durch Einsetzen: $\quad U_m = k_1\, U_T\, M = k_1\, k_2\, \omega\, M = k_1\, k_2\, P$

Die Ausgangsspannung U_m der Messbrücke in dieser Schaltung ist also mit $k_1\, k_2 = k$ proportional zur übertragenen Leistung P.

$$U_m = k\, P$$

Die Konstante k kann durch entsprechendes Kalibrieren bestimmt werden, sodass aus U_m eine direkte Anzeige der Leistung realisiert werden kann.

4.5 Druckmessung

4.5.1 Allgemeines

Wenn von Druckmessung die Rede ist, meint man immer die Bestimmung des Drucks in einem Gas oder in einer Flüssigkeit. Dieser *Druck-Zustand* ist zu unterscheiden von Spannungszuständen in Festkörpern. Spannungszustände haben eine Richtung, während der *Druck* eine skalare Zustandsgröße ist, die im Innern der Flüssigkeit oder des Gases keine gerichteten Eigenschaften hat. Dort wo ein unter Druck stehendes Medium an eine einschließende Wand angrenzt, wird senkrecht auf diese Wand eine Kraft ausgeübt.

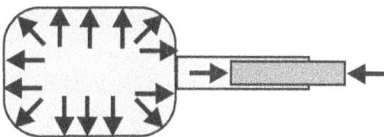

Abbildung 4-40: Druckinduzierte Wandkräfte an einem druckbelasteten Behälter mit Kolben-Zylinder-System

Ersetzt man einen Teil der Wand durch ein Kolben-Zylinder-System, kann man diese Kraft als Kraft auf den Zylinder ins Gleichgewicht mit einer äußeren Kraft setzen. So kann man Druck erzeugen oder auch messen. Hat der Kolben eine Fläche A und wirkt eine Kraft F, so herrscht ein Druck

$$p = F\, /\, A$$

Die Einheit des Drucks ergibt sich aus dieser Definition zu $[p] = N/m^2$. Sie erhält eine eigene Bezeichnung „Pascal" mit der Abkürzung Pa. Da ein Newton eine kleine Kraft ist, ein m^2 eine große Fläche, ist ein Pascal ein *sehr* kleiner Druck. Aus diesem Grund wird in der Technik auch noch eine ältere Einheit verwendet, die das 10^5-fache des Pascal beträgt, das „bar":   1 bar = 10^5 Pa

Neben diesen streng an das SI angeschlossenen Einheiten, existieren eine ganze Reihe älterer Einheiten, die leider z. T. auch noch verwendet werden, zumindest aber in älterer Literatur vorhanden sind. Auch die USA pflegen ihre eigene Tradition. Es ergeben sich folgende Entsprechungen:

Tabelle 4-1: Umrechnung von nicht-SI-Einheiten des Drucks in Pascal

Bezeichnung	Abkürzung	Entsprechung aus Definition	entsprechender Wert in Pa
Technische Atmosphäre	at	Kilopond/cm^2	$0,980665 \cdot 10^5$
Physikalische Atmosphäre	atm	760 Torr	$1,01325 \cdot 10^5$
Torr oder mm Hg		1 mm Quecksilbersäule	133,322
pound-force / square inch	psi	US-amerikanisches Druckmaß	$6,895 \cdot 10^3$

Die Messung des Drucks eines Mediums kann verschiedenen Zwecken dienen. Der Druck stellt eine wesentliche thermodynamische Zustandsgröße dar. Für die Steuerung technischer Prozesse (Chemische Industrie, Petrochemie, Kraftwerk) ist daher die Druckmessung eine wesentliche Komponente der *Prozessführung*. Die *Sicherheit* von Anlagen erfordert häufig die Überwachung des Drucks. Bei der *Durchflussmessung* (4.6) erfordern die vielfach eingesetzten Wirkdruckverfahren (4.6.2) eine Druckdifferenzmessung an der Rohrströmung. Auch wird die Druckmessung z. T. in der Füllstandsmesstechnik (4.8) eingesetzt.

Bei der Druckmessung ist zu beachten, dass die eingesetzten Verfahren stets Druckdifferenzen ermitteln. Im thermodynamischen Sinn ist der Druck eines Systems immer als Druck bezogen auf den Druck 0, d. h. den „Druck des Vakuums" zu verstehen. Man bezeichnet diesen Druck auch als *Absolutdruck*. Da die uns umgebende Lufthülle einen (schwankenden) Druck von ca. 1 bar besitzt, liefern alle Verfahren, die die Druckdifferenz gegenüber dem atmosphärischen Luftdruck bestimmen den *Überdruck* gegenüber dem Atmosphärendruck. Der Druck teilweise leergepumpter Behälter, gemessen gegen den Atmosphärendruck wurde als *Unterdruck* bezeichnet, der Begriff sollte nach neuerer Norm jedoch nicht mehr verwendet werden.

4.5.2   Kalibriereinrichtung „Druckwaage"

Bei den heute gebräuchlichen *Messverfahren* sind zwei Messprinzipien zu unterscheiden. Man kann Druckdifferenzen mit *U-Rohr-Manometern* (s. u.) und mit Geräten messen, bei denen der Druck auf ein *elastisches Element* wirkt, dessen Verformung ein Maß für den Druck darstellt. Die Einrichtungen mit elastischen Elementen müssen kalibriert werden. Zur definierten Erzeugung von Druckwerten für die Kalibrierung werden *Druckwaagen* verwendet:

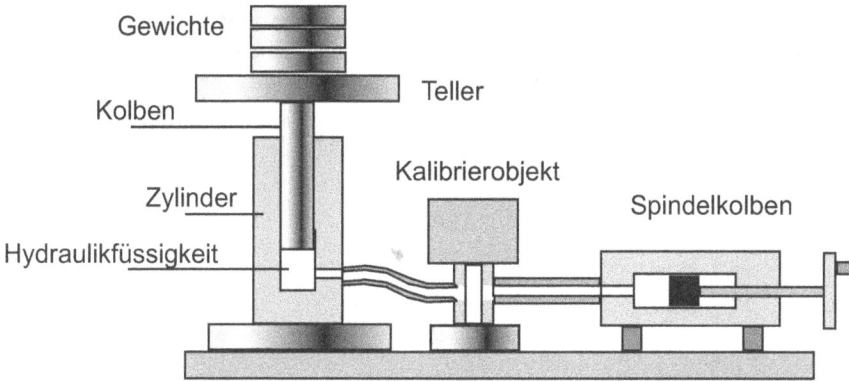

Abbildung 4-41: „Druckwaage" für das Kalibrieren von Druckmesssystemen

Ein senkrecht stehender hydraulischer Zylinder ist mit einem gut eingepassten, leicht gängigen Kolben nach oben abgeschlossen. Am Zylinder ist an der oberen Stirnfläche ein Teller angebracht, auf den weitere Gewichte aufgelegt werden können. Die Gesamtmasse m von Kolben, Teller und Gewichten erzeugt eine Kraft $G = m\,g$, der Kolben besitzt einen Querschnitt A. Wirkt der Kolben auf eine unterlagerte Hydraulik-Flüssigkeit, so stellt sich in ihr ein Druck $p = G/A$ ein. Zur Einstellung des erforderlichen Volumens der Flüssigkeit ist ein weiteres Kolben-Zylindersystem mit der Flüssigkeit verbunden, dessen Kolben über eine Spindel von Hand bewegt werden kann. Anschlüsse für die zu kalibrierenden Messsysteme, Befüll- und Entlüftungsventile vervollständigen die Einrichtung. Während der Messung wird der Gewichtsteller in Rotation um die Zylinderachse versetzt, um Verfälschungen durch Haftreibung zwischen Zylinder und Kolben zu vermeiden. Da der Kolben leichtgängig ist, genügt ein einmaliges Anstoßen für die Rotation während der Messung. Der aktive Teil des Messsystems und die Kolbenunterkante sollten sich auf gleicher Höhe befinden, um sonst notwendige Korrekturen für den Schweredruck der Hydraulik-Flüssigkeit zu vermeiden.

4.5.3   U-Rohr-Manometer

Eine einfache und seit langem gebräuchliche Vorrichtung zur Messung von Differenzdrücken ist das U-Rohr-Manometer. Ein durchsichtiges, U-förmiges Rohr wird teilweise mit einer Flüssigkeit gefüllt. Die beiden oberen Enden werden dicht mit den Räumen verbunden, deren Druckdifferenz zu bestimmen ist. Soll die Messung gegenüber dem äußeren Luftdruck erfolgen, bleibt ein Ende unverschlossen.

Nach den Gesetzen der Hydraulik stellt sich die Flüssigkeit so ein, dass für den Unterschied h zwischen den Spiegeln (Niveaus) der Flüssigkeit gilt:

$$p_1 - p_2 = \rho\, g\, h$$

Hierbei ist ρ die Dichte der Flüssigkeit, g die Erdbeschleunigung. Bei Kenntnis der Dichte der Flüssigkeit kann man ohne weitere Kalibrierung mit einem solchen Manometer aus der Spiegeldifferenz den gemessenen Druck bestimmen. Die Kapillarkräfte zwischen Flüssigkeit und Rohrwand führen bei benetzenden Flüssigkeiten zu gewölbten Oberflächen (Rand höher als Mitte), bei nicht-benetzenden wie z. B. Quecksilber zu umgekehrt gewölbten Oberflächen. Wenn beide Schenkel des U-Rohrs *gleichen* Durchmesser haben ist eine Korrektur des abgelesenen h-Werts *nicht* erforderlich.

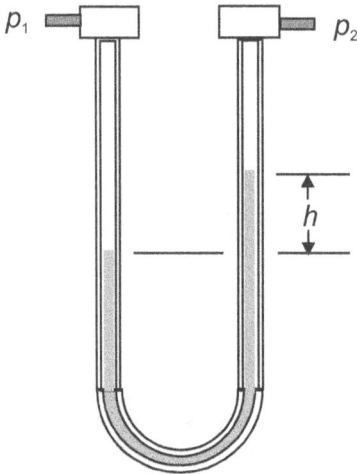

Abbildung 4-42: U-Rohr-Manometer

U-Rohr-Manometer eignen sich hauptsächlich zur Messung kleinerer Druckdifferenzen. Durch die Länge der Schenkel und Wahl von Messflüssigkeiten unterschiedlicher Dichte (Wasser, organische Flüssigkeiten, Quecksilber) kann der Messbereich innerhalb gewisser Grenzen eingestellt werden. Ein Nachteil der U-Rohr-Manometer besteht in ihrer umständlichen Handhabung. Ein Druckstoß kann die Messflüssigkeit aus dem U-Rohr hinaustreiben, in eine angeschlossene Apparatur oder in die Umgebung der Messstelle. Besonders bei Verwendung von Quecksilber (Quecksilberdämpfe sind giftig) ist dies sehr unangenehm. (Das Quecksilber muss quantitativ gesammelt und entsorgt werden.) In der industriellen Welt sind U-Rohr-Manometer nur noch selten zu finden. Selbst die Schornsteinfeger, die früher den Kaminzug mit einem wassergefüllten U-Rohr-Manometer maßen, sind auf Geräte nach 4.5.4 umgestiegen.

4.5.4   Manometer mit elastischen Messelementen

Eine Wand, die Gebiete unterschiedlichen Drucks trennt, wird durch die Kräfte der Druckdifferenz verformt. Die Verformung ist bei vielen Werkstoffen in einem gewissen Bereich elastisch (reversibel) und proportional zur Druckdifferenz. Eine Messung dieser Verformung kann also zur Druckmessung benutzt werden. In der Praxis haben sich drei Grundelemente für diese Aufgabe herausgebildet: Röhrenfeder, Plattenfeder und Wellplattenfeder. Die Umwandlung der elastischen Verformung in einen Anzeigewert kann mechanisch oder elektrisch erfolgen.

Die *Röhrenfeder*, auch als *Bourdonrohr* bezeichnet, besteht aus einem Metallrohr mit abgeflachtem Querschnitt. Das Rohr ist in ein Kreisbogenstück von etwa 270° gebogen. Wird es mit einem inneren Überdruck belastet, bewegt sich das Ende in der in Abbildung 4-43 gezeigten Weise, es findet also eine gewisse Streckung der Struktur statt. Eine ebene *Platte* in einem entsprechenden Gehäuse wird sich durch die anliegende Druckdifferenz durchbiegen, ebenso eine Platte mit Wellenstruktur. Letztere erfährt im Vergleich zur ebenen Platte über eine größere Wegstrecke eine *druckproportionale* Auslenkung. Für direkte Anzeigen verwendet man daher entweder die Bourdonfeder oder die Wellplattenfeder.

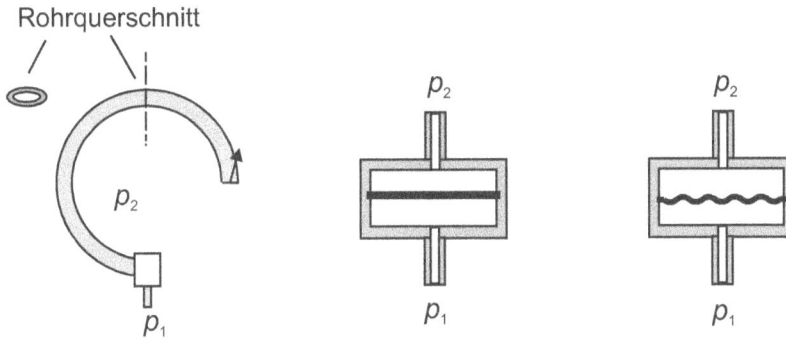

Abbildung 4-43: Federkörper für die Druck- / Differenzdruckmessung:
Röhrenfeder (Bourdonfeder), Plattenfeder, Wellplattenfeder

Die Auslenkung wird über Zahngetriebe auf einen Zeiger übertragen. Auf diesem Prinzip beruhen die mechanischen *Manometer*, die in großer Zahl überall zu finden sind, sei es z. B. als Druckanzeigen in Heizanlagen oder auf Gasflaschen. Ein wesentlicher Vorteil dieser Manometer ist neben ihrem moderaten Preis die Eigenschaft, dass sie Energie für die Anzeige aus dem Druckmedium beziehen, sodass sie nicht auf elektrische Quellen angewiesen sind. Durch entsprechende Auslegung der Steifigkeit der elastischen Elemente kann der Messbereich in weiten Grenzen eingestellt werden.

Soll der Messwert über eine größere Entfernung übertragen werden oder mit höherer Auflösung angezeigt werden, ist eine Wandlung der druckinduzierten Verformung in ein elektrisches Signal erforderlich. Hierzu werden die üblichen Verfahren eingesetzt: kapazitive, induktive und Widerstands-Wandlung. Am häufigsten finden sich Plattenfedern, deren Verformung direkt oder indirekt mit Dehnungsmessstreifen erfasst wird. Die üblichen Anordnungsprinzipien sind in Abbildung 4-44 zusammengestellt.

Bei der *kapazitiven Wandlung* stehen der elastischen Druckplatte eine oder zwei Flächenelektroden gegenüber, die gegen die Druckplatten eine Kapazität bilden. Die Änderung der Kapazität, die mit Wechselstrommessverfahren erfasst wird, bildet ein Maß für die anliegende Druckdifferenz, da sich der mittlere Plattenabstand mit dem Druck verändert. Bei der *induktiven Wandlung* verschiebt die druckbelastete Wellplattenfeder einen Eisenkern in einem Differenzialspulenpaar, dessen Induktivitätsänderung mit einer Wechselstrommessbrücke erfasst wird.

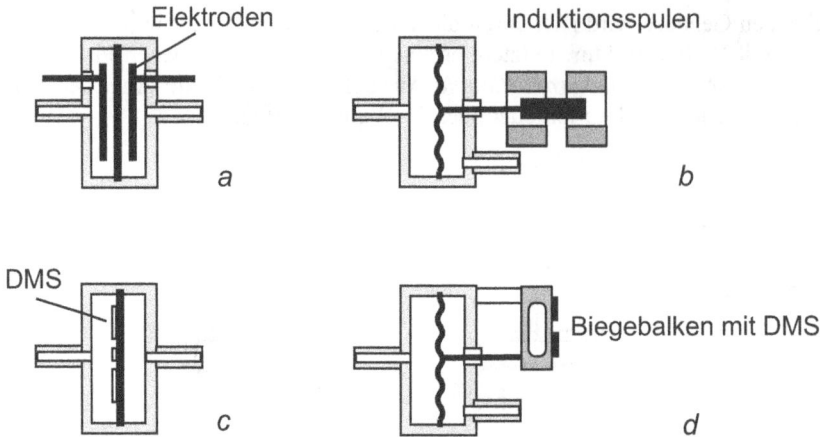

Abbildung 4-44: Prinzipien der Druckwandlung in ein elektrisches Signal:
a kapazitiv, b induktiv, c mit DMS auf Druckfederplatte, d mit DMS auf Biegebalken

Bei der Wandlung mit Hilfe von *Dehnungsmessstreifen* können diese direkt auf einer flachen Federplatte angebracht werden. Man verwendet im Allgemeinen Vollbrückenschaltungen, d. h. vier DMS werden so angebracht, dass Stauchungs- und Dehnungszonen auf der Platte ihm richtigen Sinn in der Vollbrücke ihren Beitrag zum Gesamtsignal leisten und der Temperatureinfluss minimiert wird. Neuerdings verwendet man auch monokristalline Siliziumscheiben, wie sie aus der Halbleitertechnik zur Verfügung stehen, als Plattenfedern. Die DMS-Strukturen können in diesem Fall direkt im Material der Siliziumscheiben durch Methoden der Halbleitertechnik (Dotierung mittels Ionenimplantation) erzeugt werden. Die Siliziumplatte wirkt als hysteresefreie Feder, leider ist die Temperaturabhängigkeit der Silizium-DMS höher als die der Metall-DMS. Bei Verwendung einer weicheren Wellmembran kann diese durch einen härteren *Biegebalken* im Zentrum abgestützt werden. In diesem Fall werden DMS auf dem Biegebalken angebracht (Abbildung 4-44d).

Eine weitere Möglichkeit der Signalwandlung bietet der *piezoelektrische Effekt*, dessen Einsatz bereits im Kapitel *Kraftmessung* (4.3.1.4) besprochen wurde. Der piezoelektrische Kristall bildet als Druckwandler das elastische Verformungselement zwischen den beiden Druckräumen.

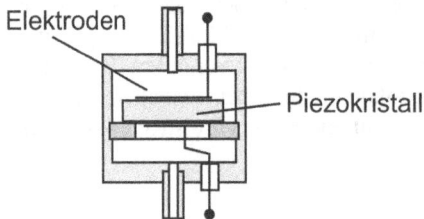

Abbildung 4-45:
Piezoelektrischer Druckwandler

Die Auswertung erfolgt mit der Ladungsverstärkerschaltung nach 4.3.1.4. Man muss hier berücksichtigen, dass der Nullpunkt der Schaltung nicht über längere Zeit erhalten bleibt. Er muss immer wieder durch Nullsetzen des Eingangssignals definiert werden. Der piezoelektrische Druckwandler eignet sich hauptsächlich zur Verfolgung rasch veränderlicher Druckverläufe, beispielsweise kann man den Druck im Zylinder eines Verbrennungsmotors verfolgen, um Informationen über den Verbrennungsverlauf zu sammeln.

Die vorgestellten Konstruktionen müssen für den Einsatz in robuste Gehäuse eingebaut werden, die je nach Verwendungszweck ein oder zwei Druckanschlüsse und Kabelanschlüsse aufweisen. Insbesondere bei kapazitiven Wandlern wird zumindest ein Teil der Signalelektronik in das Gehäuse integriert. Auch andere Wandler werden z. T. mit Hilfselektronik ausgerüstet, vielfach mit Schnittstellen für 4 mA ... 20 mA-Signale oder druckproportionalem Spannungsausgang. Genauigkeitsklassen reichen vom Prozentbereich bis in Bereiche besser als 0,1 %.

Einsatzprobleme bilden einmal die Gefahr der *Korrosion*, da die Messelemente in Kontakt mit den Medien stehen, zum anderen kann das Messelement im Betrieb *überlastet* werden, d. h. ein zu hoher Druck kann die Kalibrierung verändern oder im ungünstigsten Fall zum Bruch führen. Korrosionsproblemen begegnet man mit sorgfältiger Auswahl der Materialien, die mit dem Messmedium in Kontakt kommen. DMS-Strukturen legt man vorzugsweise auf die Seite des Federelements, die nicht mit dem aggressiven Medium in Berührung kommt. Wenn notwendig kann man vor die eigentliche Messeinrichtung weiche, chemisch resistente Hilfsmembranen schalten, die den Druck auf ein neutrales Medium (Hydrauliköl) übertragen. Dessen Druck wird dann vom Messelement erfasst. Wenn mit überlastenden Druckstößen zu rechnen ist, werden Druckmesswandler eingesetzt, die ein sog. *Überlastbett* besitzen. Die mögliche Auslenkung der Plattenfeder wird dadurch begrenzt, dass sie sich bei Erreichen der zulässigen Auslenkungsgrenze gegen eine gleich geformte feste Hilfsplatte legt.

Die Auswahl eines Druckwandlers für einen bestimmten Einsatz muss sehr sorgfältig erfolgen. Alle Parameter des Einsatzes sind gegen Herstellerdaten zu vergleichen. Genauigkeit und Einsatzbedingungen sind von großer Vielfalt, daher sind es auch die angebotenen Druckmesseinrichtungen und ihre Kosten.

Einen speziellen Druckwandler stellt das Barometer dar, das zur Erfassung des Umgebungsluftdrucks dient. Der Luftdruck wird als Differenzdruck gegenüber einer Vakuumkammer gemessen. Eine Dose mit elastischen Wänden wird luftleer gepumpt und permanent verschlossen. Eine Feder verhindert das Kollabieren der Dose unter dem Umgebungsluftdruck. Ändert sich der Luftdruck, so wird die Dose mehr oder minder stark zusammengepresst, sie verändert also ihre Dicke. Diese Dickenänderung wird mittels Zahngetriebe auf einen Zeiger übertragen oder einer elektrischen Wandlung zugeführt.

4.6   Durchflussmessung

Fluide, also flüssige und gasförmige Substanzen, können in sehr effizienter Weise als Ströme durch Rohre transportiert werden. Rohöl wird durch Pipelines transportiert, Wasser und Gas werden über Rohrnetze ins Haus geliefert, Kraftstoffe werden an der Tankstelle in den Tank gepumpt. Kraftwerke, Chemieanlagen und Raffinerien werden von vielen Kilometer langen Leitungen durchzogen. Sowohl als Mittel der Prozesssteuerung als auch zu Bestimmung des Warenwerts ergibt sich das Problem der Mengenbestimmung der so transportierten Fluide.

Nicht immer kann man nach der Methode des Gastwirts vorgehen: Er zapft das Bier in ein kalibriertes Gefäß, dem Bierglas mit Strich. Der kontinuierliche Strom aus dem Zapfhahn wird in eine Folge von Paketen mit definiertem Volumen verwandelt, den vollen Biergläsern. Müssen die Volumina größerer Mengen bestimmt werden, automatisiert man dieses Verfahren, die Mengenpakete werden maschinell gebildet und maschinell gezählt. Eine andere Möglichkeit besteht darin, dass man den Volumenstrom $q_V = \Delta V/\Delta t$ misst. Kennt man den Volumenstrom, so kann man die Menge V, die in der Zeit t durch ein Rohr fließt, als $V = q_V\,t$ berechnen. Nicht immer interessiert nur das Volumen oder der Volumenstrom sondern die transportierte Masse. Man definiert als Massenstrom $q_m = \Delta m/\Delta t$. Bei bekannter Dichte ρ des Fluids ist eine Umrechnung möglich: $q_m = \rho\,q_V$. Bedingt durch die verwendeten Messprinzipien, muss man jedoch zwischen den Verfahren der Volumenstrommessung und der Massenstrommessung unterscheiden. Fast immer verlangt man von den Messverfahren, dass sie sich in eine Rohrleitung direkt geschlossen einbauen lassen, zumal die transportierten Fluide meist unter Überdruck gegenüber der Umgebung stehen. Die Gastwirtmethode eignet sich also bestenfalls zu Kalibrierzwecken, da er ja mit offenen Gläsern hantiert. Die Vielfalt der Anwendungen hat eine Vielfalt von Messmethoden entstehen lassen, mit unterschiedlichen Eigenschaften.

4.6.1   Volumetrische Verfahren

Das Prinzip der *Volumenzähler* besteht in der Zerlegung des Volumenstroms in Pakete definierten Volumens durch mechanische Mittel. Der Antrieb des Zählers erfolgt durch den Fluidstrom, also letztlich durch die Pumpen, die den Strom treiben. Typische Vertreter dieser Klasse sind der *Ringkolbenzähler* und der *Ovalradzähler*.

Der *Ringkolbenzähler* besteht aus einem stationären, ringförmigen Gehäuse mit Ein- und Auslauf. Äußere und innere Wand sind an einer Stelle durch eine Stegwand verbunden. Der „Ringkolben", ein Hohlzylinder, besitzt einen Schlitz, der auf der Stegwand gleitet. Weitere Zapfen, die jeweils zentrisch mit Gehäuse und Ringkolben über Seitenwände verbunden sind, bewirken eine Zwangsführung des Ringkolbens, sodass dieser in jeder Stellung an Innen- und Außenwand der Gehäusezylinderflächen dicht anliegt. Die durchströmende Flüssigkeit versetzt den Ringkolben in eine taumelnde Bewegung, deren Phasen in Abbildung 4-46 gezeigt sind.

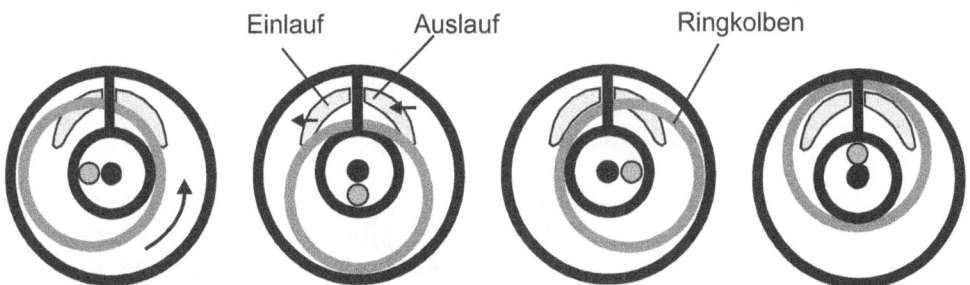

Abbildung 4-46: Ringkolbenzähler, Phasenablauf von links nach rechts

Man erkennt, dass zu keinem Zeitpunkt eine direkte Verbindung zwischen Ein- und Auslauf besteht, d. h. dass die Flüssigkeit sich als Folge von Paketen durch den Zähler bewegt, deren Volumen durch die Geometrie von Gehäuse und Kolben festliegt. Die Umlaufzahlen des Kolbens werden durch mechanische Zählwerke erfasst und angezeigt. Damit eine leichte, reibungsarme Bewegung des Kolbens erfolgen kann, müssen gewisse Spaltweiten zwischen den aufeinander gleitenden Teilen zugelassen werden, was leider dazu führt, dass keine hundertprozentige Dichtheit erreicht werden kann. Der Zähler muss für einen Nenndurchfluss ausgelegt werden, der Durchfluss kann vom kleinsten bis größten Wert um etwa einen Faktor 10 variieren und erlaubt in diesem Bereich eine Genauigkeit von 0,2 % bis 0,5 %. Bei kleineren Werten steigt der Fehler an, wegen der Leckströme, bei großen Werten nimmt der Druckverlust am Zähler stark zu, was ebenfalls die Einsetzbarkeit beschränkt. Typische Anwendungen sind Wasser- oder Benzinzähler.

Eine andere Art der Volumenabgrenzung benutzt der *Ovalradzähler*. Zwei rotierende Kolben, die sich tangential berühren und in der Berührungslinie mit einer Verzahnung ineinander greifen, sind von einem Gehäuse umgeben, dessen kreiszylindrische Wände gleitend gegen die Kolben dichten (Abbildung 4-47). Die anströmende Flüssigkeit übt je nach Stellung der Kolben auf mindestens einen der Kolben ein Drehmoment aus, das unterstützt durch die Verzahnung, die Kolben in gegensinnige Rotation versetzt. Man erkennt, dass abwechselnd die Kolben gegen die Zylinderwand abgeschlossene Volumenpakete bilden, die durch den Zähler hindurchwandern. Bezüglich der Genauigkeit gilt ähnliches wie beim Ringkolbenzähler. Auch hier sind enge Fertigungstoleranzen erforderlich. Die Drehzahlen der Kolben können hohe Werte annehmen. Da der Volumendurchfluss proportional zur Drehzahl der Kolben ist, erfordert die Messwerterfassung hier eine Drehzahlmessung (4.4.2).

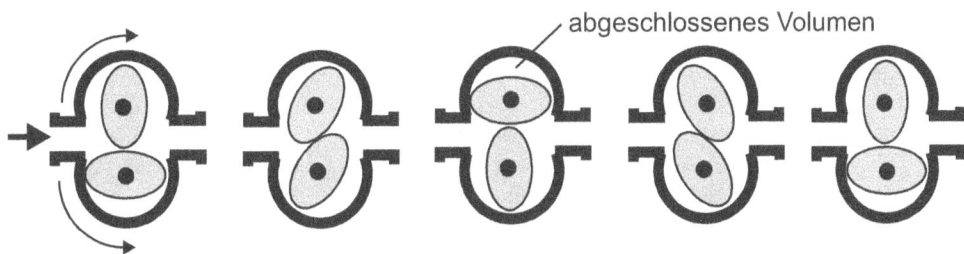

Abbildung 4-47: Ovalradzähler, Phasenablauf von links nach rechts

Sowohl Ringkolbenzähler wie Ovalradzähler sind wegen ihrer engen Spalte empfindlich gegen Verschmutzungen der Flüssigkeiten und sollten daher in Kombination mit entsprechenden Filtern betrieben werden.

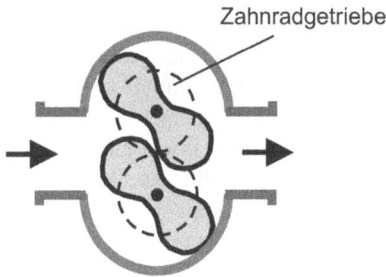

Zahnradgetriebe

Abbildung 4-48: Drehkolbengaszähler

Für Gase wird ein Drehkolbenzähler verwendet, dessen Kolben nach einer „Cassinischen Kurve" geformt sind und glatte Oberflächen haben. Die Kolben besitzen ein Spiel von ca. 0,1 mm und sind über ihre Achsen in einem außerhalb des Gasraums liegenden Zahngetriebe verbunden. Kolben, Getriebe und Lager sind leichtgängig ausgeführt, sodass der Zähler vom durchströmenden Gas ohne großen Druckverlust bewegt werden kann. Auch hier wird bei jeder Kolbenumdrehung ein ganz bestimmtes *Volumen* transportiert. Für die Messung des Massendurchflusses ist die Dichte zu berücksichtigen.

Neben den verschiedenen Drehkolbenzählern sind auch Systeme mit *Hubkolben* im Gebrauch. Der Hub eines Kolbens in einem Zylinder definiert ein transportiertes Volumen, zusätzlich werden Ventile eingesetzt, die es erlauben, das zyklische Wiederholen des Kolbenhubs in einen kontinuierlichen Strom umzusetzen.

Die bisher besprochenen Systeme benutzen alle dicht abgeschlossene Volumenpakete zur Messung der durchfließenden Menge. Bei einer weiteren Klasse von Zählern werden rotierende *Drehflügel* eingesetzt, die von der Strömung nach Art einer Turbine angetrieben werden. Hier hat der Drehflügel keine paketbildende Funktion. Die Drehzahl des Drehflügels ist in gewissen Grenzen proportional zum Durchfluss. Die Vorteile dieser Zähler sind: geringere Anfälligkeit gegen Verschmutzungen, geringer Druckabfall am Zähler. Als Hauptnachteil muss der höhere Fehler bei geringem Durchfluss in Kauf genommen werden, die Lagerreibung spielt hier eine wesentliche Rolle. Diese kann sich leider auch im Betrieb verändern. Der nutzbare Messbereich erstreckt sich etwa über einen Bereich von 1:10. Man verwendet sowohl axial als auch radial angeströmte Flügelräder.

Die axial angeströmten Turbinenzähler müssen so eingebaut werden, dass sie von der Strömung in definierter Form erfasst werden, d. h. in einem geraden Rohrstück und nicht in der Nähe einer Rohrkrümmung. Man verwendet oft zusätzliche Leitkanäle vor und hinter dem Drehflügel, die Störungen durch Rohrkrümmungen minimieren sollen.

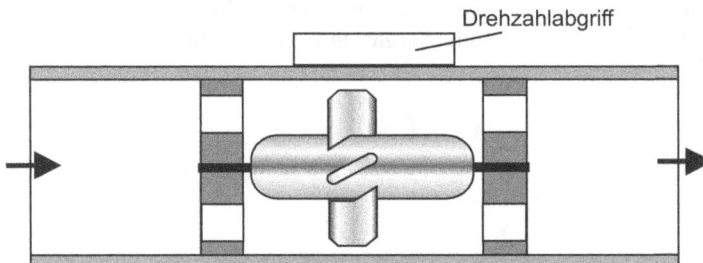

Drehzahlabgriff

Abbildung 4-49: Turbinenradzähler

Diese Zähler müssen kalibriert werden, z. B. durch Messen des Ausflusses über eine gewisse Zeit. Das übernimmt beim neuen Zähler der Hersteller, jedoch ist je nach Einsatz eine gelegentliche Überprüfung notwendig. Die Drehzahl des Messflügels wird heute meist magnetisch-induktiv erfasst. Entweder ist im Drehflügel ein Magnet integriert, der in eine äußere Spule beim Vorbeigehen Spannungsimpulse induziert, oder man verwendet äußere Kombinationen von Permanentmagnet und Spule oder Magnetsensor gegen die Flügel (Eisen) des Turbinenrads.

Auch radial angeströmte „Turbinen" werden verwendet. In Abbildung 4-50 sind zwei Ausführungsformen dargestellt. Solche *Flügelradzähler* werden vor allem als Hauswasserzähler eingesetzt. Die Messunsicherheit liegt bei 1 % bis 2 %, die größeren Unsicherheiten treten im unteren Teil des Messbereichs auf.

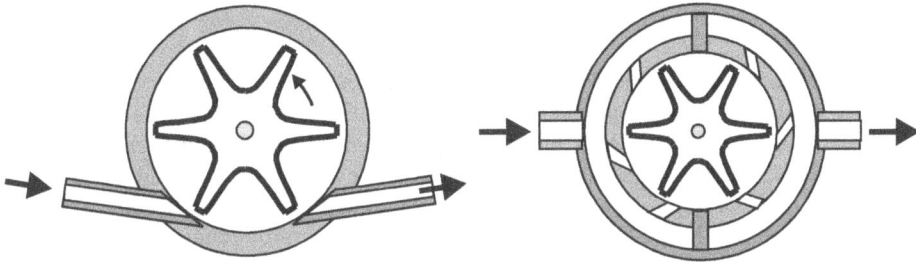

Abbildung 4-50: Flügelradzähler, links Einstrahlzähler, rechts Mehrstrahlzähler

4.6.2   Hydrodynamische Verfahren

4.6.2.1   Wirkdruckverfahren

In einem strömenden Fluid besteht zwischen Strömungsgeschwindigkeit und Druck ein gesetzmäßiger Zusammenhang. Er leitet sich aus dem Energieerhaltungssatz und dem Massenerhalt ab und wird in der Bernoullischen Gleichung zusammengefasst:

$$\frac{\rho}{2}v^2 + \rho g h + p = const$$

Die Gleichung gilt streng für eine reibungsfreie, stationäre, inkompressible Strömung und zwar längs einer Stromlinie. Es bedeuten:

ρ Dichte	v Geschwindigkeit	g Erdbeschleunigung
p statischer Druck	h Höhe über einem Bezugspunkt	

Eine Anwendung dieser Gleichung zum Messen der Strömungsgeschwindigkeit haben wir mit dem Prandtlschen Staurohr in 4.4.1.1 kennengelernt. Für das Messen der Geschwindigkeit einer Rohrströmung ist sie ebenfalls verwendbar. Verengt man ein Rohr, erhöht sich im verengten Querschnitt die Strömungsgeschwindigkeit und der Druck erniedrigt sich entsprechend. Bei „Druckentnahme" an beiden Abschnitten, lässt sich die Strömungsgeschwindigkeit bestimmen:

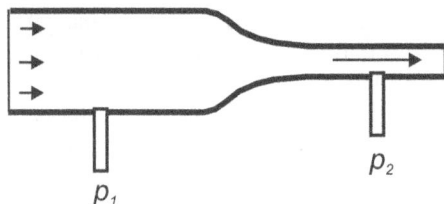

Abbildung 4-51: Anwendung der Bernoullischen Gleichung auf eine Rohrströmung

$$\frac{\rho_1}{2}v_1^2 + \rho_1 \; g \; h_1 + p_1 = \frac{\rho_2}{2}v_2^2 + \rho_2 \; g \; h_2 + p_2$$

Mit $h_1 = h_2$ und $\rho_1 = \rho_2 = \rho$ ergibt sich: $\dfrac{v_1^2}{2} + \dfrac{p_1}{\rho} = \dfrac{v_2^2}{2} + \dfrac{p_2}{\rho}$

Das auf diesem Prinzip beruhende Durchflussmessverfahren wird „Wirkdruckverfahren" genannt. Leider stellt sich in einer realen Rohrströmung immer ein Geschwindigkeitsprofil ein, d. h. an einer Längsposition im Rohr misst man verschiedene Geschwindigkeiten, je nach Abstand von der Rohrmitte. Man kann eine mittlere Geschwindigkeit w so definieren, dass der Volumenstrom sich als $q_V = A \; w$ ergibt, worin A die innere Querschnittsfläche des Rohrs ist. Will man die Bernoullische Beziehung auf die Situation der Abbildung 4-51 anwenden, muss man anstelle der Geschwindigkeit v in der Stromlinie diese mittlere Geschwindigkeit w einführen, zusammen mit einem Korrekturfaktor ξ für das Geschwindigkeitsprofil, dem „Profilbeiwert". Also wird obige Gleichung zu:

$$\xi_1 \frac{w_1^2}{2} + \frac{p_1}{\rho} = \xi_2 \frac{w_2^2}{2} + \frac{p_2}{\rho}$$

Der Wert für den Profilbeiwert liegt in der Praxis zwischen 1,0 bis 1,1. Er ist u. a. abhängig von der Geschwindigkeit. Für eine rein laminare Strömung beträgt er 2,0, für eine Rechteckströmung (v überall im Profil gleich) ist er 1,0. Der Volumenstrom q_V muss an jedem Querschnitt des Rohrs der gleiche sein:

$$q_V = A_1 w_1 = A_2 w_2$$

Kombiniert man diese Gleichung mit der vorhergehenden, findet man

$$q_V = \frac{A_2}{\sqrt{\xi_2 - \xi_1 \dfrac{A_2^2}{A_1^2}}} \sqrt{\frac{2}{\rho}(p_1 - p_2)}$$

Durch Messen der Druckdifferenz $p_1 - p_2$ kann man bei bekannten übrigen Parametern also grundsätzlich den Volumenstrom ermitteln. Im Rohr, dessen Volumenstrom gemessen werden soll, müssen also eine Verengung und zwei Druckentnahmestellen eingebaut werden.

Man spricht auch von einer „Drosselstelle", da der Querschnitt eingeschnürt wird und ein Druckgefälle aufgebaut wird.

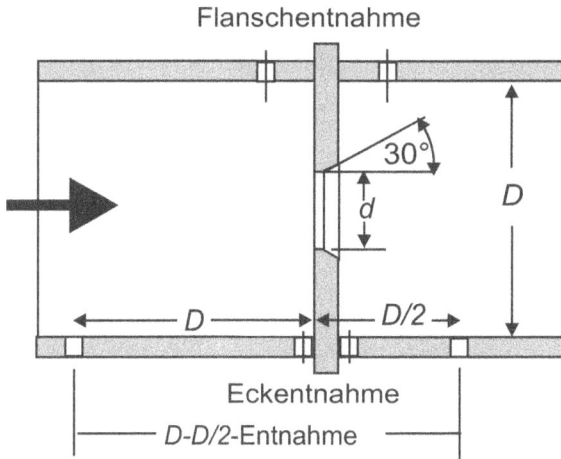

Abbildung 4-52: Normblende nach DIN EN ISO 5167-2 mit verschiedenen Entnahmestellen für den Differenzdruck

Für die praktische Ausführung der Drosselstelle wurden drei verschiedene Typen genormt (DIN EN ISO 5167-2), die *Normblende* (Abbildung 4-52), die *Normdüse* (Abbildung 4-53) und die *Norm-Venturidüse* (Abbildung 4-54). Bei der Normblende handelt es sich im Wesentlichen um eine Lochblende mit kreisförmiger zentraler Öffnung, deren Kanten in bestimmter Weise gestaltet sind. Die Normdüse besitzt einen abgerundeten Einlauf und zylindrischen Mittelteil, die Norm-Venturidüse ist im Auslauf konisch gestaltet, um die Expansion des Fluidstrahls nach dem engsten Strahlquerschnitt so zu begleiten, dass nur geringe Wirbelbildung eintritt.

Man mache sich klar, dass die Drosselstelle für die Strömung in jedem Fall eine Einschnürung bewirkt, nach der Drosselstelle zunächst ein *verengter Strahl* vorhanden ist, die Strömung also erst in einiger Entfernung von der Drosselstelle wieder ihr ursprüngliches Strömungsprofil annimmt. Ohne die innere Reibung des Fluids würde der Druck dort wieder den gleichen Wert annehmen, den er vor der Drosselstelle im ungestörten Profil besitzt. Nur wegen der erhöhten Geschwindigkeit des geformten Strahls erniedrigt sich der gemessene Druck in oder kurz nach der Drosselstelle. Natürlich bewirkt die Reibung realer Fluide einen *zusätzlichen permanenten Druckverlust*.

Bei der Normblende kennt man aus praktischen Gründen für den Anschluss des Messgeräts für den Differenzdruck drei verschiedene Arten: die *Eckentnahme* unmittelbar an der Blendenscheibe, die Flanschentnahme in kurzem Abstand von der Scheibe und eine Entnahme im Abstand $D-D/2$ von der Scheibe, wobei D der Innendurchmesser des Rohrs ist. Die „richtigste" Entnahme im Sinne des Verfahrens ist die letztgenannte, die beiden anderen stellen Kompromisse dar, die einen kompakten Bau eines Elements aus Drosselblende und Entnahmen erlauben, das einfach in das Rohr zwischengeflanscht werden kann.

Die meisten Parameter sind in der Norm genau vorgegeben. Dies erlaubt, dass man für notwendige Korrekturen an der vorstehenden Formel für den Zusammenhang zwischen Durchfluss q_V und Druckdifferenz $p_1 - p_2$ entsprechende Werte in der Norm angeben kann, die aus

Messungen gewonnen wurden, oder durch skalierende Umrechnung ermittelt wurden.
Grundsätzlich lässt sich für alle Drosselformen ein Zusammenhang der Form

$$q_V = \alpha \ A_0 \ \sqrt{\frac{2}{\rho}(p_1 - p_2)}$$

angeben, wo A_0 der engste Querschnitt der Drossel ist. Im Parameter α, der *Durchflusszahl*,
sind die Einflüsse des Strömungsprofils, des Durchmesserverhältnisses *d/D*, der Drossel-
geometrie, der Druckentnahmeart, der Strömungsgeschwindigkeit und der Viskosität des
Fluids zusammengefasst. Für kompressible Fluide tritt neben die Durchflusszahl α ein weiterer Faktor ε, der von Druck, Durchmesserverhältnis und Adiabatenkoeffizient abhängt.

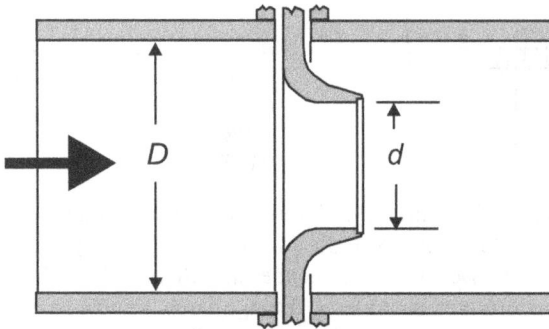

Eckentnahme über Ringspalt

*Abbildung 4-53: Normdüse
nach DIN EN ISO 5167-2*

Es stellt sich natürlich die Frage, wieso verschiedenartige Drosselstellen verwendet werden.
Sie haben jeweils Vor- und Nachteile, die keinen Typ zum Sieger macht. Die *Normblende* ist
am kostengünstigsten herzustellen, die scharfe Einlaufkante kann sich jedoch im Betrieb verändern, insbesondere beim Einsatz mit korrosiven Medien oder Medien mit Feststoffanteilen.
Dies hat eine Änderung der Kalibrierwerte zur Folge. Für einen vorgegebenen Wirkdruck
$(p_1 - p_2)$ ist der permanente Druckverlust im Vergleich zu den Düsen am größten, weil hinter
der Blende eine starke Wirbelbildung vorhanden ist. Dies ist nachteilig, weil damit ein stän-
diger Leistungseinsatz der fördernden Pumpen mit entsprechenden Energiekosten verbunden
ist.

Die Düsen haben die geschilderten Nachteile nicht im gleichen Maße. Die Venturi-Düse hat
den vergleichsweise kleinsten permanenten Druckverlust. Düsen sind wartungsärmer als
Blenden. Die Einbaulängen der Düsenelemente sind größer als die der Blenden.

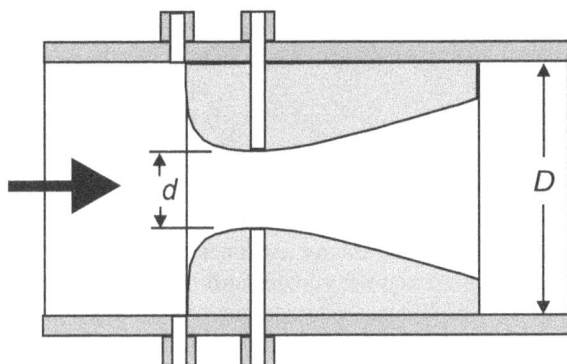

Eckentnahme über Ringspalt

Abbildung 4-54: Norm-Venturi-Düse nach DIN EN ISO 5167-2

Der Einbau der Messeinrichtungen ist sorgfältig zu planen. Für das Erreichen der möglichen Messgenauigkeit (Messunsicherheit < 1%) ist der Einbau in eine lange gerade Rohrstrecke mit ungestörtem Strömungsprofil notwendig. Die Strömung muss „drallfrei" sein, das Messelement darf daher z. B. nicht zwischen zwei 90°-Rohrkrümmern, die nicht in einer Ebene liegen, erfolgen. Die Größe des Messelements ist auf den zu erwartenden Durchflussbereich abzustimmen. Sowohl bei zu hohen wie zu niedrigen Durchflusszahlen treten z. T. gravierende Effekte ein, die die Messgenauigkeit beeinflussen.

Der Anschluss des Wirkdruckmessgeräts an das Drosselelement kann über Leitungen erfolgen, es kann dank entsprechender Normung auch direkt angeflanscht werden.

4.6.2.2   Durchflussmessung mit Stauscheibe

Eine in der Rohrströmung zentral angeordnete runde Scheibe erfährt durch die Strömung eine Kraft. Wird die Scheibe an einer elastischen Struktur gelagert, kann die Kraft dort mit den üblichen Methoden erfasst werden.

Kraftmessung

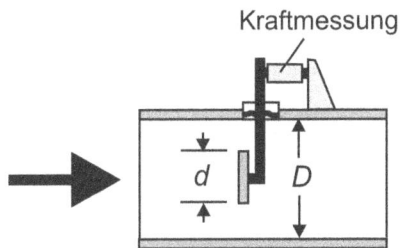

Abbildung 4-55: Durchflussmessung mit Stauscheibe

Der Zusammenhang des Durchflusses q_V mit der auftretenden Kraft F wird wiedergegeben durch

$$q_V = \alpha \; A_0 \; \sqrt{\frac{2 \; F}{\rho \; A_s}} \quad \text{mit} \quad A_0 = \frac{\pi}{4}\left(D^2 - d^2\right) \quad \text{und} \quad A_s = \frac{\pi}{4}d^2$$

worin α die Durchflusszahl, A_0 der freie Querschnitt, A_s der Querschnitt der Scheibe ist. Für kompressible Medien ist ein weiterer Faktor neben der Durchflusszahl zu berücksichtigen.

4.6.2.3   Schwebekörper-Durchflussmesser

Die Kraft, die eine Strömung auf einen ortsfesten Körper ausübt, kann noch in anderer Weise zur Durchflussmessung benutzt werden: In einem senkrecht angeordneten Rohr, das von unten nach oben durchströmt wird, befindet sich ein rotationssymmetrischer Körper. Nach unten wirkt sein Gewicht, nach oben die Auftriebskraft und die von der Strömung auf den Körper ausgeübte Kraft. Der Körper steigt mit der Strömungsgeschwindigkeit verschieden hoch, seine Steighöhe ist also ein Maß für die Durchflussgeschwindigkeit und damit auch für den Durchfluss. Damit dieses Verhalten eintritt, muss das Rohr sich konisch nach oben erweitern. Man gelangt also zu einer Anordnung, wie sie in Abbildung 4-56 dargestellt ist.

Kraft der Strömung am Schwebekörper:

$$F = c_W A_K \rho_M \frac{v^2}{2}$$

c_W Widerstandsbeiwert des Schwebekörpers

A_K größter Querschnitt des Schwebekörpers

     senkrecht zur Strömungsrichtung

ρ_M Dichte des Mediums

v Geschwindigkeit der Strömung

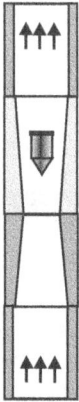

Abbildung 4-56:
Schwebekörper-
Durchflussmesser

Für die Kraft auf den Schwebekörper, die von der Strömung ausgeübt wird, liefert die Strömungsdynamik die in der Abbildung angegebene Beziehung. Da sich weder Auftriebskraft noch das Gewicht des Schwebekörpers mit der Steighöhe ändern, kann sich auch die von der Strömung auf den Körper ausgeübte Kraft nicht mit der Strömungsgeschwindigkeit ändern. Tatsächlich ändert sich in dieser Anordnung der Widerstandsbeiwert c_W. Die Steighöhe ist weitgehend proportional zum Durchfluss. Der konische Teil des Rohrs kann aus Glas gefertigt werden. Das Glasrohr wird mit einer Skala versehen, der Schwebekörper wirkt als Zeiger. Diese Durchflussmesser lassen sich näherungsweise berechnen, sie müssen jedoch für eine bestimmte Geometrie kalibriert werden. Die Messspanne beträgt etwa 1:10, Genauigkeitsklassen für Betriebsgeräte liegen zwischen 1 bis 10. Wegen ihres einfachen Aufbaus und direkter Anzeige werden sie sowohl für Flüssigkeiten wie für Gase bei kleinen bis mittleren Durchflüssen vielfach eingesetzt.

Die Anzeige kann auch in ein elektrisches Signal umgesetzt werden. Hierzu wird die Stellung des Schwebekörpers von außen durch Vermittlung magnetischer Felder „erfühlt". In den Schwebekörper kann z. B. ein Permanentmagnet integriert werden, dessen Feld im Außenraum durch Magnetsensoren erfasst wird. Oder der Schwebekörper enthält einen Eisenkern, der durch Spulen im Außenraum induktiv erfasst wird. Das Material des Rohrs braucht bei magnetischer oder induktiver Erfassung der Position des Schwebekörpers nicht aus Glas zu sein, was der Druckfestigkeit des Rohrs zugutekommt. Es muss allerdings aus unmagnetischem Material, wie z. B. austenitischem Stahl, bestehen.

Neben der beschriebenen Konstruktion mit konischem Wandrohr werden auch Systeme hergestellt, die einen zentrisch geführten konischen Schwebekörper besitzen, der gegen eine ringförmige Schneide einen mehr oder minder großen Ringspalt freigibt (Abbildung 4-57). Die Baulänge dieser Systeme ist kürzer, sie wird hauptsächlich bei elektrischer Erfassung der Schwebekörperposition benutzt.

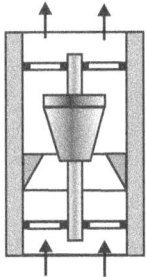

Abbildung 4-57: Schwebekörper-Durchflussmesser, kurz, mit Blendenring und konischem Schwebekörper

4.6.3 Thermische Verfahren

Wird ein elektrisch beheiztes Element (Widerstand) von einem Massenstrom umströmt, wird dem Element thermische Leistung entzogen. Dieses Prinzip nutzt man in verschiedenen Varianten, um den Massenstrom von Gasen zu messen.

Ein Metalldraht- oder Dünnschichtwiderstand wird der Strömung ausgesetzt. Das elektrische Signal wird in einer Brückenschaltung gewonnen. Dabei kann man nach Abbildung 4-58a, b oder c vorgehen. In a wird der Speisestrom I_0 konstant gehalten, Temperatur und Widerstand des Messelements ändern sich mit dem Massenstrom. Die Brückendiagonal-Spannung U_d ist ein Maß für den Massendurchfluss. In b wird der Speisestrom der Brücke so geregelt, dass das Messelement einen konstanten Widerstand (Temperatur) behält, die Brücke ist in diesem Zustand nahezu abgeglichen, ihre Diagonalspannung ist die Führungsgröße für den Regler. Hier ist der sich einstellende Brückenspeisestrom I das Maß für den Massendurchfluss.

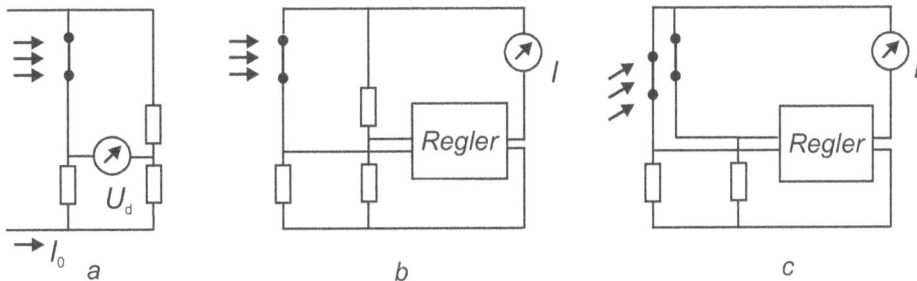

Abbildung 4-58: Massendurchflussmessung für Gase auf thermischer Grundlage

Zur Steigerung der Genauigkeit ist es günstig, die Temperatur des Gases durch ein weiteres, nichtbeheiztes Fühlerelement zu erfassen (Abbildung 4-58c). Man setzt dazu zwei Widerstandselemente nebeneinander in die Strömung, deren Widerstände sich um etwa einen Faktor 100 unterscheiden. Das Element mit dem höheren Widerstand wird praktisch nicht geheizt und dient in der Brücke als Referenz für die Gastemperatur.

Die Kalibrierkurven für diese Messmethoden sind nichtlinear. Beispielsweise erhält man für b und c eine Abhängigkeit der Form $I = \sqrt{A + B \; q_m^{0,5}}$. Ändert sich die Dichte des Gases, wird dies richtig erfasst, es handelt sich daher um eine Messung des *Massenstroms* $q_m = \Delta m/\Delta t$. Insbesondere die Konstante B ist jedoch abhängig von der Gasart.

Weitere Varianten des Verfahrens setzen beheizte temperaturempfindliche Widerstandselemente hintereinander in die Strömung. Bei zwei Widerständen wird der erste von der Strömung abgekühlt, der zweite wird von der erwärmten Strömung getroffen und von ihr zusätzlich beheizt. In einer entsprechenden Brückenschaltung liefern sie ein Messsignal, das bei kleinem Durchfluss linear vom Durchfluss abhängt. Es werden auch Anordnungen mit drei hintereinander in der Strömung liegenden Widerstandselementen verwendet, bei denen das mittlere als Heizelement eingesetzt wird, das erste und letzte gegeneinander als Temperaturaufnehmer in der entsprechenden Brückenschaltung. Die zuletzt genannten Verfahren erlauben auch noch sehr geringe Strömungen zu erfassen.

4.6.4   Induktive Durchflussmessung

In einen Leiter, der in einem Magnetfeld bewegt wird, wird eine elektrische Spannung induziert. Lokal kann man den Vorgang auch so beschreiben, dass eine elektrische Feldstärke E induziert wird, deren Vektor senkrecht auf dem Magnetfeld B und senkrecht auf der Bewegungsrichtung steht: $\vec{E} = -\vec{v} \times \vec{B}$. Diesen Effekt kann man auch für die Durchflussmessung einsetzen. An einem durchströmten Rohr, das senkrecht zur Strömungsrichtung einem Magnetfeld ausgesetzt ist, entsteht quer zur Strömungsrichtung eine Spannung, die proportional zur gemittelten Strömungsgeschwindigkeit, also zum Durchfluss ist.

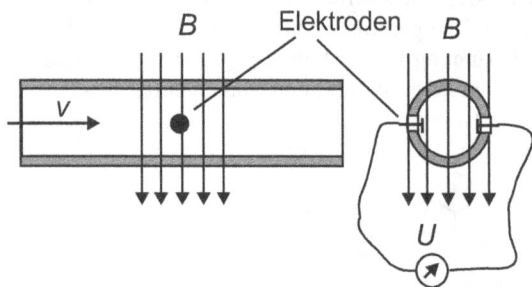

Abbildung 4-59: Prinzip der
Induktiven Durchflussmessung

Man kann diese Spannung durch Elektroden an der inneren Rohrwand abgreifen. Das Rohr muss zumindest an der Innenseite nichtleitend sein. Das Verfahren setzt natürlich voraus, dass die Flüssigkeit, deren Durchfluss gemessen werden soll, elektrisch leitend ist. Dabei genügt eine sehr geringe Leitfähigkeit, z. B. die von Trink- und Brauchwasser. Alle organischen Flüssigkeiten, also auch Heizöl und Kraftstoffe können damit nicht erfasst werden.

Das Rohr muss an der Messstelle für das magnetische Feld durchlässig sein. Verwendbar sind also Kunststoff, Buntmetalle und austenitischer Stahl, jedoch immer mit isolierender Auskleidung. Die Erzeugung des Magnetfelds erfolgt durch Stromspulen mit Eisenfüllung. Das Messprinzip erlaubt theoretisch die Verwendung von stationären Feldern, die auch durch Permanentmagnete erzeugt werden können. Durch die Ströme, die an den Elektroden bei der Spannungsmessung auftreten, können elektrochemische Veränderungen (Polarisation) der Elektrodenoberflächen eintreten, die zu Messfehlern führen würden. Aus diesem Grund kehrt man die Richtung des Magnetfelds periodisch um oder verwendet Wechselstrom-Magnete. Die damit verbundene periodische Umkehr der Elektrodenspannung verhindert das genannte Problem, sodass die induktive Durchflussmessung zu den genauesten Durchflussmessverfahren gehört. Messunsicherheiten von unter 0,5 % bezogen auf den Endwert sind erreichbar. Der nutzbare Messbereich einer Auslegung beträgt etwa 1 zu 10, Geräte für Messbereiche zwischen 10^{-5} m^3/h und 10^5 m^3/h werden angeboten.

Weitere hervorstechende Vorteile des Verfahrens:

- Benötigt keine bewegten mechanischen Teile
- Voller Rohrquerschnitt an der Messstelle, d. h. kein Druckverlust
- Linearer Zusammenhang zwischen Messsignal und Durchfluss
- Weitgehend temperaturunabhängig
- Toleranz gegen breiige Medien oder Medien mit Feststoffanteilen

Als Nachteile sind zu vermerken:

- Ungeeignet für nichtleitende Flüssigkeiten
- Vergleichsweise hoher Aufwand, daher hohe Gerätepreise

4.6.5 Sonstige

Da die Durchflussmessung neben der Temperatur- und Druckmessung zu den in der Technik am häufigsten eingesetzten Messverfahren gehört, haben sich eine große Zahl verschiedenartiger Verfahren auch in der praktischen Anwendung entwickeln können, die oft ganz spezifische Vorteile bieten. Alle diese Verfahren hier ausführlich zu besprechen, würde zu weit führen, doch sollen einige wichtige noch kurz erwähnt werden.

Coriolis-Massendurchflussmesser. Ein Massenelement, das sich zwangsgeführt in einem rotierenden System bewegt, erfährt eine Kraft, die senkrecht auf seiner Bewegungsrichtung und senkrecht auf der Rotationsachse steht und proportional zu seiner Masse und seiner Geschwindigkeit ist. Diese Kraft ist in der Mechanik als Corioliskraft bekannt. Der Coriolis-Massendurchflussmesser nutzt den Effekt in folgender Weise:

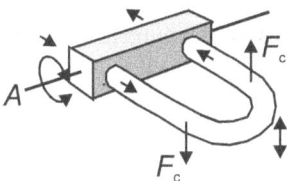

Abbildung 4-60: Prinzip der Coriolis-Durchflussmessung

Der Massenstrom wird durch eine U-förmig gebogene Rohrschleife geführt (Abbildung 4-60). Diese wird zu Drehschwingungen um die Achse *A* angeregt. Durch die Corioliskraft F_c werden die Schenkel des Zulaufs und des Rücklaufs gegensinnig gebogen. Die U-Schleife führt daher zusätzlich zu ihrer Drehschwingung eine S-förmige Biegeschwingung aus. Diese wird durch entsprechende Sensoren am Zu- und Rücklaufschenkel erfasst. Die Bewegungssignale dieser Sensoren sind phasenverschoben. Aus dieser Phasenverschiebung wird das Massenstromsignal elektronisch gewonnen. Das Verfahren besitzt eine hohe Genauigkeit und ist ein echtes *Massenstrom*-Signal.

Ultraschall-Verfahren. Sendet man einen kurzen Ultraschall-Impuls durch eine strömende Flüssigkeit, so ist seine Laufzeit vom Sender zum Empfänger verschieden, je nachdem ob der Impuls mit oder gegen die Strömung läuft. Aus der Laufzeitdifferenz lässt sich direkt die Geschwindigkeit der Strömung ermitteln. Legt man die Messstrecke schräg über das gesamte Rohr, erhält man gleichzeitig eine Mittelung über das Strömungsprofil, sodass man dieses Messverfahren auch zur Durchflussmessung benutzen kann.

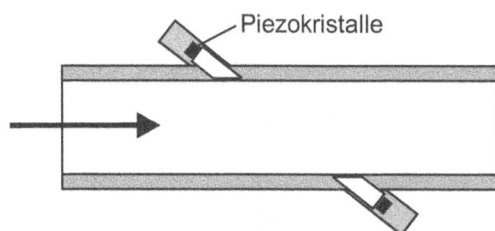

Abbildung 4-61: Ultraschall-Laufzeit -Durchflussmessung

Die Messstrecke wird durch Piezokristalle gebildet, die sowohl als Schallsender wie auch als Schallempfänger eingesetzt werden können. Man schickt Ultraschall-Impulse in beiden Richtungen über die Strecke und bestimmt die mittlere Strömungsgeschwindigkeit aus der Laufzeitdifferenz, der Länge *L* der Messstrecke und dem Winkel φ, den die Messstrecke mit der Rohrachse bildet:

$$\bar{v} = \frac{L \ (t_1 - t_2)}{2 \ t_1 \ t_2 \ \cos\varphi}$$

Für hohe Genauigkeit werden doppelte Messstrecken verwendet, sodass die Messung in beiden Richtungen gleichzeitig erfolgen kann. Auf diese Weise vermeidet man Fehler, die durch Temperaturschwankungen des Mediums entstehen können.

Ultraschallverfahren, die den *Dopplereffekt* nutzen, sind ebenfalls im Gebrauch.

Das in 4.4.1.2 erläuterte Verfahren der *Korrelationsmessung* wird ebenfalls zur Durchflussmessung eingesetzt, indem man beispielsweise an zwei Druckmesseinrichtungen, die eine bestimmte Länge *L* voneinander entfernt sind, das Drucksignal in Abhängigkeit von der Zeit registriert. Die Signale der beiden Detektoren, die die unvermeidlichen Druckschwankungen enthalten, erscheinen um eine bestimmte Zeit gegeneinander versetzt. Ihr Vergleich liefert eine Zeitspanne *t*. Die mittlere Strömungsgeschwindigkeit ergibt sich aus $v = L/t$.

Ein besonders originelles Verfahren bilden die *„Wirbelzähler"*. Bringt man in eine Strömung ein Hindernis ein, das von der Strömung umflossen wird, bilden sich an der Rückseite des

Hindernisses Wirbel aus, die periodisch abreißen und mit der Strömung mitgeführt werden. Sie bilden Marken in der Strömung, die man zählen kann und mit der zugehörige Zeit zur Messung der Strömungsgeschwindigkeit verwenden kann. Als Sensoren für die Wirbel können Drucksensoren oder Ultraschallsensoren verwendet werden.

4.7 Mengenmessung durch Wägen

Die Waage, ein Messgerät zur genauen Bestimmung der Menge von Gütern, begleitet seit alters her die Menschen im Alltag. Ihre Entstehung liegt im Dunkel der Geschichte, erste Bilder und Spuren finden sich im alten Ägypten. Man verwendete die bekannte Balkenwaage mit zwei Waagschalen. Die Masse der Gewichte auf der einen Schale wird im Schwerefeld der Erde ins Gleichgewicht gebracht mit der Masse der Ware auf der anderen Schale. Eine solche Waage ist keinesfalls primitiv, sondern stellt bereits einen hohen Entwicklungsstand dar. Sie verwendet zwei gleichlange Hebelarme, sodass die Gewichte äquivalente Drehmomente erzeugen, deren Gleichheit festgestellt wird. Das Anhängen der Waagschalen sorgt dafür, dass die Gewichtskräfte immer im richtigen Abstand in den Waagbalken eingeleitet werden, unabhängig von der Lage des Gewichts auf der Waagschale. Alle Wägeeinrichtungen müssen dieses Problem lösen: Die Position des Wägeguts darf die Messung nicht beeinflussen!

Waagen haben vielseitige Aufgaben:

- Im Handel bestimmen sie *Warenmengen.*
- In Laboren der Chemie und Pharmazie helfen sie bei der Ermittlung der Zusammensetzung von *Stoffgemischen* oder deren Herstellung.
- *Gebühren* für Post, Fluggepäck oder Müll werden nach Gewicht erhoben.
- Das Wiegen von *beladenen Fahrzeugen* geschieht aus Sicherheitsgründen, zur Bestimmung von Ladungsgewichten oder als Hilfsmittel gegen Diebstahl, Schmuggel usw.
- Personenwaagen dienen der Gesundheit.
- In der Küche und bei der Lebensmittelerzeugung in Industrie und Handwerk hilft die Waage, die richtigen Mischungen herzustellen.
- Prozesse wie die Herstellung von Stahl oder Zement erfordern das dosierte Mischen der Eingangsstoffe.

Waagen benutzen hauptsächlich zwei unterschiedliche Messprinzipien. Entweder sie vergleichen kalibrierte (geeichte) Gewichte gegen das Wägegut durch Hebelwerke. Sie benutzen dabei die Anziehung der Massen durch die Schwerkraft. Oder das Gewicht des Wägeguts wirkt auf eine Feder oder eine andere elastische Struktur, die Verformung ist nach dem Hookeschen Gesetz im elastischen Bereich proportional zum Gewicht. Seltener werden Kräftegleichgewichte zwischen dem Wägegut und elektromagnetisch erzeugten Kräften benutzt (stromdurchflossene Spulen). Man beachte, dass Waagen nach dem Prinzip des Massenvergleichs unter Verwendung von Gewichtssätzen und Waagen mit elastischen Elementen einen grundsätzlichen Unterschied aufweisen, erstere messen wirklich die Masse des Wägeguts, während die Federwaagen das Gewicht ($G = m\,g$) messen. Eine Massen-vergleichende Waage geht auch auf dem Mond richtig, eine Federwaage nicht. Schon das Verbringen einer hochauflösenden Waage mit elastischem Messelement von Süddeutschland nach Norddeutschland macht eine Justierung auf den veränderten g-Wert erforderlich.

„Gewichtssätze" sind Sätze von Massenstücken, mit denen man durch Kombination eine bestimmte Masse darstellen kann, für das Wiegen auf Balkenwaagen oder zur Kalibrierung von anderen Waagen. Es sind Massestücke, die die Masse von Teilen oder Vielfachen der Masse des Massenormals nachbilden. Das Massenormal ist das Urkilogramm, ein Zylinder aus einer Platin-Iridium-Legierung, der im Internationalen Büro für Maß und Gewicht in Sèvres bei Paris aufbewahrt wird. Es sollte die Masse von 1 dm^3 Wasser haben. Nationale Maß-Behörden, in Deutschland die Physikalisch-Technische Bundesanstalt, besitzen und pflegen Sekundärnormale, die etwa alle 10 Jahre mit dem Urkilogramm verglichen werden. Über weitere Vergleichsketten werden alle eichpflichtigen Gewichte und Waagen an die Normale angeschlossen. Die relative Messunsicherheit für den direkten Vergleich mit dem Urkilogramm beträgt etwa 10^{-9}.

Für eine Reihe von Einsatzfeldern besteht eine *Eichpflicht* für Waagen. Der Betreiber muss in regelmäßigen Abständen eine Überprüfung durch die Eichbehörden vornehmen lassen. Hierzu zählen u. a.

- alle Waagen im geschäftlichen Verkehr
- Waagen, die bei der Berechnung von Gebühren eingesetzt werden
- Waagen für Fertigpackungen
- Waagen bei der Arzneimittelherstellung und der Analyse
- Personenwaagen in der Medizin
- Waagen bei der Anwendung von Rechtsvorschriften

Zur Einteilung der Waagen nach Genauigkeit wurden vier Klassen gebildet:

Feinwaagen (I), Präzisionswaagen (II), Handelswaagen (III), Grobwaagen (IV)

Sie unterscheiden sich durch Auflösung, Messunsicherheit, Messbereiche.

4.7.1   Mechanische Waagen mit Hebelwerken

Die eingangs erwähnte Balkenwaage kann als Prototyp aller mechanischen Waagen gelten. Dieser Typ wurde z. B. bis in die jüngste Zeit als Waage im chemischen Labor und in der Apotheke eingesetzt. Gegenüber ihrem archaischen Vorbild wurde lediglich ergänzt: ein sehr präziser Aufbau aus Metall, Justiermöglichkeiten, ein Zeiger für die Stellung des Waagebalkens, eine Dämpfungsvorrichtung gegen das Pendeln des Balkens und ein kleines Zusatzgewicht, das längs des Waagebalkens verschoben werden kann. Letzteres diente zum Feinabgleich, um das Auflegen von Gewichtsstücken im mg-Bereich zu vermeiden. Für hohe Auflösung und Messgenauigkeit ist es wesentlich, dass die Lager des Balkens auf dem Ständer und die Lager der Schalenaufhängungen möglichst reibungsarm ausgeführt werden. Da nur geringe Drehwinkel auftreten, kann man Systeme aus *Pfanne und Schneide* benutzen (Abbildung 4-62). Die *Schneide* besitzt eine gerundete Kante, die auf der Pfanne rollt. Die Pfanne ist meist aus einem harten Material, wie Achat oder gehärtetem Stahl, gefertigt. Ihre Oberfläche bildet eine Rinne zur Lokalisierung des Auflageorts.

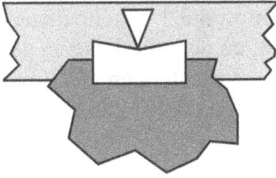

Abbildung 4-62:
Lager aus Pfanne und Schneide

Der Hauptnachteil der *gleichschenkligen* Balkenwaage liegt in der Notwendigkeit, die gesamte Masse des Wägeguts durch Auflegen von Gewichtsstücken kompensieren zu müssen. Schon bei Wägevorgängen im Zentnerbereich oder gar beim Wiegen von Fahrzeugen, stößt das Verfahren an praktische Grenzen. Schon ein *ungleichschenkliger* Balken erlaubt unter Ausnutzung der Hebelgesetze eine Reduzierung der notwendigen Gewichte um etwa einen Faktor 10. Die mehrfache Kombination entsprechender Hebel in einer Art „Getriebe" erlaubt mehrere Zehnerpotenzen. Alle beweglichen Auflagerpunkte werden durch Pfanne-Schneide-Gelenke gebildet. Solche Waagen finden sich z. B. noch als Fahrzeugwaagen. Eine befahrbare, in die Fahrbahn eingelassene Plattform über einer Grube wird von einem Waagehäuschen begleitet. Die Hebelmechanik liegt z. T. in der Grube, zum anderen Teil im Waagehäuschen. Anstelle von Gewichtssätzen werden längs der letzten Hebel verschiebbare Gewichte verwendet, da es ja nur auf die Erzeugung der notwendigen Drehmomente ankommt. Wegen des hohen Aufwands an Herstellung und Wartung werden solche Waagen nur noch vereinzelt als museale Objekte gepflegt.

Der zweite Nachteil der Balkenwaage mit Waagschalen für Wägegut und Gewichte liegt in der mühsamen Prozedur des Auflegens der richtigen Gewichte. Bei Feinwaagen hat man dieses Problem durch mechanische Vorrichtungen gelöst, die das Auflegen von ringförmigen Gewichten auf einen Balken mittels eines Drehknopfs erlauben, der eine Skala für das aufgelegte Gesamtgewicht besitzt. Das genaue Ablesen der letzten Dezimalstellen des Gewichts wird durch Lichtzeiger und Skalen ermöglicht. Solche Waagen werden heute noch als Laborwaagen benutzt.

Zusammenfassend ist festzuhalten, dass mechanische Waagen, die die geschilderten Prinzipien benutzen, im Alltag nur noch eine geringe Rolle spielen.

4.7.2   Waagen mit elektrischer Signalwandlung

In den meisten technischen Anwendungen von Wägesystemen, bei fast allen Waagen im Handel, selbst bei Waagen im Haushalt (Küche, Bad) verwendet man heute elastische Verformungskörper, deren Gestaltänderung elektrisch erfasst wird, hauptsächlich mittels Dehnungsmessstreifen, aber auch mit induktiver und kapazitiver Signalwandlung (s. 4.1). Insbesondere die Möglichkeiten der digitalen Messwertanzeige und der elektronischen Signalverarbeitung haben den Trend zu diesen Systemen beschleunigt. Da Waagen relativ genaue Geräte sind, kommen hier die Vorzüge der höherauflösenden Digitalanzeigen gegenüber Federsystemen mit analoger Anzeige (Zeiger und Skala) zum Tragen. Gegenüber Systemen, die Gewichtsstücke verwenden, bieten sie natürlich eine enorme Vereinfachung der Bedienung. Das elektrische Signal ist auch notwendig, wenn Wägesysteme in Automatisierungseinrichtungen integriert werden, etwa in Abfülleinrichtungen oder Produktionsanlagen.

Die Wägesysteme mit Verformungskörper arbeiten ähnlich wie die in 4.3.1 beschriebenen Kraftmesseinrichtungen. Während bei einer Kraftmessung der Punkt, an dem die Kraft in das System eingeleitet wird, immer genau definiert ist, kommt bei Wägeeinrichtungen das Problem hinzu, dass das Wägegut auf die Waage aufgelegt wird und sein Platz dabei meist innerhalb gewisser Grenzen variieren kann. Eine Waage besitzt fast immer einen Wägeteller oder eine größere Plattform zur Aufnahme des Wägeguts. Grundsätzlich bieten sich zwei Möglichkeiten für ihren Aufbau:

- Teller, der mit der Messzelle so verbunden ist, dass nur die senkrecht nach unten wirkende Kraft von der Messzelle erfasst wird.
- Plattform, die an mehreren Stellen von Messzellen unterstützt wird. Die Signale aller Messzellen werden zur Bildung des Gesamtgewichts addiert.

Eine Ausführung der ersten Möglichkeit ist in Abbildung 4-63 dargestellt.

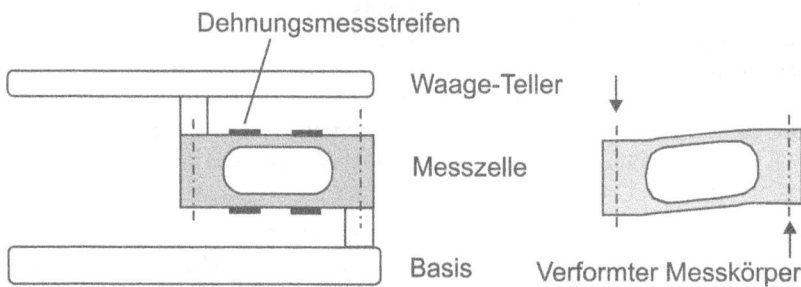

Abbildung 4-63: Waage mit Teller und drehmomentneutraler Messzelle

Die verwendete Messzelle besitzt vier Dehnungsmessstreifen, die auf dem Verformungskörper so angebracht sind, dass in der Auswertung mit einer Vollbrückenschaltung nur die senkrechte Kraftkomponente, also das Gewicht des Wägeguts, zur Auswirkung kommt. Wegen der Form der Messzelle führt das Gewicht im oberen und unteren DMS-Paar zu Dehnungen von jeweils verschiedenem Vorzeichen. Nicht zentrisch aufliegendes Wägegut führt zu einem Drehmoment, das beide DMS eines Paars gleichsinnig dehnt. Daher wirkt sich dies nicht auf das Signal einer entsprechend geschalteten Brücke aus. Solche Wägezellen werden in verschiedenen Varianten eingesetzt, sie folgen jedoch stets dem beschriebenen Grundprinzip.

Die Alternative zu dieser Konstruktion besteht in der Verwendung einer Plattform, die an mehrere Stellen von Messzellen unterstützt wird. Dieses Prinzip hat man ursprünglich für große Wägesysteme wie z. B. Fahrzeugwaagen eingesetzt. Es hat sich auch auf kleine Systeme verbreitet, wobei die Messzellen z. T. stark vereinfacht wurden.

Die Messzellen für hohe Genauigkeiten sind ähnlich aufgebaut wie die Kraftaufnehmer nach 4.3.1.2. DMS-Aufnehmer, hier „Wägezellen" genannt, werden mit rohrförmigen Verformungskörpern für Höchstlasten bis etwa 10 t eingesetzt. Für Lasten bis zu 500 t werden vorwiegend Wägezellen mit Torsionsring (Abbildung 4-24) eingesetzt. Der Vorteil solcher Plattformwaagen gegenüber den eingangs besprochenen mechanischen Waagen ist ihre kompakte Bauweise, unter der Plattform wird relativ wenig Raum benötigt. Auch gibt es keine „Gelenke", daher ist der Wartungsaufwand gering.

Neben den Messwandlern auf DMS-Basis werden auch Systeme mit Federn und kapazitiver und induktiver Erfassung der Verformung verwendet. Auch Systeme, bei denen das Gewicht des Wägeguts durch einen Elektromagneten kompensiert wird, sind bekannt. Das Messsignal wird hierbei aus dem Magnetstrom gewonnen. Insgesamt haben diese Systeme heute nur eine Randbedeutung.

Waagen mit elektrischem Ausgang eignen sich hervorragend als Teile von automatisierten Anlagen. Alle Vorgänge, bei denen bestimmte Mengen wiederholt aus einem Vorrat bezogen werden müssen, benötigen solche Wägeeinrichtungen. Auch wenn Stoffe in bestimmten Verhältnissen gemischt werden müssen, ist die Wägetechnik gefragt. Ströme von Feststoffen werden mit so genannten „Dosierbandwaagen" auf vorgegebene Werte eingestellt (Abbildung 4-64).

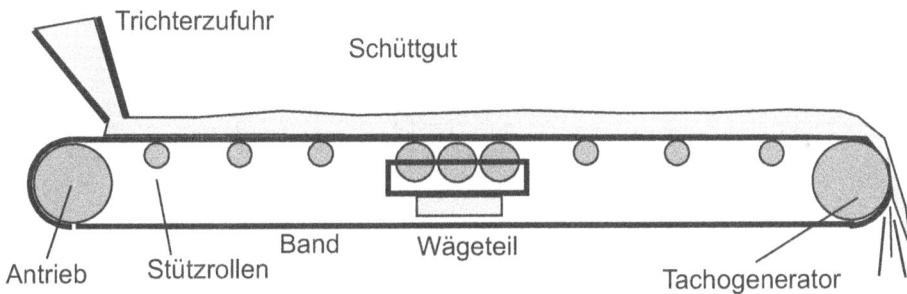

Abbildung 4-64: Dosierbandwaage zur Erzeugung eines gesteuerten Schüttgutstromes

Ein Förderband wird einen Massenstrom fördern, der proportional zu seiner *Geschwindigkeit* und proportional zur Schüttung/Fläche ist. Die Geschwindigkeit lässt sich mit einem Tachogenerator in einer der Rollen erfassen, die Schüttdichte wird auf einer repräsentativen Fläche von einer Wägeeinrichtung erfasst. Solche Förderbänder als Teile von Steuer- und Regeleinrichtungen werden z. B. zur Kohlebeschickung in Kraftwerken oder bei der Zementherstellung eingesetzt.

Auch an anderer Stelle werden Wägeeinrichtungen als Teile von Förder- oder Produktionsanlagen eingesetzt. So besitzen viele Krananlagen integrierte Wägevorrichtungen, die für Produktionszwecke, aber auch als Schutz gegen Überlastung dienen.

4.8   Füllstandsmessverfahren

Das Innere von großen Vorratsbehältern, Silos, Tanks usw. ist nur selten bequem von außen einsehbar. Somit ergibt sich die Notwendigkeit für Messsysteme, die den Füllgrad erkennen lassen und messbar machen. Sowohl Flüssigkeiten als auch Schüttgüter werden in Tanks und Silos gelagert. In der chemischen Verfahrenstechnik und in der Lebensmittelindustrie werden auch Produktionsbehälter (Reaktoren) eingesetzt, in denen Misch- oder Herstellungsprozesse ablaufen. Auch hier ist eine Füllgradmessung erforderlich. Sind die Behälter zylinderförmig, ist die Füllmenge bei Flüssigkeiten proportional zur Füllhöhe, in anderen Fällen ist u. U. eine Umrechnung unter Berücksichtigung der Behältergeometrie erforderlich, wenn das Messverfahren primär ein Füllhöhensignal liefert.

Auch in dieser Technik hat sich eine Vielzahl von Verfahren entwickelt, sodass hier nur die wichtigsten erläutert werden können.

4.8.1   Füllstandsmessverfahren mit Schwimmern und Platten

Es ist naheliegend die Oberfläche des Füllguts mit Körpern zu markieren, deren Position von außen erfasst werden kann. Bei Flüssigkeiten können hierzu Schwimmer verwendet werden, bei Schüttgütern muss man mit Platten arbeiten, die von oben auf die Oberfläche abgesenkt werden. Abbildung 4-65 zeigt die beiden grundsätzlichen Möglichkeiten, die Lage des Markierungskörpers zu messen.

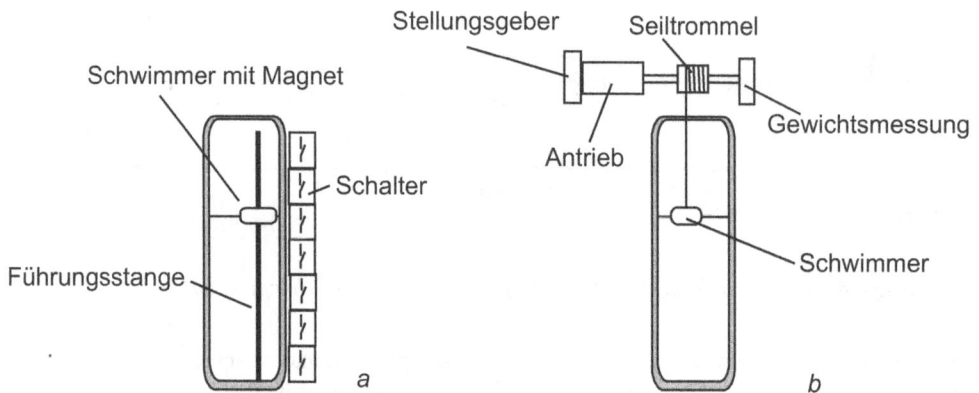

Abbildung 4-65: Füllstandsmessung mit Schwimmern

In Abbildung 4-65a bewegt sich ein Schwimmer mit Magnet in der Nähe der Behälterwand mit der Flüssigkeitsoberfläche. Seine Stellung kann außen mit Schaltern (Reed-Kontakten) oder Magnetsensoren erfasst werden. Es werden auch Systeme angeboten, die direkte Anzeigen an der Behälterwand verwenden: Der vorbeigleitende Magnet dreht bistabil gelagerte Marken um, deren Farbe sich zwischen Vorder- und Rückseite unterscheidet. Das in Abbildung 4-65b gezeigte System erfühlt den Gewichtsverlust, den der am Seil hängende Schwimmer erleidet, wenn er von oben auf die Flüssigkeitsoberfläche aufsetzt. Es benötigt eine Steuerung, die das Zusammenspiel von Seilantrieb, Stellungsgeber und Gewichtsmessung vermittelt. Bei *Schüttgütern* wird anstelle eines Schwimmers eine Platte verwendet, die zur Messung am Seil herabgelassen wird und auf dem Schüttgut aufsetzt.

4.8.2 Hydraulische Verfahren

Für Flüssigkeiten bieten sich auch Messverfahren an, die den hydrostatischen Druck in der Flüssigkeit als Messgröße ermitteln. Drei Möglichkeiten hierzu sind in Abbildung 4-66 dargestellt.

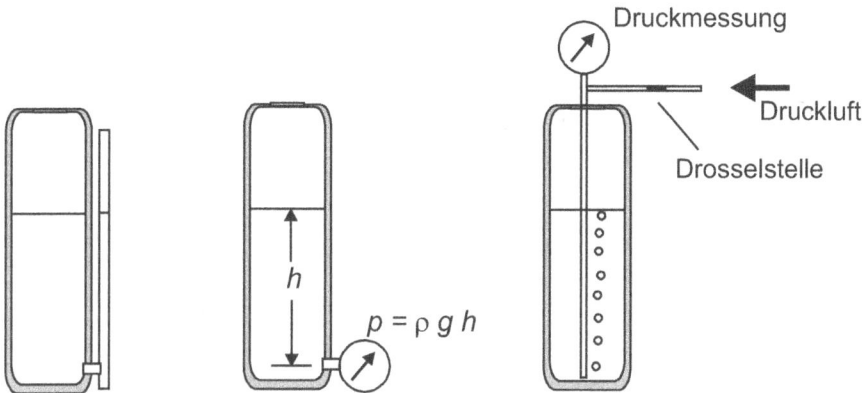

Abbildung 4-66: Hydraulische Verfahren der Füllstandsmesstechnik

Links ist ein Behälter dargestellt, der außen durch ein durchsichtiges Rohr ergänzt ist, das an der tiefstmöglichen Stelle mit dem Behälterinnern verbunden ist. Da an dieser Stelle immer ein Druckausgleich stattfinden wird, steht die Flüssigkeit im Rohr genau so hoch wie im Behälter ("kommunizierende Röhren"). Der Füllstand ist also von außen erkennbar, das Schaurohr kann mit einer Skala versehen werden.

In der Mitte der Abbildung ist der Behälter an einer tiefliegenden Stelle ebenfalls mit einem Anschluss versehen, an dem der Druck mit einem mechanischen Manometer oder mit einem Druckmesswandler gemessen werden kann. Die Füllhöhe h ergibt sich aus $h = p / (\rho g)$.

Das System auf der rechten Seite der Abbildung verwendet ein Rohr oder einen Schlauch, der in den Behälter von der Deckenöffnung auch nachträglich eingebracht werden kann. Über eine Drosselstelle wird Druckluft auf das Rohr gegeben, sodass Luftblasen am unteren Ende austreten. Der am Rohr gemessene Luftdruck ist gleich dem hydrostatischen Flüssigkeitsdruck am unteren Ende des Rohrs. Eine solche Einrichtung kann auch vorübergehend eingebracht werden um eine einzelne Messung durchzuführen. Sie vermeidet die Notwendigkeit, einen Druckentnahmestutzen am Behälter anzubringen.

4.8.3 Kapazitive Füllstandsmessverfahren

Die Kapazität eines Kondensators hängt u. a. von der Elektrodenfläche und der Dielektrizitätskonstante seines Dielektrikums ab. Die kapazitiven Füllstandsmessverfahren benutzen die metallische Wand des Behälters als Elektrode, eine zweite, stabförmige Elektrode wird zusätzlich in den Behälter eingebaut. Für nichtleitende Flüssigkeiten muss die Zusatzelektrode lediglich isolierend montiert werden, während bei leitenden Flüssigkeiten die Zusatzelektrode in der ganzen Ausdehnung einen isolierenden Mantel erhält. Dieser isolierende Mantel bildet in diesem Fall das Dielektrikum des Kondensators, die leitfähige Flüssigkeit ist hier die äußere Elektrode. Bei nichtleitenden Flüssigkeiten bildet die Flüssigkeit das Dielektrikum. Die grundsätzliche Anordnung der beiden Methoden ist in Abbildung 4-67 dargestellt.

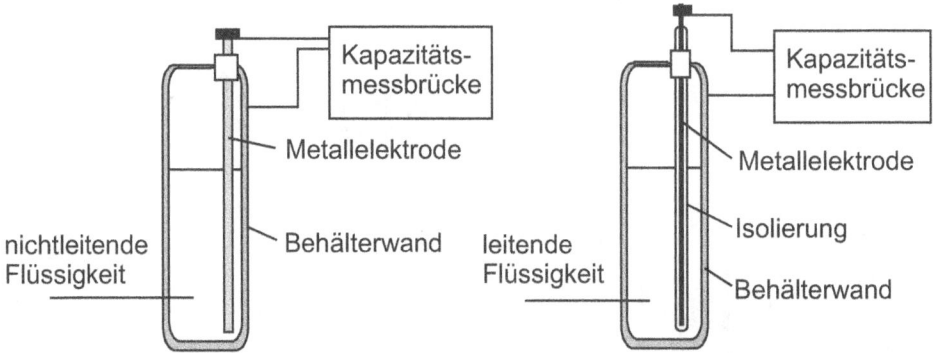

Abbildung 4-67: Kapazitive Füllstandsmessung für nichtleitende und leitende Flüssigkeiten

Das Messen der Kapazität erfolgt in einer Wechselspannungs-Messung. Für längere Behälter steigt die Kapazität nahezu linear mit der Füllhöhe an, ausgehend von einem Grundwert ($C = k\,(a + b\,h)$).

4.8.4   Füllstandsmessung durch Wägung

Wird das Gewicht des Behälters durch Wägezellen erfasst, ist dies eine sehr genaue Methode den Füllinhalt zu verfolgen. Allerdings ist beim Einbau des Behälters dafür zu sorgen, dass alle Verbindungen, also auch Füll- und Entnahmerohre, flexibel ausgeführt werden, damit diese keine Kräfte auf den Behälter übertragen. Der Hauptvorteil der Methode ist, dass das Behälterinnere keinerlei Einbauten für die Füllstandsmessung aufweist. Daher wird sie vor allem bei Reaktoren und Behältern der Biotechnologie und der Lebensmittelherstellung verwendet, wo höchste Reinheit der Behälter notwendig ist.

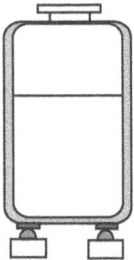

Abbildung 4-68: Füllstandsmessung mit Wägezellen

4.8.5   Ultraschall-Messverfahren für die Füllstandsmessung

Ultraschall eignet sich grundsätzlich zur Abstandsmessung, da die Laufzeit eines reflektierten Ultraschall-Impulses den Abstand der reflektierenden Oberfläche wiedergibt. Man kann also einen Ultraschall-Sender-Empfänger an der Decke des Behälters anbringen und auf die Oberfläche der Flüssigkeit richten oder man bringt ihn am Boden an, d. h. in der Flüssigkeit. Diese zweite Methode ist deshalb günstig, weil die Kopplung des Ultraschallgebers an die Flüssigkeit besser ist als an die Luft. Ein Problem bilden die Behälterwände und eventuelle Einbauten. Von ihnen können auch Echos erzeugt werden, die eine Messung verfälschen oder unmöglich machen. Sorgfältige Wahl der Geräte für eine gegebene Aufgabe und sorgfältiger Einbau sind daher notwendig.

4.8.6   Sonstige Verfahren

Neben den beschriebenen Methoden gibt es noch eine Reihe weiterer Verfahren, von denen hier einige noch kurz angedeutet werden sollen:

- Elektrisch beheizte Widerstände verändern ihre Temperatur und den Widerstandswert, wenn sie mit einer Flüssigkeit in Berührung kommen, da sich die Wärmeabfuhr verändert. Daher kann man Widerstände oder Widerstandsketten, die sich senkrecht längs der Behälterinnenwand entlangziehen, zur Füllstandserfassung benutzen.
- Gebündelte Mikrowellen können ähnlich wie Ultraschall zur Abstandsmessung der Oberfläche der Flüssigkeit eingesetzt werden (Radar-Messung).
- Die Absorption von γ-Strahlung aus radioaktiven Quellen kann insbesondere für Schüttgüter verwendet werden.

In vielen Fällen ist das genaue Messen des Füllstands nicht erforderlich. So genügen oft das Erfassen weniger Marken, etwa das Erreichen eines minimalen oder maximalen Niveaus bei der Leerung oder Befüllung eines Behälters. Dafür stehen Schalter zur Verfügung die das Erreichen dieser Marken signalisieren, z. B. Schwimmer-Schalter-Kombinationen oder schwingende Systeme, deren veränderte Dämpfung registriert wird, wenn sie von Flüssigkeit überdeckt werden. Auch Systeme, die Lichtleiter verwenden, stehen für diesen Zweck zur Verfügung.

4.9   Temperaturmessung

Die Temperatur ist neben Druck und Durchfluss die wichtigste Größe, die in technischen Prozessen erfasst wird. So wie die Messung unserer Körpertemperatur zu den einfachsten Mitteln gehört, unseren Gesundheitszustand zu überprüfen, bietet die Temperaturmessung in der Technik den Einblick in den Zustand eines Systems. Prozesse müssen innerhalb bestimmter Grenzen der Betriebsparameter gefahren werden, damit das Ziel technisch und wirtschaftlich erreicht werden kann. Werkstoffe, insbesondere Schmierstoffe, sind in ihrer Einsatzfähigkeit auf bestimmte Temperaturintervalle begrenzt, daher sind Temperaturüberwachungen auch für die Sicherheit von Systemen notwendig. Biologische Systeme sind auf ein sehr enges Temperaturintervall beschränkt, wenn ihre komplexen Prozesse sich optimal entwickeln sollen. Das gilt für das Bierbrauen, die Joghurtkultur, das Gewächshaus genauso wie für *unser* Wohlbefinden in unserer Umgebung.

Die Temperatur ist das Maß, das beschreibt, in welchem Umfang Bewegungsenergie in den Molekülen eines Stoffs vorhanden ist. Die mittlere Energie und Temperatur eines Moleküls sind, bezogen auf einen „Freiheitsgrad", zueinander proportional, als Folge der Definition der „Thermodynamischen Temperaturskala". Für die Einheit der Temperatur, *Kelvin* (K), werden zusätzlich zwei Fixpunkte definiert: Der Nullpunkt der Skala entspricht dem Zustand, indem die Moleküle keinerlei Energie besitzen. Als zweiter Fixpunkt wird der „Tripelpunkt" des Wassers mit 273,16 K gewählt. Der Tripelpunkt des Wassers ist die Temperatur, bei der Wasser und Eis unter dem Druck des Wasserdampfs nebeneinander existieren. (In ein evakuiertes Gefäß wird reines Wasser gebracht, das Gefäß wird abgekühlt, bis ein Teil des Wassers gefriert.)

Für praktische Zwecke (Kalibrierung) wurden international eine Reihe weiterer Fixpunkte (Schmelzpunkte, Tripelpunkte) festgelegt, die zuvor möglichst genau an die thermodynamische Temperaturskala angeschlossen wurden (ITS-90).

Neben der Thermodynamischen Temperaturskala mit der SI-Einheit Kelvin ist in der Praxis eine weitere, ältere Skala im Gebrauch, die Celsius-Skala, mit der Einheit Grad Celsius (°C). Ihre Fixpunkte sind wie folgt definiert:

- 0 °C ist die Temperatur des schmelzenden Wassers unter Normaldruck (273,15 K).
- 100 °C ist die Temperatur des siedenden Wassers bei Normaldruck.

Als Temperaturdifferenz ist das Kelvin und das Grad Celsius identisch.

Zur Messung der Temperatur benutzt man in der Praxis gut zugängliche temperaturabhängige Effekte der Natur:

- Festkörper, Flüssigkeiten und Gase dehnen sich bei Erwärmung aus.
- Der elektrische Widerstand elektronischer Leiter steigt i. Allg. mit der Temperatur.
- Die Berührungsspannung zweier verschiedener Metalle steigt mit der Temperatur.
- Die elektromagnetische Strahlung (Infrarot, Licht), die warme Körper emittieren, steigt mit der Temperatur.

Für die genannten Effekte wurden entsprechende Messaufnehmer entwickelt. Im Fall der ersten drei Effekte muss der Aufnehmer in Kontakt mit dem Messobjekt gebracht werden, die Temperaturangleichung des Aufnehmers an das Objekt erfolgt durch Wärmeleitung. Die Temperaturstrahlung warmer Körper bildet die Grundlage für die berührungslose Temperaturmessung.

4.9.1   Thermometer

Der Begriff Thermometer im engeren Sinn bezieht sich auf Temperaturmesseinrichtungen, die die Wärmeausdehnung von Stoffen zur Anzeige der Temperatur benutzen. Das klassische Thermometer (Abbildung 4-69a) besteht aus einer Glas- oder Quarzglaskapillare, an die eine Hohlkugel oder ähnliche Erweiterung aus Glas angeschmolzen ist. Das Thermometer ist teilweise mit einer Flüssigkeit gefüllt. Der Raum über der Flüssigkeit ist entweder vom Dampfdruck der Flüssigkeit oder von einem inerten Gas ausgefüllt. Bei Erwärmung dehnt sich die Flüssigkeit stärker als der Glasmantel aus, daher steigt die Flüssigkeit in der Kapilla-

re höher. Eine Skala neben der Kapillare erlaubt das Ablesen der Temperatur. Der Messbereich kann in weiten Grenzen variiert werden, durch geeignete Wahl von Kugelvolumen,
Kapillardurchmesser und -länge. Allerdings setzt auch die Art der Thermometerflüssigkeit
Grenzen für den Messbereich, sie muss ja flüssig bleiben, also weder sieden noch gefrieren.
Für höhere Temperaturen muss außerdem anstelle des üblichen Geräteglases Quarzglas eingesetzt werden. Die Begrenzung für verschiedene übliche Flüssigkeiten ist in Tabelle 4-2
wiedergegeben:

Tabelle 4-2: Messbereichsgrenzen für Flüssigkeitsthermometer

Thermometer-Flüssigkeit	Messbereichsgrenzen
Isopentan	-195 °C bis +35 °C
Alkohol	-110 °C bis +210 °C
Quecksilber unter Vakuum	-30 °C bis +150 °C
Quecksilber unter Gasdruck	-30 °C bis +630 °C
Quecksilber unter Gasdruck, Quarzglas	-30 °C bis +1000 °C

Die organischen Flüssigkeiten werden angefärbt, um die Sichtbarkeit der Füllung zu verbessern. Kapillare und Skala werden meist gemeinsam mit einer weiteren Hülle aus Glas umgeben, um die mechanische Stabilität zu sichern. Der Hauptnachteil der Glasthermometer ist
ihre Bruchgefährdung durch Schlag, Stoß oder Herunterfallen. Ein zerbrochenes Quecksilberthermometer ist besonders unangenehm, weil die Reste wegen der Giftigkeit der Quecksilberdämpfe vollständig aufgesammelt und entsprechend entsorgt werden müssen.

Beim Gebrauch der Glasthermometer ist zu beachten, dass die Justierung bei „eingetauchtem
Faden" vorgenommen wird, d. h. das Thermometer wird soweit in ein Wärmebad eingetaucht, dass der Faden (Teil der Füllung in der Kapillare) vollständig bedeckt wird. Wenn
das Thermometer aus praktischen Gründen im Gebrauch nicht so weit eingetaucht ist, muss
für genaue Messungen eine Korrektur am Messwert vorgenommen werden.

Da Quecksilber elektrisch leitend ist, wurden entsprechend mit Elektroden ausgerüstete
Quecksilberthermometer auch zu Regelzwecken (Schaltregler) eingesetzt. Diese haben heute
jedoch kaum noch eine Bedeutung, wie überhaupt der Einsatz von Glasthermometern sehr
zugunsten der Temperaturmessung mit elektrischen Aufnehmern zurückgegangen ist. Selbst
das bekannte Fieberthermometer aus Glas beginnt aus dem Gebrauch zu verschwinden.

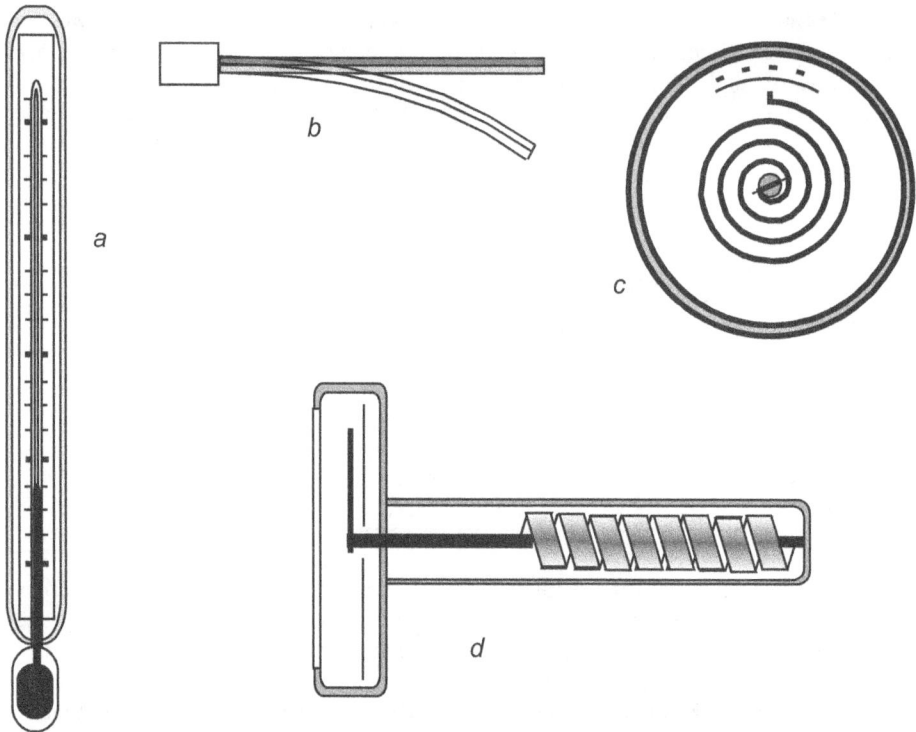

Abbildung 4-69: Glasthermometer (a), Bimetallband (b), Bimetall-Thermometer (c, d)

Eine weitere Möglichkeit, die Ausdehnung von Stoffen mit der Temperatur zu Messzwecken zu nutzen, liegt in der Verwendung der Ausdehnung fester Körper. Da diese geringer ist als die von Flüssigkeiten, muss man für hohe Übersetzung der Anzeige sorgen. Die Verwendung von „Bimetall" liefert hierzu beste Voraussetzungen. Bimetall wird als Band hergestellt, das aus zwei Schichten von Metallen unterschiedlicher Wärmeausdehnungskoeffizienten besteht. Ein solches Band krümmt sich bei Temperaturänderung gegenüber seinem geraden Ausgangszustand (Abbildung 4-69b). Für die Verwendung als Temperaturanzeige bestehen zwei Grundkonstruktionen:

- Ein längeres Band wird zu einer ebenen Spirale geformt und im Zentrum befestigt. Das lose Ende wandert dann näherungsweise auf einem Kreisbogenstück, das mit einer Skala versehen werden kann (Abbildung 4-69c).
- Ein längeres Band wird wendelförmig gewickelt. Das eine Ende wird befestigt, das andere führt eine Drehbewegung bezüglich der Wendelachse aus, die auf einen Zeiger übertragen wird (Abbildung 4-69d).

Besonders die zweite Form wird in hohen Stückzahlen hergestellt und eingesetzt, sei es als Bratenthermometer in der Küche, sei es als Anzeige für die Temperatur des Wasserumlaufs von Heizungen und anderen technischen Einrichtungen.

4.9.2   Widerstands-Temperaturaufnehmer

Der Widerstand der meisten elektronischen Leiter steigt mit zunehmender Temperatur an, weil die Beweglichkeit der Ladungsträger abnimmt. Insbesondere metallische Leiter zeigen diesen Effekt. Er eignet sich hervorragend zur Temperaturmessung. Es werden vor allem Widerstandsaufnehmer aus Platin, seltener aus Nickel eingesetzt. Platin besitzt die beste Langzeitstabilität und kann für einen Temperaturbereich von –220 °C bis +750 °C eingesetzt werden, bis 1000 °C unter Schutzgas. Die Widerstandszunahme ist näherungsweise linear, für genaue Messungen sind jedoch Abweichungen zu berücksichtigen.

Da diese Aufnehmer in weitem Umfang für technische Messungen eingesetzt werden, wurden ihre Kennwerte in einer Norm festgehalten, der DIN EN 60751. Als Bezugstemperatur der Normung wurde 0 °C gewählt, die Widerstandswerte auf 100 Ω, 500 Ω und 1000 Ω festgelegt. Man bezeichnet diese Normwiderstände als Pt100, Pt500 und Pt1000. Zwei Genauigkeitsklassen wurden festgelegt, mit einer zulässigen Abweichung von $\pm$ (0,15 + 0,002 $|t|$) °C und $\pm$ (0,3 + 0,005 $|t|$) °C, worin t die Maßzahl der Temperatur in °C ist.

Für den Aufbau des Aufnehmers bestehen zwei Möglichkeiten: man kann ihn aus dünnem Platindraht auf einem Wickelkörper aus Glas herstellen oder als Dünnschichtwiderstand auf einem ebenen Substrat aus Aluminiumoxid (s. Abbildung 4-70).

Abbildung 4-70: Platin-Widerstandsaufnehmer, links auf Glaskörper, rechts Dünnschichtwiderstand

Das Wickeln des Platindrahts auf dem Glaskörper erfolgt „bifilar", um die Induktivität niedrig zu halten. Der bewickelte Glaskörper wird mit einer aufgeschmolzenen Glasschicht abgedeckt, zum Schutz und zur Stabilisierung der Wicklung. Der Dünnschichtwiderstand wird aus einer atomar aufgebrachten dünnen Platinschicht durch Herausätzen der Form erzeugt. Diese Widerstände können sehr klein (wenige mm Kantenlänge) ausgeführt werden, sodass sie wegen ihrer geringen Wärmekapazität sich sehr schnell an eine veränderte Temperatur der Umgebung angleichen können. Die Glas-Widerstände können mit genaueren Kenndaten erzeugt werden. Weiter werden gewickelte Widerstände in Keramikumhüllung angeboten.

Für den Gebrauch als Messaufnehmer werden diese Widerstandselemente in Schutzrohre eingebaut, die am oberen Ende noch ein kleines Gehäuse, den „Anschlusskopf" tragen. Anschlussdrähte führen durch das Schutzrohr zum Anschlusskopf, dort können Kabel zugentlastet angeschlossen werden. Außerdem können im Anschlusskopf Messumformer untergebracht werden, die das Messsignal auf ein 4 mA ... 20 mA-Stromsignal umsetzen.

Für den Anschluss der Widerstandselemente an die Messelektronik ist zu beachten, dass insbesondere bei Pt100 die Widerstände der Anschlussdrähte und -kabel nicht mehr gegenüber dem Widerstand des Aufnehmers zu vernachlässigen sind. Der Widerstand des Aufnehmers muss durch eine Strom-Spannungs-Messung ermittelt werden. Damit keine nennenswerte Erwärmung des Widerstands durch den Messstrom eintritt, wird dieser meist auf Ströme unter 1 mA beschränkt. Für kurze Verbindungen und geringe Ansprüche an die Genauigkeit ist ein Anschluss über nur zwei Leitungen möglich, der Grundwiderstand der Leitung kann in der Messung berücksichtigt werden, jedoch nicht die Änderung des Leitungswiderstands auf Grund der Temperatur (Abbildung 4-71 oben).

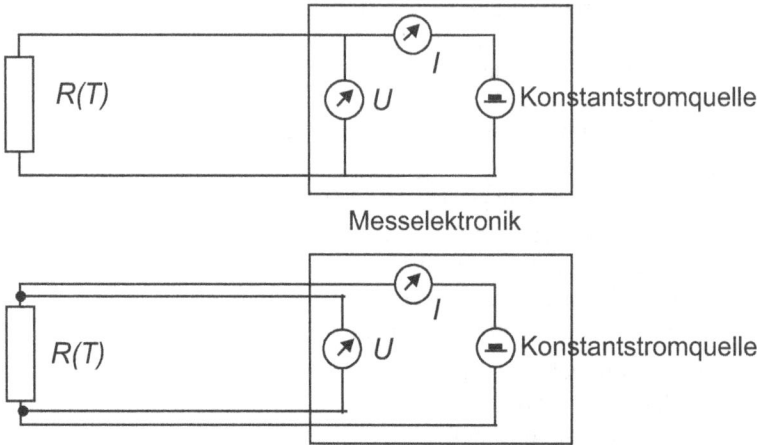

Abbildung 4-71: Prinzip der Widerstandsmessung an temperaturabhängigen Widerständen, oben Zwei-leiterverbindung, unten Vierleiterverbindung.

Für genaue Messungen ist die *Vierleiter-Verbindung* vorzuziehen. Hier werden für die Messung des Spannungsabfalls am Messwiderstand zwei separate Leitungen eingesetzt, die nur ganz gering mit Strom belastet werden, sodass ihr Widerstand in der Messung keine Rolle spielt (Abbildung 4-71 unten).

Neben den Metallwiderständen werden auch noch andere Widerstandsarten für Mess- und Regelzwecke eingesetzt, die auf verschiedenen Halbleiter-Materialien beruhen. Diese spielen weniger in der industriellen Messtechnik eine Rolle, als in der Gerätetechnik. Man bezeichnet sie als Heißleiter oder NTC-Widerstände, Kaltleiter oder PTC-Widerstände. Ihr Widerstand nimmt mit der Temperatur ab (NTC) bzw. zu (PTC), jedoch nicht linear. Ihre Messgenauigkeit und Reproduzierbarkeit liegt unter der von Metallwiderständen, doch können sie sehr klein gefertigt werden, sodass sie kurze Einstellzeitkonstanten aufweisen. Ihre Widerstandsänderung mit der Temperatur ist größer als die von Metallwiderständen. Weiter werden auch Temperaturmesselemente auf Siliziumbasis hergestellt, die ebenfalls in Anwendungen geringer Anforderungen verwendet werden.

4.9.3   Thermoelemente

Einen anderen physikalischen Effekt nutzen die Thermoelemente zur Messung der Temperatur. Bringt man zwei verschiedene Metalle in Berührung, so wandern auf Grund der unterschiedlichen elektronischen Struktur Elektronen von einem Metall zum anderen. Daher stellt sich eine elektrische Potenzialdifferenz zwischen den Metallen ein. Sie ist näherungsweise proportional zur absoluten Temperatur und abhängig von den verwendeten Metallen.

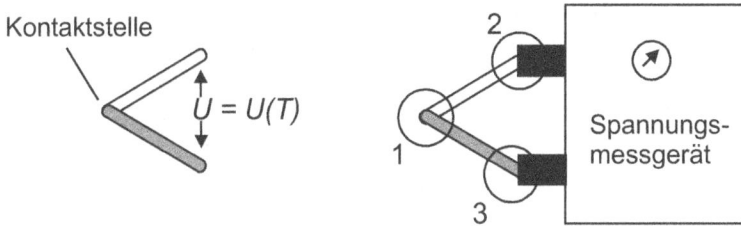

Abbildung 4-72: Problem der Spannungsmessung an Thermoelementen

Leider ergibt sich bei der Messung dieser Potenzialdifferenz ein grundsätzliches Problem. Die Eingangsklemmen des Messgeräts, mit der man die Potenzialdifferenz messen möchte, bestehen in der Regel aus einem dritten Metall, sodass man im Messgerät die Spannung misst, die aus der Hintereinanderschaltung dreier Kontaktstellen resultiert (Abbildung 4-72, Kontaktstellen 1,2,3). Daher ist man gezwungen, verschiedene Hilfsschaltungen zu benutzen, um den Effekt zu nutzen. Die übersichtlichste und genaueste Methode ist die Verwendung von zwei Kontaktstellen der Metalle A und B in der Form A-B-A. (s. Abbildung 4-73).

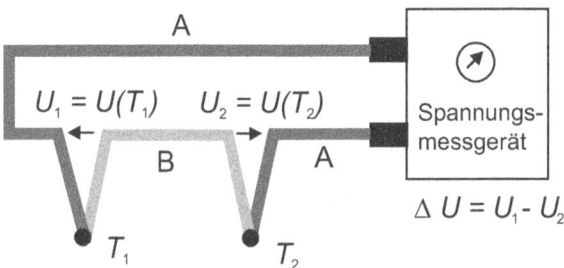

Abbildung 4-73: Differenzmessung mit zwei Kontaktstellen auf den Temperaturen T_1 und T_2

Die gemessene Differenzspannung ΔU ist die Differenz der Thermospannungen U_1 und U_2, die in den Anschlussklemmen auftretenden Thermospannungen sind gleich und entgegengerichtet, wenn die Temperatur der Anschlussklemmen gleich ist, sie heben sich also auf. ΔU ist eine Funktion von T_1 und T_2, näherungsweise gilt $\Delta U = k \cdot (U_1 - U_2)$. Der Proportionalitätsfaktor k liegt in der Größenordnung von einigen mV/100 K und ist abhängig von beiden Werkstoffen.

Der genaue Zusammenhang der Thermospannung und der zugehörigen Temperatur wurde für verschiedene Metallkombinationen experimentell ermittelt und in DIN EN 60584 festgehalten. Verschiedene Materialkombinationen wurden genormt. Die Begrenzung des Einsatzes der Thermoelemente bei hohen Temperaturen liegt z. T. im Schmelzpunkt aber auch im Problem der Werkstoffoxidation. Es wurden Typen und Genauigkeitsklassen festgelegt. Als Referenztemperatur wurde 0 °C gewählt, d. h. in der Regel wird bei der Kalibration eine der Kontaktstellen auf 0 °C gelegt, die andere auf eine bekannte Temperatur. Typen, Einsatzbereiche und zulässige Grenzabweichungen sind in Tabelle 4-3 wiedergegeben.

Tabelle 4-3: Typen, Einsatzbereiche und zulässige Grenzabweichungen für Thermoelemente.
Bei den Grenzabweichungen ist jeweils der höhere der beiden Werte zu wählen. t ist der Zahlenwert
der Temperatur in °C.

	Klasse 1	Klasse 2	Klasse 3
Typ J **Eisen-Konstantan**	1,5 °C oder 0,004 |t| °C	2,5 °C oder 0,0075 |t| °C	2,5 °C oder 0,015 |t| °C
	- 40 °C bis +750 °C	- 40 °C bis +750 °C	
Typ K **Nickelchrom-Nickel**	1,5 °C oder 0,004 |t| °C	2,5 °C oder 0,0075 |t| °C	2,5 °C oder 0,015 |t| °C
	- 40 °C bis +1000 °C	- 40 °C bis +1200 °C	-200 °C bis + 40 °C
Typ R **Platinrhodium-Platin**	1,0 °C oder [1 + (t − 1100) 0,003] °C	1,5 °C oder 0,0025 t	
	0 °C bis 1600 °C	0 °C bis 1600 °C	

Bei der Verwendung der Thermoelemente als Temperaturaufnehmer müsste jeweils eine Kontaktstelle auf genau 0 °C gehalten werden. Dies kann entweder durch ein Eis-Wasser-Bad realisiert werden oder durch einen geeigneten Thermostat. Das eine ist umständlich, das andere aufwendig. Man hilft sich daher meist durch eine der drei folgenden Maßnahmen:

a)   Verwenden eines Referenzelements auf einer konstanten Temperatur T_2 von 50 °C oder 60 °C.

b)   Verwenden eines Anschlussblocks auf einer konstanten Temperatur T_2 von 50 °C oder 60 °C.

c)   Messen der Temperatur der Anschlussklemmen durch Widerstandselement.

Abbildung 4-74 zeigt die drei Möglichkeiten. Referenztemperaturen von 50 °C oder 60 °C können durch elektrisch beheizte und geregelte Einrichtungen realisiert werden, dies ist einfacher als die Verwendung von thermostatischen Einrichtungen bei 0 °C. Die Korrektur für diese erhöhte Referenztemperatur erfolgt in der Messelektronik. Die Verwendung solcher Referenztemperaturstellen kann vorteilhaft für mehrere Messstellen zusammengefasst werden. In der Lösung c wird ein Anschlussblock verwendet, dessen Temperatur durch ein Widerstandselement gemessen wird. Er kann grundsätzlich an beliebiger Stelle zwischen Messstelle und Messelektronik liegen. Auch er kann für mehrere Thermoelemente gemeinsam verwendet werden. Seine Temperatur wird nahe Zimmertemperatur liegen und sich nur in einem engen Bereich verändern. Für die Messung können daher auch kostengünstige Schaltungen mit Halbleiteraufnehmern verwendet werden. Eine gut wärmeleitende Basis aus Aluminium und ein abschirmendes Gehäuse sorgen dafür, dass zwischen den Klemmen des Anschlussblocks keine Temperaturdifferenzen auftreten. In Lösung b und c werden zwischen Anschlussblock und Messelektronik Kupferleitungen verwendet. In Lösung a müssen durchgehend Drähte des Materials des Thermopaars verwendet werden. In der Praxis wird die eigentliche Messstelle mit einem „Thermoelement" versehen, dessen Aufbau der Anforderung des gesamten Messtemperaturbereichs genügen muss. Die Leitungen von diesem Aufnehmer zu der Messelektronik sind jedoch nur der Raumtemperatur ausgesetzt. Für den eigentlichen Aufnehmer werden daher temperaturfeste Keramikisolierungen eingesetzt, für die Leitungen dagegen flexible Kunststoffisolierungen. Sie werden als sogenannte „Ausgleichsleitungen" geliefert und sind aus dem gleichen Drahtmaterial wie das Thermoelement gefertigt.

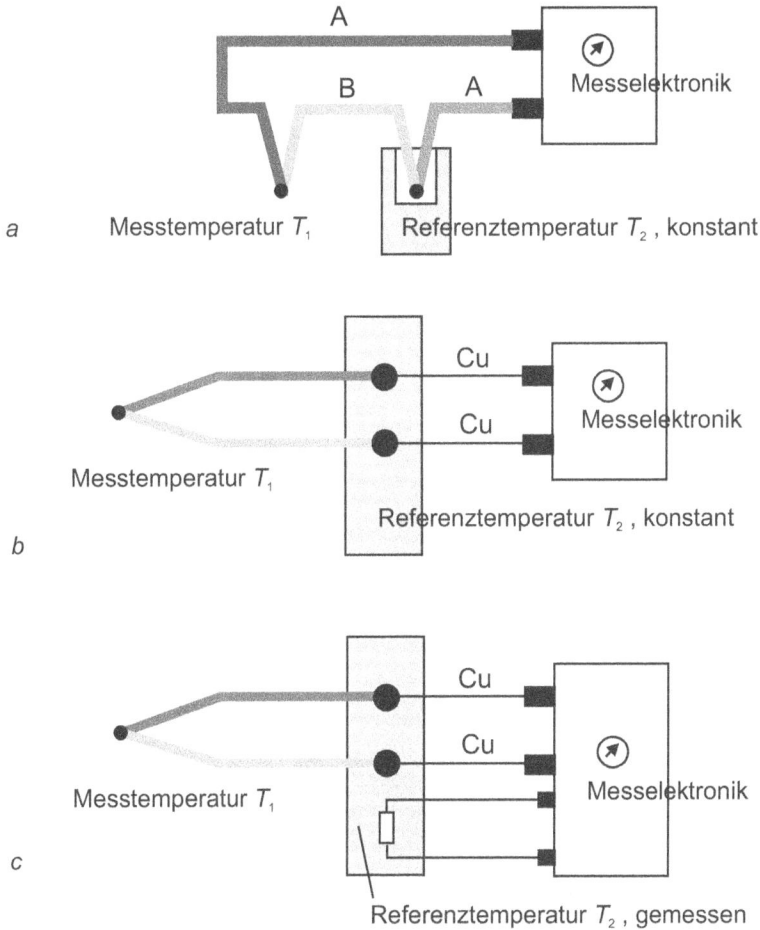

Abbildung 4-74:
Möglichkeiten der
Messstellen-
auslegung für
Thermoelemente

Die eigentliche Messstelle, das Thermoelement, besteht aus einer Löt- oder Schweißverbindung der beiden Thermodrähte. In dieser Form kann ein Thermoelement aber nur in einer sauberen, nichtkorrosiven Umgebung eingesetzt werden, wo auch nicht die Gefahr mechanischer Beschädigung oder elektrischen Kontakts mit anderen Teilen besteht. Wegen seiner geringen Masse ist es in dieser Form ein Messelement mit sehr kurzer Zeitkonstante.

Für die meisten Anwendungen kommen jedoch Thermoelemente zum Einsatz, die mit einer Schutzhülle versehen sind. Für den Aufbau kennt man im Wesentlichen zwei Formen:

- Die Isolierung erfolgt durch einen Keramikeinsatz mit zwei Hohlräumen, den Schutz übernimmt ein dünnwandiges Rohr aus Edelstahl (Abbildung 4-75a).
- Die Isolierung erfolgt durch Keramikpulver. Hüllrohr, Füllung und Thermodrähte werden in einem Ziehprozess auf Durchmesser bis herab zu 0,25 mm gebracht. Aus diesem Vorprodukt werden Thermoelemente abgelängt und am Ende verschweißt. Diese *Mantelthermoelemente* sind biegsam und können daher gut an Messstellenerfordernisse angepasst werden (Abbildung 4-75b).

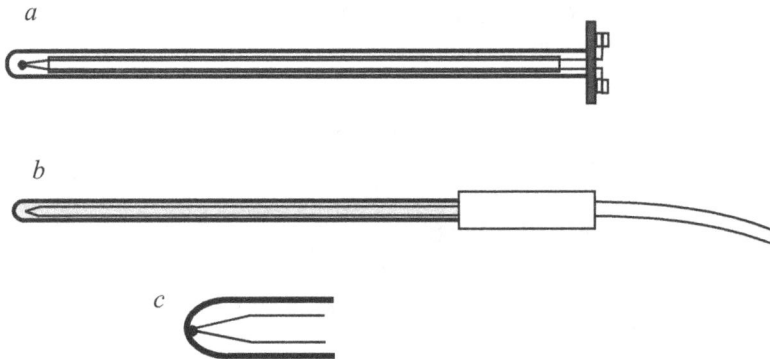

Abbildung 4-75: Bauformen für Thermoelemente: (a) Messeinsatz, (b) Mantelthermoelement, (c) alternative, Hülle-kontaktierende Ausführung der Kontaktstelle

Die Schweißstelle der Thermodrähte kann so eingebaut werden, dass sie den Mantel nicht berührt, also von ihm isoliert bleibt. Sie kann aber auch mit der Hülle verschweißt werden. Dies hat den Vorteil des besseren, schnelleren Wärmeübergangs. Hier kann allerdings nur Messelektronik eingesetzt werden, die potenzialfrei aufgebaut ist, also keine innere Masseverbindung besitzt. Wird dies nicht beachtet, ergeben sich u. U. drastische Fehlmessungen.

Die Messelektronik, welche die sehr kleinen Spannungen der Thermoelemente aufnimmt und in ein anzeigefähiges Signal wandelt, enthält immer Verstärkerelemente, die einen sehr hohen Eingangswiderstand aufweisen. Dies ist notwendig, da bei der Messung kein nennenswerter Strom fließen darf. Dieser würde zu verfälschenden Spannungsabfällen auf den Leitungen führen. Es werden auch kompensierende Schaltungen verwendet, die eine gleichgroße Gegenspannung erzeugen, sodass keinerlei Leistungsentnahme aus dem Thermoelement bei der Messung erfolgt.

4.9.4   Einbau von Temperaturaufnehmern

Damit ein Messaufnehmer ein Signal liefern kann, das die Temperatur des Messobjekts korrekt wiedergibt, muss der messaktive Teil des Aufnehmers die Temperatur des Messobjekts annehmen. Dies geschieht durch Wärmeleitung zwischen Messobjekt und Aufnehmer. Ein guter Kontakt (Berührung bei festen Objekten) ist zwingend notwendig. Es ist ebenfalls zu beachten, dass ein Teil des Aufnehmers fast immer der Raumtemperatur ausgesetzt bleibt. Also wird sich zwischen den Enden des Aufnehmers ein Temperaturgefälle ausbilden, das einen Wärmestrom hervorruft, der die Temperatur der Messspitze beeinflusst. Um diesen Effekt klein zu halten, muss der Aufnehmer eine gewisse Länge aufweisen und in den Hauptteilen aus einem schlecht wärmeleitenden Material gefertigt sein (Keramik, Glas, Edelstahl). Bei der Messung der Temperatur von Flüssigkeiten und Gasen ist es günstig, wenn der aktive Teil des Aufnehmers umströmt wird, da dies den Wärmetransport erleichtert. Dabei muss sichergestellt sein, dass ein genügend großer Teil des Aufnehmers der Messtemperatur ausgesetzt wird.

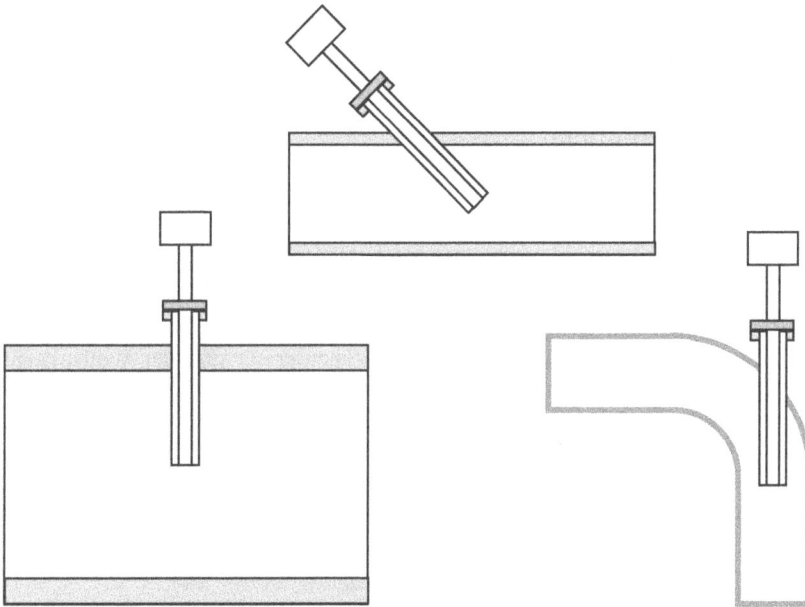

Abbildung 4-76: Einbaumöglichkeiten für Temperaturaufnehmer in Rohrleitungen

Meist benutzt man die Messeinsätze in Schutzrohren, die zusätzliche mechanische Festigkeit und Korrosionsschutz bieten. Beim Einbau in Rohrleitungen, benutzt man oft noch zusätzliche Schutzrohre, die dicht mit den Rohrleitungen verbunden sind (Schraub- oder Schweißverbindung). Dies hat den Vorteil, dass man Messeinsätze auswechseln kann, ohne die Rohrleitungen zu entleeren. Allerdings wird hierbei der Nachteil erkauft, dass der Wärmeübergang behindert wird. Die Einstellzeiten solcher Anordnungen können im Minutenbereich liegen!

Die Art des Einbaus richtet sich nach den Gegebenheiten. Die drei grundsätzlichen Möglichkeiten für den Einbau in Rohrleitungen sind in Abbildung 4-76 dargestellt. Für die Messung an Maschinenteilen verwendet man Bohrungen oder Klemmvorrichtungen. Für die Erfassung von Raumtemperaturen werden die Aufnehmer offen in belüftete Kunststoffgehäuse montiert.

Bei der Wahl der Messstellen ist stets darauf zu achten, dass der Temperaturaufnehmer wirklich einen dem Anwendungsziel entsprechenden Messwert liefert. In größeren Räumen mit Wärmequellen und -senken bilden sich Strömungen und Temperaturverteilungen aus. Aufnehmer können zusätzlich Wärmestrahlung ausgesetzt sein, ohne entsprechende Abschirmung werden sie in diesem Fall nicht die korrekte Umgebungstemperatur liefern.

Zur Frage Messwiderstand oder Thermoelement ist festzuhalten, dass dies nicht aus rein technisch-physikalischen Gründen heraus entschieden werden kann, sondern dass hier auch die geschichtliche Entwicklung eine Rolle spielt. In Deutschland werden in der industriellen Messtechnik überwiegend Widerstandsthermometer eingesetzt, während in den USA sich weitgehend das Thermoelement durchgesetzt hat.

4.9.5   Strahlungsthermometer

Bei hohen Temperaturen lässt sich die Temperatur von Objekten nicht mehr durch berührende Messeinrichtungen erfassen. Auch bei niedrigen Temperaturen können Gründe vorliegen, die eine Berührung des Objekts nicht erlauben, z. B. bei bewegten Objekten. In diesen Fällen kann man die Strahlung ausnutzen, die warme Objekte als Infrarotstrahlung oder sichtbares Licht aussenden.

Die emittierte Strahlungsstärke in Abhängigkeit von der Temperatur und der Wellenlänge wird durch das *Plancksche Strahlungsgesetz* beschrieben (Abbildung 4-77). Bei einer bestimmten Temperatur bildet die Strahlungsstärke aufgetragen über der Wellenlänge eine Kurve mit einem Maximum bei einer bestimmten Wellenlänge. Mit steigender Temperatur wird diese Kurve höher und das Maximum verschiebt sich zu kürzeren Wellenlängen. Je höher die Temperatur desto höher die abgestrahlte Gesamtleistung (sie steigt proportional zu T^4).

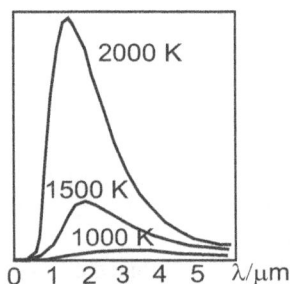

Abbildung 4-77: Graphische Veranschaulichung des Planck- schen Strahlungsgesetzes

Für den „schwarzen Körper" beschreibt das Plancksche Strahlungsgesetz das Verhalten exakt. Für reale Körper hängt es zusätzlich von Stoffeigenschaften ab, die durch den „Emissionsgrad" beschrieben werden.

Für die Anwendung als Temperaturmessverfahren kann man entweder die Strahlung über einen möglichst großen Wellenlängenbereich heranziehen, man spricht dann von „Gesamtstrahlungspyrometern" oder man selektiert mit geeigneten Filtern einen engen Spektralbereich. Diese Geräte werden als „Spektralpyrometer" bezeichnet. In beiden Fällen wird die vom Messobjekt ausgehende Strahlung mit einer Sammellinse oder einem Hohlspiegel gebündelt und auf einen Strahlungsdetektor geführt. Als Strahlungsdetektoren werden Thermoelemente oder Halbleiter-Detektoren aus verschiedenen Materialien eingesetzt.

Die Unterschiede der Oberflächen werden z. T. durch theoretische Korrekturen oder durch spezielles Kalibrieren berücksichtigt. Insgesamt erreicht die Messgenauigkeit nicht die der Berührungsthermometer. Das Gebiet ist ein Spezialgebiet, von dem hier nur die allgemeinen Grundlagen dargestellt werden können.

4.10   Feuchtemessung

Unter Feuchte versteht man das Vorhandensein von Wasser in einem anderen Stoff oder Stoffgemisch. Während bei Gasen Wasserdampf nur eine Komponente eines Gasgemisches darstellt, treten bei Flüssigkeiten und Feststoffen Bindungskräfte zwischen den Wassermolekülen und dem Wirtsstoff auf. Aus diesem und auch aus anderen praktischen Gründen haben sich in verschiedenen Gebieten der Technik verschiedene Definitionen für den quantifizierbaren Begriff *Feuchte* herausgebildet.

4.10.1   Definitionen der Feuchte

4.10.1.1   Luftfeuchte

Luft ist ein Gemisch von etwa 4/5 Stickstoff, 1/5 Sauerstoff, Edelgase, Kohlendioxid und Wasserdampf. Da sich die Partialdrucke der verschiedenen Gase einfach zum Gesamtdruck addieren, benutzt man die Angabe der Partialdrücke auch, um die Konzentration der Komponenten zu beschreiben. Während die Mengenverhältnisse fast aller Gase ziemlich konstant sind, ändert sich der Partialdruck des Wasserdampfs in weiten Grenzen. Der Wasserdampf ist ein Dampf, der bei einer bestimmten Temperatur einen bestimmten Maximaldruck annehmen kann. Dies ist der Dampfdruck, der sich über der wässrigen Phase in einem geschlossenen Gefäß einstellt. Dieser „Sättigungsdampfdruck" steigt mit der Temperatur an. Wird Luft, die diesen Sättigungsdampfdruck besitzt, abgekühlt, so fällt Wasser als Flüssigkeit (Nebel) aus (Taupunkt). Der Sättigungsdampfdruck bei 20 °C beträgt beispielsweise 23 hPa. Gibt man die Feuchte der Luft als *relative Feuchte* φ an, so meint man damit

$$\varphi = \frac{p_{H_2O}}{p_{\text{Sättigungsdampfdruck}}} \cdot 100 \ \%$$

Mit p sind die Wasserdampfpartialdrücke gemeint, der effektiv vorhandene und der Sättigungspartialdruck.

Für die Angabe der *absoluten* Feuchte sind verschiedene Methoden im Gebrauch. Die Verfahrenstechnik benutzt die Angabe in g/m^3, wobei das Volumen auf Normbedingungen bezogen wird (also 0 °C und 1013,25 hPa). Die Klimatechnik benutzt den Feuchtegrad x:

$$x = \frac{Masse_{\text{H}_2\text{O}}}{Masse_{\text{trockene Luft}}} \cdot 10^3 \frac{\text{g}}{\text{kg}}$$

Er ist eigentlich eine unbenannte Zahl, wird aber wie in der Formel gezeigt, in g/kg angegeben. Wichtig ist, dass die Angabe auf die Masse der Luft ohne Wasserdampf (trockene Luft) bezogen wird. Gesättigte Luft von 20 °C hat z. B. einen Feuchtegrad von 14,9 g/kg.

4.10.1.2   Feuchte von festen und flüssigen Stoffen

Auch hier gibt man als Feuchte eine relative Größe an, die sich i. Allg. auf die Gesamtmasse, d. h. die Masse einschließlich des Wasseranteils, bezieht, den *Wassergehalt ψ.*

$$\psi = \frac{Masse_{\text{H}_2\text{O}}}{Masse_{\text{trockener Stoff}} + Masse_{\text{H}_2\text{O}}} \cdot 100 \ \%$$

4.10.2   Messverfahren zur Feuchtebestimmung

Für die Bestimmung der Feuchte stehen eine ganze Reihe verschiedenartiger Verfahren zur Verfügung, deren Bedeutung und Einsatzfelder sich z. T. im Laufe der Zeit sehr gewandelt haben. Daher beschränken wir uns hier auf die wichtigsten heute eingesetzten Verfahren.

Für die Messung der *relativen Luftfeuchte* benutzt man Körper, deren Eigenschaft sich bei wechselnder relativer Feuchte der Umgebungsluft definiert verändern.

Ein menschliches Haar wird mit steigender Luftfeuchte länger. Die auf diesem Effekt beruhenden „Haarhygrometer" benutzen ein oder mehrere Haare, die von einer Feder leicht gespannt werden und deren Längenänderung mit einem Getriebe auf einen Drehzeiger übertragen wird. Ihr Einsatzbereich liegt etwa zwischen 40 % und 90 % relativer Feuchte und einer Temperatur zwischen -10 °C und 50 °C. Die Messunsicherheit beträgt mehrere %. Ähnliche Geräte, die an Stelle der Haare spezielle Kunststofffasern benutzen, werden ebenfalls hergestellt. Noch einfacher aufgebaut sind Hygrometer, die spiralige Metallfedern benutzen, die einseitig mit Kunststoffen beschichtet sind. Feuchteänderungen wirken auf den Quellgrad des Kunststoffs, sodass Anfang und Ende der Spirale sich gegeneinander verdrehen (ähnlich wie Bimetall-Thermometer). Die Spirale bewegt direkt einen Drehzeiger über eine Kreisskala.

Aufnehmer für eine elektrische Messung der relativen Luftfeuchte benutzen Kunststoffe oder poröse Keramik als Dielektrikum eines Kondensators. Da die Wassermoleküle, die im Gleichgewicht im Dielektrikum vorhanden sind, einen merklichen Beitrag zur Dielektrizitätskonstante des Dielektrikums liefern, ändert sich die Kapazität des Kondensators mit der Luftfeuchte der Umgebung. Zur Messung der Kapazitätsänderung werden Wechselspannungsmessverfahren eingesetzt. Auch diese Methode misst die relative Luftfeuchte.

Für die Messung der *absoluten Luftfeuchte* benutzt man häufig sogenannte „Taupunkt-Hygrometer". Wird Luft auf eine Temperatur abgekühlt, bei der die vorhandene Feuchte den Sättigungsdampfdruck erreicht, so fällt flüssiges Wasser aus. Im Taupunkt-Hygrometer wird ein Körper mit Hilfe eines Peltierelements abgekühlt, bis dieser Effekt eintritt. An seiner Oberfläche tritt die Betauung ein. Das Auftreten der Flüssigkeitsschicht wird entweder optisch (spiegelnde Fläche) oder über die elektrische Leitfähigkeit detektiert. Die notwendige Elektronik zur Steuerung und Auswertung bedeutet einen gewissen Aufwand, sodass diese Geräte nicht ganz billig sind.

Als Betriebsmessgeräte benutzt man daher meist eine abgewandelte, weniger aufwendige Form des Taupunktprinzips, die Lithiumchlorid-Taupunkt-Hygrometer. LiCl ist ein hygroskopisches Salz, das die vorhandene Luftfeuchtigkeit so stark bindet, dass beim ungeschützten Liegen an der Luft sich eine wässrige LiCl-Lösung bildet. Erhitzt man die Lösung, verdampft das Wasser. Die wässrige Lösung ist elektrisch leitfähig, das trockene Salz nicht. Ein LiCl-Taupunkt-Hygrometer, das diesen Effekt nutzt, hat in seiner klassischen Form den in Abbildung 4-78 gezeigten Aufbau.

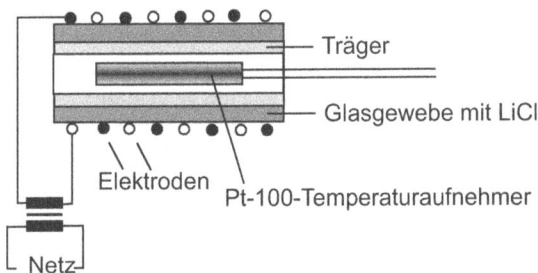

Abbildung 4-78:
LiCl-Taupunkthygrometer

Ein tragender Hohlkörper ist von einem LiCl-getränkten Glasfasergewebe umgeben. Die Beheizung des LiCl erfolgt durch direkten Stromdurchgang durch das feuchte LiCl. Zu diesem Zweck sind zwei Elektroden spiralig um den Umfang geschlungen. Aus einem Netztransformator wird eine kleine Wechselspannung angelegt. Im Betrieb stellt sich eine selbstregelnde Gleichgewichtstemperatur ein, die ein Maß für die absolute Feuchte der Umgebungsluft ist. Die Temperatur wird mit einem Pt100 elektrisch gemessen. Dieser Aufbau hat wegen seines Volumens eine Einstellzeit von mehreren Minuten. Er gilt als robustes Betriebsmessgerät. Neuerdings werden auch Elemente angeboten, die das Prinzip in stark miniaturisierter Form verwenden und die sehr schnelle Einstellzeiten erreichen.

Für die Bestimmung der *Feuchte in Feststoffen* sind andere Verfahren notwendig. Vorab sei darauf hingewiesen, dass der Feuchtebegriff in Feststoffen problematisch ist. Es gibt z. B. viele Kristalle, die in ihrem Gitter regulär Wassermoleküle eingebaut haben, die eine bestimmte Bindungsstärke zum Gitter besitzen. Durch Erhitzen kann man auch dieses Wasser austreiben. Trotzdem kann man es eigentlich nicht als Feuchte bezeichnen. Nur locker gebundene Wassermoleküle, die auf Oberflächen oder Kanälen von Feststoffen oder Feststoffteilchen sitzen, sollte man als „Feuchte" betrachten. Das normale Verfahren zur Bestimmung einer solchen Feststofffeuchte ist, eine bestimmte Menge des Stoffs zu wiegen und anschließend diese Menge bei erhöhter Temperatur zu trocknen. Eine zweite Wägung nach dem Trocknen und die Differenzbildung zur ersten lässt den ursprünglichen Wasseranteil messbar werden. Die Trocken- oder „Dörrtemperatur" ist dem Einsatzzweck entsprechend zu wählen.

Für Schüttgüter sind auch Verfahren im Einsatz, die den Wassergehalt über die Absorption von Mikrowellen bestimmen.

4.11   Stoffmesstechnik (Überblick)

Aufgabe der Stoffmesstechnik oder Analysentechnik ist die Bestimmung der Art von Stoffen, der Zusammensetzung von Verbindungen und Gemischen nach Art und quantitativer Zusammensetzung. Legierungen müssen innerhalb gewisser Grenzen definierte Anteile der Komponenten aufweisen. Stoffe dürfen je nach Verwendung unerwünschte Bestandteile nur bis zu bestimmten Grenzwerten enthalten. Abgase, die aus Anlagen in die Atmosphäre entlassen werden, müssen ebenfalls Grenzwerte für umweltrelevante Komponenten einhalten. Stoffe, die in Prozessen eingesetzt werden, müssen auf ihre Zusammensetzung laufend geprüft werden.

Die klassische chemische Analyse arbeitet mit Stoffreaktionen. Eine zu untersuchende Substanz wird in Lösung gebracht, und einzelne Komponenten werden mit spezifischen Reagenzien zu neuen Verbindungen geführt, die sich abtrennen lassen, z. B. durch Abfiltrieren eines Feststoffs aus einer Lösung und Wiegen des abgetrennten Anteils. Diese Arbeitsweise erfordert sehr viel Wissen und ist aufwendig. Man versucht daher für alle Stoffanalysen, die immer wieder ausgeführt werden müssen, Apparate einzusetzen, die anhand physikalischer Eigenschaften die Zusammensetzung von Stoffen zu messen erlaubt. Solche Geräte sind zwar teuer, können jedoch hohe Probenzahlen verarbeiten oder Stoffströme kontinuierlich überwachen.

Sie benutzen charakteristische Eigenschaften von Atomen, Molekülen und Kristallen, die durch physikalische Effekte erfasst werden. Hauptsächlich werden dabei Wechselwirkungen mit elektromagnetischer Strahlung verwendet, aber auch andere Effekte wie z. B. das Absorptionsverhalten gasförmiger oder gelöster Substanzen an Feststoffen werden eingesetzt. Das Gebiet ist hoch entwickelt und recht komplex. Eine solche Übersicht kann daher lediglich Prinzipien skizzieren. Zunächst ein wenig Atomphysik zum besseren Verständnis des Folgenden:

Atome bestehen aus einem positiv geladenen Kern und einer Hülle negativer Elektronen. Nach außen hin erscheinen freie Atome als elektrisch neutrale, d. h. ungeladene Teilchen. Die Hülle ist in der Lage Energie aufzunehmen und wieder abzugeben. Das Atom kann dabei nur Zustände ganz bestimmter Energie einnehmen, Aufnahme oder Abgabe von Energie ist an einen Wechsel zwischen diesen Energiezuständen gekoppelt. Daher kann dieser Energieaustausch nur in bestimmten „Paketen" erfolgen, die scharf definierte Energiewerte besitzen. Werden dem Atom sehr hohe Energiewerte zugeführt, können auch Elektronen aus der Hülle vollständig herausgelöst werden, dann bleibt ein elektrisch positiv geladenes Atom zurück, ein Ion. Bei Austausch von Energie zwischen Materie und elektromagnetischer Strahlung tritt die Energie des Strahlungsfelds ebenfalls in Form von „Paketen" in Erscheinung. Es scheint so, dass sich in diesen Prozessen Licht und andere elektromagnetische Strahlung so darstellt, als sei es aus einzelnen Teilchen zusammengesetzt, die Energiebeträge und Impuls besitzen. Für die Energie eines „Lichtteilchens" (Photon) gilt die Beziehung $W = h \cdot f$, worin f die Frequenz der Strahlung und h eine universelle Naturkonstante, das sog. *Plancksche Wirkungsquantum*, bedeuten. Ein Photon kann von einem Atom nur dann als Energiepaket aufgenommen werden, wenn seine Energie ganz genau der Energiedifferenz zweier atomarer Zustände entspricht. Auch die Abgabe von Energie aus „angeregten Atomen" erfolgt in Form solcher Photonen scharfer Energie. Da bei elektromagnetischer Strahlung die Frequenz f und die Wellenlänge λ über die Lichtgeschwindigkeit c gekoppelt sind ($\lambda = c / f$), strahlen Atome ihre aufgeladene Energie stets mit einer bestimmten Wellenlänge ab. Dies ist der Grund warum Flammen, in die man Substanzen einbringt, bestimmte Farben zeigen. Elektrische Entladungen in verdünnten Gasen regen ebenfalls Atome zum Leuchten an. Feuerwerk wäre nicht bunt, würde man diesen Effekt nicht nutzen.

Jedes Atom emittiert in ganz bestimmten Wellenlängen – mit unterschiedlicher Intensität für unterschiedliche Wellenlängen. Analysiert man das Licht, das von einer angeregten Probe ausgeht, in einem Spektralapparat, erhält man für jede emittierte Wellenlänge eine „Linie". Ihre Lage auf der Wellenlängenskala verrät die Atomart, ihre Intensität kann für eine Konzentrationsbestimmung verwendet werden. Die Zerlegung des Lichts im Spektralapparat erfolgt mit Hilfe eines Prismas oder eines Beugungsgitters. Das Verfahren nennt sich *„Emissionsspektroskopie"* und wird zur *Elementanalyse* eingesetzt. Verwendet wird Licht im sichtbaren Bereich und im Ultraviolettbereich. Auf diese Weise kann z. B. die Zusammensetzung eines metallischen Werkstoffs ermittelt werden.

Ohne Spektralapparat kommt die *Atomabsorptionsspektroskopie* (AAS) aus. Sie verwendet Gasentladungslampen, die mit dem Element ausgestattet sind, dessen Vorhandensein in einer Probe untersucht werden soll. Soll also z. B. auf Quecksilber untersucht werden, verwendet man eine Gasentladungslampe, die mit einem Edelgas und Quecksilberdampf gefüllt ist. Sie emittiert also „Quecksilber-Linien". Zwischen ihr und einem Strahlungsdetektor wird nun eine Flamme oder ein elektrisch beheizter Graphitofen (mit Durchblick) gebracht. Bringt man nun eine Probe, d. h. eine Untersuchungslösung, die Quecksilber in irgendeiner Verbindung enthält, in die Flamme oder den Ofen, werden dort freie Atome gebildet, die das Quecksilberlicht absorbieren. Die Intensität am Strahlungsdetektor sinkt proportional zur Konzentration des Quecksilbers in der Probe. Das Verfahren ist sehr empfindlich und wird auch in der Spurenanalyse verwendet.

Atome, die in einem Molekülverband stehen, besitzen neue Energiezustände, die sich aus den Schwingungsmöglichkeiten der Atome im Molekül gegeneinander ergeben. Weil wir uns weiterhin in atomaren Dimensionen befinden, sind die Energiezustände scharf. Sie liegen allerdings sehr dicht und sind zahlreich. Dichtliegende Zustände bedeuten Austausch von *kleinen Energiepaketen,* die Wechselwirkung mit elektromagnetischer Strahlung liegt für Moleküle im Infrarotbereich. Man verwendet die Infrarotspektroskopie mittels Spektralapparaten zur Bestimmung von unbekannten molekularen Substanzen oder Substanzgemischen.

Auch hier existiert wieder eine Variante, die ohne Spektralapparat auskommt. Man nennt diese *Nichtdispersive Infrarot Spektroskopie* (NDIR). Das Verfahren erlaubt die Überwachung von Gasgemischen. Das zu untersuchende Gas strömt durch eine Kammer mit infrarotdurchlässigen Fenstern. Vor der Kammer befindet sich eine Strahlungsquelle, die über einen Wellenlängenbereich im Infrarot eine Strahlung aussendet, in der alle Wellenlängen gleichmäßig vertreten sind. Hinter der Probenkammer befindet sich eine zweite Kammer, die mit der Gasart gefüllt ist, deren Konzentration in der Probenkammer überwacht werden soll. Das Gas der zweiten Kammer wird sich, wenn sie von der Infrarotstrahlung getroffen wird, erwärmen, da das Infrarot durch Absorption bei bestimmten Wellenlängen auf die Gasmoleküle Energie überträgt, die in Wärme umgewandelt wird. Wenn die Gasart im Probengas enthalten ist, wird dort der gleiche Absorptionsprozess bei den gleichen Wellenlängen stattfinden. Je höher die Konzentration des Gases im Probengas, desto mehr Strahlung wird von der zweiten Kammer *ferngehalten.* Die Erwärmung des Gases in der Detektorkammer kann über den Druckanstieg detektiert werden. Zur Erhöhung der Nachweisempfindlichkeit wird zwischen Strahler und Messkammer ein rotierendes Flügelrad eingebracht, das den Lichtstrahl zeitlich zerhackt, sodass das Detektorsignal ein Wechselspannungssignal wird, das besser verstärkt werden kann. Mit solchen Geräten kann z. B. der Kohlendioxidgehalt der Luft überwacht werden.

Auch *Röntgenstrahlen* werden zur Stoffanalyse eingesetzt. Sie besitzen im Vergleich zum Licht viel kürzere Wellenlängen, ihre Photonen eine viel höhere Energie. Daher können die Emissions- und Absorptionsprozesse auch bei Atomen in molekularer oder Festkörperbindung eingesetzt werden. Die tiefliegenden Energiezustände der Atome werden durch die Bindungen kaum beeinflusst. Röntgenstrahlen entstehen, wenn stark beschleunigte Elektronen auf Materie auftreffen. In Röntgenröhren lässt man Elektronen durch ein Gleichspannungsfeld von ca. 50 kV fallen, bevor sie auf eine wassergekühlte Metallanode treffen. Dort entsteht sowohl eine Röntgenstrahlung mit kontinuierlicher Verteilung der Intensität über die Wellenlänge (Bremsstrahlung) als auch Strahlung bestimmter Wellenlängen aus den Anregungszuständen der Atome des Anodenmaterials. Lässt man die so erzeugte Röntgenstrahlung auf eine Untersuchungsprobe fallen, werden durch die einfallende hochenergetische Strahlung Atome in höhere Energiezustände gehoben. Geben diese ihre Energie wieder durch Emission ab, entsteht längerwellige Röntgenstrahlung, deren Wellenlänge charakteristisch für die Atomart der Probe ist. Proben aus Gemischen oder Verbindungen geben für alle enthaltenen Elemente die entsprechende Strahlung ab. Zur Analyse dieser „Fluoreszenzstrahlung" (Intensität in Abhängigkeit von der Wellenlänge) werden Spektralapparate eingesetzt, die anstelle eines Gitters wie bei optischen Spektrometern, einen „Beugungskristall" verwenden. Trifft Röntgenstrahlung auf einen Kristall streuen die Netzebenen die Röntgenwelle. Ist der Gangunterschied der gestreuten Wellen jeweils gleich der Wellenlänge, tritt Verstärkung ein. Der Kristall wirkt dann wie ein Art Spiegel, der allerdings eine Strahlung bestimmter Wellenlänge nur unter einem ganz bestimmten Winkel reflektiert. Für den Zusammenhang zwischen Reflexionswinkel δ (gemessen gegen das Lot), dem Abstand der Gitterebenen d und der Wellenlänge λ gilt die Braggsche Beziehung $n\,\lambda = 2\,d\cos\delta$, mit $n = 1, 2, 3 \ldots$. Diese Methode der Elementanalyse wird als *„Röntgenfluoreszenzanalyse"* bezeichnet. Sie ist besonders geeignet zur Analyse von Elementen mit höherer Ordnungszahl in Festkörpern.

Da die Netzebenenabstände von Kristallen charakteristisch sind für Kristallarten, kann man die *Röntgenbeugung* an Kristallen auch so einsetzen, dass man den Beugungsprozess an Kristallen der Probe ausführt. So z. B. kann man auch Metalllegierungen, die ja im abgekühlten Zustand immer Kristallite bilden, auf ihren Aufbau und Zusammensetzung untersuchen. Auch in der Natur vorkommende mineralische Stoffe können damit bestimmt werden. Das Verfahren trägt die Bezeichnung *Röntgendiffraktometrie*.

Einen gänzlich anderen Effekt nutzen die Verfahren der *Chromatographie*. Treffen Moleküle aus Gasen, Flüssigkeiten oder Lösungen auf feste Oberflächen, so können sie dort angelagert werden, gehalten von schwachen Bindungskräften. Der Vorgang wird Adsorption genannt. Diese locker gebundenen Moleküle können durch Stöße anderer Moleküle oder durch thermische Anregung auch wieder losgelöst werden. Sie besitzen also eine mittlere Bindungszeit. Lässt man einen Strom eines Gases oder einer Flüssigkeit aus einem Fluid mit vernachlässigbarer Adsorption über eine Festkörperoberfläche fließen und mischt diesem Strom einen Stoff bei, der den Adsorptionseffekt zeigt, so ist die Fließgeschwindigkeit des Trägerfluids größer als die des Stoffs. Erfolgt die Aufgabe des Stoffs zu einem bestimmten Zeitpunkt als kleine Probenmenge in einem kontinuierlichen Strom des Fluids, so erscheint diese nach einer bestimmten Zeit *t* am Ausgang der Fließstrecke. Diese Zeit ist charakteristisch für den Stoff. Ein Stoffgemisch erscheint am Ausgang zeitlich zerlegt. Das Verfahren wird auf beschichteten Platten verwendet (Dünnschichtchromatographie) und für Gase, Flüssigkeiten und Lösungen in beschichteten oder mit einer Füllung versehenen Röhren (Säulenchromatographie, Gaschromatographie, Hochdruckflüssigkeitschromatographie). Die Verfahren sind hochentwickelt und werden auch zur Kontrolle von chemischen und petrochemischen Prozessen eingesetzt.

Auch die Masse eines Moleküls oder Atoms ist eine charakteristische Größe, die zu seiner Identifizierung dienen kann. Von dieser Eigenschaft macht die *Massenspektroskopie* Gebrauch. Der zu untersuchende Stoff wird gasförmig in ein Vakuumsystem eingebracht und durch Beschuss mit Elektronen ionisiert. Die Ionen werden in einem elektrostatischen Feld beschleunigt und dann durch eine Kombination elektrischer und magnetischer Felder geleitet. Ionen gleicher Ladung und gleicher Masse treffen auf eine bestimmte Stelle in der Apparatur auf und werden dort detektiert. Es entsteht als Ergebnis ein „Massenspektrum". Größere Moleküle werden bei der Ionisation meist in Bruchstücke zerlegt. Die Rekonstruktion der Information über das Molekül aus den Massen der Bruchstücke ist meist möglich. Einfache Massenspektrometer sind auf eine bestimmte Masse fest eingestellt, und dienen z. B. zur Überwachung einer Gaszusammensetzung in Prozessen.

Werden Stoffe in wässrigen Lösungen gelöst, so liegen die Bestandteile meist als Ionen vor. Bringt man in eine solche Lösung leitfähige Elektroden ein, die in einen Stromkreis geschaltet werden, so kann man über elektrische Messungen Informationen über die gelösten Ionen erhalten. Das Gebiet der *Elektrochemie* liefert den wissenschaftlichen Hintergrund. An den Elektroden entstehen Spannungen, die u. a. von der Konzentration der Ionen abhängen. Man kann auch äußere Spannungen anlegen, denn es existieren Schwellspannungen für jede Ionenart, oberhalb der es zu einer Stoffabscheidung an den Elektroden kommt. Bekanntes Beispiel für eine elektrochemische Analyse ist die Bestimmung der Wasserstoffionenkonzentration (pH-Wert) durch Messen der Spannung zwischen zwei bestimmten Elektroden. Die Sauerstoffkonzentration im Abgas von Verbrennungsmotoren wird mit der Lambda-Sonde gemessen; auch hier wird eine Elektrodenspannung an einem Festelektrolyt (ZrO_2) gemessen, die eine Funktion der Sauerstoffpartialdrücke auf Innen- und Außenseite ist. Wegen des meist wässrigen Charakters des Elektrolyten spielen die Verfahren in Prozessüberwachungen nur eine Rolle bei der Bestimmung von Kennwerten von Wasser oder wässrigen Strömen, sie gelten ansonsten als Laborverfahren.

Eine weniger bekannte Eigenschaft der Atomkerne ist die Tatsache, dass sie einen Drehimpuls, den „Kernspin" besitzen, der mit einem magnetischen Moment verbunden ist. Bringt man einen solchen Kreisel mit Magnetmoment in ein äußeres magnetisches Feld, so präzidiert die Kreiselachse. Diese Bewegung ist mit einer bestimmten Frequenz verbunden. Strahlt man diese Frequenz von außen als elektromagnetische Strahlung ein, so können die Atomkreisel Energie aus dem Strahlungsfeld aufnehmen oder abgeben. Diese Resonanz ist sehr scharf, sodass man damit z. B. Wasserstoffatome in organischen Molekülen unterscheiden kann, die an verschiedenen Stellen im Molekül unterschiedliche Bindungspartner haben. Das Verfahren der *„Kernspinresonanz"* wird vor allem in der Analyse organischer Verbindungen eingesetzt. Auch die *Kernspintomographie* in der Medizin beruht auf diesem Verfahren.

Das Gebiet der physikalischen Stoffanalyse ist über Jahrzehnte zu einem hochentwickelten Gebiet gewachsen. Kleinste Spuren eines Stoffs in einem anderen lassen sich heute bestimmen. Immer mehr Verfahren wurden entwickelt, die zumindest in bestimmten Anwendungen ihren Platz gefunden haben. Auch die Kombination verschiedener Verfahren, z. B. die Kopplung eines Gaschromatographen und eines Massenspektrometers, erhöhen die Nachweisstärke. In der Medizin hat die Apparateanalyse einen ganz hohen Wert für die Diagnostik. Physikalische Analyse ist ein großes Spezialgebiet mit eigenständiger Literatur sowohl zur Methodik als auch zur Anwendung. Daher musste sich die Beschreibung hier auf das Aufzeigen wesentlicher Grundzüge beschränken. Viele Verfahren wurden nicht einmal erwähnt.

4.12   Messung mechanischer Schwingungen

Jedes technische System kann auf die eine oder andere Weise zu unerwünschten Schwingungen angeregt werden. Insbesondere übertragen rotierende Teile periodische Anregungen auf ihre Umgebung. Solche Schwingungen empfinden die meisten Menschen als Belästigung, sei es in Form von Schwingungen, die direkt auf den Körper wirken, sei es als Schall, der von schwingenden Strukturen emittiert wird. Schwingungen können, was die mechanische Struktur angeht, auf Dauer zu Ermüdungsbrüchen führen. Im Falle von scharfen Resonanzen, wenn die anregende Störung dieselbe Frequenz wie eine Eigenfrequenz der angeregten Struktur aufweist, kann es zu plötzlichen Zerstörungen des Systems kommen. Auf diese Weise wurden schon große Turbinen zerstört. Auch Wind oder andere Strömungen können Eigenschwingungen von Systemen anregen. Als spektakuläres Beispiel einer Katastrophe, bei der eine solche Eigenschwingung zur Zerstörung eines Bauwerks führte, gilt der Einsturz der *Tacoma-Brücke* in den USA im Jahre 1940. Eine besondere Schwingungsform, mit der die Erbauer nicht gerechnet hatten, wurde durch einen Sturm selbstverstärkend angeregt. (Video im Internet.) Es ist also grundsätzlich wichtig, mechanische Strukturen auch experimentell auf ihr Schwingungsverhalten zu untersuchen und in manchen Fällen kontinuierlich zu überwachen.

Zur Erfassung mechanischer Schwingungen können entweder Messungen direkt an der mechanischen Struktur vorgenommen werden oder man registriert – indirekt – die auf die Luft übertragenen Schwingungen in Form von Schall.

Bei der Analyse von Schwingungsvorgängen ist es erforderlich, die verschiedenen Frequenzen, mit denen eine Struktur schwingt, zu ermitteln. Dies erfolgt rechentechnisch durch eine Fourieranalyse, der wegen ihrer grundsätzlichen Bedeutung für die Messdatenerfassung im Folgenden ein eigenständiger, ausführlicher Abschnitt gewidmet wurde. Die weiteren Abschnitte zur Modal- und Ordnungsanalyse bzw. zur Lärmmessung lassen sich nur auf dieser Grundlage verstehen.

4.12.1   Messaufnehmer für mechanische Schwingungen

Grundsätzlich können Schwingungen durch eine *Weg-*, eine *Geschwindigkeits-* oder eine *Beschleunigungsmessung* erfasst werden: $s(t)$, $v(t)$ bzw. $a(t)$. Bei Wegmessungen (siehe Kapitel 4.1) und Geschwindigkeitsmessungen muss dazu immer ein Bezugspunkt außerhalb des schwingenden Systems definiert sein. Da die Realisierung sehr oft auf praktische Schwierigkeiten stößt bzw. zusätzlichen Aufwand bedeutet, werden bei Schwingungsmessungen vorrangig Beschleunigungsmessungen durchgeführt. Die Geschwindigkeit und letztlich auch der Weg können in diesem Fall durch einfache bzw. zweifache Integration der Beschleunigung berechnet werden. Für Geschwindigkeitsmessungen werden u. a. Aufnehmer eingesetzt, bei denen ein Permanentmagnet mit der schwingenden Struktur fest verbunden ist und in eine Spule eintaucht, die mit der „Außenwelt" verbunden ist. Die in der Spule induzierte Wechselspannung ist proportional zur Geschwindigkeit des Magneten. Schließlich können auch die *Dehnungen* der Struktur (siehe 4.1.4) mit Hilfe von Dehnungsmessstreifen oder piezoelektrischen Aufnehmern dynamisch erfasst werden.

Der prinzipielle Aufbau eines *Beschleunigungs-Messaufnehmers* ist in Abbildung 4-79a schematisch gezeigt. Eine Masse *m* ist durch Federn mit einer Gesamt-Federkonstanten *k* am Gehäuse befestigt. Ein interner Wegaufnehmer registriert die Lage *x* der Masse relativ zum Gehäuse. Das Gehäuse ist fest mit der zu untersuchenden Struktur verbunden. Die Masse bewegt sich in einem Flüssigkeitsbad, sodass von einer geschwindigkeitsproportionalen Dämpfung $b\dot{x}$ ausgegangen werden kann. Innerhalb des Gehäuses ergibt das dynamische Gleichgewicht der Kräfte

$$m\ddot{x} + b\dot{x} + kx = 0$$

Bewegt sich das Gehäuse beschleunigt relativ zur Außenwelt, ist noch nach dem d'Alembertschen Prinzip eine Scheinkraft $-m\ddot{s}$ zu ergänzen, worin *s* der Abstand in Bewegungsrichtung zu einem willkürlich zu wählenden Bezugspunkt der ruhenden Außenwelt ist. Die Größe *s(t)* beschreibt die Bewegung der zu untersuchenden Struktur. Es ergibt sich also als Differenzialgleichung der Bewegung des Systems:

$$m\ddot{x} + b\dot{x} + kx = m\ddot{s}$$

Dies ist die bekannte DGL eines schwingungsfähigen Systems. Das Feder-Masse-System führt, wenn es angestoßen wird, eine abklingende, harmonische Schwingung mit einer Frequenz nahe $\omega_0 = \sqrt{k/m}$, der Frequenz des ungedämpften Systems, aus. Wird das System von außen mit einer Schwingungsbeschleunigung $\ddot{s} = B \sin \omega t$ erregt, so bewegt sich die Masse ebenfalls mit der Erregungsfrequenz ω und einer Amplitude *A*:

$$A = \frac{B}{\sqrt{\left(\omega_0^2 - \omega^2\right)^2 + \left(b/m\right)^2 \omega^2}}$$

Für Frequenzen $\omega \ll \omega_0$ geht $A/B \to 1/\omega_0^2 = m/k$, d. h. die Amplitude der Bewegung ist proportional zur Amplitude der Beschleunigung. Um die Bedingung $\omega \ll \omega_0$ einzuhalten, muss das Messsystem „hoch abgestimmt" sein, d. h. steife Federn und eine kleine Masse besitzen. Umgekehrt darf A/B nicht zu klein werden; man muss also einen Kompromiss unter Beachtung der zu messenden Frequenz schließen. Die Dämpfung ist so zu wählen, dass die Eigenschwingungen des Systems optimal gedämpft werden. Die praktische Ausführung der Flüssigkeitsdämpfung besteht in einer Ölfüllung des Gehäuses.

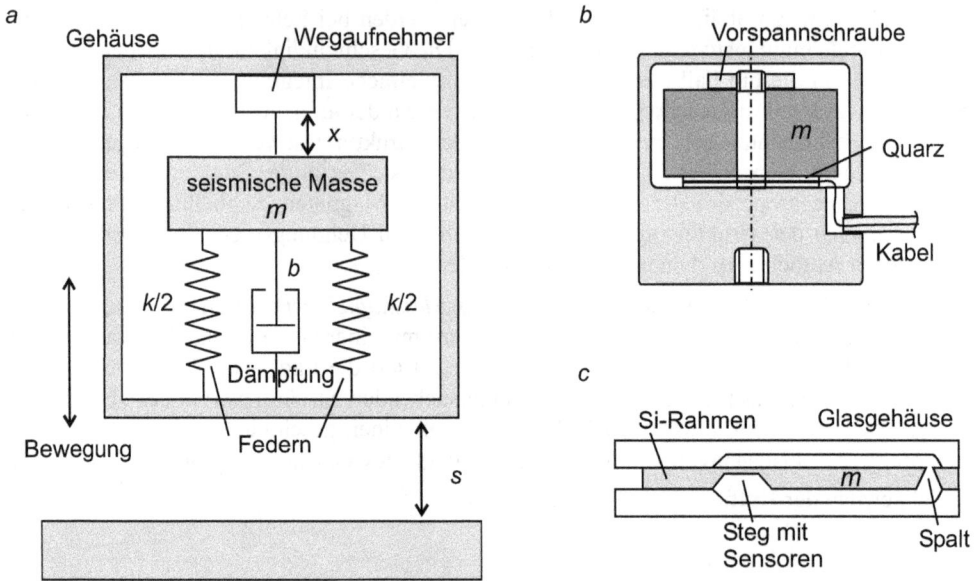

Abbildung 4-79: (a) Prinzipieller Aufbau eines Bewegungsaufnehmers, (b) piezoelektrischer Beschleunigungsaufnehmer, (c) mikromechanischer Beschleunigungsaufnehmer

Die Abbildung 4-79 zeigt weiter zwei häufig eingesetzte Typen von Beschleunigungssensoren. Die Weg- bzw. Kraftmessung an der Aufnehmermasse erfolgt in Abbildung 4-79b durch einen piezoelektrischen Aufnehmer (Quarzplättchen, siehe 4.3.1.4). In Abbildung 4-79c erfolgt eine Dehnungsmessung an der Basis eines mikromechanisch hergestellten Feder-Masse-Systems durch implantierte Piezowiderstände im Federteil. Die Anordnung der Abbildung 4-79c eignet sich auch für eine Messung mit Hilfe von Dehnungsmessstreifen oder für eine kapazitive Wegmessung. In dieser Form werden z. B. die Beschleunigungssensoren für Airbags in großer Stückzahl hergestellt. Für Labormessungen muss man hingegen Einzelsensoren verwenden, die für verschiedene Beschleunigungsbereiche erhältlich sind und dem Messproblem entsprechend ausgesucht werden. Möchte man zusätzlich die Richtung der Beschleunigung bestimmen, so muss ein dreiachsiger Beschleunigungsaufnehmer eingesetzt werden, bei dem das Messen der Auslenkung der Masse nach allen drei Raumrichtungen erfolgt, oder der drei vollständige Systeme für jeweils eine Raumrichtung zusammenfasst.

Für Schwingungsmessungen an optisch ausreichend reflektierenden Flächen wie z. B. Karosserieteilen können im Prinzip auch interferometrische Verfahren (siehe 4.1.2.2) eingesetzt werden. Hier erfolgt eine direkte Wegmessung bzw. über den Dopplereffekt eine Geschwindigkeitsmessung, die beide wegen des berührungslosen Messens das Messobjekt nicht beeinflussen. Bei diesen Verfahren hat man den Vorteil, dass man mit einem zweidimensionalen Scan ein sehr engmaschiges Messnetz über das Objekt legen kann.

4.12.2   Diskrete Fouriertransformation

An dieser Stelle wird in Hinblick auf die Kapitel 4.12.3 und 4.12.4 knapp erklärt, wie man von einem Zeitsignal $x(t)$ ausgehend, dessen Frequenzgehalt auf einem Rechner numerisch bestimmen kann. Ausführlichere Darstellungen finden sich bei [Pfeiffer98] und [Best91]. Wie in den Kapiteln 4.12.2.3 und 5.3.2 noch deutlich werden wird, spielen diese grundlegenden Tatsachen auch für die Analyse des Einflusses der zeitlichen Abtastung von Messsignalen eine sehr wichtige Rolle. Aus naheliegenden Gründen kann man in einem Digitalrechner nicht den gesamten zeitkontinuierlichen Signalverlauf $x(t)$ abspeichern, sondern nur regelmäßige „Stichproben", d. h. Abtastungen des Signals.

4.12.2.1   Fourierreihen für kontinuierliche und periodische Signale

Eine kontinuierliche, periodische Zeitfunktion $x(t)$ kann immer durch eine unendliche Fourierreihe

$$x(t) = a_0 + \sum_{i=1}^{\infty} \left(a_i \cdot \cos i\omega_0 t + b_i \cdot \sin i\omega_0 t \right) \qquad (4.1)$$

dargestellt werden. Wird die Summation nur über eine endliche Anzahl von Summanden durchgeführt, so ergibt sich eine Approximation für die Zeitfunktion $x(t)$. Wie man in Gleichung 4.1 sieht, werden die höheren Harmonischen einer Grundfrequenz ω_0 mit geeigneten Amplituden a_i und b_i gewichtet, wobei diese durch Integrationen über die Zeitfunktion gewonnen werden:

$$a_0 = \frac{1}{T} \int_0^T x(t)\, dt$$

$$a_i = \frac{2}{T} \int_0^T x(t) \cdot \cos i\omega_0 t\, dt \ , \ i = 1 \ldots \infty \qquad (4.2)$$

$$b_i = \frac{2}{T} \int_0^T x(t) \cdot \sin i\omega_0 t\, dt \ , \ i = 1 \ldots \infty$$

Hierbei ist T die Periodendauer der periodischen Funktion $x(t)$ und $\omega_0 = 2\pi / T$. Eine kürzere und im Folgenden sehr nützliche Möglichkeit, Fourierreihen zu schreiben, erhält man, wenn man die Sinus- bzw. Kosinusfunktionen durch komplexe Exponentialfunktionen darstellt:

$$\cos \alpha = \frac{e^{j\alpha} + e^{-j\alpha}}{2} \ , \ \sin \alpha = \frac{e^{j\alpha} - e^{-j\alpha}}{2j}$$

116   4 Messverfahren

Es ergibt sich die komplexe Fourierreihe

$$x(t) = \sum_{i=-\infty}^{\infty} c_i\, e^{ji\omega_0 t}$$

(4.3)

mit den Koeffizienten:

$$c_i = \frac{1}{T} \int_0^T x(t)\, e^{-ji\omega_0 t}\, dt \ , \ i = -\infty \ldots -1, 0, 1 \ldots \infty$$

(4.4)

Als ein Beispiel für eine periodische Zeitfunktion $x(t)$, die noch nicht zu übermäßig komplexen Berechnungen führt aber auf der anderen Seite kein zu einfaches Frequenzbild liefert, ist in Abbildung 4-80a eine periodische Rechteckfunktion mit Amplitude U_0 gezeigt. In Hinblick auf die weiter unten eingeführte Abtastung wird an dieser Stelle die Periodenlänge $T = N\,T_s$ als Vielfaches der Abtastperiode T_s dargestellt und ebenso die Rechteckpulsdauer $T_r = K\,T_s$.

Für die Koeffizienten ergibt sich dann:

$$c_i = \frac{1}{NT_s} \int_0^T U_0\, e^{-ji\omega_0 t}\, dt = \frac{-U_0}{NT_s} \frac{1}{ji\omega_0} \left(e^{-ji\omega_0 KT_s} - 1 \right)$$

$$= \frac{-U_0}{j2\pi i} \left[\cos\left(2\pi i \frac{K}{N}\right) - j\sin\left(2\pi i \frac{K}{N}\right) - 1 \right]$$

Wie man sieht, handelt es sich um komplexe Zahlen c_i. In einem Frequenzspektrum, bei dem die Abhängigkeit der Amplituden c_i vom Zählindex i und das heißt von den Frequenzen $i\cdot\omega_0$ dargestellt werden soll, kann auf der Ordinate allerdings nur eine reelle Größe benutzt werden.

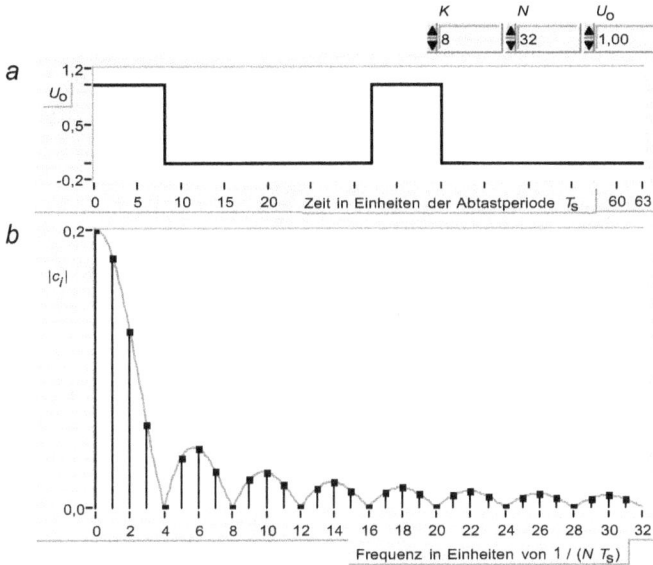

Abbildung 4-80: Spektrale Zusammensetzung eines kontinuierlichen und periodischen Zeitsignals (a). Es sind die Beträge der komplexen Fourierreihenkoeffizienten dargestellt (b).

Man berechnet deshalb für die graphische Darstellung den Betrag der Koeffizienten:

$$|c_i| = \frac{U_0}{2\pi i} \sqrt{\left[1-\cos\left(2\pi i\frac{K}{N}\right)\right]^2 + \left[\sin\left(2\pi i\frac{K}{N}\right)\right]^2}$$

$$= \frac{U_0}{2\pi i} \sqrt{2\left[1-\cos\left(2\pi i\frac{K}{N}\right)\right]} = \frac{U_0}{\pi i}\left|\sin\left(\pi i\frac{K}{N}\right)\right| = U_0\frac{K}{N}\left|\text{sinc}\left(\pi i\frac{K}{N}\right)\right|$$

$$(4.5)$$

Dabei wurden die Beziehung $1-\cos\alpha = 2\sin^2(\alpha/2)$ und die Definition $\text{sinc}(x) = \frac{\sin(x)}{x}$ verwendet.

In Abbildung 4-80b ist das resultierende Frequenzspektrum ausschnittsweise gezeigt. Es besteht aus diskreten „Linien", deren Amplituden zu größeren Indices i hin immer mehr abnehmen. Da in der Abbildung 4-80 ein Verhältnis $N/K = 8$ gewählt wurde, treten regelmäßig Minima auf, an denen die Amplitude Null wird.

Bei der Verarbeitung im Rechner ist es nicht möglich, die unendliche Zahl von Fourierreihenkoeffizienten c_i zu speichern. Man muss sich mit einer endlichen Zahl begnügen und erreicht somit nur eine Approximation an die periodische, kontinuierliche Zeitfunktion.

4.12.2.2   Fourierintegral für kontinuierliche und aperiodische Funktionen

Will man das Frequenzspektrum einer kontinuierlichen, aber nicht periodischen Zeitfunktion $x(t)$ ermitteln, so kann die Funktion nicht mehr durch eine Fourierreihe dargestellt werden, sondern es muss ein Fourierintegral verwendet werden. Abbildung 4-81a zeigt einen einfachen Rechteckpulse, der beispielhaft eine solche kontinuierliche, aperiodische Funktion wiedergibt. Man kann diese Funktion aus der Abbildung 4-80a gewinnen, indem man die Periodendauer immer länger macht. Entsprechend enger rückt die Grundfrequenz ω_0 an die Null und die diskreten Frequenzlinien kommen immer dichter zu liegen. Lässt man die Periodendauer T gegen Unendlich streben, so geht schließlich die Summation in eine Integration über und man erhält als Frequenzspektrum die einhüllende Funktion für die ganzen diskreten Frequenzlinien (Abbildung 4-81b).

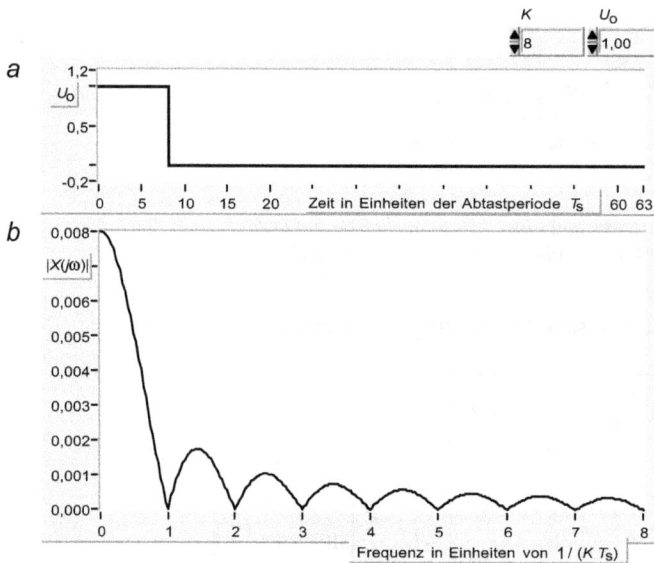

Abbildung 4-81: Spektrale Zusammensetzung eines kontinuierlichen und aperiodischen Zeitsignals (a). In (b) ist der Betrag der komplexen Fourierintegralfunktion dargestellt.

Die Formeln für das Fourierintegral lauten:

$$x(t) = \frac{1}{2\pi} \int_{-\infty}^{\infty} X(j\omega)\ e^{j\omega t}\, d\omega \text{ mit } X(j\omega) = \int_{-\infty}^{\infty} x(t)\ e^{-j\omega t}\, dt \qquad (4.6)$$

Für den einzelnen Rechteckimpuls lässt sich das Fourierintegral $X(j\omega)$ leicht berechnen:

$$X(j\omega) = \int_{0}^{KT_s} U_0 \cdot e^{-j\omega t}\, dt = -U_0 \frac{1}{j\omega}\left(e^{-j\omega\, KT_s} - 1\right)$$

Wiederum kann nur der reelle Betrag in einem Frequenzspektrum wie in Abbildung 4-81b dargestellt werden:

$$|X(j\omega)| = \frac{U_0}{\omega}\sqrt{\left[1-\cos\left(\omega KT_s\right)\right]^2 + \left[\sin\left(\omega KT_s\right)\right]^2} = U_0 KT_s \,\text{sinc}\left(\frac{\omega KT_s}{2}\right) \qquad (4.7)$$

Wie man sieht, ergibt sich in diesem Fall eine Funktion im Frequenzbereich, die genau die Einhüllende für die diskreten Linien im Falle des periodischen Signals darstellt. Auch hier ist in Abbildung 4-81b nur ein Ausschnitt des gesamten Frequenzspektrums gezeigt.

Eine Speicherung der Frequenzamplituden auf einem Digitalrechner ist in diesem Fall aussichtslos, da die kontinuierliche Spektrumsfunktion unendlich viel Speicherplatz erfordern würde.

4.12.2.3 Aperiodische getastete Signale

Wird nun das aperiodische Signal abgetastet, ist die schon oben verwendete Abtastperiode T_s zu berücksichtigen. Abbildung 4-82a zeigt das getastete Rechtecksignal im Zeitbild. Auf eine ausführlichere Darstellung der mathematischen Behandlung dieses Falls soll hier verzichtet und nur das Ergebnis für das Beispiel genannt werden:

$$|X(j\omega)| = U_0 K \left| \frac{\text{sinc}\left(\dfrac{\omega KT_s}{2}\right)}{\text{sinc}\left(\dfrac{\omega T_s}{2}\right)} \right| \qquad (4.8)$$

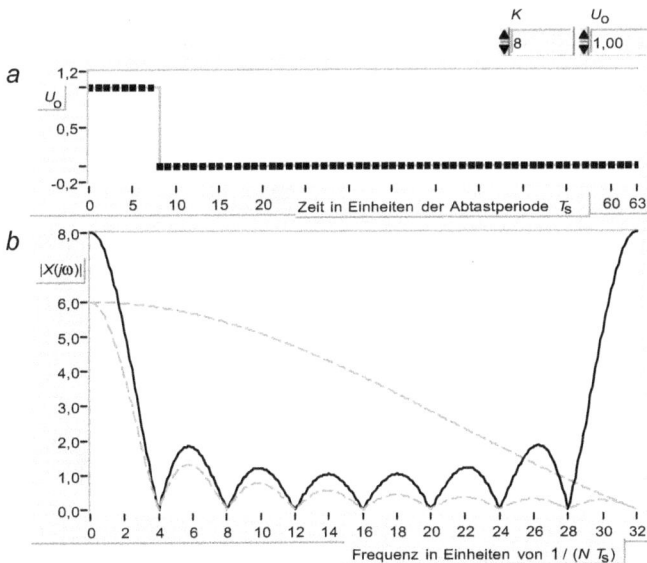

Abbildung 4-82: Spektrale Zusammensetzung eines getasteten und aperiodischen Zeitsignals (a). Im Frequenzbild (b) ist der Betrag der komplexen Transformationsfunktion dargestellt. Weiterhin sind die Zähler- und die Nennerfunktion der Gleichung 4.8 in (b) gezeigt.

In Abbildung 4-82b ist das entsprechende Frequenzspektrum dargestellt, das wie im Fall des aperiodischen, kontinuierlichen Signals selbst eine kontinuierliche Funktion ist. Dieses Frequenzspektrum ist nun aber selbst auch periodisch mit der Abtastfrequenz ω_s als Periodenlänge. Und es ist erstaunlicherweise auch spiegelsymmetrisch mit der halben Abtastfrequenz $\omega_s/2$ als Spiegellinie. Um die Entstehung dieser Spiegelsymmetrie wenigstens qualitativ zu erläutern, sind in Abbildung 4-82b zusätzlich die Zähler- und Nennerfunktion der Gleichung 4.8 gezeigt. Der Zähler entspricht dem Fourierintegral der Abbildung 4-81b. Der Nenner erreicht seine erste Nullstelle im Verhältnis zur Zählerfunktion erst bei einer größeren Frequenz und zwar genau bei ω_s. Der zu ω_s hin immer kleiner werdende Nenner lässt die Gesamtfunktion wieder ansteigen und das gerade in einer Weise, dass sich die gezeigte Spiegelsymmetrie ergibt.

Für eine Behandlung im Rechner ist das resultierende kontinuierliche Frequenzspektrum wiederum nicht geeignet.

4.12.2.4   Diskrete Fouriertransformation für getastete, periodische Signale

Wie im Fall der Fourierreihenentwicklung deutlich wurde, erhält man für periodische Signale ein Fourierspektrum mit diskreten Frequenzlinien. Da durch die Abtastung das Fourierspektrum periodisch wird, können dann nur endlich viele Werte innerhalb der Periode liegen und eine Speicherung in einem Digitalrechner wäre endlich möglich.

Abbildung 4-83a zeigt wiederum als Beispiel das Zeitbild für eine abgetastete und periodische Rechteckfunktion. Die Rechteckimpulsdauer beträgt KT_s und die Periodendauer NT_s. Im Rechner müssen wegen der Periodizität genau N Abtastwerte für das Zeitbild gespeichert werden:

$$x_0,\ x_1,\ \ldots,\ x_{N-1}$$

Diesen Abtastwerten im Zeitbild entsprechen genauso viele Spektralamplituden im Frequenzbild, die nach der Formel

$$X_n = \frac{1}{N}\sum_{i=0}^{N-1} x_i\, e^{-jin\frac{2\pi}{N}},\ n = 0,\ 1,\ldots,\ N-1 \qquad (4.9)$$

berechnet werden. Die Rücktransformation der Spektralamplituden in Abtastwerte im Zeitbild erfolgt über die Formel:

$$x_n = \frac{1}{N}\sum_{i=0}^{N-1} X_i\, e^{jin\frac{2\pi}{N}},\ n = 0,\ 1,\ldots,\ N-1 \qquad (4.10)$$

Die Spektralamplituden im Frequenzbild sind für das Beispiel der periodischen und getasteten Rechteckfunktion in Abbildung 4-83b gezeigt und berechnen sich nach der Formel:

$$\left| X_i \right| = U_0\ \ K\ \ \left| \frac{\operatorname{sinc}\left(\pi i\frac{K}{N}\right)}{\operatorname{sinc}\left(\pi i\frac{1}{N}\right)} \right|,\ i = 0,\ldots,\ N-1 \qquad (4.11)$$

Da die spektralen Amplituden komplexe Zahlen sind, ist es für die bildliche Darstellung wiederum notwendig, auf den Betrag überzugehen.

Dieses Verfahren, das aus den N Abtastwerten genau N Spektralamplituden liefert, wird Diskrete Fouriertransformation (DFT) genannt. Die Berechnung der X_i wird selbst für einen heutigen Rechner oberhalb von ca. 100000 Abtastungen langsam, da der Rechenaufwand proportional zu $N \cdot (N-1)$ ansteigt. Dieser Aufwand lässt sich durch geschickte Rechenverfahren (FFT = Fast Fourier Transform) stark vermindern, sofern die Zahl der Abtastungen N eine Potenz von Zwei ist. Die Entwicklung geeigneter Algorithmen, die insbesondere noch die Problematik von Rundungsfehlern aufgrund der beschränkten Darstellungsgenauigkeit von Fest- oder Gleitpunktzahlen berücksichtigen, stellt eine Meisterleistung dar, ohne die viele moderne Geräte – wie beispielsweise Mobiltelephone – nur schwer denkbar wären.

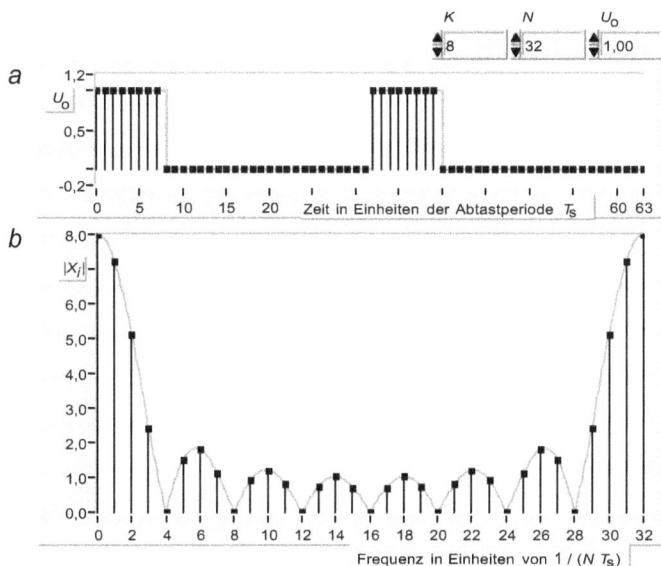

Abbildung 4-83: Zeitverlauf eines getasteten und aperiodischen Zeitsignals (a). (b) zeigt die Grundperiode des diskreten Linienspektrums im Frequenzbild.

4.12.3   Modal- und Ordnungsanalysen

So wie die Saite eines Instruments oder ein Stab bzw. die Membran einer Pauke oder auch eine einfache Metallplatte zu Schwingungen angeregt werden können, führt jeder mechanische Körper aufgrund seiner geometrischen Abmessungen, seines Elastizitätsverhaltens und seiner Massenverteilung eigene, natürliche Schwingungen aus (Eigenschwingungen). Mit Hilfe der Modalanalyse werden diese Schwingungsmoden einer mechanischen Struktur und deren Eigenschaften bestimmt. Wichtige Eigenschaften sind die auftretenden Eigenfrequenzen der Moden, deren Dämpfungsverhalten und deren räumliche Struktur, d. h. an welchen Stellen sich Schwingungsbäuche und -knoten befinden.

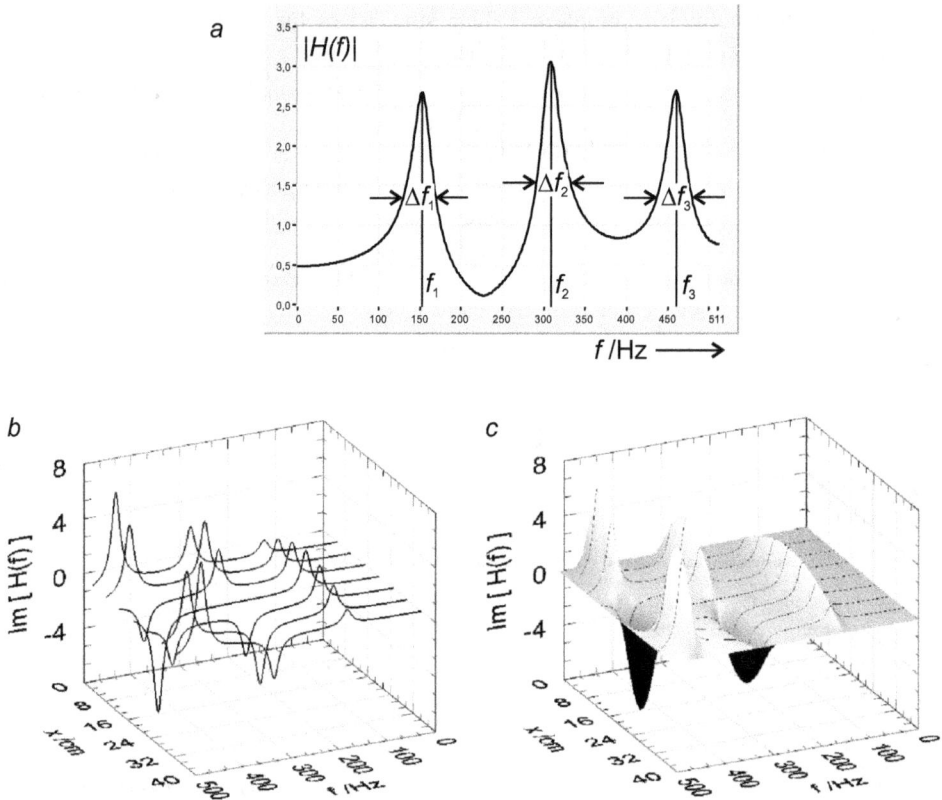

Abbildung 4-84: Prinzip einer einfachen Modalanalyse an einem Stab. (a) Frequenzspektrum an einer bestimmten Position. Es zeigt drei Eigenfrequenzen. (b) Systematische Beschleunigungsmessungen an verschiedenen Positionen. Die Beschleunigungsamplituden sind jeweils auf die anregende Kraft bezogen; es ist der Imaginärteil der Transferfunktion H(f) gezeigt. (c) Zur Verdeutlichung ist unter die Kurven der Abbildung b die Modenstruktur unterlegt. Es handelt sich um die Grundschwingung und die ersten beiden höheren Harmonischen.

Um eine Struktur zu Schwingungen in ihren Eigenfrequenzen anzuregen, sollte der erregende Kraftimpuls möglichst für alle Frequenzen mit gleicher Amplitude einwirken. Dies kann man in guter Näherung mit einem Hammerschlag erreichen. Dabei werden Impulshämmer unterschiedlichster Größen verwendet, in deren Schlagspitze sich eine Messzelle befindet, mit der der Kraftverlauf registriert wird. Je nach Härte der Hammerkappe können Frequenzen bis zu 10 kHz gleichmäßig angeregt werden.

Abbildung 4-84 zeigt ein Beispiel, bei dem drei Eigenfrequenzen vorhanden sind. Aus der Breite der Kurven kann man auf das Dämpfungsverhalten schließen. Die räumliche Modenstruktur kann dadurch ermitteln werden, dass man entsprechend viele Beschleunigungssensoren auf dem Messobjekt anbringt. Zudem hängt es auch vom Ort des Kraftimpulses ab, welche Schwingungsmoden angeregt werden. Diese Tatsache kann, wenn man die Messstruktur systematisch an verschiedenen Stellen anschlägt, umgekehrt dazu benutzt werden, mit relativ wenigen Beschleunigungssensoren Klarheit über die räumliche Struktur der verschiedenen Moden zu gewinnen. Am Ende können dann der über CAD-Daten abgeleiteten geometrischen Struktur auf dem Rechnerbildschirm die verschiedenen Schwingungsmoden in einer Animation überlagert werden.

Außer für die experimentelle Analyse bei entsprechenden schwingungstechnischen Problemfällen wird die Modalanalyse zur Verifizierung von Schwingungsberechnungen oder als Basis für weitere Schwingungssimulationen herangezogen.

Die Anregung einer mechanischen Struktur kann bei der Modalanalyse auch durch eine sinusartige Krafteinleitung über eine exzentergetriebene Stange oder einen vorgespannten Draht realisiert werden (Shaker). Man spricht in diesem Fall von der Anregung von Betriebsschwingungen, da in technischen Systemen meist zyklische Bewegungsabläufe eines Antriebs, im Speziellen oft Drehbewegungen, Schwingungen verursachen.

Die Ordnungsanalyse untersucht das Schwingungsverhalten eines mit Antriebselementen ausgestatteten technischen Systems im „Betriebszustand". Dabei verfolgt man die Entwicklung der Spektralkomponenten von Beschleunigungs- oder Schallsignalen abhängig von der Frequenz der periodischen Anregung. Wenn z. B. das Schwingungsverhalten einer Antriebs-Getriebe-Kombination untersucht werden muss, so wird die Drehfrequenz des Motors im Anlauf und im Auslauf „durchgestimmt". Man verfolgt dann, wie diese Grundfrequenz und über Zahneingriffsverhältnisse entstehende höhere Ordnungen, also Vielfache der Grundfrequenz, die konstruktiven Elemente des Getriebes und eventuell auch des nachgeschalteten Verbrauchers anregen. Man kann dann feststellen, welche höheren Harmonischen z. B. unerwünschtes Mitschwingen verursachen. Da die verantwortliche höhere Harmonische gegebenenfalls aufgrund der Zahneingriffsverhältnisse einem bestimmten Zahnrad zugeordnet werden kann, muss man dessen Konstruktion und Oberflächenbeschaffenheit näher untersuchen.

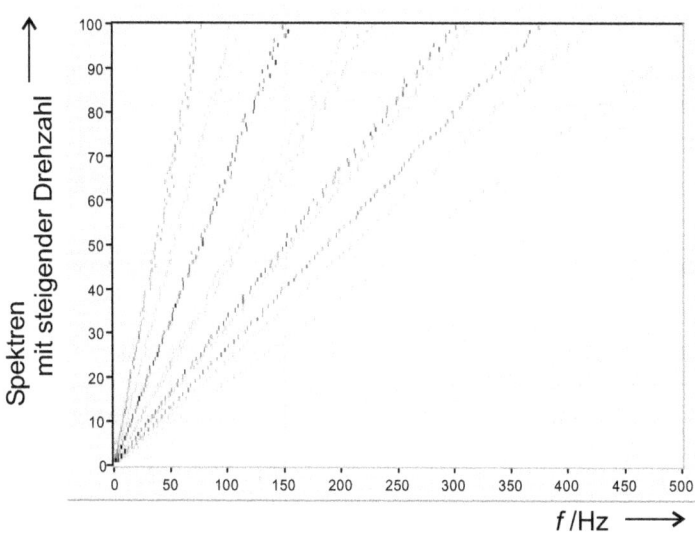

Abbildung 4-85:
Prinzip einer Ord-
nungsanalyse

Die Abbildung 4-85 zeigt das prinzipielle Erscheinungsbild einer Ordnungsanalyse. Es handelt sich um ein Intensitätsbild, bei dem auf der x-Achse die Frequenz und auf der y-Achse die Drehzahl dargestellt ist. Der Grauwert ist ein Maß für die Signalamplitude bei den entsprechenden Frequenz-/Drehzahlwerten. Man beachte, dass außer den drehzahlabhängigen Ursprungsgeraden auch durch Netzbrumm verursachte, senkrechte Linien bei Vielfachen von 50 Hz auftreten.

4.12.4   Lärmmessung

Die mechanischen Schwingungen technischer Einrichtungen und Maschinen werden über die Luft und die sie tragenden Bauten auf die Umgebung übertragen. Dort werden diese Schallemissionen oftmals als störender Lärm empfunden und können bei entsprechender Lautstärke gesundheitsschädlich sein. Aus diesem Grund gibt es eine Vielzahl von gesetzlichen Vorschriften, deren Kontrolle auf entsprechenden Vorschriften zur Lärmmessung basiert.

Mechanische Schwingungen breiten sich als Longitudinalwelle in elastischen Medien, d. h. in Gasen, Flüssigkeiten und Festkörpern aus. Im Hörbereich des Menschen, d. h. von 16 Hz bis maximal 20 kHz spricht man von Schall, ansonsten bei höheren Frequenzen von Ultraschall bzw. bei niedrigeren von Infraschall. In Luft breitet sich eine Schallwelle mit ca. 344 m/s aus, sodass sich über die Beziehung $c = \lambda \cdot f$ Wellenlängen von $\lambda = 1{,}72$ cm bei 20 kHz bis zu $\lambda = 21{,}5$ m bei 16 Hz ergeben.

In seiner räumlichen Verteilung wird Schall durch das skalare Schalldruckfeld $p(\vec{x},t)$ und das vektorielle Schallschnellefeld $\vec{v}(\vec{x},t)$ charakterisiert. Die Schallschnelle repräsentiert dabei die mittlere Geschwindigkeit der Gasteilchen – und nicht die Geschwindigkeit der Welle. Durch Schallaufnehmer und durch das menschliche Ohr wird die Schallintensität registriert, die sich als Produkt des Schalldrucks und der Schallschnelle ergibt: $\vec{I}(\vec{x},t) = p(\vec{x},t) \cdot \vec{v}(\vec{x},t)$. Bei einer praktischen Messung wird die Schallintensität sowohl über die Messzeit τ als auch über die Fläche A des Messaufnehmers gemittelt, wobei nur die Intensitätskomponente senkrecht zur Messfläche berücksichtigt wird. Im Fernfeld, wenn also die Wellenfronten als ebene Wellen betrachtet werden dürfen, ergibt sich

$$I = \frac{\hat{p} \cdot \hat{v}}{2} = p_{\text{eff}} \cdot v_{\text{eff}} = \frac{p_{\text{eff}}^2}{\rho \cdot c} = \frac{p_{\text{eff}}^2}{Z}$$, wobei $\hat{p}$ und $\hat{v}$ die Maximalamplituden sind und zu-

sätzlich der Zusammenhang $\hat{v} = \dfrac{\hat{p}}{\rho \cdot c} = \dfrac{\hat{p}}{Z}$ benutzt wurde. Z wird Schallkennimpedanz genannt. Wie man sieht, kann die Intensität entweder über den Schalldruck oder über die Schallschnelle angegeben werden. Dabei ist es wegen des großen Bereichs, den diese Größen überstreichen, üblich, die Werte in einem logarithmischen Dezibel-Maßstab als Pegelwerte anzugeben. Die Pegelwerte werden auf die Hörgrenze des menschlichen Ohrs bezogen. So ist der Schalldruckpegel z. B. als

$$L_p = 10\,\text{dB} \cdot \log \frac{p_{\text{eff}}^2}{p_{\text{eff},0}^2} = 20\,\text{dB} \cdot \log \frac{p_{\text{eff}}}{p_{\text{eff},0}}$$

definiert, wobei $p_{eff,0} = 2 \cdot 10^{-5}$ Pa $= 20\,\mu$Pa ist. Eine Verdopplung des Schalldrucks entspricht einer Zunahme von L_p um 6 dB. Tabelle 4-4 fasst die verschiedenen Pegelwerte und ihre jeweilige Bezugsgröße zusammen.

Tabelle 4-4: Übersicht über verschiedene Schallpegelgrößen

Schallpegel	Definition	Bezugsgröße
Schalldruckpegel	$L_p = 20\,\text{dB} \cdot \log \dfrac{p_{eff}}{p_{eff,0}}$	$p_{eff,0} = 2 \cdot 10^{-5}$ Pa
Schallschnellepegel	$L_v = 20\,\text{dB} \cdot \log \dfrac{v_{eff}}{v_{eff,0}}$	$v_{eff,0} = 5 \cdot 10^{-8}\ \text{m}\big/\text{s}$
Schallintensitätspegel	$L_I = 10\,\text{dB} \cdot \log \dfrac{I}{I_0}$	$I_0 = 10^{-12}\ \text{W}\big/\text{m}^2$
Schallleistungspegel	$L_P = 10\,\text{dB} \cdot \log \dfrac{P}{P_0}$	$P_0 = 10^{-12}$ W

Bei der „Addition" von Schallpegelwerten ist zu beachten, dass die Intensitäten addiert werden müssen,

$$\frac{I_{ges}}{I_0} = \frac{I_1}{I_0} + \frac{I_2}{I_0} + \dots = 10^{\frac{L_1}{10}} + 10^{\frac{L_2}{10}} + \dots, \text{ also } L_p = 10\,\text{dB} \cdot \log \frac{I_{ges}}{I_0} = 10\,\text{dB} \cdot \log \left(\sum_{i=1}^{n} 10^{\frac{L_i}{10}} \right) \text{ gilt.}$$

Misst man an einem bestimmten Ort beispielsweise zuerst $L_p = 53$ dB für eine Schallquelle und unabhängig $L_p = 40$ dB für eine andere, so ergibt sich ein Gesamtpegel von 53,2 dB, wenn beide Quellen gleichzeitig arbeiten.

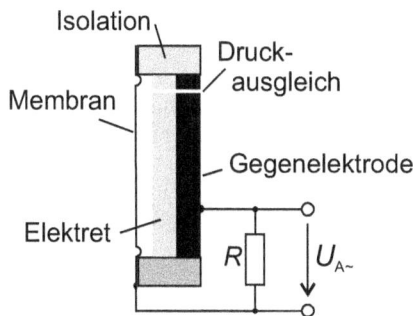

Abbildung 4-86: Aufbau eines Elektretmikrophons

In Schallpegelmessern werden Elektretmikrophone als Messaufnehmer benutzt. Wie Abbildung 4-86 zeigt, handelt es sich dabei um einen Kondensatormikrophontyp, bei dem die eine Elektrode als dünne Membran ausgebildet ist und durch die Druckschwankungen des Schalls bewegt wird. Dadurch ändert sich die Kapazität der Kondensatoranordnung. Als Dielektrikum wird eine Elektretfolie benutzt, die den Kondensator auf eine Spannungsdifferenz von 150 V bis 200 V vorpolarisiert. Die Kapazitätsveränderungen erzeugen dann einen Strom, der am Widerstand R in die Ausgangsspannung umgesetzt wird. Zur Vermeidung von Störeinflüssen wird der erforderliche Vorverstärker direkt im Mikrophongehäuse untergebracht.

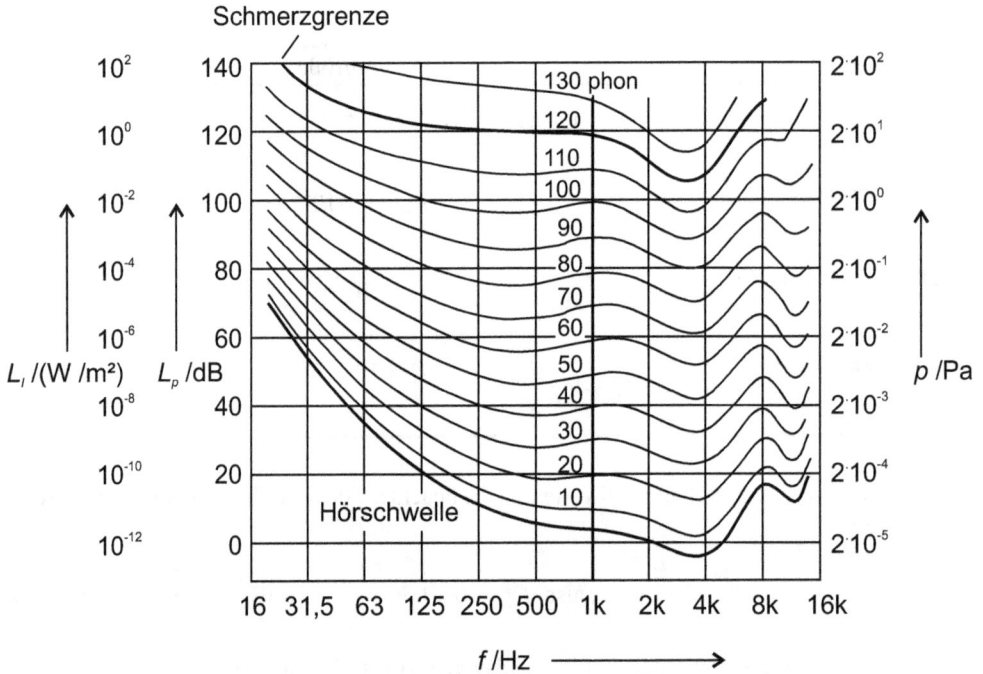

Abbildung 4-87: Kurven gleicher Lautstärke (Isophonen) für reine Töne. Die Frequenzskala ist in Oktaven, d. h. logarithmisch, dargestellt.

Zur Lärmbeurteilung muss über die physikalische Schalldruckpegelmessung hinaus das Lautstärkeempfinden des menschlichen Gehörs berücksichtigt werden. Wie Abbildung 4-87 zeigt, werden tiefe und sehr hohe Frequenzen bei gleichem Schalldruckpegel subjektiv als weniger laut bewertet als der Frequenzbereich der menschlichen Sprache. Für Lautstärkeangaben wird die Einheit Phon benutzt, die bei der Bezugsfrequenz von 1000 Hz mit dem Schalldruckpegelwert übereinstimmt. Die in Abbildung 4-87 gezeigten Linien gleicher Lautstärke werden Isophonen genannt. Wie man sieht, ergab sich bei der genaueren Vermessung bei 1000 Hz die Hörschwelle von 4 phon. Die Schmerzgrenze ist mit 120 phon festgelegt.

Für eine Lärmmessung werden die gemessenen Schallpegel frequenzabhängig, aber pegelunabhängig mit den in Abbildung 4-88 gezeigten Bewertungskurven korrigiert. Sie geben das Lautstärkeempfinden zwar nur in etwa wieder, ließen sich aber seinerzeit leichter in Messgeräten realisieren. International wird heutzutage ausschließlich die A-Bewertung verwendet, wobei A-bewertete Schallpegel in dB(A) angegeben werden. Die B- und C-

Bewertung werden im Bereich lauter und sehr lauter (> 90 phon) Geräusche verwendet. Die D-Bewertung wird bei der Beurteilung von Flugzeuglärm eingesetzt.

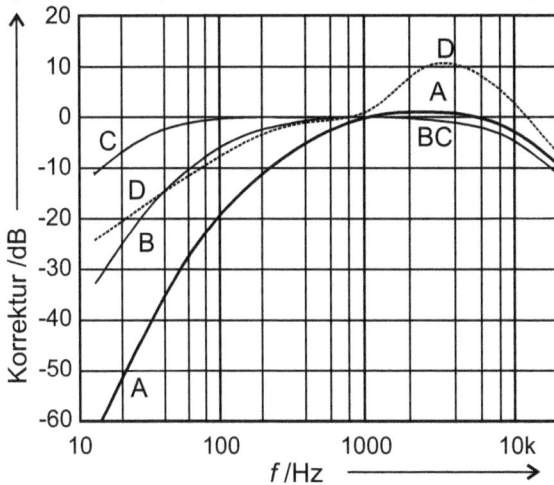

Abbildung 4-88:
Schallpegel-Bewertungskurven A,
B, C und D (A und C nach DIN EN
61672)

Für Grenzwerte von Schallemissionen am Arbeitsplatz, im Verkehr, in Gebäuden und Wohnbereichen oder durch Flugzeuge müssen weiterhin die zeitlichen Schwankungen der Geräusche berücksichtigt werden. Zu diesem Zweck wird als Kennwert ein energieäquivalenter Dauerschallpegel ermittelt:

$$L_{eq} = 10\,\text{dB} \cdot \log\left(\frac{1}{T} \int_0^T 10^{\frac{L(t)}{10}}\, dt \right)$$

Er entspricht einem über die Messzeit konstant angenommenen Mittelwert. Erhöht man beispielsweise den Pegel um 3 dB, aber halbiert die Einwirkzeit, so ergibt sich der gleiche energieäquivalente Dauerschallpegel. Eine detaillierte Darstellung gebräuchlicher Lärmkennwerte würde wegen ihrer Vielzahl den Rahmen dieses Lehrbuch sprengen. Es wird deshalb auf die Spezialliteratur (siehe z. B. [Henn01]) verwiesen.

Soll der genauere Frequenzverlauf von Geräuschen und Lärm aufgezeichnet werden, so begnügt man sich im Gegensatz zur Ordnungs- oder Modalanalyse mit relativ großen Frequenzbändern. Bei der Oktavanalyse wird der Hörbereich von 11 Hz bis 22,72 kHz logarithmisch in elf Oktavbänder eingeteilt, bei der Terzbandanalyse der Bereich von 14,1 Hz bis 22,39 kHz in 32 Terzbänder. Bei einem Oktavband ist die obere Grenze gerade das Doppelte der unteren, $f_o = 2\,f_u$. Für die Mittenfrequenz gilt $f_m = \sqrt{2}\,f_u$. Terzen erhält man, wenn eine Oktave logarithmisch in drei gleiche Teile eingeteilt wird. Dann gilt:

$$f_o = \sqrt[3]{2} \cdot f_u \quad \text{und} \quad f_m = \sqrt[6]{2} \cdot f_u$$

4.13   Messung elektrischer Grundgrößen

Messungen von elektrischen Grundgrößen wie Spannung, Strom, Widerstand oder Leistung werden natürlich einerseits für den Betrieb und für die Charakterisierung von elektrischen Schaltkreisen und Versorgungseinrichtungen benötigt. Auf der anderen Seite liefern heutzutage aber fast alle Messaufnehmer und Sensoren nichtelektrischer Größen an ihrem Ausgang ein Spannungs-, Strom- oder Widerstandssignal, das nach den gleichen Prinzipien gemessen wird.

In der Vergangenheit standen für genaue Messungen Drehspulinstrumente, mit denen in der Grundfunktion Ströme gemessen werden, im Mittelpunkt des Interesses. Wegen ihrer mechanischen Empfindlichkeit und der Schwierigkeit einer automatischen Ablesung überwiegen heutzutage Schaltungen mit Operationsverstärkern, deren Ausgangsspannung von einem A/D-Wandler in einen Zahlenwert zur weiteren Auswertung umgesetzt werden können (siehe Kapitel 5.3).

In diesem Abschnitt werden die Grundprinzipien der Messung elektrischer Größen angesprochen. Schaltungen für Präzisionsinstrumente sind weitaus komplizierter und erfordern z. B. eine aufwendige Kontrolle von Temperatur- oder Kontaktspannungseinflüssen (siehe beispielsweise [*Tränkler96*]).

4.13.1   Messung von langsam veränderlichen Größen (Gleichgrößen)

Unter einer Gleichgröße wie beispielsweise einer Gleichspannung oder einem Gleichstrom soll hier eine Größe verstanden werden, die während des Zeitintervalls für die Messung konstant bleibt, sich aber durchaus langfristig ändern kann. Mit der Einführung immer schnellerer rechnergestützter Ausleseverfahren können diese Änderungen natürlich auch entsprechend schneller ausfallen.

4.13.1.1   Gleichspannungsmessung

Das direkte Messen einer Gleichspannung ist die Grundfunktion von A/D-Wandler basierten Systemen (s. Kapitel 5.3) oder z. B. auch Oszilloskopen (s. Kapitel 3.2.3). Wegen des hohen Eingangswiderstands eines Oszilloskops wird dem Messobjekt nur ein in der Regel vernachlässigbarer Strom entnommen.

Sind die zu messenden Spannungen sehr klein, setzt man einen entsprechenden, mit einem Operationsverstärker realisierten Spannungsverstärker (Abbildung 4-89a) ein. Wie man sieht, hängt die Spannungsverstärkung der Operationsverstärkerschaltung – in weiten Grenzen – nur von der äußeren Beschaltung durch Widerstände ab. Muss man eine zu große Messspannung herabsetzen, so verwendet man einen Spannungsteiler (Abbildung 4-90b). Die Temperatureinwirkung ist am geringsten, wenn man Widerstände aus dem gleichen Material verwendet und diese sich auf der gleichen Temperatur befinden. Für die Bereichsumschaltung an einem Voltmeter beispielsweise werden je nach Bedarf unterschiedliche Spannungsteilerverhältnisse oder Spannungsverstärkungen durch elektronisch ansteuerbare Schalter eingestellt.

a

$$\frac{U_a}{U_e} = \frac{R_1 + R_2}{R_2}$$

b

$$\frac{U_a}{U_e} = \frac{R_2}{R_1 + R_2}$$

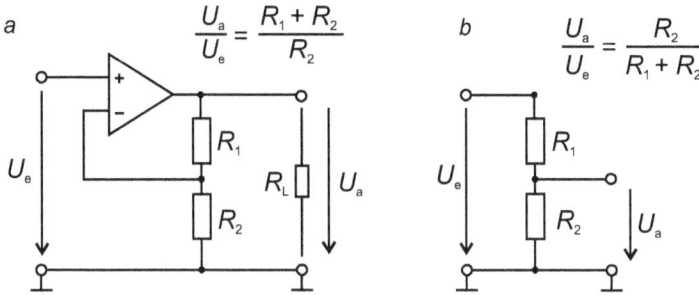

Abbildung 4-89:
Schaltungen zur
Anpassung von
Spannungssignalen.
(a) Verstärkung zu
* kleiner Signale,*
(b) Untersetzung durch
Spannungsteiler

4.13.1.2   Gleichstrommessung

Für eine Gleichstrommessung muss der Strom in eine Spannung umgeformt werden. Hierzu kann ein Widerstand eingesetzt werden, wobei der nach dem Ohmschen Gesetz resultierende Spannungsabfall gemessen wird (siehe Abbildung 4-90a). Bei genauen Messungen werden Präzisionswiderstände eingesetzt, für die ein Material mit einem geringen Temperaturgang verwendet wird, das zudem absichtlich gealtert wurde. Eine Erwärmung muss dabei nicht unbedingt umgebungsbedingt sein, sondern kann auch durch den Strom selber verursacht werden. Bei niedrigen Widerstandswerten ist zu beachten, dass die Spannung direkt am Messwiderstand abgegriffen und nicht durch die Widerstände der Zuleitungen verfälscht wird (Vierleitermesstechnik, siehe Abbildung 4-90b).

a   b

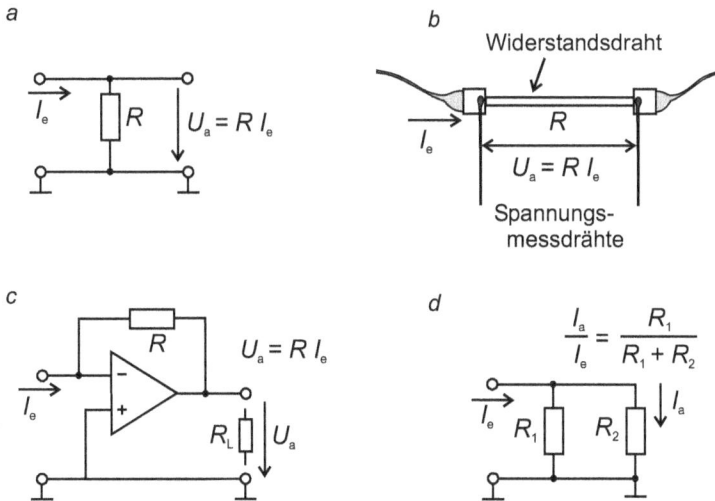

Abbildung 4-90:
Strommess-
schaltungen:
(a) Ohmsches Ge-
setz zur Strom-
messung,
(b) Vierleiter-
messung bei kleinen
Widerständen
(Shunt-
Widerstände),
(c) Stromverstärker
mit Spannungsaus-
gang,
(d) Stromteiler

Für die Messung kleiner Gleichströme benutzt man einen Stromverstärker mit Spannungsausgang (siehe Abbildung 4-90c). Möchte man das Stromteilerprinzip zur Messbereichsumschaltung verwenden, muss man beachten, dass Schalter einen Übergangswiderstand haben. Ist der zu messende Strom sehr groß, kann ein kleiner Strom über einen Stromteiler abgezweigt werden (siehe Abbildung 4-90d).

4.13.1.3 Leistungsmessung

Die Leistung eines Gleichstroms kann über die gleichzeitige Messung der Gleichspannung und des Gleichstroms und Multiplikation gemäß $P = U \cdot I$ bestimmt werden. Dabei tritt durch den geringen Restwiderstand des Amperemeters bzw. den geringen Reststrom durch das Voltmeter eine Verfälschung auf. In der Anordnung der Abbildung 4-91a wird stromrichtig, in der der Abbildung 4-91b spannungsrichtig gemessen. Je nachdem, ob die Verbraucher- oder die Generatorseite gemessen werden soll, und je nach Widerstand der Last muss die günstigste Schaltungsvariante gewählt werden (siehe Tabelle 4-5).

Tabelle 4-5: Günstigste Messkonfiguration für Leistungsmessungen bei Gleichströmen

Gewünschte Messgröße	Last	günstigere Schaltung
Verbraucherleistung	hochohmig	stromrichtig
	niederohmig	spannungsrichtig
Generatorleistung	hochohmig	spannungsrichtig
	niederohmig	stromrichtig

a 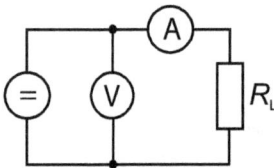   b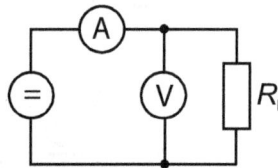

Abbildung 4-91:
Leistungsmessung in (a)
Spannungsfehlerschaltung
und (b) Stromfehlerschaltung.

4.13.1.4 Widerstandsmessung

Zur Messung von Widerständen benutzt man das Ohmsche Gesetz in der Form, dass man mit einer Konstantstromquelle einen bekannten Strom durch den Widerstand fließen lässt und den Spannungsabfall über den Widerstand misst (Zweileitermessung, siehe Abbildung 4-92a). Dabei muss gegebenenfalls der Fehlereinfluss durch den Spannungsabfall am Widerstand der Zuleitungskabel durch eine Dreileiter- oder am besten durch eine Vierleitermessung begrenzt werden (Abbildung 4-92b und Abbildung 4-92c). Im Grunde sind diese Schaltungen Spezialfälle der im nächsten Abschnitt erklärten Kompensationsmethoden.

a   b

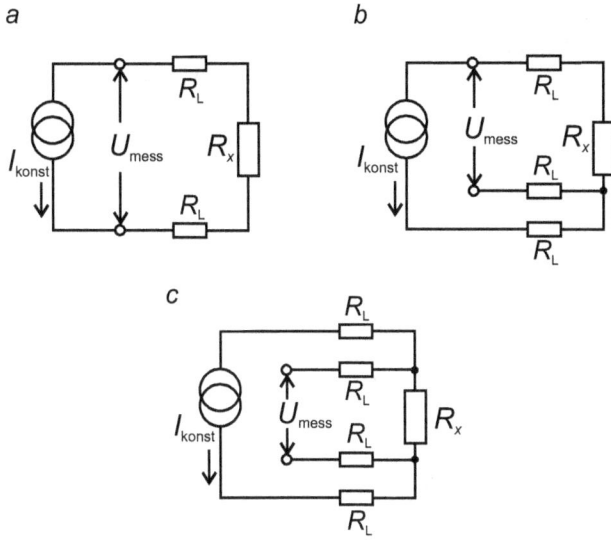

Abbildung 4-92: Methoden
zur Widerstandsmessung:
(a) Zweileitermessung,
(b) Dreileitermessung,
(c) Vierleitermessung.
Im Fall der Dreileiter-
messung wird der Leitungswiderstand gemessen und
entweder rechnerisch berücksichtigt oder in einer
Brückenschaltung
kompensiert.

4.13.1.5 Kompensationsmethoden

Bei der Kompensationsmethode wird versucht, eine Schaltung so abzugleichen, dass eine unbekannte Spannung oder ein unbekannter Strom durch eine entsprechende „Gegen-spannung" bzw. einen „Gegenstrom" gerade kompensiert werden. Das erkennt man dann daran, dass ein Zweig der Schaltung strom- bzw. spannungslos wird.

a   b

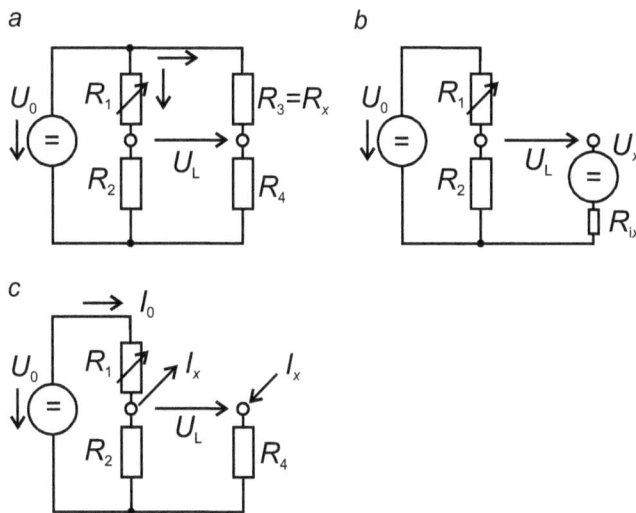

c

Abbildung 4-93:
Kompensationsschaltungen zur
Messung (a) eines Widerstands,
(b) einer Spannung und (c) eines Stroms.

Die Wheatstonesche Brückenschaltung (Abbildung 4-93a), bei der der Widerstand R_1 solan-ge variiert wird, bis der linke Spannungsteilerzweig das Teilungsverhältnis im rechten Spannungsteilerzweig in der Form „kompensiert", dass über die Verbindungsstrecke kein Strom mehr fließt bzw. keine Spannung mehr abfällt, ist ein bekanntes Beispiel, das nach diesem Prinzip arbeitet. Der unbekannte Widerstand lässt sich über eine Verhältnisbildung leicht zu

$$R_x = R_1 \cdot \left(\frac{R_2}{R_4} \right)$$ bestimmen.

Zur Spannungsmessung kompensiert man die unbekannte Spannung U_x mit der Spannung des Spannungsteilers (Abbildung 4-93b). Dabei muss entweder U_0 bekannt sein oder der Spannungsteiler durch ein Spannungsnormal kalibriert werden. Ist die Kompensationsschaltung noch nicht abgeglichen, machen sich der Innenwiderstand der Spannungsquelle R_{ix} und der der Spannungsmessung von U_L bemerkbar.

Für eine Strommessung wird der unbekannte Strom I_x dadurch kompensiert, dass Spannungsgleichheit an dem von $I_0 - I_x$ durchflossenen Widerstand R_2 und an dem von I_x durchflossenen Widerstand R_4 eingestellt wird (Abbildung 4-93c).

Kompensationsschaltungen sind im Vergleich zu den direkten Messmethoden genauer und darüber hinaus erfolgt die Messung leistungslos. Eine vollständige Kompensation, d. h. der komplette Nullabgleich, lässt sich allerdings nur bei Labormessungen durchführen, da R_1 variiert werden und dann genau bekannt sein muss. In der Praxis wird R_1 durch schaltbare Widerstände grob voreingestellt. Über die verbleibende Restspannung U_L kann dann die unbekannte Größe gemessen werden. Die Abbildung 4-94a zeigt für diesen Fall nochmals die Wheatstonesche Brücke. Bei teilweiser Kompensation der Brückenschaltung erhält man

$$U_L = \left(\frac{R_3}{R_3 + R_4} - \frac{R_1}{R_1 + R_2} \right) U_0$$

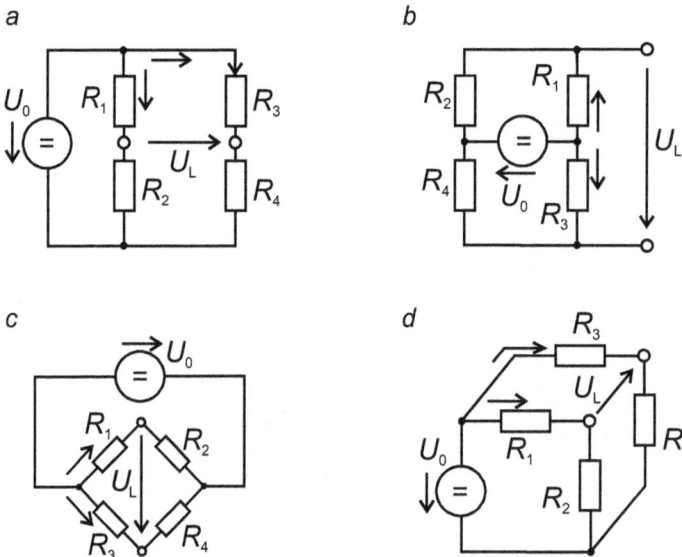

Abbildung 4-94: Verschiedene zeichnerische Darstellungen einer Brückenschaltung

Abbildung 4-94 zeigt außerdem noch weitere Varianten, wie diese Brückenschaltung zeichnerisch dargestellt werden kann. Insbesondere die Variante der Abbildung 4-94c findet man oft bei der Diskussion der Messanordnungen für Dehnungsmessstreifen (s. Kapitel 4.1.4). In der Abbildung 4-94 sind die Brückenschaltungen spannungsgespeist. Für den Fall, dass die Spannungsquelle einen endlichen Innenwiderstand besitzt, müssen tiefergehende Methoden der Schaltungsanalyse herangezogen werden (siehe [*Tränkler96*]). Die Speisung kann alternativ auch mit einem Konstantstrom erfolgen.

4.13.2 Messung von Wechselströmen

Wechselströme und Wechselspannungen ändern sich periodisch mit der Zeit, wobei man für eine erste Diskussion in der Regel von einem sinusförmigen Verlauf $U(t) = U_0 \cos \omega t$ mit der Frequenz $f = \dfrac{\omega}{2\pi}$ und der Amplitude U_0 ausgeht. Im europäischen Stromversorgungsnetz wird eine Frequenz von 50 Hz, in Amerika von 60 Hz benutzt. Wechselspannungen treten natürlich auch auf, wenn mechanische Schwingungen beispielsweise mit Dehnungsmessstreifen oder Beschleunigungssensoren in ein elektrisches Signal umgesetzt werden. Ebenso setzen Mikrophone akustische Schwingungen in Wechselsignale um.

Sind in einem elektrischen Schaltkreis ausschließlich Ohmsche Widerstände vorhanden, so sind die Spannung $U(t)$ und der Strom in Phase. Für die augenblickliche elektrische Leistung ergibt sich dann $P(t) = U \cdot I = U_0 I_0 \cos^2 \omega t$ und somit über eine Periode der Länge $T = \dfrac{1}{f}$ eine elektrische Arbeit von:

$$W = U_0\, I_0 \int_0^T \cos^2 \omega t\; dt = \frac{T}{2} U_0\, I_0$$

Für einen Gleichstrom I_0 und eine Gleichspannung U_0 resultiert für dieselbe Zeitdauer im Vergleich die doppelte Arbeit $W_= = T\, U_0\, I_0$. Die mittlere Leistung in einem Wechselspannungsnetz ist somit $\overline{P} = \dfrac{U_0 I_0}{2} = U_{\text{eff}}\, I_{\text{eff}}$ und entspricht, ausgedrückt durch die Effektivwerte von Wechselspannung und Wechselstrom,

$$U_{\text{eff}} = \frac{U_0}{\sqrt{2}} = \sqrt{\frac{1}{T} \int_0^T (U_0 \cos \omega t)^2\; dt} \;\; \text{bzw.} \;\; I_{\text{eff}} = \frac{I_0}{\sqrt{2}} = \sqrt{\frac{1}{T} \int_0^T (I_0 \cos \omega t)^2\; dt} \;,$$

mathematisch der Beziehung für die Gleichgrößen $\overline{P}_= = U_0\, I_0$.

In der Praxis befinden sich in einer Schaltung immer auch (parasitäre) Kapazitäten und Induktivitäten. Der Strom ist dann gegenüber der Spannung um den Phasenwinkel ϕ phasenverschoben: $I(t) = I_0 \cos(\omega t + \phi)$. Für die Augenblicksleistung ergibt sich

$$P(t) = U \cdot I = U_0 I_0 \cos \omega t \cos(\omega t + \phi),$$

woraus man durch Integration die Wirkleistung $\overline{P}_W = \dfrac{U_0\,I_0}{2}\cos\phi$ erhält. Die Wirkleistung wird so genannt, weil sie sich in andere Leistungsformen wie Wärme oder mechanische Leistung umwandeln lässt. $\overline{P}_B = \dfrac{U_0\,I_0}{2}\sin\phi$ nennt man hingegen Blindleistung, da sie sich nicht in andere Leistungsformen wandeln lässt. $\overline{P}_S = \dfrac{U_0\,I_0}{2}$ wird in diesem Zusammenhang als Scheinleistung bezeichnet.

Für Wechselgrößen, deren Verlauf nicht sinusförmig ist, können jeweils die oben gezeigten Integralformeln verwendet werden, wobei der Sinusverlauf entsprechend ersetzt werden muss.

4.13.2.1   Wechselspannungs- und Wechselstrommessungen

Üblicherweise wird für eine Wechselspannungsmessung die Wechselspannung durch einen Gleichrichter in eine Gleichspannung umgewandelt. Abbildung 4-95a zeigt ein Beispiel einer Brückengleichrichter-Schaltung. Da eine Gleichrichtung prinzipiell einer Betragsbildung der Spannung entspricht (s. Abbildung 4-95c, gestrichelte Linie), gilt für den Gleichrichtwert:

$$|\overline{U}| = \frac{1}{T}\int_0^T |U_0 \cos\omega t|\,dt = 0{,}9003 \cdot U_{\text{eff}} = 0{,}637 \cdot U_0$$

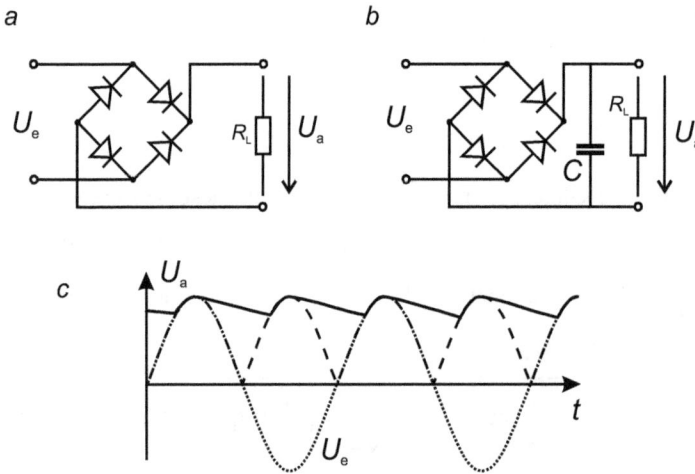

Abbildung 4-95:
Gleichrichtung zur
Messung von Wechsel-
spannungen:
(a) Brückengleichrich-
ter, (b) Spitzenwertbe-
stimmung, (c) Zeitbild:
Die gestrichelte Linie
zeigt die direkte
Gleichrichtung, die
durchgezogene Linie
die Spitzenwert-
gleichrichtung.

Der Zusammenhang mit dem Effektivwert U_{eff} bzw. dem Spitzenwert U_0 der Wechselspannung gilt nur für sinusförmige Wechselspannungssignale.

Schaltet man einem Gleichrichter einen Kondensator nach (Abbildung 4-95b), so wird die Spannung annähernd am Spitzenwert gehalten, sofern der Kondensator entsprechend groß dimensioniert wurde (Abbildung 4-95c). Kennt man die Frequenz der Wechselspannung und den Lastwiderstand R_L, so kann man für sinusförmige Wechselspannungen die Restwelligkeit bzw. einen entsprechenden Korrekturfaktor berechnen.

Bei einer Wechselstrommessung muss entweder analog zur Gleichstrommessung mit Hilfe eines Ohmschen Widerstands eine Umsetzung in eine Spannung erfolgen oder es wird mit einem klassischen Drehspulinstrument direkt eine Strommessung vorgenommen.

Bei modernen Messinstrumenten wird zunehmend auch eine direkte Digitalisierung des Wechselspannungssignals vorgenommen (siehe Kapitel 5.3), da sich dann die charakteristischen Größen von Wechselsignalen unabhängig von der Frequenz des Signals berechnen lassen. Voraussetzung ist, dass das Wechselspannungssignal häufig genug abgetastet wird (siehe Kapitel 5.3.2). Es besteht bei periodischen Signalen die zusätzliche Möglichkeit, die Abtastzeitpunkte für eine voreingestellte Anzahl von Abtastungen jeweils um einen Bruchteil einer Abtastperiode stückweise weiter zu verschieben, bis man dann wieder auf die ursprünglichen Abtastpunkte zu liegen kommt (Subsampling).

4.13.2.2 Effektivwertmessung und Leistungsmessung

Für die Effektivwertmessung ist, wie man den obigen Formeln entnimmt, die Bestimmung des quadratischen Mittelwerts erforderlich. Neben der Verwendung von elektrodynamischen Messwerken oder Mantelkern-Dreheisenmesswerken, die auf die Netzfrequenz beschränkt sind, werden für genauere Messungen von Wechselsignalen beliebiger Frequenz und Signalform Thermoumformer eingesetzt. In einem Thermoumformer wird die Temperaturerhöhung aufgrund der Jouleschen Stromwärme, die proportional zu $I^2 R$ ist, wie bei einem Widerstandsthermometer (s. Kapitel 4.9.2) gemessen. Für die Bestimmung von Effektivwerten wird zusehends auch auf direkte Digitalisierungsverfahren übergegangen, da numerische Berechnungsverfahren für beliebige Kurvenformen und Frequenzen taugen.

Benutzt man zur Leistungsmessung von Wechselsignalen die gleiche Anordnung wie bei Gleichstrommessungen (siehe Abbildung 4-96a bzw. Abbildung 4-91a), so wird die Scheinleistung $\overline{P}_\mathrm{S} = \dfrac{U_0 I_0}{2} = U_Z \dfrac{U_R}{R}$ gemessen. U_Z und U_R sind in diesem Fall Effektivgrößen (siehe Abbildung 4-96b).

Die Wirkleistung kann man entweder mit der Drei-Voltmeter-Methode (Abbildung 4-96b) oder mit der Drei-Amperemeter-Methode (Abbildung 4-96c) bestimmen, wobei der komplexen Last ein Widerstand vorgeschaltet oder parallel geschaltet wird. Die Wirkleistung ergibt sich aus den Gleichungen

$$\overline{P}_\mathrm{W} = \frac{U_\mathrm{ges}{}^2 - U_R{}^2 - U_Z{}^2}{2R} \quad \text{bzw.} \quad \overline{P}_\mathrm{W} = \frac{R}{2}\left(I_\mathrm{ges}{}^2 - I_R{}^2 - I_Z{}^2\right),$$

wobei alle Größen wiederum Effektivgrößen sind. Es lässt sich dann auch die Blindleistung $\overline{P}_\mathrm{B} = \overline{P}_\mathrm{S} \sin\phi$ berechnen, da mit $\overline{P}_\mathrm{W} = \overline{P}_\mathrm{S} \cos\phi$ der Leistungsfaktor $\cos\phi$ und somit auch $\sin\phi = \sqrt{1 - \cos^2\phi}$ ermittelt werden kann.

Zur Frage von Leistungsmessungen in Drehstromnetzen muss hier auf die elektrotechnische Literatur verwiesen werden (siehe z. B. [*Kories und Schmidt-Walter98*]).

a

b

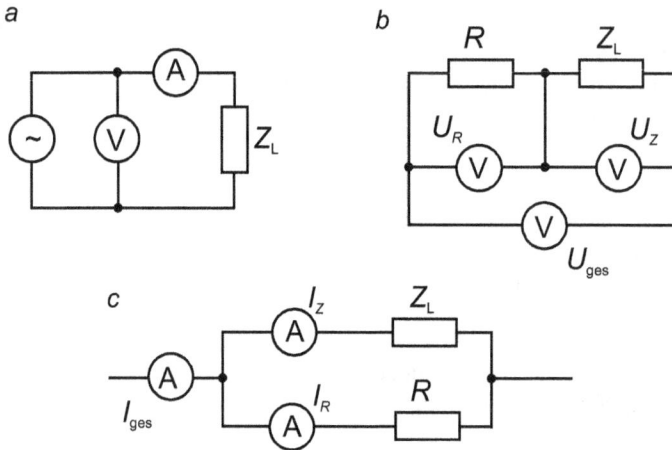

Abbildung 4-96:
Schaltungen zur Be-
stimmung der Schein-
leistung (a) und der
Wirkleistung nach
der Drei-Voltmeter-
Methode (b) bzw. der
Drei-Amperemeter-
Methode(c)

c

4.13.2.3   Kapazitäts- und Induktivitätsmessung

Wird die Brückenschaltung der Wheatstoneschen Widerstandsmessung mit Wechselspannung betrieben, so eignet sie sich zur Messung von Kapazitäten und Induktivitäten. Ist eine solche Wechselstrombrücke (siehe Abbildung 4-97a) abgeglichen, d. h. $U = 0$, so gilt

$$\frac{\underline{Z}_1}{\underline{Z}_2} = \frac{\underline{Z}_3}{\underline{Z}_4} \; , \; \underline{Z}_i = \left|\underline{Z}_i\right| \cdot e^{j\phi_i} \; ,$$

wobei komplexe Widerstände anzusetzen sind. Aus der komplexen Abgleichbedingung resultieren die beiden reellen Abgleichbedingungen

$$\frac{\left|\underline{Z}_1\right|}{\left|\underline{Z}_2\right|} = \frac{\left|\underline{Z}_3\right|}{\left|\underline{Z}_4\right|} \; \text{und} \; \phi_1 + \phi_4 = \phi_2 + \phi_3$$

Um beide Gleichungen zu erfüllen, werden für den Brückenabgleich im Allgemeinen zwei Einstellelemente benötigt. Die Summe der Phasenwinkel der jeweils schräg gegenüberliegenden Widerstände muss dabei gleich groß sein.

Abbildung 4-97b zeigt eine Wiensche Kapazitätsmessbrücke. Bei Abgleich gilt:

$$R_x = R_2 \frac{R_3}{R_1} \; \text{und} \; C_x = C_2 \frac{R_1}{R_3}$$

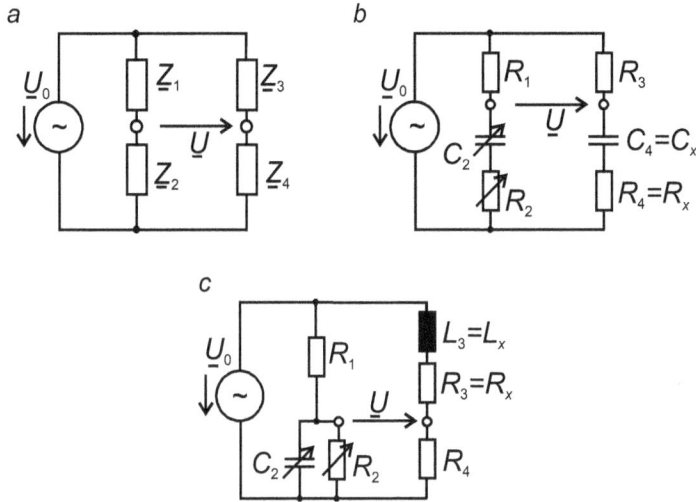

Abbildung 4-97:
Wechselstrombrücken:
(a) Grundschaltung,
(b) Wienbrücke zur
Messung von Kapazi-
täten, (c) Brücke zur
Induktivitätsmessung

Bei einer Induktivitätsmessbrücke verwendet man meistens eine Kapazität als Vergleichselement (siehe Abbildung 4-97c). Im Abgleich gilt dann:

$$R_x = \frac{R_1 R_4}{R_2} \quad \text{und} \quad L_x = R_1 R_4 C_2$$

5 Rechnergestütztes Messen

5.1 Überblick

5.1.1 Selbstverständlichkeit des Rechnereinsatzes

„Wie im Büroalltag so lässt sich heutzutage aus der Messtechnik der Einsatz von Rechnern zur Datenerfassung nicht mehr wegdenken". Diese Aussage erstaunt niemanden, ist aber insofern falsch, als dass beim Messen die mühselige Handablesung schon viel früher durch den Einsatz von Computern abgelöst wurde als im Büro. Sobald etwas umfangreichere Messungen benötigt wurden, schnelle Vorgänge beobachtet oder viele Größen gleichzeitig erfasst werden sollten, musste man sich schon immer nach den modernsten Hilfsmitteln umschauen.

Dabei ist der Einsatz eines Rechners oftmals gar nicht mehr augenscheinlich: Jedes moderne Messgerät wird von einem Mikroprozessor gesteuert. Dasselbe gilt für die Messfunktionen jeder automatisierten Maschine, der meisten Fahrzeuge und Anlagen und vieler Konsumgüter. Sie enthalten „eingebettete" Rechner („Embedded Computing") mit festen Programmen. Ein Student, der seine Diplomarbeitsdaten mit dem PC aufzeichnet, der Servicetechniker, der sein Notebook an eine Anlage anschließt, oder die Rechnerbildschirme einer Leitwarte stellen in diesem Sinne nur den kleineren Anteil digital arbeitender Messdatenerfassungssysteme dar, die als solche direkt wahrgenommen werden.

5.1.2 Gerätetechnische Realisierung der Messkette

Abbildung 5-1 zeigt die einzelnen Komponenten, mit denen eine Messkette im Sinne von Kapitel 3.1 mit einem Rechner verbunden wird und somit ein Messdatenerfassungssystem bildet. Die Darstellung erfolgt in diesem Fall meistens von unten nach oben – nicht mehr von links nach rechts.

Die Frage, was gemessen werden soll, hängt natürlich immer von der konkreten technisch-naturwissenschaftlichen Aufgabenstellung ab. Dieses „Messobjekt" kann z. B. die Temperatur einer Flüssigkeit sein, die bei einem Laborversuch eingeregelt werden soll. In der Praxis handelt es sich dann z. B. um eine Maschine, eine Produktionsanlage, einen verfahrens- oder energietechnischen Prozess oder auch um Endverbraucherprodukte wie beispielsweise ein Kraftfahrzeug.

Leitrechner

Messrechner: Messwerterfassung,
Messprozesssteuerung, Kommunikation

Messwertverwaltung
Visualisierung
Protokollierung
Archivierung

Parametrierung

Alarme:
Stromversorgung,
Leitungsbruch, etc.

Messwertverarbeitung
Alarme
Korrektur
indirekte Messung
digitale Filterung
Frequenzanalyse
Mittelung
Amplitudenverteilungen

Steuerung
des
Messprogramms

Analog/Digital-Wandler

Spannungs-
bereich

Störungen

Abtast-Halteglied

Abtastfreq.

Antialias-Filter (analog)

Filtereinstellung

Korrekturen (analog)
Linearisierung etc.

Korrektur-
parameter

Messgrößenumformer
Signalanpassung

Grenzwerte

Verstärkung

End-
abschalter

Messgrößenaufnehmer
Messfühler, Sensor

Abschaltung

Trigger,
Synchronisation

Messobjekt: Produktionsanlage
Prozess (energie-, verfahrenstechn.), Gebäude, KFZ

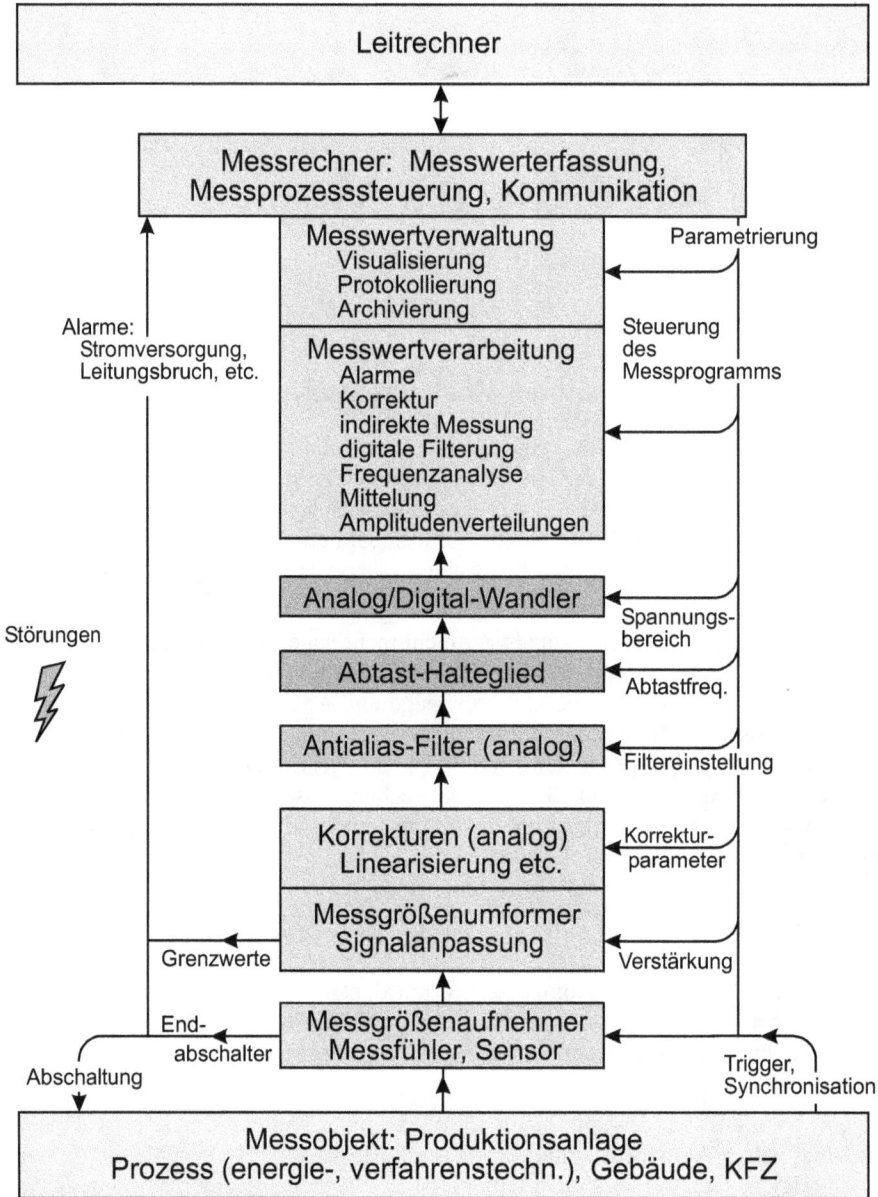

Abbildung 5-1: Gerätetechnische Realisierung einer Messkette

Im Messfühler (Messwandler, Messgrößenaufnehmer, Sensor) wird für die interessierende Messgröße eines der in Kapitel 1 dargestellten Messverfahren zur Umsetzung in ein der Messgröße entsprechendes elektrisches Signal angewendet. Meistens muss ein Messumformer (Messgrößenumformer) das elektrische Signal noch verstärken oder über eine Messschaltung wie z. B. eine Brückenschaltung aufbereiten. Unter Umständen werden auf das (analoge) elektrische Messsignal weitere Korrekturen angewendet: beispielsweise wird sehr häufig zum Ausgleich von Nichtlinearitäten des Messfühlers oder des Messumformers noch eine Linearisierung vorgenommen, insbesondere, wenn der Messumformer ein Normmesssignal liefern soll.

Das rechnergestützte Messen bedingt nun zwangsläufig, dass das analoge elektrische Signal in eine binär (d. h. mit 0 und 1) dargestellte Zahl umgewandelt werden muss, denn ein Digitalrechner kann nur mit Binärzahlen umgehen. Dieser Schritt wird „Analog-Digital-Wandlung" genannt. Dabei wird das stetige und kontinuierliche Spannungssignal (Analogsignal) in eine binäre Zahl fester Wortlänge abgebildet, d. h. einen sehr beschränkten Vorrat von Zahlenwerten. Die Wortlänge bei der Analog-Digital-Wandlung muss so bemessen werden, dass das resultierende Raster von diskreten Spannungswerten die Messaussage (Messgenauigkeit) nicht beeinträchtigt. Wählt man z. B. eine Wortlänge von 16 Bit, so stehen $2^{16} = 32768$ digitalisierte Rasterstufen (Digitalwerte) zur Verfügung.

Selbstverständlich ist es nicht möglich, die Digitalwerte zeitkontinuierlich aufzuzeichnen, denn die sich ergebende unendliche Anzahl von Werten würde jegliche Speicherkapazität von Digitalrechnern sprengen. Man ist also gezwungen, in regelmäßigen Abständen Stichproben des Analogsignals zu nehmen, d. h. es „abzutasten". Da man zusätzlich das Eingangssignal während der Analog-Digital-Wandlung für den A/D-Wandler konstant halten muss, erfolgt vorher die Abtastung mit einem „Abtast-Halte-Glied". Wie in Abschnitt 5.3.2 klar werden wird, besteht wegen des Abtastens die Gefahr, dass durch den Aliaseffekt das Messergebnis unsinnig wird. Dies verhindert ein (analoges) „Antialiasfilter" vor dem Abtast-Halte-Glied, welches zu hohe Signalfrequenzen herausfiltert. Das Fehlen dieses Filters hat schon so manches erstaunliche Messergebnis („Dreckeffekt") zur Folge gehabt.

Im Hinblick auf die nicht unerheblichen Kosten einer leistungsfähigen Digitalisierung – bestehend aus Antialiasfilter, Abtast-Halte-Glied und A/D-Wandler – werden sehr oft mehrere Messumformer (Messkanäle) mit einem Schalter nacheinander mit der A/D-Wandlungsstufe verbunden („Multiplexing"). Dies ist möglich, sofern keine extremen Forderungen an die Gleichzeitigkeit der Messungen gestellt werden. Ebenso wird man aus Kostengründen denselben Messrechner für mehrere A/D-Wandlerkanäle nutzen.

Im Messrechner werden die digitalisierten Messdaten weiterverarbeitet: wiederum können Korrekturen z. B. zur Kalibration, Linearisierung oder (digitalen) Filterung durchgeführt werden. Ebenso können die Messdaten statistisch ausgewertet werden, beispielsweise durch Mittelung oder Verteilungsbildung. Schließlich können je nach Problemstellung abgeleitete Größen (z. B. Wirkungsgrade) berechnet, Frequenzanalysen oder die darüber hinausgehenden in Kapitel 4.12.3 und 4.12.4 vorgestellten Analysemethoden angewendet werden bzw. Vorwarnungen für kritische Situationen abgeleitet werden.

Hier sei angemerkt, dass sicherheitskritische Meldungen (Not-Aus und Alarme) und deren Behandlung wegen der Ausfallmöglichkeit nicht über die Messdatenerfassung erfolgen dürfen, sondern direkt auf die Maschine oder Anlage wirken müssen. Es ist allerdings inzwischen immer üblicher, Fehlerzustände wie z. B. Leitungsbruch, Stromversorgungsausfälle oder Grenzwertüberschreitungen auch aufzuzeichnen. Die Erfassung dieser zusätzlichen „Messdaten" kann trotz der höheren Investitionskosten die Instandhaltung und Wartung einer Maschine oder Anlage erheblich vereinfachen.

Im Sinne eines optimalen Betriebs der Messdatenerfassungskette können umgekehrt oftmals die Einstellungen ihrer einzelnen Komponenten über den Messrechner konfiguriert werden. Am Messumformer können beispielsweise die Verstärkung oder Linearisierungsparameter gewählt werden. Bei der Analog-Digital-Wandlung betrifft dies u. U. die Einstellung der Eckfrequenz des Antialiasfilters, der Abtastfrequenz oder des Eingangsspannungsbereichs des Analog-Digital-Wandlers. Was die Abtastfrequenz betrifft, so geht man meistens davon aus, diese über den Messrechner festzulegen. Es gibt aber auch Situationen, in denen der Abtastzeitpunkt durch die Maschine oder Anlage festgelegt werden muss: dies gilt z. B., wenn die Messung mit einer eventuell sogar variablen Drehzahl synchronisiert werden muss oder wenn auf unregelmäßige Ereignisse hin sehr schnell gemessen werden muss.

Weitere wichtige Aufgaben des Messrechners bestehen in der Darstellung (Visualisierung) des Maschinen- bzw. Anlagenzustands und -verhaltens und der Speicherung bzw. Archivierung der Messdaten. Je nach Anwendungsfall kann weiterhin eine Protokollierung gewünscht oder z. B. als Papierausdruck vorgeschrieben sein. Der Messrechner ist u. U. selbst Teil einer größeren Gesamtanlage. In diesem Fall muss er mit weiteren Rechnern und insbesondere mit einer Leitstation über ein Netzwerk kommunizieren können.

Wie aus der einleitenden Diskussion über die Messdatenerfassungskette zu ahnen ist, gibt es in der Praxis eine immense Spannweite in deren Realisierung: ausgehend von einer „schnellen" Testmessung im Labor über das robuste Funktionieren von modernen Messgeräten bis hin zur – sicheren – Steuerung von Fahrzeugen, Flugzeugen oder (Kern-)kraftwerken.

5.1.3   Signalumwandlung durch die Messdatenerfassung

Nachdem der vorhergehende Abschnitt einen Überblick über die Grundelemente einer Messdatenerfassungskette gegeben hat, soll in diesem Abschnitt verfolgt werden, wie sich der Verlauf einer zeitlich veränderlichen Messgröße in den einzelnen Elementen darstellt und was die A/D-Wandlung letztlich als Endergebnis liefert. Da sich anhand eines Beispiels die einzelnen Einflüsse einsichtiger begründen lassen, wird in Abbildung 5-2 ein Temperaturverlauf über die Zeit von 100 s gezeigt.

Der Verlauf der Messgröße selbst, d. h. der Temperatur in °C, ist in Abbildung 5-2a dargestellt. Als Messfühler dient hier ein Pt100-Widerstand (s. Kapitel 4.9.2), dessen Widerstand sich mit der Temperatur ändert (Abbildung 5-2b). Dieser Widerstand wird in eine Messspannung als „sekundäre Messgröße" umgeformt, indem durch ihn ein Konstantstrom von 10 mA geleitet wird und man – vorzugsweise in Vierleitertechnik – den Spannungsabfall über den Widerstand erfasst. Wie man an den Abbildungen 5-2b und c im Prinzip sieht, wird durch das elektronische Rauschen des Widerstands bzw. der Konstantstromquelle das Messsignal „zappliger". Abbildung 5-2d zeigt an, wie stark das nunmehr linearisierte Messsignal von dem in Abbildung 5-2c in Prozent abweicht – die Abweichung würde man in der direkten Darstellung natürlich nicht wahrnehmen können.

Die weiteren Schritte sind alle mit der A/D-Wandlung verbunden. Zuerst werden mit Hilfe des Antialiasfilters hohe Frequenzen aus dem Signal gefiltert, sodass das Messsignal nun geglättet erscheint (Abbildung 5-2e). Das Signal wird alle 5 s abgetastet (Abbildung 5-2f) und im Anschluss konstant gehalten, sodass annähernd eine Treppenfunktion entsteht (Abbildung 5-2g). Auf jeder Treppenstufe erfolgt die Digitalisierung im A/D-Wandlerbaustein. Abbildung 5-2h zeigt auf der Ordinate ein festes Raster von Werten („Counts"), in das die Treppenstufenspannungen so eingeordnet werden, dass jeweils „abgerundet" wird.

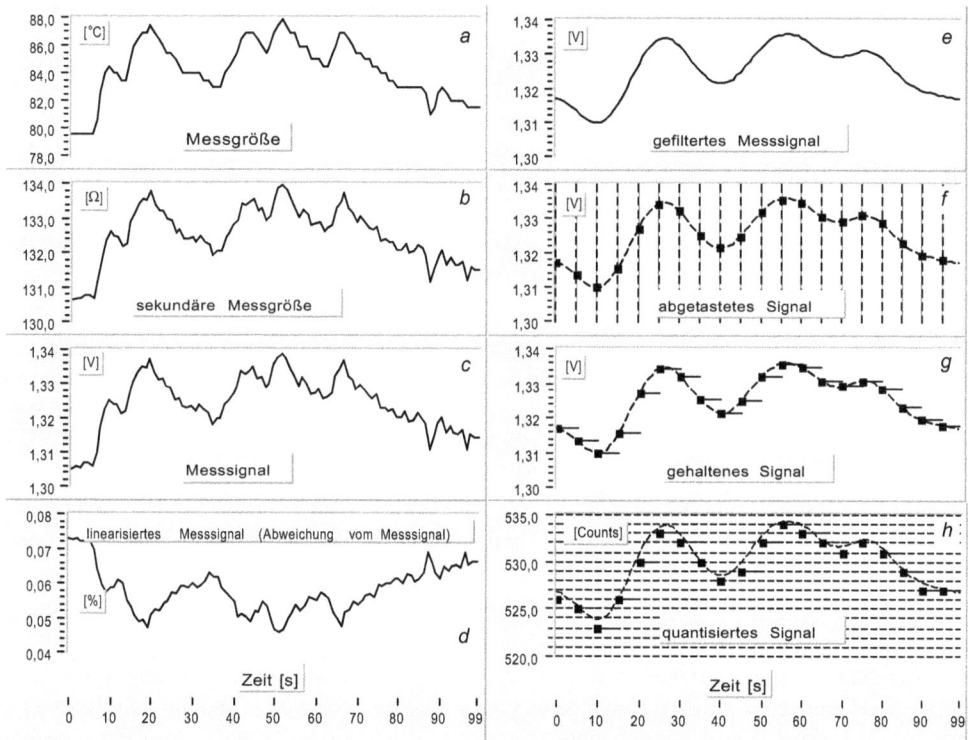

Abbildung 5-2: Umwandlung der Signalform in den einzelnen Stufen der gerätetechnischen Messkette. Zeitlicher Verlauf einer Temperatur als physikalische Messgröße (a), als Widerstand des verwendeten Pt100-Messfühlers (b), als Spannungsabfall am Widerstand für einen Strom von 20 mA (c), als Linearitätsabweichung (d), als durch einen Tiefpass gefiltertes Signal (e), als abgetastete Spannungswerte (f), als gehaltene Abtastspannungen (g) und als Zahlenwerte nach einer A/D-Wandlung.

Im Endeffekt ist also aus einem stetigen, zeitlich kontinuierlichen Temperaturverlauf ein Satz von 20 Zahlenwerten entstanden, der bei Kenntnis der Kalibration auf zwanzig Temperaturwerte zurückgerechnet werden kann. Es ist augenscheinlich, dass sich die Qualität der Darstellung für den fraglichen Temperaturverlauf grundlegend verändert hat und dass der Informationsumfang (und -gehalt!) drastisch verringert wurde.

5.1.4   Ausblick auf die folgenden Unterkapitel

Nach dem ersten Überblick in den vorangegangenen Kapiteln ist es nun möglich zu erläutern, was in den weiteren Kapiteln beabsichtigt ist:

Das Kapitel 5.2 über die Signalaufbereitung behandelt die analogen Elektronikkomponenten, die der A/D-Wandlung vorgeschaltet werden. Nach einer Art Checkliste der häufigsten Fehlerquellen und Probleme beim Aufbau von Messkanälen werden deren „operationelle" Eigenschaften, die weitgehend unabhängig vom eingesetzten Messverfahren sind, zusammengefasst.

In Kapitel 5.3 müssen zuerst die Hintergründe des Abtastens und der A/D-Wandlung soweit dargestellt werden, dass die Fallstricke in diesem Themenbereich sicher umschifft werden können und somit eine kompetente Nutzung von Messdatenerfassungssystemen in der Praxis überhaupt möglich wird. Leider sind Themen wie der „Aliaseffekt" oder die „Fensterung" heute nach wie vor kein Allgemeingut. Dieses Kapitel schließt mit einem Überblick über die zur A/D-Wandlung verwendeten Verfahren und einem Vergleich ihrer Leistungswerte und Einsatzgebiete.

Das Kapitel 5.4 stellt die gängigsten im Laborbetrieb und für Prüfstände eingesetzten Messdatenerfassungssysteme vor. Die Verbindung zu einem Rechner erfolgt dann entweder direkt über eine seiner seriellen Schnittstellen oder eine Einsteckkarte für den prozessornahen Systembus. Bei größeren Messerfassungssystemen wird vorzugsweise ein eigener „Instrumentierungsbus" (IEEE 488 oder VXI) mit dem Rechner verbunden.

Kapitel 5.5 zeigt auf, wie die Messdatenerfassung im industriellen Umfeld, d. h. in Maschinen, Fertigungs- und Prozessanlagen etc. erfolgt. Diese heutzutage meistens durch „Feldbussysteme" realisierte Aufgabe stellt zusätzliche Anforderungen an die räumliche Ausdehnung und die Zuverlässigkeit des Messdatenerfassungssystems.

Kapitel 5.6 trägt dem Umstand Rechnung, dass die Darstellung (Visualisierung) und Analyse von Messdaten immer weniger an das physische Messgerät oder Messerfassungssystem gekoppelt ist, sondern unabhängig im Rechner oder über ein Netzwerk – bis hin zum Internet – erfolgt. Auf diese Weise können unterschiedliche Messdatenerfassungssysteme von einer zentralen Leitwarte koordiniert betrieben werden. Es erschien deshalb sinnvoll, diesem Aspekt ein eigenes Kapitel zu widmen.

5.2   Signalaufbereitung

Unter dem Begriff „Signalaufbereitung" wird der ganze Analogteil der Messdatenerfassungskette verstanden, d. h. die elektronischen Komponenten zwischen dem Messfühler und der A/D-Wandlungsstufe. Der in diesem Zusammenhang auch übliche Begriff „Signalverarbeitung" wird hier bewusst vermieden, da er auch in Verbindung mit der A/D-Wandlung und der Weiterverarbeitung digitalisierter Signale gebraucht wird. Alle Geräte vor dem Analogsignal-Umschalter (Multiplexer) werden in der Regel anlagenspezifisch zusammengestellt. Dies betrifft auch das Antialiasfilter, das allerdings in diesem Buch erst in Kapitel 5.3.2 behandelt werden wird, da seine Auslegung von den Einstellungen für den Abtast- und den A/D-Wandlungsvorgang bestimmt wird. Der Multiplexer, das Abtast-Halte-Glied und der

A/D-Wandler werden gewöhnlich auch in einem Gerät zusammengefasst, da diese Elemente stark vom verwendeten A/D-Wandlertyp abhängen und nicht mehr in dem Maße anlagenspezifisch sind.

In diesem Buch wird auf eine detaillierte und systematische Darstellung von elektronischen Schaltungen für Messfühler oder Messumformer verzichtet und auf die einschlägige Literatur verwiesen [*Tränkler96*]. An dieser Stelle soll vielmehr auf die oftmals sehr praktischen Probleme beim Aufbau der Signalaufbereitungskette(n) und der Beurteilung von Messumformern allgemein eingegangen werden. Konkrete Beispiele werden dann bei der Behandlung von ganzen Messsystemen (Kapitel 5.4 und 5.5) aufgezeigt.

5.2.1   Anforderungen an ein Messsignal und den Messaufbau

Die Grundforderung an ein analoges Messsignal ist einleuchtend und leicht formuliert:

> Das Messsignal soll ein „getreues" Abbild der Messgröße liefern!

Die folgende, keineswegs erschöpfende Liste soll aufzeigen, was beim Aufbau eines Messkanals zu beachten ist und in welchen Bereichen Probleme auftauchen können.

5.2.1.1   Begrenzung von Fehlereinflüssen durch den Messumformer

Der Messumformer darf die durch das Messprinzip bedingten Fehlereinflüsse nicht merklich verschlechtern. In diesem Sinne ist sein elektronisches Eigenrauschen, sein Nullpunkts- und Linearitätsfehler zu begrenzen. Dabei muss beachtet werden, dass diese Eigenschaften für die Betriebstemperatur gelten müssen und sich über den gesamten Betriebstemperaturbereich nicht ändern dürfen. Durch Frost oder Wärmeeinstrahlung sind die üblicherweise angenommenen Temperaturgrenzen von 10 °C bis 35 °C schnell unter- bzw. überschritten.

Messfühler wie beispielsweise Thermoelemente oder Piezokristalle liefern oftmals nur sehr geringe Spannungen bzw. geringe Ströme! Daher darf man einen Messfühler durch die nachfolgende Messumformerelektronik nicht zu sehr „belasten" – ein Messfühler ist eben keine Batterie! Geeignete Verstärker- oder Brückenschaltungen vermeiden diese Belastung.

5.2.1.2   Vermeidung von elektromagnetischen und elektrischen Störquellen im Messaufbau

In einer Leiterschleife, die von einem sich ändernden Magnetfeld durchsetzt wird, wird eine Spannung induziert, die sich der Signalspannung überlagert. Das Feld kann durch Funkübertragungen (Handys, Radio, Fernsehen, aber auch Funken) verursacht werden. Diese hochfrequenten Störungen werden durch elektromagnetische Abschirmungen an den Geräten und insbesondere durch abgeschirmte Messleitungen – richtig geerdet – vermieden. Sind im Aufbau geschlossene Schleifen in den Erdungsleitungen entstanden, so können niederfrequente Felder, wie sie z. B. von Netzteilen und Elektromagneten verursacht werden, das Erdpotenzial (Bezugspotenzial) verschieben. Erdpotenzialverschiebungen können auch auftreten, wenn Teile eines Messaufbaus an verschiedenen Phasensträngen des Stromverteilungsnetzes hängen. Es ist immer empfehlenswert, von einem Erdungspunkt, d. h. einer Steckdose, die Stromversorgungen sternförmig zu verkabeln. Entsprechend sollten in der Regel die Schirme von Signalleitungen sternförmig vom gemeinsamen A/D-Wandler-Eingang ausgehen und nur einseitig mit der Erde verbunden werden. In besonders hartnäckigen Fällen müssen die Messsignalleitungen durch einen Trennverstärker vom restlichen Aufbau galvanisch entkoppelt werden. Diese bieten dann zusätzlichen Schutz vor Überspannungen, die z. B. über eine fehlerhaft angelegte Netzspannung von 230 V verursacht sein können.

5.2.1.3   Wahl korrekter Spannungsbereiche

Die Ausgangsspannung einer elektronischen Stufe muss immer sinnvoll an den Eingangsspannungsbereich der nachfolgenden Stufe angepasst werden. Selbstverständlich darf man den Eingang einer Verstärkerstufe oder des A/D-Wandlers nicht dauerhaft übersteuern. Aber auch kurzzeitige Spannungsspitzen können zur Übersteuerung führen. Wie groß die Gefahr kurzzeitiger Übersteuerungen ist, kann man am „Crest-Faktor", d. h. dem Verhältnis von Spitzenwert zu Effektivwert ablesen. Da Wechselspannungen einen Crest-Faktor von $\sqrt{2}$ haben, sollte man meist den Eingangsbereich nicht mehr als $1/\sqrt{2} \approx 70\ \%$ aussteuern. Auf der anderen Seite ist es aber auch nicht sinnvoll, den Eingangsbereich zu wenig auszusteuern, da der absolut gesehen konstante Rauschpegel relativ gesehen zunimmt bzw. im Fall eines A/D-Wandlers die Quantisierungsstufen relativ gesehen zu groß werden.

5.2.1.4   Kontrolle des Filterverhaltens

Die Signalaufbereitungskette muss in jeder Stufe angemessen mit den auftretenden Signalfrequenzen umgehen. Die einzelnen Stufen müssen deshalb eine ausreichende „Bandbreite" besitzen. Schwache Mikrophonsignale wird man nicht mit einem Thermospannungsverstärker, der in der Regel eine Bandbreite von wenigen Hertz aufweist, verstärken können. Umgekehrt darf bei der Messung einer Temperatur(gleich)spannung der Verstärkereingang – auch der Oszilloskopeingang – nicht „AC"-gekoppelt werden. Bei der AC-Kopplung (AC: „alternating current" = Wechselstrom) werden nur Frequenzen über ca. 10 Hz durchgelassen, die DC-Anteile (DC: „direct current" = Gleichstrom) also gezielt unterdrückt. Wie noch in Kapitel 5.3.2 ausgeführt werden wird, müssen am hochfrequenten Ende die Signalfrequenzen zur Vermeidung des Aliaseffekts nach oben beschränkt werden.

5.2.1.5   Kontrolle reversibler Einflüsse auf das Messsignal

Ein Teil der vielen möglichen Fehlereinflüsse auf eine Messung lässt sich rückgängig machen, wenn man den Ausgangszustand wieder herstellt, und wird deshalb als reversibel bezeichnet. Einzelne Komponenten des gesamten Aufbaus können beispielsweise bei Änderung der Temperatur zu einer Drift der Messsignalspannung führen. Nach der Abkühlung ist dann alles wieder beim Alten. Es lohnt sich immer, solche Effekte durch vorsichtiges Erwärmen mit einem Föhn frühzeitig zu finden. In ähnlicher Weise kann sich eine Abhängigkeit von der Luftfeuchte auswirken. Tritt ein Hystereseeffekt auf, so erreicht man selbst, wenn man den Ausgangszustand vollständig wiederherstellt, die ursprüngliche Messsignalspannung u. U. nicht wieder. Man muss vielmehr den Ausgangszustand in derselben Weise „anfahren", z. B. durch Vergrößern der kritischen Einflussgröße. Bei einem Druckaufnehmer können beispielsweise mechanische Komponenten solche Hystereseeffekte verursachen, wenn diese Mechanik etwas „Spiel" hat.

5.2.1.6   Kontrolle irreversibler Einflüsse auf das Messsignal

Wird ein Druckaufnehmer – um beim obigen Beispiel zu bleiben – so überlastet, dass mechanische Teile verbogen werden, so ist der Messfühler irreversibel geschädigt und muss ausgetauscht werden. Ebenso lässt sich eine langsame Drift dann nicht mehr rückgängig machen, wenn sie durch Alterungsprozesse z. B. verursacht durch Materialermüdung oder durch Ausbleichen etc. hervorgerufen wird. In diesem Fall muss der Messfühler regelmäßig kalibriert und die meist abnehmende Empfindlichkeit in der Signalauswertung berücksichtigt werden.

5.2.2   Eigenschaften von Messfühler und -umformer

Einige Eigenschaften des Messfühlers und des nachfolgenden Messumformers wurden hier und da schon im vorangehenden Kapitel 5.2.1 erwähnt. An dieser Stelle sollen ihre Eigenschaften systematischer zusammengestellt und dazu die direkte Abhängigkeit der Messumformer-Ausgangsspannung von der Messgröße betrachtet werden. Gegebenenfalls muss man in der Praxis aus den separat bekannten Eigenschaften von Messfühler und Messumformer die Eigenschaften der gesamten Signalaufbereitungskette ableiten.

5.2.2.1   Statische Kennlinie

Die statische Kennlinie erhält man, wenn man für den gewünschten Messgrößenbereich die Messgröße für ein Raster von Werten jeweils konstant hält und die Messumformer-Ausgangsspannung ausreichend lange mittelt. So ergibt sich beispielsweise für eine Kraftmesskette die in Abbildung 5-3 im Prinzip dargestellte Übertragungsfunktion. Die gestrichelte Linie zeigt den idealen Verlauf der Übertragungsfunktion, wie er für das betreffende Messtechnikprodukt geplant wurde. Für eine konkret vermessene Signalaufbereitungskette stellt man nun eine Reihe von Abweichungen fest:

- Nullpunktsfehler (Offset): Ohne Krafteinwirkung stellt man eine von 0 V abweichende Ausgangsspannung fest.
- Steigungsfehler, Verstärkungsfehler: Die an die gemessene Übertragungsfunktion eingezeichnete Sehne besitzt nicht die gewünschte Steigung. Da die Steigung angibt, welche Spannungsänderung einer gegebenen Kraftänderung entspricht, wird sie auch als Empfindlichkeit der Signalaufbereitungskette bezeichnet.
- Linearitätsfehler: Über den Messbereich nimmt die Steigung im gezeigten Beispiel systematisch zu und es resultiert eine Nichtlinearität in der gemessenen Übertragungsfunktion. Es sind natürlich auch komplexere Verläufe des Nichtlinearitätsverhaltens denkbar.
- Hysteresefehler: Die Werte der gezeigten Übertragungsfunktion wurden beispielsweise durch sukzessive Erhöhung der Kraft gemessen. Führt man die Messung während der Verringerungsphase der Kraft weiter, so kann es vorkommen, dass man nicht auf der vorher gemessenen Übertragungsfunktionskurve zurückläuft. Es tritt eine Hysterese auf.

Im einfachsten Fall gibt man die maximal festgestellte Abweichung als Fehlergrenzwert an. Es sind aber auch Angaben, die sich an den Abweichungen von einer Ausgleichsgeraden durch die gemessene Übertragungsfunktion orientieren, möglich. In DIN-Normen sind in

diesem Zusammenhang meist Klassenangaben festgelegt, d. h. ein Bereich, in dem die Übertragungsfunktion verlaufen darf (s. Abbildung 5-3)

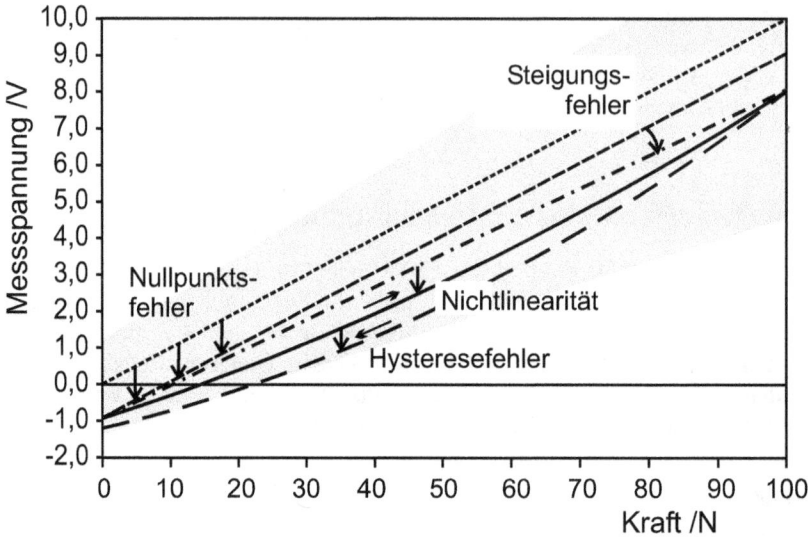

*Abbildung 5-3: Übertragungsfunktion eines Kraftaufnehmers. Die verschiedenen Fehlerabweichungen
von der idealen Linearitätsgeraden und der graue Toleranzbereich sind stark übertrieben dargestellt.
Die Abweichungen von der idealen Geraden sind gemäß der Reihenfolge Nullpunktsfehler-
Steigungsfehler-Nichtlinearität-Hysteresefehler gezeichnet worden.*

5.2.2.2   Dynamisches Verhalten

Das dynamische Verhalten charakterisiert, wie das Messsignal zeitlichen Änderungen der
Messgröße folgt.

Vorab ist dabei zu berücksichtigen, dass sich das Messsignal von selbst zeitlich ändert – es
rauscht. Ein ohne Einschränkung der Allgemeinheit sinusförmig angenommenes Messsignal
hebt sich vom Rauschen erst dann ab, wenn sein Effektivwert U_S größer wird als der Effektivwert U_R des Rauschens. Das Verhältnis U_S/U_R charakterisiert also den „Rauschabstand"
des Signals. Es wird in der Regel als Signal-Rausch-Verhältnis S/R auf einer logarithmischen
„dB-Skala" angegeben:

$$S\!\big/\!R = 20\text{ dB} \cdot \lg\!\left(U_S\!\big/\!U_R\right) \tag{5.1}$$

Für weißes Rauschen sind im Rauschsignal alle Frequenzen gleich stark vertreten und somit
reicht die Angabe eines S/R-Werts aus. Für Rauschphänomene, die von der Frequenz abhängen, z. B. $1/f$-Rauschen oder rosa Rauschen, müssen dann weitere Angaben gemacht werden.

Meist folgt das Messsignal der Messgrößenänderung nur mit einer gewissen Verzögerung, weil nicht alle Frequenzen, die bei der zeitlichen Änderung der Messgröße eine Rolle spielen, gleichermaßen übertragen werden. Dieses dynamische Verhalten der Signalaufbereitungskette wird dadurch vermessen, dass man die Frequenz einer sinusförmigen Messgrößenänderung bei gleicher Amplitude durchstimmt und für das resultierende Messsignal ebenfalls die Amplitude misst und logarithmisch über einer ebenfalls logarithmischen Frequenzskala aufträgt. Abbildung 5-4 zeigt ein Beispiel für die doppelt logarithmische Darstellung einer solchen Messung. Die Breite des „unbeeinflussten" Plateaus bezeichnet man als Bandbreite. Um sie zu quantifizieren, wird jeweils eine obere und eine untere Grenzfrequenz (auch „Eckfrequenz" genannt) an der Stelle festgelegt, an der die „unbeeinflusste" Amplitude auf den $1/\sqrt{2}$-ten Teil abgefallen ist. Das entspricht auf der dB-Skala einer Signalreduktion um 3 dB (20 dB $\cdot$ lg $(U_S/(U_S/\sqrt{2}) = 20$ dB $\cdot$ lg $\sqrt{2} = 3$ dB). Werden über die Signalaufbereitungskette auch Gleichspannungen weitergegeben, d. h. es liegt nirgends eine AC-Kopplung vor, dann kann sich das Plateau bis zur Frequenz 0 Hz fortsetzen und die Bandbreite ist durch die obere Grenzfrequenz festzulegen.

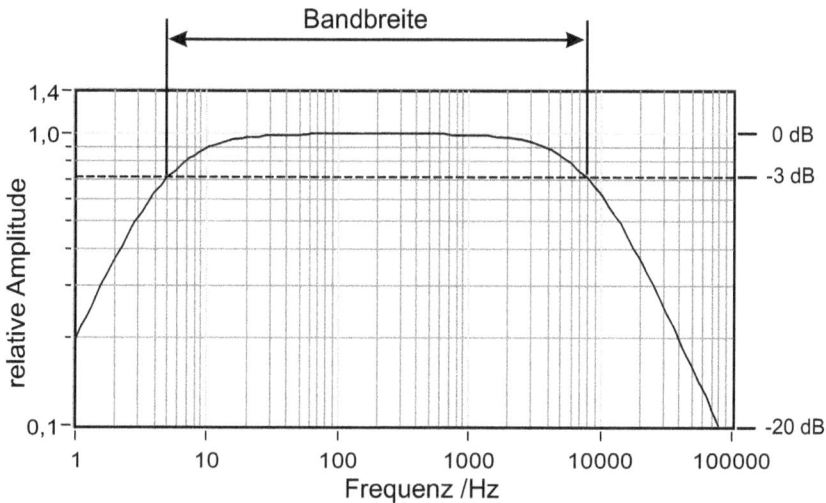

Abbildung 5-4: Frequenzabhängigkeit der Amplitude für einen Messgrößenumformer. Bei zu hohen Frequenzen ist die Bandbreite durch einen Tiefpass begrenzt. Bei tiefen Frequenzen erfolgt die Begrenzung durch eine AC-Kopplung.

Als Ergänzung sei bemerkt, dass sich die Signalaufbereitungskette auch analog zu Methoden der Regelungstechnik als dynamisches System analysieren lässt. Man verwendet dann bestimmte Testfunktionen wie z. B. eine Rampenfunktion, eine Sprungfunktion oder eine Impulsfunktion als Eingangsgröße, um das Verzögerungsverhalten zu untersuchen. Beispielsweise würde man so die Einstellzeit der Messsignalspannung nach einer sprunghaften Änderung der Messgröße ermitteln.

5.2.2.3   Weitere Einflussgrößen

Die bisher aufgezeigten Eigenschaften von Messfühler und -umformer können nur dann sinnvoll bestimmt werden, wenn bei einer solchen Messung möglichst alle weiteren Einflüsse wie z. B. die Temperatur (auch aufgrund von Eigenerwärmung), der Luftdruck, die Luftfeuchte, Magnetfelder oder die Versorgungsspannung sorgfältig kontrolliert, d. h. konstant gehalten werden. Es ist natürlich dann auch zu überprüfen und zu spezifizieren, inwieweit die im Betrieb z. T. unvermeidlichen Schwankungen der Einflussgrößen das Messsignal verfälschen.

Steht eine Vielzahl von gleichartigen Messkanälen zur Verfügung, so wird meist schnell deutlich, wie stark fertigungsbedingte Abweichungen (Bauteiltoleranzen) auch zu Streuungen im Messsignal führen. Erst bei ausreichend geringen Fertigungsstreuungen ist es möglich, Messkanäle ohne Änderungen von Kalibrationswerten bei der Auswertung einfach auszutauschen. Im Sinne der Wartungsfreundlichkeit einer Maschine oder Anlage ist dies natürlich wünschenswert. In diesem Zusammenhang ist darüber hinaus eine hohe Zuverlässigkeit gefordert.

5.2.2.4   Standardsignale

Um eine Austauschbarkeit von Messfühlern und -umformern auch zwischen verschiedenen Herstellern zu erreichen, haben sich Standardausgangssignale eingebürgert. Dem angegebenen Messbereich für die Messgröße entspricht dann ein Spannungsbereich von 0 V bis 10 V – seltener von 0 V bis 5 V. Bei vorzeichenbehafteten Messgrößen wird auch eine bipolare Ausgangsspannung von meistens ±10 V geliefert.

Da sich Ströme über längere Signalkabel störungsfreier übertragen lassen als Spannungssignale, liefern viele Messumformer über eine eingebaute Stromquelle ein standardisiertes Stromsignal von 0 mA bis 20 mA („toter Nullpunkt") bzw. 4 mA bis 20 mA („lebende Null"). Durch die Verwendung der Stromquelle hat man den Vorteil, dass der Signalstrom in einem Lastwiderstandsbereich von ca. 200 Ω bis 2 kΩ nicht vom Lastwiderstand abhängt. Es spielen also z. B. zusätzliche Leitungswiderstände der Signalkabel für den Messaufbau keine Rolle. Auch lässt sich das Stromsignal mit einem „Bürdenwiderstand" von 500 Ω oder 250 Ω leicht wieder in ein Standardspannungssignal umwandeln. Der Sinn eines „lebenden" Nullpunkts, d. h. dass dem linken Rand des Messgrößenbereichs ein Strom von 4 mA zugeordnet wird, ist es, einen Drahtbruch am Signalkabel erkennen zu können. Außerdem kann die Elektronik des Messaufnehmers durch den Strom mit Leistung versorgt werden, sofern ein Mindeststrom garantiert ist. Der Messaufnehmer „regelt" dann die Stromaufnahme.

Eine andere Art von Standardsignalen stellen natürlich die TTL-, CMOS- oder ECL-Signale der Rechnerlogikfamilien dar. Diese Signale liefern beispielsweise Impulsausgänge von Zählern, Winkelkodierern oder Glasmaßstäben. Diese Signale werden hier nicht näher betrachtet, da in ihrem Fall keine A/D-Wandlung mehr stattfinden muss.

5.3   Analog-Digital-Wandlung

Mit der Umsetzung analoger Ausgangssignale von Messfühlern bzw. Messumformern in binäre dargestellte Zahlenwerte („Digitalwerte") wird in erster Linie, wie in Kapitel 5.1.2
schon aufgezeigt, das Ziel verfolgt, die Messdaten mit einem Rechner weiterverarbeiten zu
können. Ein weiterer wichtiger Gesichtspunkt ist dabei auch, dass Digitalwerte durch Hinzu-
fügen von Fehlererkennungs- und insbesondere durch Fehlerkorrekturbits weniger störanfäl-
lig übertragen und gespeichert werden können.

Auf der anderen Seite wird durch die A/D-Wandlung der Informationsgehalt des zeit- und
spannungskontinuierlichen Ausgangssignals erheblich reduziert, da das Signal über einen
begrenzten Messzeitraum in regelmäßigen Abständen abgetastet und quantisiert werden
muss. Dabei muss sichergestellt werden, dass keine drastischen Signalverfälschungen auftreten.

Die Prinzipien der A/D-Wandlung werden im Folgenden grundsätzlich nur für ein Spannungssignal betrachtet. Die Umwandlung einer Messgröße in ein Spannungssignal muss vorab durch den Messumformer geleistet werden.

5.3.1   Halteglied

Warum muss einer A/D-Wandlung in aller Regel ein Halteglied vorgeschaltet werden? Zur
Beantwortung dieser Frage soll an dieser Stelle für einen gängigen A/D-Wandelbaustein betrachtet werden, wie schnell sich das Eingangssignal höchstens ändern darf.

Der A/D-Wandler teilt einen Eingangsspannungsbereich von z. B. ±10 V in ein gleich-
abständiges Raster ein. Die Anzahl der Rasterstufen ist durch die Wortlänge des resultierenden Digitalwerts – z. B. 12 Bit – festgelegt und beträgt im Beispiel $2^{12} = 4096$. Der Spannungssprung U_{LSB} zwischen aufeinander folgenden Quantisierungsstufen beträgt dann
$U_{LSB} = 20 \text{ V} / 4096 = 4,88 \text{ mV}$. Dieser Spannungssprung ist immer mit einer Änderung des
niederwertigsten Bits (LSB = „Least Significant Bit") des Digitalwerts verbunden. Aufgrund
des verwendeten Wandlungsprinzips (z. B. dem Wägeverfahren, siehe Kap. 5.3.5.4) wird für
eine A/D-Wandlung ein Zeitraum von beispielsweise 25 µs (Wandlungszeit, Konversionszeit) benötigt. Innerhalb dieser Wandlungszeit sollte sich die Eingangsspannung um nicht
mehr als 1 U_{LSB} ändern, da sonst der Wandlungsprozess unsinnige Ergebnisse liefern könnte.
(Anmerkung: Es wird zwar manchmal gesagt, die Eingangsspannung dürfe sich maximal um
½ U_{LSB} ändern – wohl mit dem Gedanken, dass man in der Mitte der Stufe sitzend diese
nicht verlässt. Sitzt man aber mit der Eingangsspannung nicht genau in der Mitte der Stufe,
dann verlässt man die Stufe sowieso und es ist wohl sinnvoller, gleich eine Spannungsänderung von 1 U_{LSB} zuzulassen, die höchstens in die Nachbarstufe führt.) Die Signaländerungsrate darf also maximal $U_{LSB} / 25 \text{ µs} = 195 \text{ V/s}$ betragen.

Um dieses Ergebnis auf seine praktische Bedeutung hin zu untersuchen, sei ein sinus-
förmiger Verlauf der Eingangsspannung $U(t) = A \sin(2\pi f t)$ mit einer Frequenz f betrachtet,
wie er von einem akustischen Signal oder einer Schwingungsmessung resultieren könnte.
Die Amplitude betrage $A = 7 \text{ V}$, da der Eingangsbereich zu etwa 70 % ausgesteuert werden
sollte. Einen Wert für die jeweils momentane Signaländerungsrate erhält man durch Ableiten: $U'(t) = 2\pi A f \sin(2\pi f t)$. Ihr maximaler Wert beträgt $2\pi A f$. Begrenzt man diesen Sig-

naländerungswert durch den aus den A/D-Wandlereigenschaften berechneten Maximalwert von 195 V/s, lässt sich die maximal erlaubte Frequenz f_{max} für das Sinussignal bestimmen: f_{max} = 195 V/s / (2π · 7 V) = 4,4 Hz.

Mit diesem Ergebnis liegt man leider sehr weit von realistischen Frequenzen für akustische Signale oder Schwingungssignale (ca. 20 Hz bis 20 kHz) entfernt und eine Beschleunigung des A/D-Wandlungsprozesses um das etwa Tausendfache ist aussichtslos. Vielmehr ist die Lösung des Problems, die Eingangsspannung während des Wandlungsprozesses mit einem Halteglied konstant zu halten.

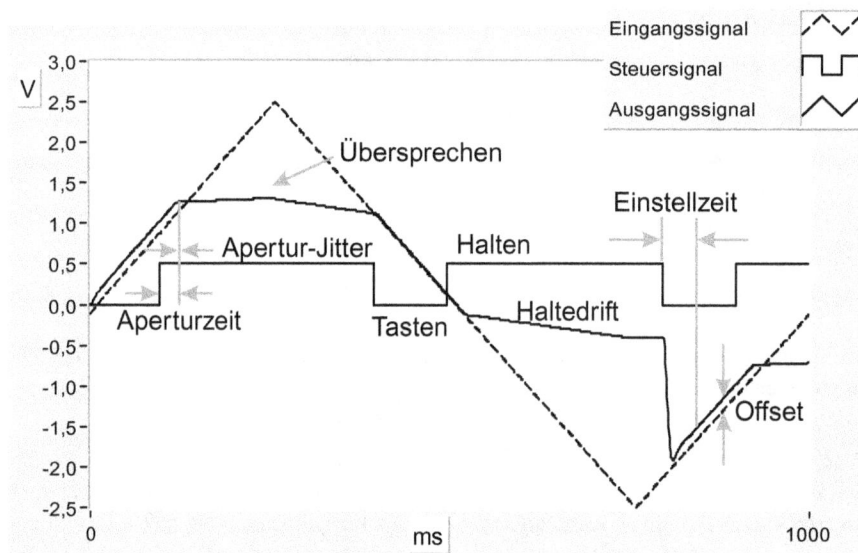

Abbildung 5-5: Prinzipielle Funktionsweise eines Halteglieds und seiner Eigenschaften. Die Fehlereinflüsse sind der Deutlichkeit halber übertrieben dargestellt.

Wodurch ist beim Einsatz eines Halteglieds die maximale Signaländerungsrate festgelegt? Dazu zeigt Abbildung 5-5 die grundsätzliche Funktionsweise eines Halteglieds. Als Eingangssignal wurde dabei absichtlich ein Dreieckssignal gewählt, damit die Eigenschaften eines Halteglieds klar hervorstechen. Ein Steuersignal legt einerseits die Zeiträume, in denen das Ausgangssignal konstant sein sollte, fest („Halten") und andererseits muss es der Halteschaltung vor der nächsten Halteperiode ausreichend Zeit einräumen, sich auf die inzwischen geänderte Eingangsspannung einzustellen („Tasten"). Nach der Freigabe zum Tasten legt die Einstellzeit fest, wann frühestens wieder gehalten werden darf. Sie wird immer in Bezug auf eine geforderte Einstellgenauigkeit angegeben, z. B. 1 μs für ±0,01%. Nach dem Übergang des Steuersignals zum Halten reagiert die Schaltung nicht unmittelbar, sondern die Eingangsspannung wird erst nach einer Aperturzeit (von z. B. 25 ns) konstant gehalten. Diese Aperturzeit schwankt allerdings geringfügig (Aperturjitter, z. B. 0,3 ns), je nachdem, wie schnell sich das Eingangssignal gerade ändert. Die Abbildung 5-5 zeigt deutlich übertrieben, dass das „konstante" Ausgangssignal noch durch Übersprechen (ca. 2 mV / 10 V) beeinflusst ist. Da zum Halten des Spannungswerts ein Kondensator benutzt wird, kann dessen – langsame – Entladung zusätzlich zu einer Haltedrift führen (z. B. 0,08 µV/µs). Für eine Konversionszeit von 25 µs ergibt sich eine Gesamtdrift von 25 µs · 0,08 µV/µs = 2 mV. Die gesamte Haltedrift bleibt also für das oben ausgeführte Beispiel noch kleiner als 1 U_{LSB}. Ansonsten zeigt ein Halteglied die auch bei sonstigen Verstärkungsschaltungen üblichen Fehler wie eine Nullpunktsverschiebung (Offset, ca. 1 mV), Verstärkungsfehler etc.

Die im vorigen Abschnitt gestellte Ausgangsfrage lässt sich nun beantworten: Statt der Konversionszeit von 25 µs ist für die Berechnung der maximalen Signaländerungsrate der Aperturjitter von 0,3 ns anzusetzen und man erhält für die gewählten Beispielwerte U_{LSB} / 0,3 ns = 16,3·10^6 V/s. Die maximale Frequenz des Sinussignals wäre dann 370 kHz. Wie im nächsten Abschnitt deutlich werden wird, ist dieser Wert aus Gründen des Aliaseffekts allerdings wiederum zu hoch. Die Abtastfrequenz beträgt nicht mehr 40 kHz = 1/25 µs, also den Kehrwert der Konversionszeit; vielmehr muss die Einstellzeit noch berücksichtigt werden, sodass bestenfalls eine Abtastfrequenz von 1/(25 µs + 1 µs) = 38,4 kHz möglich wäre.

Da ein Halteglied seiner Funktion nach auch die Abtastzeitpunkte festlegt, wird es meist auch als Abtast-Halte-Glied (S/H: „Sample and Hold") bezeichnet. Bei qualitativ hochwertigen A/D-Wandlungssystemen wird ein Halteglied grundsätzlich richtig dimensioniert mitgeliefert. Da Halteglieder bei höheren Genauigkeitsanforderungen oftmals Kosten bestimmend für das System sind, sollte man sich bei Billigangeboten in dieser Hinsicht genau informieren.

5.3.2 Abtastung (Aliaseffekt)

Da in einem Messdatenerfassungssystem einerseits für jede einzelne A/D-Wandlung eine gewisse Zeit benötigt wird und andererseits für die anfallenden Digitalwerte nicht beliebig viel Speicherplatz zur Verfügung steht, ist man gezwungen, das zeitkontinuierliche Spannungssignal über einen begrenzten Zeitraum in regelmäßigen Abständen abzutasten. Leider kann man bei diesem Vorgang bei unvorsichtigem Vorgehen wegen des Aliaseffekts den Informationsgehalt des Messsignals verfälschen – ja bis zur Unkenntlichkeit verstümmeln. Wie in Kapitel 4.12 deutlich wurde, ist man häufig auch an der Frequenzzusammensetzung eines Messsignals interessiert. Aus diesem Grund wird im Weiteren der Aliaseffekt sowohl im Zeit- als auch im Frequenzbild betrachtet.

5.3.2.1 Mathematische Modellierung der Abtastung

Bei der Frequenzanalyse mit einem Digitalrechner unterliegt man den schon in Kapitel 4.12.2 geschilderten Einschränkungen. Man ist also gezwungen, die digitalisierten Messdaten einer diskreten Fouriertransformation zu unterziehen. Abbildung 5-6 zeigt, mit welchen mathematischen Modellierungsschritten ein Messsignal der Weiterverarbeitung durch eine diskrete Fouriertransformation zugänglich gemacht werden kann.

Die Abtastung stellt man durch die Multiplikation der zeitkontinuierlichen Messsignalspannung $u(t)$ in Abbildung 5-6a mit einer Funktion $w(t)$ (Abbildung 5-6b) dar, die nur für Vielfache der Abtastperiode T innerhalb des Zeitfensters für die Messung den Wert 1 annimmt und sonst verschwindet. Die Funktion $w(t)$, die man Fensterfunktion nennt, berücksichtigt die Tatsachen, dass im Digitalrechner nur begrenzt Speicherplatz zur Verfügung steht und niemand unendlich lang auf eine Messung warten kann. Die Auswirkungen der Fensterfunktion *w(t)* im Frequenzspektrum werden in Kapitel 5.3.3 eingehender diskutiert.

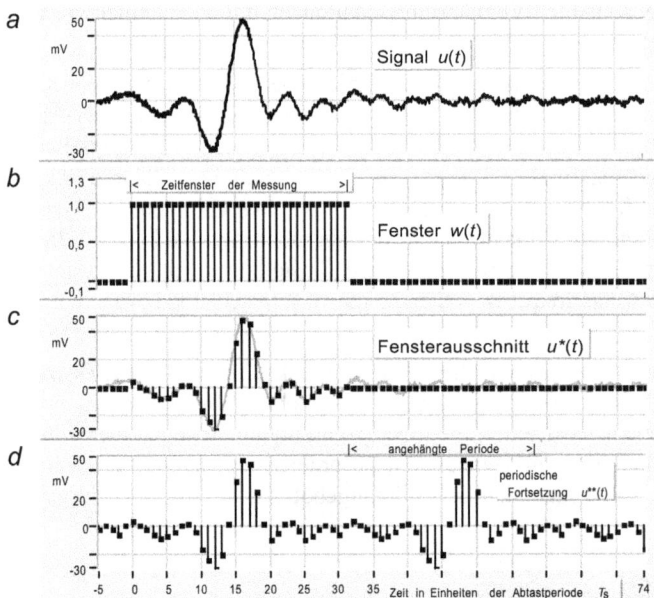

Abbildung 5-6: Die Abtastung eines Messsignals (a) ist auf ein endliches Zeitfenster beschränkt. Das Fenster wird durch eine Gewichtungsfunktion (b) modelliert, die mit dem Signal multipliziert wird (c). Um mit der diskreten Fouriertransformation arbeiten zu können, wird der Fensterausschnitt c periodisch fortgesetzt (d).

Aus der Multiplikation von *u(t)* und *w(t)* resultiert der in Abbildung 5-6c gezeigte Fensterausschnitt $u^*(t)$. Damit eine diskrete Fouriertransformation durchgeführt werden kann, muss eine getastete periodische Zeitfunktion vorliegen. Dies erreicht man dadurch, dass man den Fensterausschnitt nach links und rechts periodisch fortsetzt (Abbildung 5-6d). Obwohl die resultierende Funktion $u^{**}(t)$ gefühlsmäßig nicht der Messung zu entsprechen scheint, muss man doch klar erkennen, dass man über die Bereiche außerhalb des Zeitfensters der Messung eigentlich überhaupt nichts weiß und sich somit die Freiheit nehmen kann, diese Bereiche so zu nutzen, dass eine für Digitalrechner geeignete Frequenzanalyse durchgeführt werden kann.

5.3.2.2   Aliaseffekt im Frequenzbereich

Um das Auftreten des Aliaseffekts leichter verstehen zu können, soll hier zuerst ein einfaches Sinussignal betrachtet werden. Abbildung 5-7a zeigt den nach der Abtastung resultierenden Fensterausschnitt. Aus den 256 entsprechenden Zahlenwerten werden durch die diskrete Fouriertransformation bzw. in diesem Fall sogar durch eine schnelle Fouriertransformation (FFT, siehe Kap. 4.12.2.4) genauso viele komplexe Werte berechnet. Üblicherweise wird dann das – geeignet normierte – Amplitudenquadrat mit einer dB-Skala logarithmisch dargestellt (Abbildung 5-7b), wobei als „Frequenzachse" der Zählindex der von Null beginnend durchnummerierten komplexen Zahlenwerte gewählt wurde. Dies entspricht der Situation, wie man sie normalerweise auch beim praktischen Arbeiten antrifft. Am rechten Rand wird das Frequenzspektrum durch die Abtastfrequenz begrenzt, in dem dargestellten Fall 1 kHz, da in Abbildung 5-7a eine Abtastperiode von 1 ms gewählt wurde.

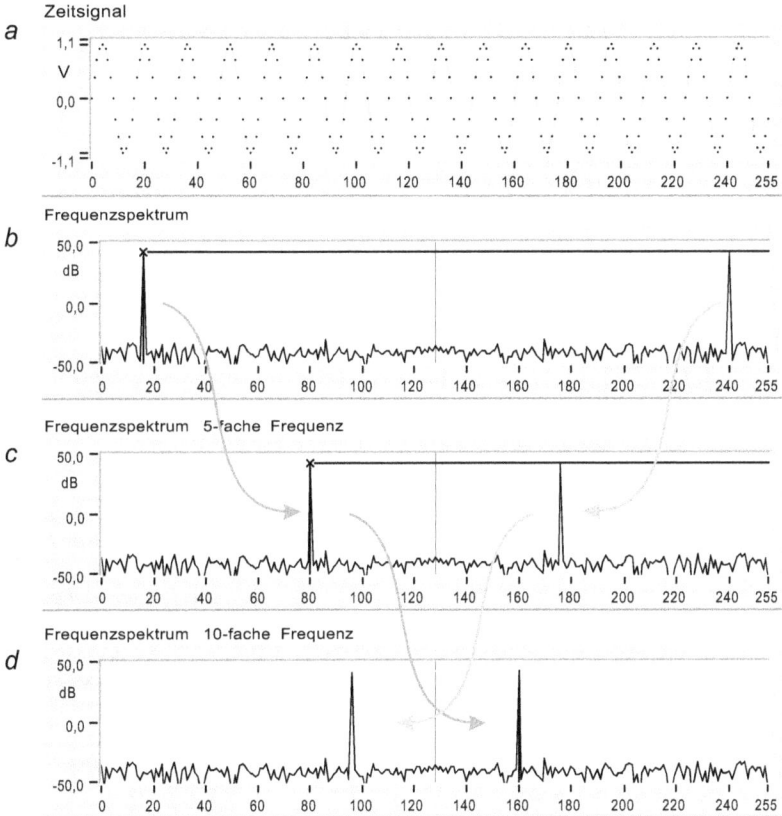

Abbildung 5-7: Beispiel für den Aliaseffekt im Frequenzbereich. Die Frequenz des Sinussignals (a), dessen Frequenzspektrum in (b) gezeigt ist, wurde verfünffacht (c) bzw. verzehnfacht (d).

Da alle Werte der Fouriertransformierten gezeigt sind, erkennt man die exakte Spiegelbildlichkeit zur Mitte („Kanal" 128) des Frequenzspektrums. Dabei entspricht dem Kanal 1 der Kanal 255, da der Wert im nullten Kanal ein Maß für den Gleichspannungsversatz des Messsignals ist. Zur Signalfrequenz von 62,5 Hz (im „Kanal" 16) gibt es eine Spiegelfrequenz in Kanal 240. Steigert man nun die Signalfrequenz, so rückt die Spiegelfrequenz nach links (Abbildung 5-7c). In Abbildung 5-7d wurde die Signalfrequenz auf 625 Hz erhöht. Jetzt liegt die wahre Signalfrequenz über der Spiegelfrequenz von 375 Hz. Im niedrigeren Frequenzbereich taucht also eine so genannte Aliasfrequenz auf, die gewissermaßen unter „falschem Namen" (Alias) auftritt. Dieser Effekt heißt wegen dieser Analogie Aliaseffekt.

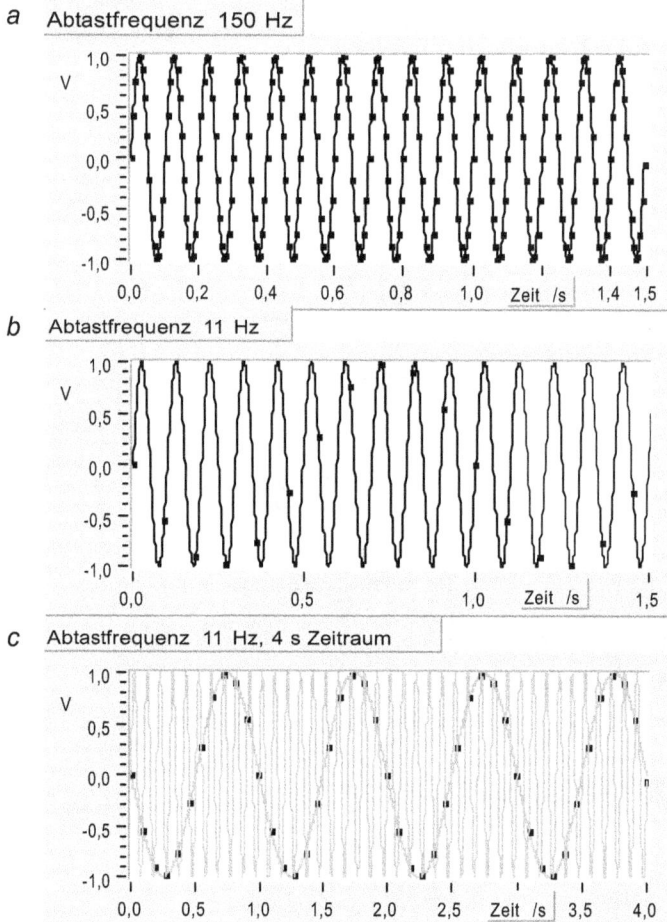

a   Abtastfrequenz 150 Hz

b   Abtastfrequenz 11 Hz

c   Abtastfrequenz 11 Hz, 4 s Zeitraum

Abbildung 5-8: Aliaseffekt im Zeitbild am Beispiel einer Sinusfunktion. Bei ausreichend häufiger Abtastung (a) kann die Originalkurve rekonstruiert werden, während bei zu seltener Abtastung eine Sinuskurve geringerer Frequenz vorgespiegelt wird (b) und (c).

5.3.2.3   Aliaseffekt im Zeitbereich

Der Aliaseffekt lässt sich im Zeitbild darstellen, wenn man im kontinuierlichen Spannungsverlauf des sinusförmigen Eingangssignals die Abtastungen markiert (Abbildung 5-8a). Im Zeitbild ist es jetzt allerdings einleuchtender, die Signalfrequenz fest zu belassen und dafür die Abtastfrequenz zu verringern. Reduziert man die Abtastfrequenz deutlich (Abbildung 5-8b) und stellt einen längeren Zeitraum für diese Situation dar (Abbildung 5-8c), so erkennt man, dass die Abtastpunkte auch auf einer Sinuskurve mit viel geringerer Frequenz liegen könnten. Dies ist genau die Frequenz der Spiegellinie.

5.3.2.4   Beobachtung von Aliaseffekten

Hat man seinen Blick für den Aliaseffekt erst einmal geschärft, so erkennt man, dass er in den unterschiedlichsten Situationen auftritt: Dass sich die Speichen von Kutschenrädern in Filmen scheinbar rückwärts drehen, ist auf die zu geringe Abtastrate bei der Filmbelichtung (25 Bilder/s) zurückzuführen. Ähnliche Effekte bekommt man bei der stroboskopischen Beleuchtung von Drehbewegungen. Ein einfachstes Beispiel sind Spielzeugkreisel, die man mit dem 50-Hz-Flackern von Leuchtstoffröhren beleuchtet. Dieser Effekt muss in Werkstattbereichen durch entsprechende Auslegung der Beleuchtung gezielt verhindert werden.

Versucht man auf einem Matrixdrucker oder einem Bildschirm schräge Linien darzustellen, so erscheinen mit einer erheblich geringeren räumlichen Frequenz, verglichen mit der Abtastfrequenz des Punkterasters, unerwünschte Stufen. Bei konzentrischen Kreisen und eng beieinander liegenden Kurven können so z. T. recht effektvolle Übermuster entstehen (so genannte Moirémuster).

5.3.2.5   Abtasttheorem

Aus der Argumentation in Kapitel 5.3.2.2 lässt sich leicht die grundlegende Bedingung für das Auftreten des Aliaseffekts formulieren, das Abtasttheorem:

> Der Aliaseffekt tritt auf, sofern die Signalfrequenzen f_{Signal} die halbe Abtastfrequenz f_{Abtast} überschreiten. Bzw.: Zur Vermeidung des Aliaseffekts muss die Abtastfrequenz mindestens doppelt so groß wie die höchste auftretende Signalfrequenz gewählt werden:
>
> $$f_{\text{Signal}} < f_{\text{Abtast}} / 2$$

$f_{\text{Abtast}} / 2$ nennt man Nyquist-Frequenz, weil *H. Nyquist* ihre Bedeutung in den Zwanziger Jahren erkannte. Da *C. E. Shannon* 1949 eine informationstheoretische Begründung für das Abtasttheorem formulierte, wird es auch als Shannon-Theorem oder Shannon-Kriterium bezeichnet.

Was beim einfachen Sinussignal noch gut verfolgt werden kann, stellt sich bei einem Gemisch von Frequenzen schon unübersichtlicher dar. Abbildung 5-9a zeigt ein Signalfrequenzspektrum, das nach der diskreten Fouriertransformation von den entsprechenden Spiegelfrequenzen getrennt bleibt (Abbildung 5-9b). Das Signalfrequenzspektrum in Abbildung 5-9c hingegen enthält höhere Frequenzen und es kommt bei ungeänderter Abtastfrequenz zu einer Überlappung von echten Signalfrequenzen und gespiegelten Spiegelfrequenzen (Abbildung 5-9d).

Unter „Signalfrequenzen" sind im Zusammenhang mit dem Abtasttheorem alle Frequenzen zu verstehen, die der A/D-Wandlerstufe angeboten werden. Unter „Signal" wird hier also nicht das verstanden, was man messen möchte, sondern das gesamte Eingangssignal einschließlich aller eingefangenen Störungen. Hierin ist auch die Gefährlichkeit des Aliaseffekts begründet. Für die Messungen von Temperaturen reicht wegen der großen thermischen Trägheit vieler wärmetechnischer Systeme mit Sicherheit eine Abtastrate von weniger als 0,1 Hz aus. Was passiert aber, wenn am A/D-Wandlereingang unbeabsichtigt ein Netzbrumm von 50 Hz auftritt? Ebenso ist es bei Schwingungsmessungen meist nicht erforderlich, Signale von mehr als 10 kHz aufzunehmen. Wie geht man aber mit eventuell auftretenden höheren Schwingungsfrequenzen um oder gar mit auf den versehentlich schlecht abgeschirmten Beschleunigungssensor eingekoppelten Radiofrequenzen (> 150 kHz)? Diese Fragen machen wohl klar, dass unerwünschte Stör- und Signalfrequenzen herausgefiltert werden müssen.

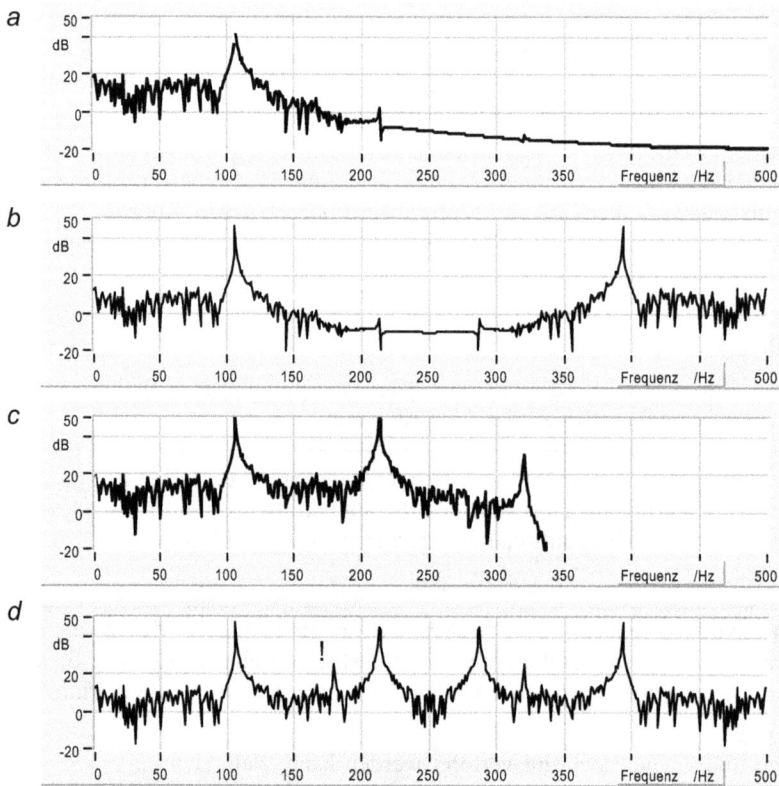

Abbildung 5-9: Die Amplituden des Frequenzspektrums (a) nehmen so schnell ab, dass sich bei der diskreten Fouriertransformation (b) Aliasfrequenzen nicht bemerkbar machen. Das Spektrum (c) hingegen erstreckt sich so weit zu hohen Frequenzen, dass insbesondere das dritte Maximum in den Nutzbereich des Spektrums gespiegelt wird.

5.3.2.6 Antialiasfilter

Da ein Antialiasfilter hohe Frequenzen unterdrücken muss, wird zu seiner Realisierung ein analoges Tiefpassfilter vor das Abtast-Halteglied geschaltet. (Es sei betont, dass hierfür ein digitales Filter nach erfolgter A/D-Wandlung keinen Sinn macht.) Da einfache Tiefpassfilterschaltungen einen relativ breiten Übergang zwischen ihrem Durchlass- und ihrem Sperrbereich besitzen, werden u. U. Filter höherer Ordnung eingesetzt. Abbildung 5-10 zeigt die Amplitudenübertragungsfunktion von einem neunpoligen Butterworth- bzw. Besselfilter, das als 5B-Block (siehe Kap. 5.4.1.4) für verschiedene Grenzfrequenzen erhältlich ist. Aus diesem Grund ist die Frequenzskala normalisiert dargestellt.

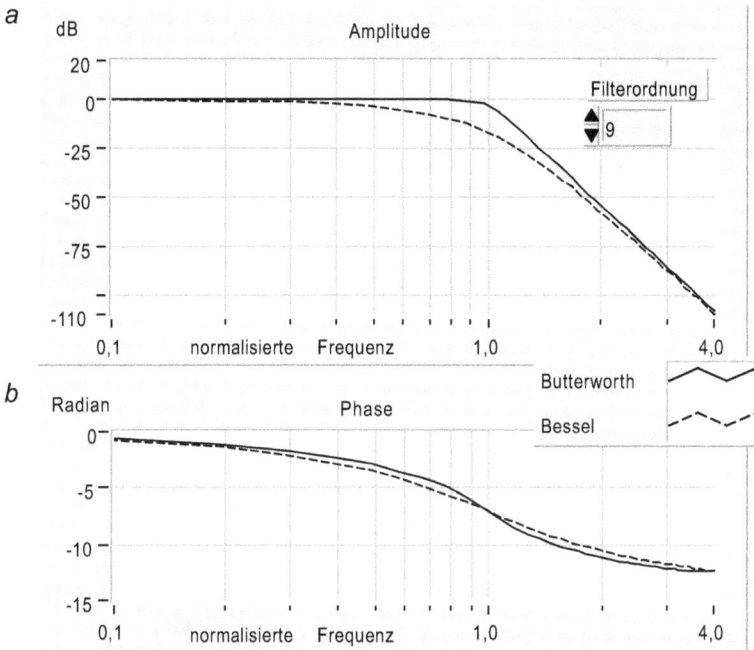

Abbildung 5-10: Amplitudengang (a) und Frequenzgang (b) eines neunpoligen Butterworth- bzw. Bessel-Antialiasfilters

Welche Abtastfrequenz muss beispielsweise gewählt werden, wenn für eine Schwingungsmessung ein solches Besselfilter mit 10 kHz eingesetzt wird und Spiegelfrequenzeffekte auf 0,1 Promille begrenzt werden sollen? In dB ausgedrückt bedeutet diese Forderung, dass das Antialiasfilter die Eingangsamplitude auf mindestens -80 dB = 20 dB lg 10^{-4} abschwächen muss, was entsprechend der Abbildung 5-10 ab einer normalisierten Frequenz von etwa 3, d. h. einer Signalfrequenz von 30 kHz, der Fall ist. Das Abtasttheorem verlangt demnach, dass mit mindestens ca. 60 kHz abgetastet werden muss.

5.3.3   Fensterung

Bei jeder Messung werden aus praktischen Gründen Messdaten nur über einen begrenzten Zeitraum, ein „Zeitfenster", aufgezeichnet. Ohne weiteres Nachdenken werden in diesem Zeitfenster alle Messwerte gleichwertig, d. h. gleichgewichtet, behandelt. Außerhalb des Zeitfensters multipliziert man die Messsignalspannung gewissermaßen mit null. Man verwendet also – ohne es zu wollen – eine Rechteckfunktion. In diesem Kapitel wird gezeigt, dass dies deutliche Auswirkungen auf das Frequenzspektrum hat und dass es je nach Anwendungsfall auch möglich ist, geeignetere Fensterfunktionen einzusetzen.

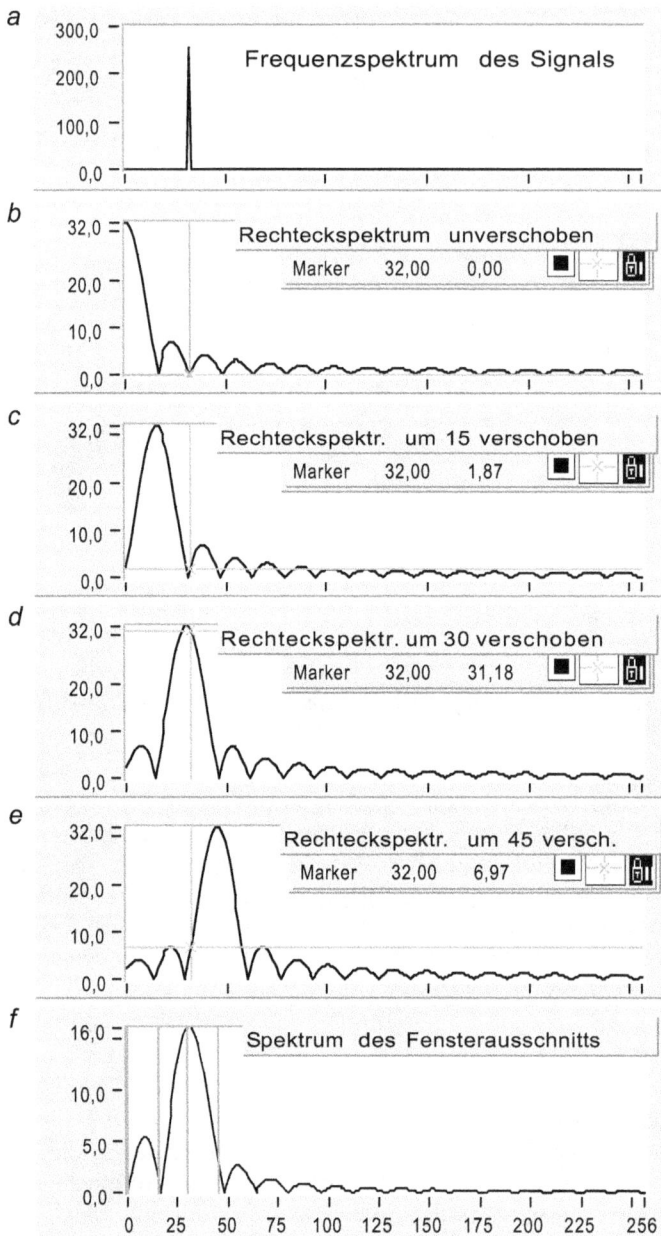

Abbildung 5-11:
Auswirkung des Rechteck-
zeitfensters auf das
Fourierspektrum.
(a) zeigt das Spektrum
eines Sinussignals,
(b) das unverschobene
Spektrum einer Rechteck-
funktion und (c) - (e) das
zum Zwecke der Faltung
verschobene Rechteck-
spektrum.
(f) ist das Resultat
einer diskreten
Fouriertransformation für
den Fensterausschnitt.
(Anmerkung:
Die Asymmetrie in den
Nebenmaxima resultiert
aus der Tatsache,
dass eigentlich noch eine
zweite Linie auf dem
negativen Frequenzstrahl
berücksichtigt werden
muss.)

5.3.3.1   Auswirkung einer Fensterfunktion im Frequenzspektrum

Die mathematische Behandlung der Fensterung wurde schon in Kapitel 5.3.2.1 eingeführt. Der Fensterausschnitt $u^*(t)$ entsteht durch Multiplikation der Messsignalspannung $u(t)$ mit der Abtast- und Fensterfunktion $w(t)$. ($w(t)$ wird im Weiteren oftmals als kontinuierliche

Funktion gezeichnet, da davon ausgegangen wird, dass die Abtastperiode sehr viel kürzer als das Zeitfenster ist – die Messung demnach eine große Zahl von Abtastungen umfasst.) Für Funktionen, die im Zeitbild multipliziert werden, erhält man nach dem Faltungssatz die Fouriertransformierte des Produkts, indem man die Fouriertransformierten der Einzelfunktionen faltet:

$$u*(t) = u(t) \cdot w(t) \quad \text{entspricht}$$

$$U*(j\omega) = \int_{-\infty}^{\infty} U(j\eta) \cdot W(j[\omega - \eta]) \ d\eta \quad (5.2)$$

Verwendet man als Signal $u(t)$ der Einfachheit halber wieder eine Sinusschwingung der Frequenz ω_s, so verschwindet deren Fouriertransformierte überall außer an der Stelle ω_s (s. Abbildung 5-11a). Ein einzelner Wert der Funktion $U^*(j\omega)$ ist somit der Wert der um $j\eta$ verschobenen Fouriertransformierten $W(j[\omega-\eta])$ an der Stelle ω_s (s. Abbildung 5-11b-e) Die Fouriertransformierte $W(j\omega)$ der Rechteckfunktion wurde schon in Kapitel 4.12.2 eingeführt und ist in Abbildung 5-11b nochmals zu sehen. Insgesamt ergibt sich dann für die Fensterausschnittsfunktion $u^*(t)$ das in Abbildung 5-11f gezeigte Fourierspektrum. Die Signalfrequenz taucht jetzt nicht mehr als scharfe Linie auf, sondern zeigt auf beiden Seiten eine Reihe von Nebenmaxima, deren Amplituden mit der Entfernung abnehmen.

Verringert man die Abtastperiode im Verhältnis zur Breite des Zeitfensters, so rücken die Nebenmaxima immer näher an das Hauptmaximum, bis sie letztlich, wie in Abbildung 5-12 gezeigt, zu „Schultern" des Hauptmaximums verschmelzen. (Anmerkung: Warum tauchen in Abbildung 5-7 diese Schultern nicht auf, obwohl für die Berechnung offensichtlich auch eine DFT mit einem Rechteckfenster verwendet wurde? In jenem Fall passte in das Zeitfenster genau eine ganzzahlige Anzahl von Perioden. Dadurch fallen die Minima zwischen den Nebenmaxima genau auf die Kanäle und die Nebenmaxima werden nicht sichtbar. Bei einer realen Messung wird man diese idealisierten Verhältnisse nur mit sehr geringer Wahrscheinlichkeit zufällig antreffen.) An der Spiegelbildlichkeit der diskreten Fouriertransformierten ändert sich natürlich nichts.

Sinussignal mit Rechteckfenster gemessen

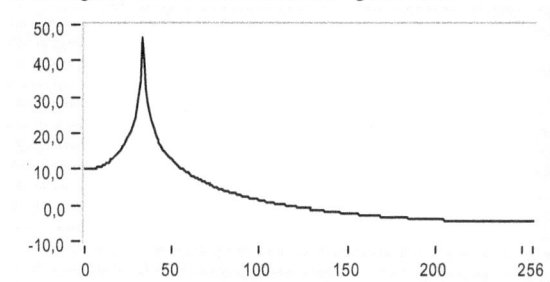

Abbildung 5-12: Spektrum eines Sinussignals, das mit einem langen Zeitfenster aufgenommen wurde.

Abbildung 5-13b zeigt, wie sich das Rechteckfenster auf ein Messsignal auswirkt, das bis zu einer Grenzfrequenz alle Frequenzen mit gleicher Amplitude enthält (weißes Rauschen, Abbildung 5-13a), wobei der Übergang in den „Sperrbereich" sehr abrupt erfolgt. In der dis-

kreten Fouriertransformation des Fensterausschnitts entstehen dann im Sperrbereich Neben-
maxima, während im Durchlassbereich eine Überschwingern ähnliche Welligkeit entsteht.
Außerdem wird die scharfe Kante des Spektrums „verschmiert". Diesen Effekt nennt man
Gibbs-Phänomen. Bei einem weicheren Übergang an der Grenzfrequenz, wie z. B. in
Abbildung 5-9, ist der Effekt nicht mehr zu beobachten.

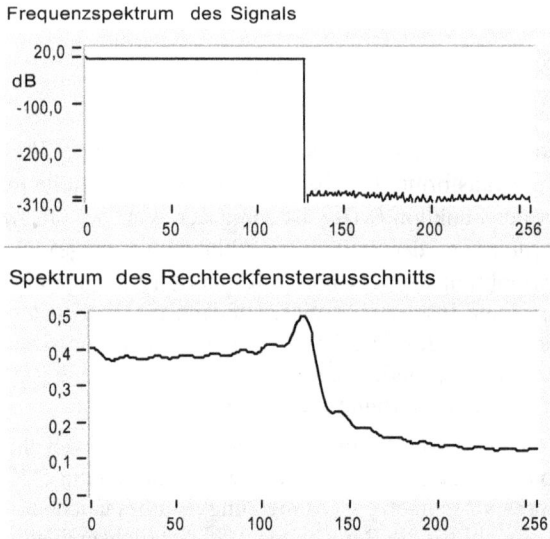

Frequenzspektrum des Signals

Spektrum des Rechteckfensterausschnitts

*Abbildung 5-13: Einfluss
eines Rechteckfensters auf
ein – unrealistisch – steil
abfallendes Signalspektrum*

5.3.3.2   Vergleich verschiedener Fensterfunktionen

Für viele Situationen ist es günstiger, die Messdaten am Anfang und Ende des Zeitfensters
weniger stark zu berücksichtigen als in der Mitte, also „weiche" Ränder des Zeitfensters zu
benutzen. Dazu multipliziert man die Messdaten nicht mit der – sonst unvermeidbaren –
rechteckförmigen Gewichtungsfunktion, sondern mit einer der in der linken Spalte von
Abbildung 5-14 als „kontinuierliche" Funktionen gezeigten Gewichtungen. Bis auf das
Rechteck- bzw. Dreieckfenster haben die übrigen Fenster eine $\cos^2$-Form unterschiedlicher
Breite bzw. unterschiedlichen Bezugsniveaus. Abbildung 5-15 stellt den Fensterausschnitt
für ein sinusförmiges Eingangssignal dar, das mit der Hanning-Funktion gewichtet wurde.

Um den Einfluss dieser Fensterfunktionen im Frequenzspektrum aufzuzeigen, ist in der rechten Spalte der Abbildung 5-14 das jeweilige Frequenzverhalten für ein einfaches Sinussignal
mit jeweils dem gleichen dB-Skalenausschnitt dargestellt. Auf einer linearen Skala sind die
Unterschiede nicht deutlich erkennbar. Wie man sieht, unterscheiden sich die Frequenzspektren in der Breite des Hauptmaximums, der Amplitude des höchsten Nebenmaximums und
dem Abfallverhalten der Nebenmaximumsamplituden.

Fensterfunktion   Spektren für Sinussignal

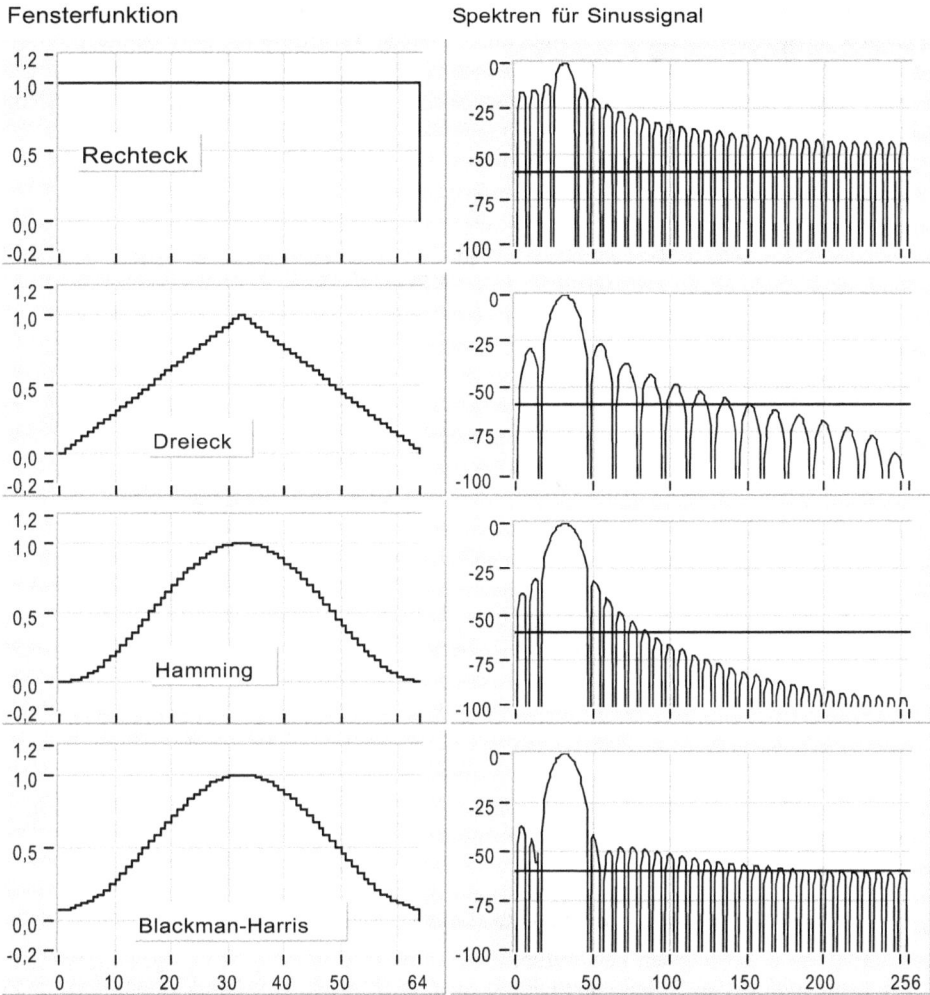

Abbildung 5-14:Verschiedene Fensterfunktionen und ihre Wirkung auf ein Sinussignal. Wegen des jeweils relativ kurz gewählten Zeitfensters erscheinen die Nebenmaxima noch voneinander getrennt.

Tabelle 5-1 zeigt einen systematischen Vergleich der Auswirkung der verschiedenen Fensterfunktionen auf das Frequenzspektrum. Für die Angabe der Breite des Hauptmaximums wird ähnlich wie bei Filtern ein 3-dB-Kriterium verwendet, wobei die Breite für die Rechteckfensterfunktion willkürlich auf 1,0 festgesetzt wurde. Die nächste Spalte der Tabelle 5-1 gibt an, um wie viel Dezibel die Amplitude des Hauptmaximums bei ungeänderter Eingangssignalamplitude schwankt, wenn das Zeitfenster um Bruchteile der Abtastperiode verschoben wird (Abtastfehler). Das konkrete Ergebnis für eine DFT-Analyse und insbesondere für die Hauptmaximumsamplitude hängt nämlich davon ab, wie das Raster der Abtastpunkte auf das kontinuierliche Eingangsspannungssignal zu liegen kommt. Die Nebenmaxima werden ei-

nerseits durch die relative Amplitude des höchsten Nebenmaximums zur Hauptmaximumsamplitude charakterisiert. Andererseits quantifiziert man das Abfallen der Nebenmaximumsamplituden durch Vergleich benachbarter Nebenmaxima und Angabe der Steigung bezogen
auf den Frequenzabstand in dB/Oktave. Eine Oktave entspricht gerade einer Verdoppelung
der Frequenz.

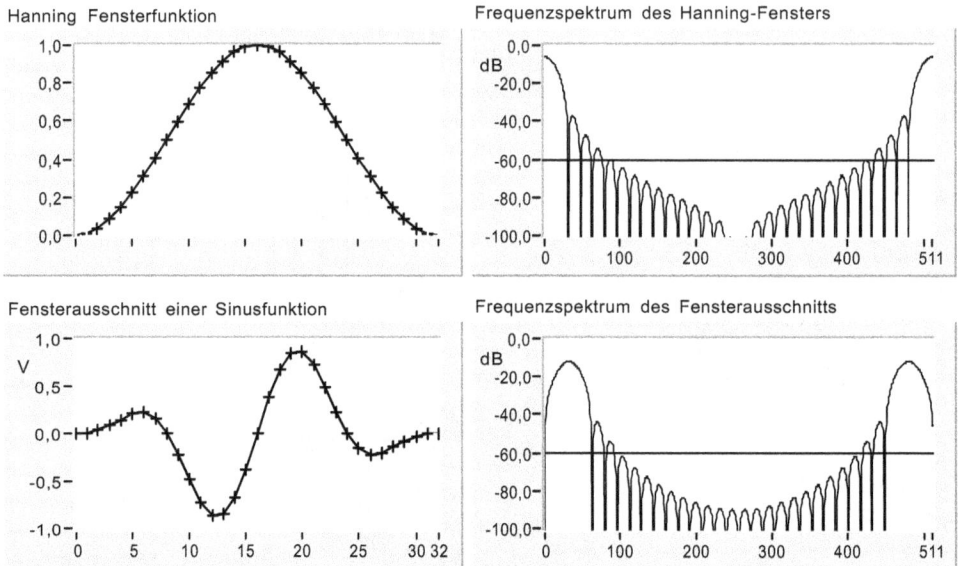

*Abbildung 5-15: Im oberen Teil sind die Hanning-Fensterfunktion und deren Fourierspektrum gezeigt,
im unteren Teil der Fensterausschnitt und das Spektrum für ein Sinussignal.*

5.3.3.3   Einsatzkriterien von Fensterfunktionen

Trotz der vielen verschiedenen Fensterfunktionen, die im Laufe der Zeit aufgestellt wurden,
hat sich keine als in allen Fällen ideal herauskristallisiert. Vielmehr richtet sich die Auswahl
in der Praxis nach der jeweiligen Fragestellung. Zwei regelmäßig auftretende Fragestellungs-
typen sind die der Frequenztrennung und der Pegelbestimmung.

Möchte man beispielsweise Eigenmoden bei Schwingungsproblemen untersuchen oder Ge-
räuschprobleme an Getrieben analysieren, so kommt es darauf an, eine Vielzahl von verschiedenen Frequenzen gut trennen zu können. In diesem Fall sollte das Hauptmaximum
möglichst schmal sein. Beiträge der Nebenmaxima zu anderen Frequenzen, d. h. Hauptma-
xima, können dann meist akzeptiert werden, sodass die Rechteckfensterfunktion geeignet
wäre. Liegen die Frequenzen allerdings sehr dicht beieinander und haben zudem noch recht
unterschiedliche Amplituden, so kann es zu Verwechslungen echter Frequenzen mit Nebenmaxima von Frequenzen großer Amplitude kommen. In diesem Fall könnte das Hamming-
Fenster gute Dienste leisten.

Tabelle 5-1: Eigenschaften verschiedener Fensterfunktionen

Fenster	3-dB-Breite bezogen auf das Rechteckfenster	Amplitude des ersten Nebenzipfels in dB	Abnahme der Nebenzipfelampl. in der Nähe des Hauptmax. in dB/Oktave	Abnahme der Nebenzipfelampl. entfernt vom Hauptmax. in dB/Oktave	Maximaler Abtastfehler in dB
Rechteck	1,00	-13,3	-4,11	0,0	3,90
Hanning	1,63	-31,5	-10,71	-2,8	1,41
Hamming	1,47	-44,2	-1,47	0,0	1,74
Dreieck	1,44	-26,5	-8,10	0,0	1,81
Blackman	1,86	-58,1	-6,38	-2,8	1,09
Exakt. Blackman	1,82	-69,0	-0,64	0,0	1,14
Blackman-Harris	1,83	-70,7	-0,53	0,0	1,12
Kaiser ($\beta = 3,5$)	1,29	-26,7	-4,31	0,0	2,25
Kaiser ($\beta = 10$)	1,98	-74,1	-4,67	0,0	0,96
Flat Top	3,31	-44,0	-1,24	0,0	0,02
Tapered Cosine	1,12	-13,4	-	-	3,11
Exponenziell	1,01	-12,9	-4,11	0,0	2,81

Für Pegelbestimmungen wie z. B. bei Lärmmessungen enthält das Frequenzspektrum u. U. nur wenige Frequenzen. Es muss dann deren Amplitude möglichst zuverlässig ermittelt werden, sodass Beiträge von Nebenmaxima unerwünscht sind. Die Breite des Hauptmaximums spielt in diesem Fall keine große Rolle. Allerdings sollte der Abtastfehler möglichst gering sein, denn ein Fehler von fast 4 dB, wie im Fall des Rechteckfensters, kann schon die Überschreitung eines vorgeschriebenen Grenzwerts ausmachen. Die Wahl würde z. B. auf ein Flat Top- oder ein Kaiser-Fenster mit $\beta = 10$ (s. Tabelle 5-1) fallen.

Es muss an dieser Stelle betont werden, dass man *immer* eine Fensterfunktion verwendet – nämlich das Rechteckfenster, sofern man von Fenstern noch nie etwas gehört hat. Diese Wahl ist aber insbesondere in punkto Amplitudenwerte alles andere als ideal.

5.3.4 Quantisierung

Um einen Bereich analoger Eingangsspannungen in weiter bearbeitbare Zahlenwerte umzuwandeln, wird der gesamte Eingangsspannungsbereich von U_{min} bis U_{max} auf ein Raster gleich breiter Spannungsstufen abgebildet. Für den Digitalrechner richtet sich die Zahl der Rasterstufen nach der für die Zahldarstellung verwendeten Bitanzahl: für N Bit ergeben sich 2^N kodierbare Zahlenwerte und somit genauso viele Rasterstufen.

5.3.4.1 Übertragungsfunktion der A/D-Wandlung

Abbildung 5-16 zeigt im Beispiel die Übertragungsfunktion des Quantisierungsvorgangs, d. h. wie ein Spannungsbereich von ± 1 V für eine – aus Demonstrationsgründen gering gewählte – Bitanzahl von 4 Bit auf die $2^4 = 16$ resultierenden Rasterstufen abgebildet wird.

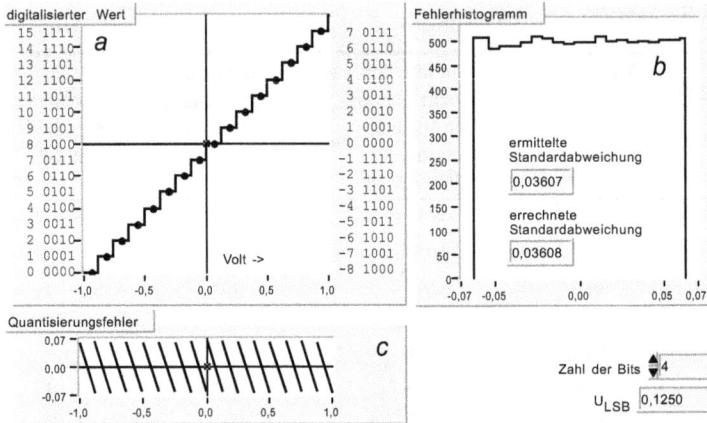

Abbildung 5-16:
Übertragungsfunktion
der A/D-Wandlung (a),
Häufigkeitsverteilung
der auftretenden
Quantisierungsfehler
(b) und Spannungs-
abhängigkeit der Quan-
tisierungsfehler (c).

Die Stufenbreite beträgt dann $U_{LSB} = (U_{max} - U_{min}) / 2^N = 0{,}125$ V. Im Hinblick auf die Weiterverarbeitung im Digitalrechner sind in der Abbildung 5-16a zwei Möglichkeiten der Zahldarstellung aufgezeigt. Auf der linken Ordinatenskala sind die Quantisierungsstufen einfach durchgezählt und es wurde eine direkte Kodierung als Dualzahl gewählt. Die rechte Ordinatenskala berücksichtigt, dass der Spannungsbereich bipolar ist und verwendet deshalb auch negative Zahlen. Für den Binärkode der Zahlenwerte wurde die Zweierkomplementdarstellung benutzt: von der negativen Zahl (z. B. -5) wird zuerst der Betrag (5) als Dualzahl (`0101`) hingeschrieben, dann alle Bit umgedreht (`1010`) und am Ende noch `1` dazu addiert (`1011`). Will man aus der Komplementdarstellung auf den wahrscheinlichsten Eingangsspannungswert zurückrechnen, verwendet man die Formel:

$$U = Zahlenwert \cdot U_{LSB} + U_{LSB}/2, \quad \text{z. B. } -5 \cdot 0{,}125 \text{ V} + 0{,}0625 \text{ V} = -0{,}5625 \text{ V}$$

5.3.4.2   Wortbreite und Digitalisierungsgenauigkeit

Den Fehler, der durch die Quantisierung verursacht wird, kann man bestimmen, indem man den rückgerechneten Spannungswert mit dem zugehörigen Eingangsspannungswert vergleicht. Abbildung 5-16b stellt die resultierende Fehlerverteilung dar, die sich als gleichförmig herausstellt. Interpretiert man die Abweichung zwischen dem rückgerechneten Wert und der Eingangsspannung als Rauschen („Quantisierungsrauschen"), so ist zu berücksichtigen, dass Rauschwerte als Effektivwerte im Sinne der Gaußschen Normalverteilung angegeben werden. Für gleichförmige Wahrscheinlichkeitsverteilungen ist der Effektivwert das $1/\sqrt{12}$-fache der Breite, also $U_{LSB} / \sqrt{12} = 36$ mV. Abbildung 5-16c zeigt, wie sich der Quantisierungsfehler mit zunehmender Eingangsspannung ändert.

Zur Bestimmung des Signal-Rausch-Verhältnisses muss man den Effektivwert des Quantisierungsrauschens mit dem Effektivwert eines Sinussignals vergleichen, das den bipolaren Eingangsbereich voll aussteuert und demnach die Amplitude $A = 2^N \cdot U_{LSB}/2$ hat. Da der Effektivwert dann $A/\sqrt{2}$ ist, erhält man für das Signal-Rausch-Verhältnis:

$$\frac{S}{R} = 20\ \mathrm{dB} \cdot \lg\left(\frac{A \cdot \sqrt{12}}{\sqrt{2} \cdot U_{\mathrm{LSB}}}\right) = 20\ \mathrm{dB} \cdot \lg\left(\frac{2^N \cdot \sqrt{12}}{\sqrt{2} \cdot 2}\right) = 20\ \mathrm{dB} \cdot \lg\left(2^N \sqrt{1{,}5}\right) = 6{,}02\ \mathrm{dB} \cdot N + 1{,}76\ \mathrm{dB}\ .$$

Also insgesamt:

$$\frac{S}{R} = 6{,}02\ \mathrm{dB} \cdot N + 1{,}76\ \mathrm{dB} \qquad\qquad\qquad\qquad (5.3)$$

Dieses wichtige Ergebnis gibt einen direkten Zusammenhang zwischen der Wortbreite bei der A/D-Wandlung und dem geforderten Signal-Rausch-Verhältnis. Der zugrundeliegende Digitalisierungsfehler (Quantisierungsfehler) ist mit einem echten Informationsverlust bei der Umwandlung des analogen Spannungssignals in einen Zahlenwert verbunden und lässt sich nachträglich nicht mehr korrigieren.

Wird z. B. verlangt, dass ein Messsignal mit einer Genauigkeit von 0,2 % digitalisiert werden soll, so ist das geforderte S/R-Verhältnis $S/R = 20\ \mathrm{dB} \cdot \lg\ (100 : 0{,}2) = 54\ \mathrm{dB}$ und es ergibt sich eine Wortbreite von $N = (54\ \mathrm{dB} - 1{,}76\ \mathrm{dB}) / 6{,}02\ \mathrm{dB} = 8{,}7$, also von mindestens 9 Bit.

Ist umgekehrt z. B. ein 12-Bit-A/D-Wandler vorhanden, so lässt sich seine Digitalisierungsgenauigkeit ermitteln: $S/R = 6{,}02\ \mathrm{dB} \cdot 12 + 1{,}76\ \mathrm{dB} = 74\ \mathrm{dB}$. Es kann also in diesem Fall eine Genauigkeitsanforderung von ca. 5000 : 1 entsprechend 0,02 % erfüllt werden.

5.3.4.3 Korrigierbare Fehler von A/D-Wandlern

Bei der Digitalisierung von Analogspannungen können für individuelle A/D-Wandlerbausteine, wie in Abbildung 5-17 dargestellt, weitere Fehler auftreten, die aber bei einer sorgfältigen Vermessung zumeist nachträglich korrigiert werden können. So kann z. B. der Nullwert verschoben sein (Offset, Nullpunktsfehler) oder der Eingangsspannungsbereich vom Nominalwert abweichen (Verstärkungsfehler). Variiert lokal die Stufenbreite, d. h. U_{LSB} von Stufe zu Stufe, so weist der A/D-Wandler eine differenzielle Nichtlinearität auf: $U_{\mathrm{LSB}} \pm \Delta U_{\mathrm{LSB}}$. Im Extremfall, wenn nämlich ΔU_{LSB} größer als U_{LSB} selbst wird, wird eine Kodierungsstufe übersprungen und es tritt ein Monotoniefehler („Missing Code") auf. Oftmals ändert sich die differenzielle Nichtlinearität über den gesamten Eingangsbereich systematisch und führt dann z. B. zu einer Durchbiegung der Übertragungsfunktion (Abbildung 5-17). Die in dem gezeigten Fall positive totale Nichtlinearität wird als maximale Abweichung von der linearen Übertragungsfunktion angegeben.

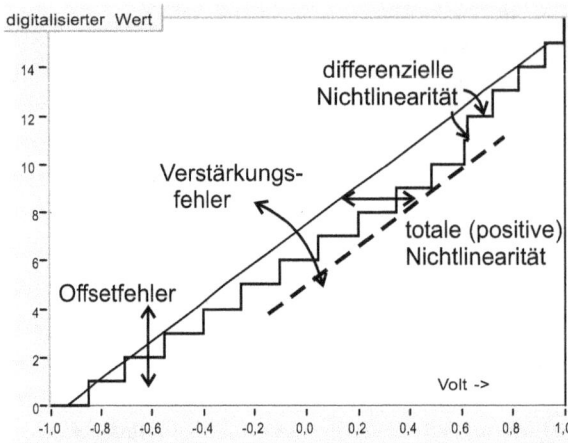

*Abbildung 5-17: Beispiel einer
Übertragungsfunktion eines
A/D-Wandlers zur Verdeutlichung
korrigierbarer Quantisierungsfehler*

5.3.5   Wandlungsprinzipien und A/D-Wandlertypen

Wie können analoge Spannungen, wie sie eine Messsignalaufbereitung liefert, in binär dargestellte Zahlenwerte umgewandelt werden? In diesem Kapitel werden auf der einen Seite einführend ganz einfache Wandlungsprinzipien (Sägezahnwandler, Inkrementalwandler) vorgestellt und auf der anderen Seite gängige (Zweirampen-A/D-Wandler, Wägeverfahren, Parallelwandler) und ein neueres (erweitertes Parallelverfahren) Verfahren erläutert. Abschließend werden die verschiedenen Verfahren in ihrer Leistungsfähigkeit und nach ihren Anwendungsgebieten verglichen.

Sofern möglich wird auf die Darstellung schaltungstechnischer Details verzichtet. Hierzu findet man Einzelheiten bei *[Tränkler96]*, *[Pfeiffer98]* und *[Schwetlick97]*. An dieser Stelle sollen vielmehr anwendungsspezifische Fragen in den Vordergrund gestellt werden.

5.3.5.1   Sägezahnwandler

Beim Sägezahnverfahren („Single Slope"-Verfahren) wird eine mit einem analogen Sägezahngenerator hergestellte Spannung ständig mit der Eingangsspannung durch einen Komparator (Schmitt-Trigger) verglichen (s. Abbildung 5-18a). Dessen Ausgang liefert eine logische 1 (5 V), solange am negativen Eingang eine kleinere Spannung als am positiven liegt. Mit der logischen 1 werden über ein UND-Gatter Oszillatorpulse freigeschaltet, die von einem Binärzähler registriert werden. Der Zählvorgang wird mit dem Beginn einer Sägezahnflanke gestartet und stoppt, sobald die Sägezahnspannung größer wird als die Eingangsspannung, da dann der Komparator eine logische 0 (0 V) ausgibt und das Weiterzählen der Oszillatorpulse unterbleibt (s. Abbildung 5-18b). Der Wert des Binärzählers stellt jetzt das digitale Abbild der analogen Eingangsspannung U_e dar. Beim Zurücknehmen der Sägezahnspannung muss auch der Binärzähler zurückgesetzt werden.

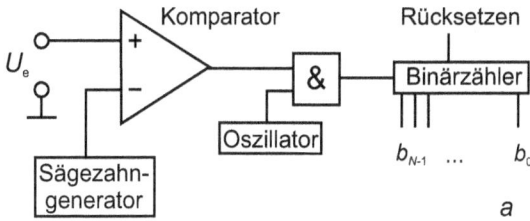

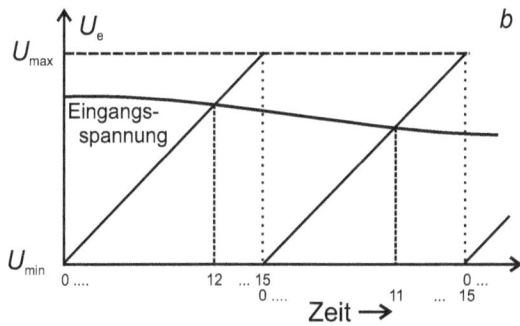

Abbildung 5-18: Blockschaltbild (a) und Digitalisierungsverlauf bei einem Sägezahn-A/D-Wandler (b)

Wegen der Schwierigkeit, den Sägezahngenerator und den Oszillator gegenüber Temperatureinflüssen und Bauteilstreuungen stabil auszulegen, und wegen des recht aufwendigen Rücksetzverfahrens, werden Sägezahnwandler heute nur noch selten eingesetzt. Das Verfahren gibt aber einen ersten Begriff davon, wie eine A/D-Wandlung überhaupt realisiert werden kann.

5.3.5.2   Zweirampen-A/D-Wandler

Beim Zweirampen-Verfahren („Dual Slope"-Verfahren) wird über eine Integrationsschaltung während einer festen Integrationszeit eine steigende Rampe mit dem Eingangssignal selbst erzeugt (Ladephase, Abbildung 5-19b). Dabei hängt die Steigung und somit die Spannung am Ende der Integrationsphase direkt von der Eingangsspannung ab. Kehrt man nun den Integrationsprozess mit einer festen Steigung um (Entladephase), so hängt die Zeit bis zum erneuten Nulldurchgang ebenfalls von der Eingangsspannung ab. Die Messung erfolgt also letzten Endes über eine Zeitmessung.

Abbildung 5-19a zeigt den prinzipiellen Aufbau eines Zweirampen-A/D-Wandlers, dessen Funktionsweise sich mit elementaren Schaltungstechnikkenntnissen verstehen lässt: Die Ausgangsspannung des Integrators $U_a(t)$ wird durch die Ladung $Q(t)$ auf dem Kondensator C festgelegt, die wiederum das zeitliche Integral des Eingangsstroms $I(t)$ ist, den man über das Ohmsche Gesetz für den Widerstand R leicht angeben kann:

$$U_a(t) = \frac{1}{C} Q(t) = \frac{1}{C} \int_0^t I(\tau)\, d\tau = \frac{1}{C} \int_0^t \frac{U_e}{R}\, d\tau = \frac{U_e \cdot t}{R \cdot C} \qquad (5.4)$$

a

b

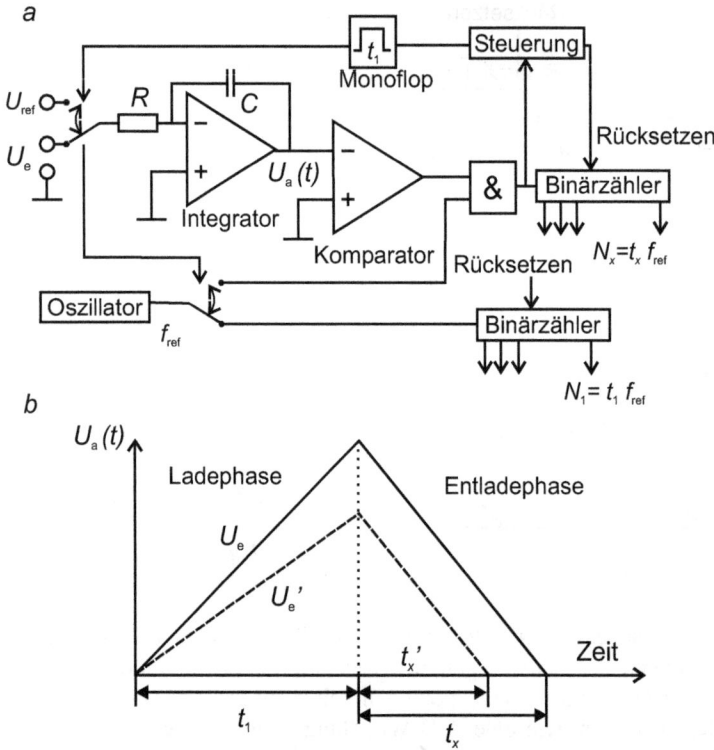

Abbildung 5-19:
Blockschaltbild (a) und
zeitlicher Ablauf (b) der
A/D-Wandlung beim
Zweirampenverfahren

Für eine feste Integrationszeit t_1 ist somit der Ausgangsspannungswert $U_a(t_1) = U_e\, t_1\, / (R\,C)$ proportional zur Eingangsspannung. Durch Umschalten auf die konstante, entgegengesetzt gepolte Referenzspannung $-U_{ref}$ wird der Kondensator entladen, bis der mit Masse verbundene Komparator einen Nulldurchgang feststellt. Über die Entladezeit t_x, für die dann der Zusammenhang $U_a(t_1 + t_x) = 0 = U_a(t_1) - U_{ref}\, t_x\, /(R\,C) = U_e\, t_1\, /(R\,C) - U_{ref}\, t_x\, /(R\,C)$ gilt, wird U_e zu $U_e = U_{ref}\, t_x/t_1$ bestimmt. Anstatt der Zeiten t_1 und t_x können direkt die Zähl-Ergebnisse N_1 und N_x verwendet werden, da die beiden Zähler aus dem gleichen Oszillator gespeist werden: $U_e = U_{ref}\, N_x/N_1$. Der letzte Schritt macht das Verfahren von meist thermisch bedingten Langzeitschwankungen der Oszillatorfrequenz unabhängig. Ebenso gehen Bauteilstreuungen und Temperatureffekte von R und C nicht in das Endergebnis ein. Für hohe Genauigkeitsansprüche muss allerdings der Nullpunktsfehler des Integrators mit einer zusätzlichen Kompensationsstufe unterdrückt werden (siehe z. B. [*Tietze und Schenk10*]).

Da das Zweirampen-Verfahren ein integrierendes Verfahren ist, erweist es sich aber auch in anderer Hinsicht als sehr robust. Wie Abbildung 5-20 zeigt, verfälschen sinusförmige Störungen dann nicht das Ergebnis, wenn die Integrationszeit t_1 eine oder mehrere volle Perioden des Störsignals umfasst. Für Störungen bei der Netzfrequenz von 50 Hz (Netzbrumm) wäre also eine Integrationszeit von 20 ms zu wählen. Das Gerät könnte aber dann nur in Europa eingesetzt werden, da in Nordamerika eine Netzfrequenz von 60 Hz entsprechend $t_1 = 16\,{}^2/_3$ ms verwendet wird. Aus diesem Grund wählt man in Handmessgeräten – die oftmals das Zweirampenverfahren benutzen – eine Integrationszeit von $t_1 = 100$ ms, also das kleinste gemeinsame Vielfache der obigen Integrationszeiten. Berücksichtigt man die maximale Entladedauer von ebenfalls 100 ms, so kann man bestenfalls 5 Messungen pro Sekunde machen. Das ist für manuell abgelesene Werte natürlich vollkommen ausreichend.

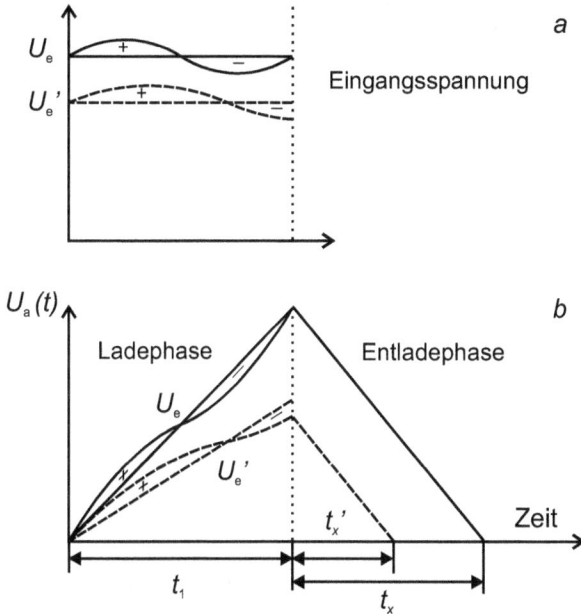

U_e + −

U_e' +

a

Eingangsspannung

$U_a(t)$

b

Ladephase   Entladephase

U_e

U_e'

t_x' Zeit

t_1

t_x

Abbildung 5-20: Einfluss von Störungen der Eingangsspannung (a) auf die Integration beim Zweirampenverfahren (b). Für die Störung auf U_e passt genau eine Periode in das Integrationsintervall.

Eine Erweiterung des Zweirampen-Verfahrens, das so genannte „Multiple Slope Rundown"-Verfahren [*Stever89*], ist derzeit mit einer Wortbreite von 28 Bit (entsprechend $8^1/_2$ Dezimalstellen) das genaueste A/D-Wandlungsverfahren. Damit die gesamte Wandlungszeit nicht zu lang wird, werden für die Integration und die Entladung verschiedene Eingangswiderstände benutzt (siehe Abbildung 5-21a). Man lässt den ersten, schnellen Entladungsvorgang dabei über die Null hinausschießen (Abbildung 5-21b), um dann langsamer in der Gegenrichtung zu entladen, usw. Bei derartigen Präzisionsinstrumenten muss natürlich der Frage der Kalibration ausreichende Aufmerksamkeit geschenkt werden.

a

b

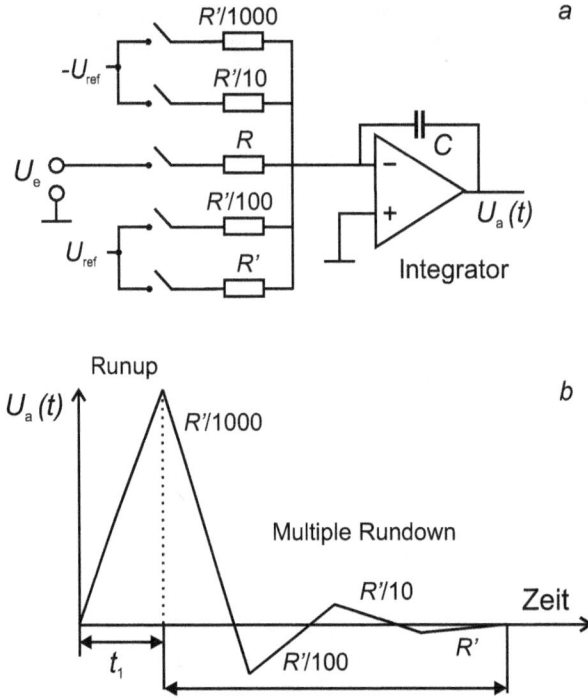

Abbildung 5-21: Prinzipielle
Funktionsweise des Multiple-
Slope-Rundown-Verfahrens.
Durch geeignete Widerstände
(a) werden Entladephasen mit
abnehmender Entladege-
schwindigkeit (b) erzielt.

5.3.5.3   Inkrementalwandler

Der Inkrementalwandler entspricht in seiner Funktionsweise dem Sägezahnwandler, verwendet aber ein Kompensationsverfahren (Abbildung 5-22), d. h. dass der momentane Digitalisierungswert über einen Digital-Analog-Wandler auf den Komparator als Analogspannung zurückgeführt wird. Fängt der Zähler bei Null an loszuzählen, so erhöht sich die Analogspannung am Komparator wie eine – etwas wellige – Sägezahnrampe. Überschreitet diese Spannung den Eingangsspannungswert U_e, so wird der Zählerstand eingefroren. Nach einer durch den Frequenzteiler festgelegten Zahl von Zählstufen wird der Binärzähler wieder zurückgesetzt und die Sägezahnspannung läuft erneut von Null los.

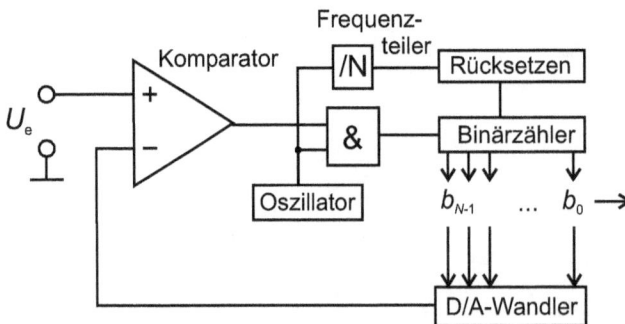

Abbildung 5-22: Blockschaltbild eines Inkrementalwandlers

Ein Nachteil des einfachen Inkrementalwandlers ist, dass für eine Wortbreite von N Bit pro Wandlung 2^N Stufen durchlaufen werden müssen. Bei höheren Genauigkeitsanforderungen wird das Verfahren deshalb zu langsam. Außerdem muss ein Halteglied verwendet werden, da die Eingangsspannung während der langen Wandlungszeit insbesondere nicht abnehmen darf.

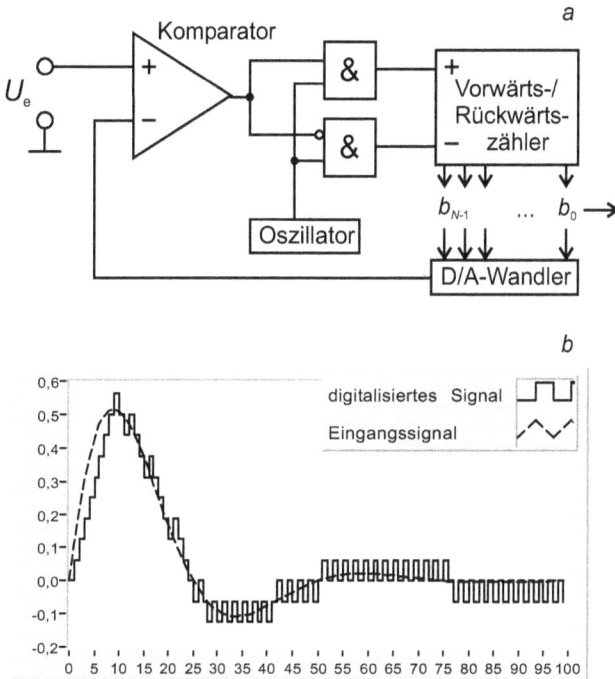

Abbildung 5-23:
Blockschaltbild eines
nachlaufenden
Inkrementalwandlers (a)
und Zeitverlauf des
Eingangssignals
im Vergleich zum
Ergebnis
der Digitalisierung (b)

Diese Probleme können umgangen werden, indem man, sobald die Eingangsspannung U_e überschritten wurde, wieder zurückzählt. Bei der dann folgenden Unterschreitung wird wieder aufwärts gezählt, d. h. der Wandler versucht dem Eingangssignal zu folgen (Abbildung 5-23b), weshalb dieser A/D-Wandlertyp nachlaufender Inkrementalwandler genannt wird. Abbildung 5-23a zeigt, dass sich dieses Prinzip sehr einfach mit einem Vorwärts-/Rückwärtszähler realisieren lässt. Der Abbildung 5-23b ist zu entnehmen, dass der nachlaufende Inkrementalwandler bei sehr schnellen Signaländerungen nicht mehr folgen kann, demnach dem Eingangssignal nachhinkt. Außerdem springt der Ausgangswert bei konstantem Eingangssignal zwischen zwei benachbarten Werten hin und her.

5.3.5.4   Wägeverfahren

Als ein vergleichsweise schnelles und demnach oft verwendetes Kompensationsverfahren hat sich das Wägeverfahren bewährt. Das Vorgehen stellt im Grunde ein Intervall-halbierungsverfahren dar und ist in Abbildung 5-24 für eine Wortbreite von 8 Bit und einen Eingangsspannungsbereich von 0 V bis 10 V demonstriert, d. h. mit $U_{LSB} = 39,06$ mV. Im ersten Schritt wird die Kompensationsspannung auf die Mitte des Eingangsspannungsbereichs gesetzt, d. h. auf 5 V. Da die angenommene Eingangsspannung von 6,81 V darüber liegt, wird das signifikanteste Bit (MSB, Most Significant Bit) 1 gesetzt und nun das obere Teilintervall halbiert (7,5 V). Diesmal ergibt der Vergleich eine kleinere Eingangsspannung. Das nächste Bit wird demnach 0 gesetzt und dann das untere Teilintervall halbiert (6,25 V). Am Ende ergibt sich der Digitalwert 10101110 = $(174)_{10}$. Zur Probe wird die Intervallmitte berechnet: $174\ U_{LSB} + U_{LSB}/2 = 6{,}816$ V

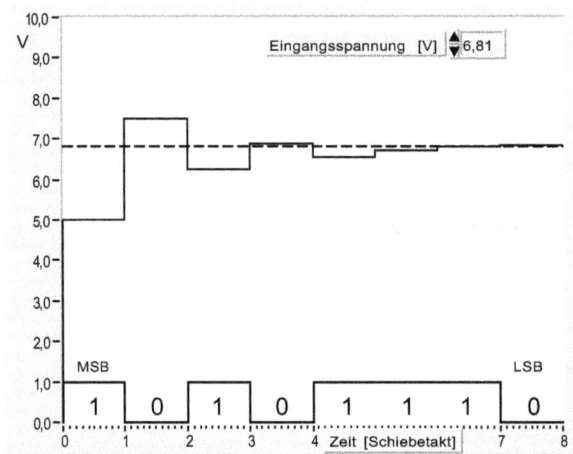

Abbildung 5-24: Zeitlicher Ablauf einer A/D-Wandlung nach dem Wägeverfahren

Wie man sieht, ist ein Wandlungsschritt für eine Wortbreite von N schon nach N Takten abgeschlossen. Das Resultat fällt beginnend beim MSB Bit für Bit, d. h. seriell, an. Da das Ergebnis auf diese Weise immer mehr verfeinert wird, bezeichnet man das Wägeverfahren auch als Verfahren der sukzessiven Approximation. Die abnehmende Wertigkeit der Halbierungsschritte wird mit einem Schieberegister realisiert (SAR, Successive Approximation Register). Typische Wandlungszeiten liegen im μs-Bereich, wobei Wortbreiten von 12 Bit bis 16 Bit üblich sind.

5.3.5.5   Parallelwandler

Parallelwandler zielen darauf ab, die A/D-Wandlung möglichst in einem Schritt zu vollziehen. Das direkteste Verfahren (Flash-Wandler, Parallelwandler) verwendet für jede Rasterstufe einen eigenen Komparator. Abbildung 5-25 zeigt dies schematisch für einen 3-Bit-Parallelwandler. In diesem Fall wird der Eingangsspannungsbereich von 0 V bis U_{ref} durch eine Spannungsteilerschaltung mit acht gleichen Widerständen in die benötigten $2^3 = 8$ Rasterstufen eingeteilt. Alle Komparatoren werden an ihrem positiven Eingang an die Eingangsspannung U_e angeschlossen. Beträgt die Eingangsspannung beispielsweise 2,3 U_{LSB}, so liefern die beiden unteren Komparatoren am Ausgang eine logische 1, während die restlichen Komparatoren nicht schalten. Erhöht man die Eingangsspannung, so liefern immer mehr der sieben Komparatoren eine logische 1, bis schließlich alle Komparatoren durchgeschaltet haben. Wegen seiner Ähnlichkeit zu einer Temperaturanzeige nennt man die entstehende Kodierung auch einen Thermometerkode. Die Zustände der Komparatoren werden getaktet abgespeichert und mit einer Kodierstufe in den gewünschten Binärkode gewandelt – zumeist einen Gray-Kode. (Anmerkung: Z. T. wird, um die Schaltschwellen in die Mitte der Raster-stufen zu legen, für den ersten und letzten Widerstand nur der halbe Widerstandswert be-nutzt.)

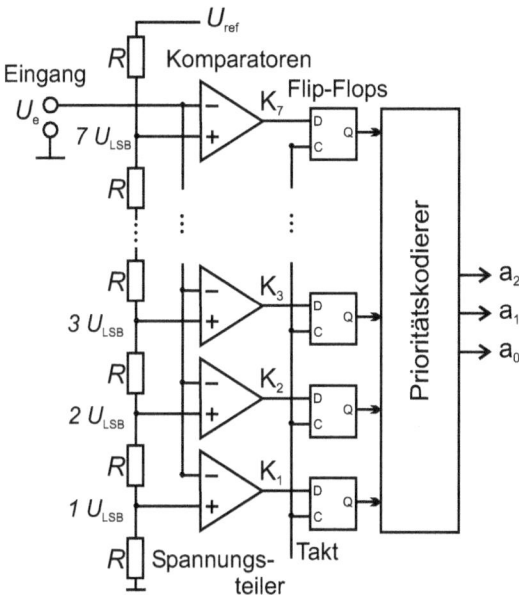

Abbildung 5-25: Prinzipschaltbild eines Parallelwandlers

Der Schnelligkeit des Parallelverfahrens von 30 ns, im Extremfall sogar 10 ns, steht der schaltungstechnische Aufwand für die Komparatoren gegenüber, der die Wortbreite auf 8 Bit, maximal 10 Bit begrenzt. Für einen 8-Bit-Parallelwandler werden z. B. schon 255 Komparatoren benötigt.

Einen sehr guten Kompromiss zwischen Geschwindigkeit einerseits und Genauigkeit, d. h. möglichst vielen Bitstellen des Ergebnisses, andererseits kann man erreichen, wenn in einem ersten Parallelwandlungsschritt eine erste grobe Vordigitalisierung vorgenommen wird und in einer zweiten Parallelwandlung eine Verfeinerung des Ergebnisses erfolgt. Abbildung 5-26a zeigt ein Beispiel für einen solchen Kaskadenwandler (Seriell-Parallel-Wandler), der nach diesem erweiterten Parallelwandlungsverfahren arbeitet. Im ersten Schritt liefert die Aufteilung des Eingangsbereichs in 16 Stufen die vier signifikantesten Bit des Ergebnisses (s. Abbildung 5-26b). Dieses Ergebnis wird einem Digital-Analog-Wandler zugeführt, der die Bezugsspannung für den nächsten Parallelwandlungsschritt liefert. Die Bezugsspannung wird von der Eingangsspannung abgezogen und die verbleibende Differenz mit einem zwei-ten Parallelwandler, dessen Eingangsspannungsbereich auf ein Sechzehntel reduziert ist, di-gitalisiert. Dieser Schritt liefert die niederwertigen Bit des Ergebnisses. Es ist klar, dass we-gen des Subtraktionsschritts die Eingangsspannung für die Zeit der Wandlung zwingend von einem Halteglied konstant gehalten werden muss.

a

Eingang

U_e

Halte-glied

$-U_{ref}$
4 Bit Parallel-wandler

$-U_{ref}$
4 Bit D/A-Wandler

$+$

$-\frac{1}{16}U_{ref}$
4 Bit Parallel-wandler

$a_7a_6a_5a_4$ Ausgang $a_3a_2a_1a_0$

b

1111 1111
1111 0000

1011 1111

U_e

1011 1111
1011 0000

U_e 1011 0101

0000 0000

1011 0000

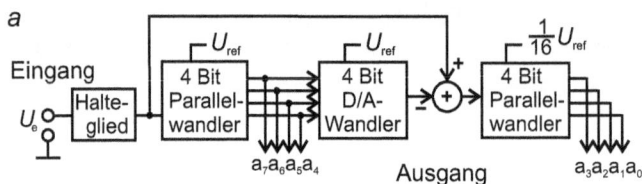

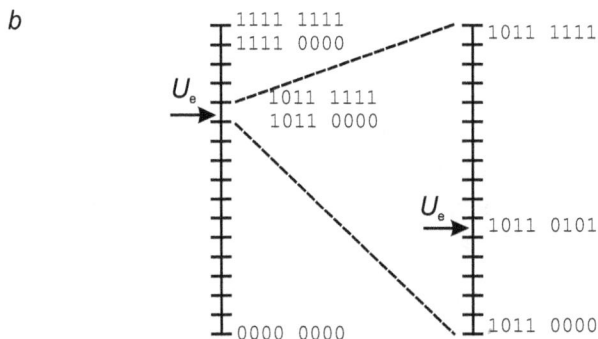

Abbildung 5-26: Blockschaltbild (a) und Funktionsweise (b) eines zweistufigen Kaskadenwandlers

Kaskadenwandler können, was die Bitstellen der einzelnen Parallelwandlungsschritte und die Anzahl der Parallelwandlungen angeht, unterschiedlich aufgebaut sein. Es lassen sich Genauigkeiten von 14 Bit bei einer Wandlungszeit von ca. 200 ns erreichen.

5.3.5.6   Vergleich der verschiedenen A/D-Wandlertypen

Die verschiedenen Verfahren zur Analog-Digital-Wandlung sind in Tabelle 5-2 zusammengefasst und geordnet worden. Serielle Verfahren arbeiten intern immer „Schritt für Schritt", entweder, weil eine Zeitdauer als Zwischengröße dient und über einen Zählvorgang ausgewertet wird, oder weil Spannungen zum Vergleich mit der Eingangsspannung schrittweise verändert werden (Kompensationsmethoden). Die parallelen Verfahren führen intern entweder in einem Schritt schon zum Ergebnis oder verwenden nur wenige Kompensationsschritte. Die Frage, ob das Datenwort seriell oder parallel an den Rechner übermittelt wird, ist von der A/D-Wandler-Kategorie bzw. -Methode weitgehend unabhängig, da digitale Seriell-Parallel- oder Parallel-Seriell-Wandler nachgeschaltet werden können.

Tabelle 5-2: Vergleich der verschiedenen A/D-Wandlungsverfahren (n = Anzahl der Bitstellen)

Kateg.	Meth.	Wandlungsverfahren	max. (typ.) Bitstellen	min. (typ.) Wandlungszeit	Zahl der Takte	+ / -	Anwendungen
serielle Verfahren	Zeit (Frequenz) als Zwischengröße	Sägezahn-verfahren (Single Slope)	Sägezahn begrenzend	~ ms	2^n	- ungenau - temperaturempfindlich - langsam	-
		Zweirampen-Verfahren (Dual Slope)	22 (10 bis 20)	> ms	$(1,1 - 2)$ $\cdot 2^n$	+ gute Störunterdrückung + unabh. von R, C, f_{ref} + hohe Genauigkeit - langsam	Digital-multimeter
		Multiple Slope Rundown-Verfahren	28	~ 1s	$1,5\, r\cdot$ $\log 2^n$	++ höchste Genauigkeit + vergleichsweise schnell	Präzisions-multimeter
		Ladungskompen-sationsverfahren (Charge-Balance)	Widerstands-verhältnis begrenzend	~ 0,1 s	$2\cdot 2^n$	+ gute Störunterdrückung + unabhängig von f_{ref} - begrenzt genau - langsam	einfache Digital-multimeter
	Kompensation	Inkremental-verfahren	18 (8 bis 16)	ms	2^n	- langsam	-
		nachlaufendes Inkrementalverf.	18 (8 bis 16)	< ms	$< 2^n$	+ keine Steuerlogik - relativ langsam	Audio (CD)
		Wägeverfahren (Successive Approx.)	16 (8 bis 16)	100 ns (1,5 µs bis 25 µs)	n	+ schneller Wandler nach Kompensations-methode	PC-Messdaten-erfassung FFT
parallele Verfahren	mit Komp.	erweitertes Paral-lelverfahren	14 (10 bis 12)	200 ns	2	+ gute Genauigkeit + relativ schnell - Halteglied zwingend erforderlich	Bildverarbeitung FFT, DSO, Tran-sientenanalyse
	direkt	Parallelverfahren (Flash-Converter)	10 (4 bis 8)	10 ns bis 30 ns	1	++ sehr schnell - geringe Genauigkeit - hohe Leistungsaufn.	DSO, Transien-tenspeicher

In Tabelle 5-2 sind zum Leistungsvergleich zwischen den Verfahren einerseits die Wand-lungsgenauigkeit und andererseits die Wandlungszeit aufgeführt. Die angegebenen Werte sollten mehr eine Orientierung über die Größenordnungen als einen erschöpfenden Überblick aller verfügbaren A/D-Wandler-Produkte geben. Dazu ist der Markt für A/D-Wandler zu schnellen Änderungen unterworfen. Aus der Tabelle 5-2 lässt sich allerdings eine allgemein gültige Tendenz erkennen, die in Abbildung 5-27 auch graphisch deutlich wird: Entweder sind A/D-Wandler genau oder sie sind schnell, d. h. beide – durchaus wünschenswerten –

Eigenschaften sind nicht gleichzeitig erhältlich. Aus diesem Grund mussten in diesem Buch die einzelnen Verfahren etwas detaillierter dargestellt werden.

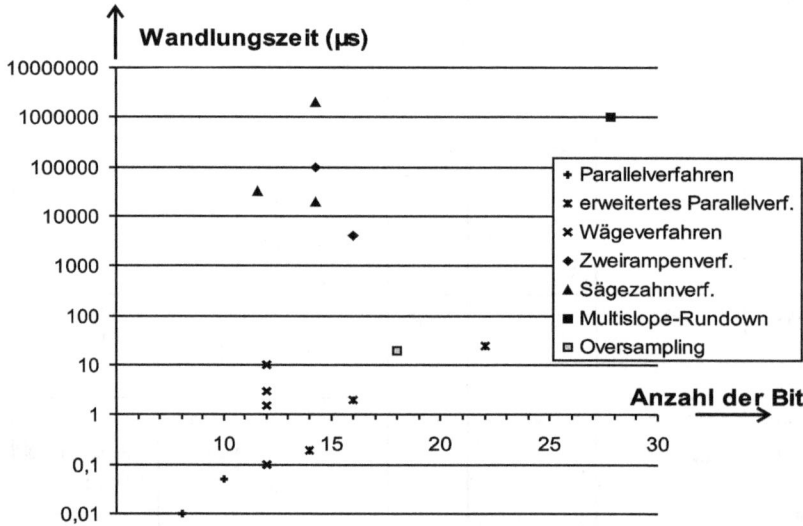

Abbildung 5-27: Vergleich der Genauigkeit und der Wandlungszeit verschiedener A/D-Wandler

Im Zusammenhang mit den Konversionszeiten wird in der darauf folgenden Spalte die Zahl der Takt- oder Zählschritte für einen Wandlungsvorgang angegeben. Bei den integrierenden Verfahren (Zweirampen-Wandler und das hier nicht weiter behandelte Ladungskompensationsverfahren, s. z. B. [*Tränkler96*]) wird durch den Vorfaktor die Integrationszeit berücksichtigt, die bei modifizierten Verfahren kürzer ausfallen kann.

Die weiteren Spalten der Tabelle 5-2 fassen als Anhaltspunkt die Vor- und Nachteile der einzelnen Verfahren und deren Anwendungsgebiete zusammen. Wie man erkennt, sind das Wäge- und das Kaskadenverfahren die Arbeitspferde in der Messdatenerfassung.

5.4   Messdatenerfassungssysteme

Dieses Kapitel behandelt Messdatenerfassungssysteme für den Laborbereich und für Prüfplätze und Teststände, also Systeme, die räumlich relativ begrenzt sind. Ausgedehnte Messsysteme, insbesondere in Fertigungsbereichen und an größeren Anlagen, sind in der Regel stärkeren Störeinflüssen ausgesetzt und werden im Kapitel über industrielle Messdatenerfassung besprochen.

Der erste und wichtigste Schritt ist, sich über die zur Lösung der jeweiligen Problemstellung notwendigen Messungen und Messfühler klar zu werden – und dabei Unverzichtbares von Wünschenswertem zu unterscheiden. Das Ziel dieses Kapitels ist es aufzuzeigen, wie die Anforderungen des einzelnen Messproblems mit den am Markt gebotenen Geräten und Lösungswegen in Einklang gebracht werden können.

Der Anforderungskatalog ist natürlich primär durch die Leistungsanforderungen des Messproblems bestimmt: Welche Anzahl von Messkanälen wird in welcher Qualität benötigt? Mit welcher Geschwindigkeit und wie lange soll jeweils gemessen werden? Müssen Messungen gleichzeitig erfolgen oder können die Messkanäle nacheinander durch Multiplexing „abgefragt" werden? Wird in regelmäßigen Abständen gemessen oder muss auf einen äußeren Stimulus (Triggerbedingung) reagiert werden? Muss in einem solchen Fall sehr schnell reagiert werden (Echtzeiterfassung)? Welche Datenmengen fallen in welcher Zeit an? Muss das Messsystem auch Abläufe steuern oder regeln?

Aus den wirtschaftlichen und organisatorischen Randbedingungen ergeben sich in der Regel zusätzliche Anforderungen. Wie lange soll das Messsystem eingesetzt werden (Lebenszyklus)? Muss es erweiterbar sein und wie umfangreich wird das Gesamtsystem ausfallen? Welche Räumlichkeiten stehen für das Messsystem zur Verfügung? Ist ein mobiler Einsatz gefordert oder zu erwarten? Welche gesetzlichen oder innerbetrieblichen Auflagen, z. B. vorgeschriebene Kalibrationsverfahren, sind auf das Messsystem anzuwenden? Ist eine Kopplung mit anderen Messsystemen, industriellen Systemen oder Bürosystemen erforderlich? Welche Rechnerplattformen und Betriebssysteme sind im Umfeld vorhanden? Welche Vorerfahrungen sind eventuell schon vorhanden? Und – last but not least – was darf das Messsystem kosten? (Anmerkung: Messdatenerfassungssysteme einschließlich der Messfühler sind teuer! Fragen Sie jeden, der mal eben eine Messung für 1000 € durchgeführt haben möchte, wie viel Geld er oder sie für ein Auto ausgeben würde. Bei vielen Fahrzeugen ist der Kostenanteil für Elektronik 30 % und mehr – und das meiste davon sind in großen Stückzahlen hergestellte Messfühler und Messdatenerfassungseinheiten.)

Für die konkrete Planung eines Messsystems ergibt sich meistens die folgende Auswahlroute: Zuerst werden alle Eingangssignale (Analogspannungen, Digitalsignale) und Ausgangssignale (Analogausgänge, digitale Steuersignale) mit den geforderten Leistungswerten und -funktionen zusammengestellt. Danach werden die für die Auswahl des Messsystems kritischen Leistungsanforderungen und Randbedingungen identifiziert und eine entsprechende Messsystem-Rechner-Betriebssystem-Kombination ausgewählt. Falls man die Wahl hat, legt man sich meist jetzt schon auf eine geeignete Messdatenerfassungssoftware fest, da die gewählte Softwarelösung mitbestimmt, welche Hardwarekomponenten ausgewählt werden können. Am kritischsten ist dann immer die Wahl des richtigen A/D-Wandlungsmoduls. Die gewünschten zusätzlichen Funktionen sind bei Multifunktionsmodulen oftmals schon abgedeckt oder lassen sich andernfalls durch Zusatzmodule erfüllen. Man stellt am Ende geeignete Signalkonditionierungselemente und, falls noch nicht vorhanden, Messfühler zusammen. Es sollten zudem alle notwendigen Verkabelungen bedacht werden.

Die verschiedenen gängigen Messsysteme können in die folgenden Kategorien eingeteilt werden:

- Messsysteme, die in den Systembus eines Rechners eingesteckt werden (Einsteckkarten, Plugin-Karten, Kapitel 5.4.1).
- Messsysteme, die an Standardschnittstellen eines Rechners angekoppelt werden (serielle oder parallele Schnittstelle, Kapitel 5.4.2).
- Messsysteme mit Standardmessgeräten, die über einen Instrumentierungsbus mit dem Rechner verbunden werden (z. B. IEEE 488, Kapitel 5.4.3).
- Modulare Messsysteme, die auf einem für Messdatenerfassungszwecke qualifizierten Einschubrahmensystem aufbauen (z. B. VXI, Kapitel 5.4.4).

5.4.1   Einsteckkarten für Rechnersystembusse

Die Motivation, Personalcomputer (PCs) als Messdatenerfassungssysteme einzusetzen, ist meistens, vorhandene Rechner auch für diesen Zweck zu nutzen bzw. kostengünstige Rechner einsetzen zu können. Abbildung 5-28 zeigt den grundlegenden Aufbau eines PC-Messdatenerfassungssystems, das eine Einsteckkarte verwendet, und verdeutlicht, welche Aufgaben von dieser und den weiteren Komponenten abgedeckt werden. Dabei werden insbesondere auch die Verkabelungsschnittstellen (Rangierverteiler) sichtbar: Die Messfühlersignale werden in der Regel über eine Klemmleiste an die Messgrößenumformer (Signalkonditionierung) angeschaltet. Die verstärkten Signale sind dann über ein Kabel mit der Einsteckkarte im PC verbunden, die wiederum über den Systembus des PC mit einer geeigneten Messdatenerfassungssoftware kommuniziert.

Da für Labormesssysteme meist auch weitere Erfassungsfunktionen wie die Aufzeichnung von An-/Aus-Signalen oder Impulszählerausgängen oder die Steuerung von Aktoren (Schalter, Motoren, ...) benötigt wird, haben sich Datenerfassungskarten zu regelrechten Multifunktionssystemen (DAQ-System, Data AcQuisition System) entwickelt.

5.4.1.1   Rechnerplattformen

Für welche Rechnerplattformen Messdatenerfassungskarten erhältlich sind, richtet sich sehr stark nach der Marktentwicklung im Personal- und Bürocomputerbereich. Zum Zeitpunkt der Erstellung dieses Textes dominiert die „Wintel"-Plattform (Windows-Betriebssystem auf Intel-kompatiblen Prozessoren) das Marktgeschehen.

Da für die Messdatenerfassungskarten die entscheidende Schnittstelle des Rechners ein von außen zugänglicher Systembus ist, muss dieser als wichtigstes Unterscheidungsmerkmal gewertet werden. Dabei werden immer nur die „tragenden", d. h. durch herstellerunabhängige Standards gestützten, Systembusentwicklungen von den Kartenherstellern unterstützt. Der noch weit verbreitete ISA-Bus (Industrial Standard Architecture), der von Anfang an im „IBM-Rechner" verwendet wurde, wird dabei mehr und mehr durch den weitaus leistungsfähigeren PCI-Bus (Peripheral Component Interconnect) abgelöst. Für industrielle Systeme ist auf der Grundlage des PCI-Busses ein auf dem Eurokartenformat basierendes Einstecksystem entstanden (CompactPCI). Auf CompactPCI aufbauende Messsysteme werden in Kapitel 5.4.4 angesprochen, da es sich um eigens für Messzwecke geschaffene Standards handelt.

| Maschine/Anlage | Messdatenerfassung (DAQ = Datenakquisition) | Analyse | Präsentation |

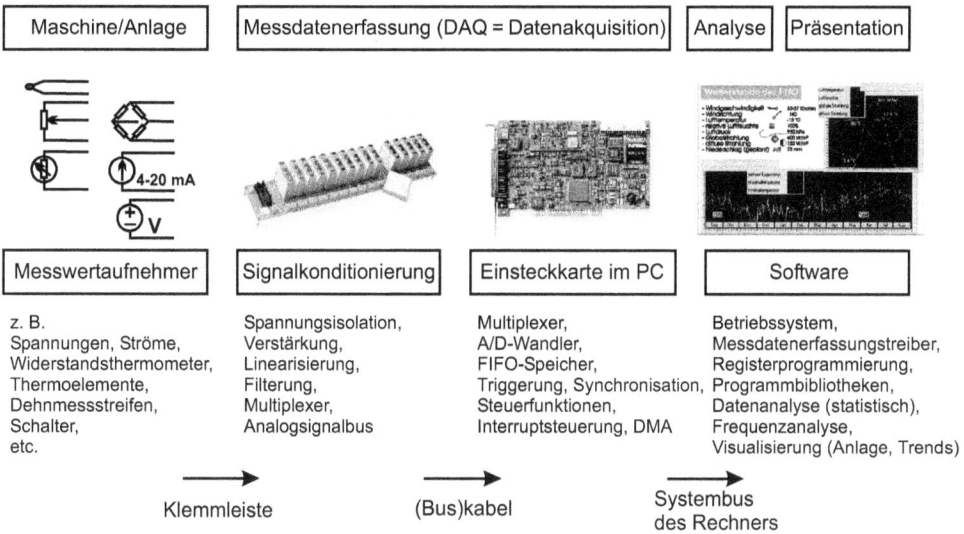

| Messwertaufnehmer | Signalkonditionierung | Einsteckkarte im PC | Software |

| z. B.
Spannungen, Ströme,
Widerstandsthermometer,
Thermoelemente,
Dehnmessstreifen,
Schalter,
etc. | Spannungsisolation,
Verstärkung,
Linearisierung,
Filterung,
Multiplexer,
Analogsignalbus | Multiplexer,
A/D-Wandler,
FIFO-Speicher,
Triggerung, Synchronisation,
Steuerfunktionen,
Interruptsteuerung, DMA | Betriebssystem,
Messdatenerfassungstreiber,
Registerprogrammierung,
Programmbibliotheken,
Datenanalyse (statistisch),
Frequenzanalyse,
Visualisierung (Anlage, Trends) |

Klemmleiste   (Bus)kabel   Systembus des Rechners

Abbildung 5-28: Grundlegender Aufbau einer PC-Messdatenerfassung

Für Notebook-Rechner wurde von der PCMCIA (Personal Computer Memory Card International Association) eine Schnittstelle geschaffen, die entsprechend miniaturisierte Anschlüsse verwendet und ursprünglich für Speichererweiterungen vorgesehen war. Inzwischen sind die „gängigen" PC-Einsteckkarten auf die Scheckkartengröße von PCMCIA-Karten übertragen worden und somit auch für mobile Messsysteme verfügbar.

Die für die Messdatenerfassung entscheidenden Eigenschaften eines Systembusses sind dabei:

- Der schnelle Datentransfer, sowohl was die Übertragungsgeschwindigkeit angeht als auch die Fähigkeit, Daten ohne Beteiligung des Prozessors in den Arbeitsspeicher zu übertragen (ISA-Bus: 3 MiB/s bis 5 MiB/s und DMA, Direct Memory Access; PCI-Bus: 95 MiB/s bis theoretisch 132 MiB/s und Bus Mastering).
- Die Verfügbarkeit von Unterbrechungsleitungen (Interrupt-Leitungen), um nach einem zeitlich nicht vorhersagbaren Eintreffen einer Triggerbedingung vom Prozessor bedient zu werden. Dabei ist insbesondere auch eine möglichst geringe Reaktionszeit (Latenzzeit) gewünscht.
- Einfache Handhabung durch Plug und Play, d. h. einer automatischen Erkennung der Einsteckkarte und einer automatischen Zuordnung von Interrupts und Speicherbereichen zum Datentransfer.
- Möglichst eine Unabhängigkeit von Details der Prozessor- und Speicherausstattung des Rechners durch einen vom Prozessorbus entkoppelten Systembus (z. B. PCI).

Die zuletzt genannte Eigenschaft des PCI-Busses führt dazu, dass auch andere Betriebssysteme, die auf PCI-Bus-Hardware aufbauen – wie z. B. MacOS oder Linux –, mit Messdatenerfassungskarten ausgestattet werden können. Voraussetzung ist dann, dass entsprechende Treibersoftware für das Betriebssystem verfügbar ist.

Der optimale Betrieb von Einsteckkarten ist aber nicht nur eine Frage der Rechnerplattform, sondern auch des Betriebssystems, denn dieses sollte den obigen Eigenschaftenkatalog tatsächlich auch unterstützen. Die kritischste Frage ist dabei meist die Reaktionszeit. Die Mindestvoraussetzung für ein schnelles Reagieren ist ein echtes (preemptives) Multitasking, sodass zwischen dem momentan laufenden Programm und dem Messdatenerfassungsprogramm direkt umgeschaltet werden kann. Diese Eigenschaft besitzen alle modernen Betriebssysteme (Unix, MacOS, Windows NT/XP/7, aber z. B. nicht Windows 3.1). Weitaus schwieriger ist es, eine maximale zulässige Antwortzeit zu garantieren. Antwortzeiten von weniger als 10 ms lassen sich in der Regel nur mit spezialisierten Echtzeitbetriebssystemen oder mit digitalen Signalprozessoren (DSPs) realisieren. Neben diesen allgemeinen Eigenschaften des Betriebssystems beeinflusst auch die verfügbare Treibersoftware für eine Einsteckkarte deren Leistungsfähigkeit im System.

5.4.1.2 Auswahlkriterien für Multifunktionseinsteckkarten

Hat man den Bedarf an Messdatenerfassungsgrößen für einen konkreten Messaufbau ermittelt, so müssen eine oder mehrere geeignete Einsteckkarten ausgesucht werden. In den Katalogen der einzelnen Hersteller findet man meistens eine Auswahltabelle, die die in Tabelle 5-3 gezeigten Kenngrößen nennt. Nicht jede Einsteckkarte deckt dabei alle genannten Signalkategorien ab. Die dritte Spalte der Tabelle 5-3 ist eine repräsentative Zusammenstellung angetroffener Kenndaten und erhebt keinen Anspruch auf Vollständigkeit.

Tabelle 5-3: Kenndaten für PC-Multifunktionseinschubkarten. Häufig verwendete Kennwerte sind fett hervorgehoben.

Signalkategorie	Kenngröße	Typische Kennwerte
Analogeingänge	Anzahl und Kopplung	**8 DI/16 SE**, 32 DI/64 SE, 2 DISS, 4 DISS, 2 DI/4 SE, 4 DI/8 SE, 8 SE, 16 SE, 8 DI, 16 DI
	Auflösung/bit	**12**, 14, 16
	Eingangsspannungs-bereich/V	**0 - 10**, 0 - 5, **±10**, ±2.5, ±5, ±20, ±42
	Verstärkung	0.5, **1**, **2**, 4, 5, 8, **10**, 16, 20, **50**, **100**
	Abtastrate/kHz	11, 20, **100**, 125, 150, 200, 250, **300**, 330, 500, 1.250, 5.000
Analogausgänge	Anzahl	1, **2**, 4, 6, 8
	Auflösung/bit	**12**, 14, 16
	Ausgangsbereich/V	0 - 10, **±10**, 0 - 5, ±5, ±2.5
	Ausgaberate/kHz	10, 15, 20, 30, 50, 100, 130, 200, 300, 500, **1000**, 4000
Digitale Ein-/Ausgänge	Kanäle	2, 4, 8, **16**, 24, 32
	Signaltyp	**TTL**, 24 V
Zähler und Zeitgeber	Anzahl	1, 2, **3**, 4
	Wortbreite/bit	16, **24**
Triggerung	Typ	analog, digital
Datentransfer	DMA/Kanäle	1, **2**

Multifunktionseinsteckkarten besitzen in der Regel mehrere Analogeingänge, die bis auf sel-tene Ausnahmen über einen analogen Multiplexer auf **einen** A/D-Wandler geschaltet wer-den. In der Regel befindet sich dabei das Abtast-Halte-Glied zwischen dem Multiplexer und dem A/D-Wandler (Abbildung 5-29a). Kommt es darauf an, dass auf allen Eingangskanälen gleichzeitig gemessen wird, so muss je ein Abtast-Halte-Glied vor die Multiplexereingänge geschaltet werden (Abbildung 5-29b, Simultaneous Sample&Hold). Wie flexibel die Kanäle mit dem Multiplexer ausgewählt werden können, hängt vom Umfang der Scanliste ab. Bei entsprechendem Aufwand können beispielsweise individuelle Verstärkungsfaktoren verwen-det werden oder es besteht die Möglichkeit, neben kontinuierlichen Scans auch getriggerte durchzuführen.

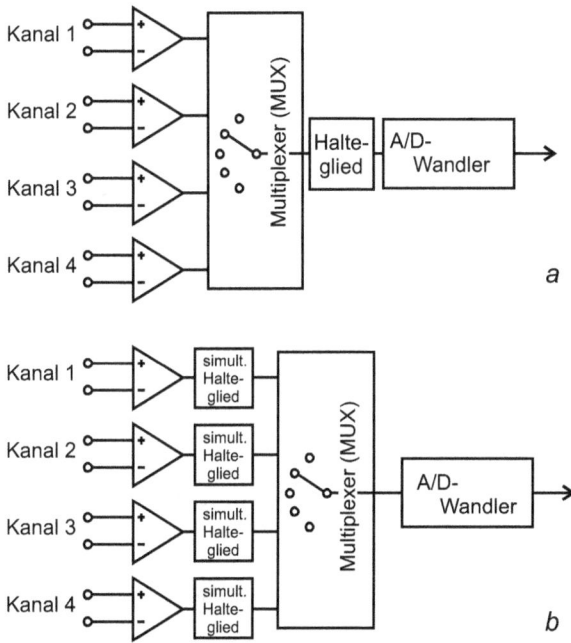

Abbildung 5-29: Analogein-gangsumschaltung im echten Zeitmultiplex (a) und bei gleichzeitig gehalte-nen Eingangsspannungen (b)

Außer der verfügbaren Anzahl an Eingangskanälen spielt für die Analogeingänge die Art der Ankopplung des Signals eine wichtige Rolle: Grundlegend ist zu unterscheiden, ob die Mas-seleitungen der verschiedenen Signalleitungen alle untereinander verbunden werden (SE, Single Ended) oder ob die Masseleitung jeweils individuell angeschlossen wird (DI, diffe-renziell). Abbildung 5-30 verdeutlicht den prinzipiellen Unterschied und zeigt auf, warum immer halb so viel differenzielle wie SE-Eingänge zur Verfügung stehen. Die Messsignal-spannung U_{Signal} wird über eine Messleitung an den hochohmigen Eingangsverstärker der Einsteckkarte übertragen (Abbildung 5-30a). Stimmen die Massepotenziale des Messumfor-mers U_{E2} und der Einsteckkarte U_{E1} überein, so führt der Leitungswiderstand R_L der Signal-leitung wegen des hohen Eingangswiderstands nur zu einer vernachlässigbaren Spannungs-verschiebung. Unterscheiden sich allerdings die Massepotenziale um $\Delta U = U_{E2} - U_{E1}$, so ist die Eingangsspannung am Verstärker entsprechend im Gleichtakt verschoben. Durch Verrin-gerung des Schirmwiderstands R_S oder durch eine Änderung in der Stromversorgung des

Messumformers bzw. des Rechners kann man dieser Verfälschung in begrenztem Umfang entgegenwirken. Sicherer ist es allerdings, den Unterschied in den Massepotenzialen zu messen. Dazu wird die Potenzialdifferenz in den Massen über einen zweiten Eingangskanal der Einschubkarte gemessen (Abbildung 5-30b) und entsprechend – intern – abgezogen. Die genannten Masseprobleme treten vermehrt dann auf, wenn die Entfernungen zu den Messumformern groß sind oder wenn sehr viele unterschiedliche Messumformer und Signalquellen verwendet werden. Werden rechnerseitig Trennverstärker eingesetzt, so besteht keine galvanische Verbindung zum Messumformer und eine differenzielle Messung ist demnach sinnlos.

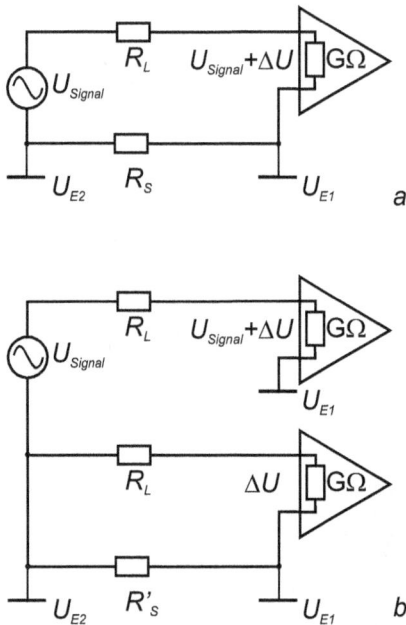

Abbildung 5-30: Vergleich einer „Single Ended"-Eingangskanalanschaltung (a) mit einer differenziellen Anschaltung (b).

Im Fall der gemeinsamen Erdung aller Signalleitungen wird z. T. noch unterschieden, ob die verbundenen Masseleitungen mit der analogen Masse der Einsteckkarte verbunden wird (NRSE, Nonreferenced Single Ended) oder ob das Potenzial der gemeinsamen Signalmasse ähnlich wie bei einem Differenzeingang berücksichtigt wird (RSE, Referenced Single Ended oder pseudodifferenziell).

Die weiteren aufgeführten Kenndaten analoger Eingänge ergeben sich aus dem in Kapitel 5.3 gesagten. Die Genauigkeit der Quantisierung wird als Auflösung in Bit angegeben. Die Eingangsspannungsbereiche ergeben sich aus einem festeingestellten Bereich am A/D-Wandler und der Verstärkung einer programmierbaren Verstärkerstufe hinter dem Kanalmultiplexer. Der Kennwert der Abtastrate ist eine Maximalangabe, die für einen Kanal gilt. Wird zwischen mehreren Kanälen mit dem Multiplexer umgeschaltet, so muss für die Abtastrate eines einzelnen Kanals der Maximalwert durch die Zahl der verwendeten Kanäle geteilt werden. Bei der Verwendung von 16 Eingängen und einer maximalen Abtastrate von 200 kHz verbleiben also nur 12,5 kHz pro Kanal. Dabei wird davon ausgegangen, dass im Einschussverfahren gearbeitet wird, bis der Zwischenspeicher der Einschubkarte (FIFO) voll ist. Die Abtastrate im Dauerbetrieb ist im Prinzip durch die maximale Transferrate des Systembusses begrenzt, hängt aber praktisch immer von der Qualität der Softwaretreiber ab. Hier stellen Abtastraten von 10 Hz bis 100 Hz schon gute Werte dar. Da für eine Messung die verwendete Abtastrate über einen sehr weiten Bereich eingestellt werden kann, sind bis auf seltenste Fälle keine Antialiasfilter vorgesehen. Für die Unterdrückung des Aliaseffekts ist man also selbst verantwortlich!

Für die einzelnen Analogeingänge ist weiterhin wichtig, welche Maximalspannung angelegt werden darf. Außer wenn ausdrücklich auf eine galvanische Trennung des Eingangs hingewiesen wird, beträgt der Überspannungsschutz je nach Einsteckkarte und Betriebszustand nur ±15 V bis ±40 V. Man muss also in aller Regel durch den Einsatz von Trennverstärkern selbst für einen ausreichenden Überspannungsschutz sorgen. Entscheidend ist dabei nicht der normale Betriebszustand, sondern ein „Versehen" zumeist nicht sachkundiger Personen im Umfeld der Messung.

Für Analogausgänge werden die Anzahl unabhängiger D/A-Wandler-Kanäle, deren Auflösung in Bit und die Ausgangsspannungsbereiche angegeben. Für die Ausgaberate wird meistens eine maximale D/A-Wandlungsrate (in Hz oder S/s entsprechend Samples/s) genannt. Genauere Spezifikationen sollten die Einschwingzeit für einen Spannungssprung über den gesamten Ausgangsspannungsbereich (in µs) oder eine maximale Signaländerungsrate (in V/s) nennen. Ein weiteres Problem können Glitches darstellen, die durch das unkontrollierte Auftreten von digitalen Zwischenwerten verursacht werden und zu kurzzeitigen Spannungsspitzen führen. Hochwertige D/A-Wandler sehen eine entsprechende Filterung am Analogausgang vor. U. U. wird auch am Ausgang eine galvanische Trennung verwendet. Die maximale D/A-Wandlungsrate ist nicht mit der Schreibrate vom Messdatenerfassungsprogramm aus zu verwechseln. Die Daten werden vom Programm in der Regel einmalig in einen Zwischenspeicher (Puffer) auf der Datenerfassungskarte geschrieben, dessen Inhalt dann zyklisch an den D/A-Wandler weitergegeben wird.

Die meisten Messdatenerfassungskarten sehen ebenso Leitungen für die Ein- und Ausgabe von digitalen TTL-Signalen vor – seltener für andere digitale Logikfamilien oder höhere Spannungen. Sollen große Ströme geschaltet werden, so müssen entsprechende Relais dazwischengeschaltet werden. Bei der Bewertung der Anzahl der zur Verfügung stehenden Leitungen ist zu berücksichtigen, inwieweit Zwänge zur Gruppenbildung für Eingangs- bzw. Ausgangsfunktionen bestehen, d. h. ob z. B. immer acht Leitungen gemeinsam als Ein- oder Ausgang konfiguriert werden müssen. Für das Schalten von Heizern oder Motoren beispielsweise reichen niedrige E/A-Geschwindigkeiten aus. Sollen auch digitale Schnittstellen, z. B. eine Parallelschnittstelle, betrieben werden, sind hohe Erfassungs- oder Ausgaberaten erforderlich.

Da eine Messdatenerfassungskarte den zeitlichen Ablauf der A/D-Wandlung steuern muss, sind die Karten in der Regel mit einem Zählerbaustein bestückt. Oftmals werden Bausteine gewählt, die mehrere Zähler- bzw. Zeitgebergruppen besitzen, wovon ein Teil dann auch extern für die unterschiedlichsten Zähler- und Zeitgeberfunktionen genutzt werden kann, sofern es sich um TTL-Signale handelt. So ist es möglich, Impulse zu zählen, Frequenzmessungen und Messungen von Periodendauern, Impulsbreitenmessungen und Zeitmessungen durchzuführen. Umgekehrt können auch Signale mit unterschiedlicher Frequenz und Impulsbreite generiert werden. Ebenso lassen sich verzögerte Signale erzeugen. Neben dem Umfang in der Implementierung dieser qualitativen Funktionen unterscheiden sich die Einsteckkarten in der Anzahl der Zählerkanäle, in der Bitbreite der Zählerworte, die festlegt, wann der Zähler wieder zurückspringt, und in der maximalen Eingangsfrequenz.

Ein weiteres Auswahlkriterium für Multifunktionseinsteckkarten ist die Frage, wie die A/D-Wandlung ausgelöst wird. Dieser Vorgang wird in Anlehnung an den Abzugshahn eines Colts (Trigger) Triggerung genannt. Eine interne Triggerung erfolgt über ein Softwarekommando, das eine oder mehrere durch den Zeitgeber auf der Einsteckkarte koordinierte Messungen durchführt. Häufig muss der Messvorgang aber durch den Messaufbau selbst gestartet werden, z. B. wenn eine Synchronisation mit einer Drehbewegung variabler Drehzahl erfolgen soll oder die Messereignisse zufällig oder unvorhersagbar auftreten (radioaktiver Zerfall, Bruchvorgang). In diesem Fall muss eine externe Triggerung erfolgen, die je nach Einsteckkarte entweder durch einen digitalen Normpuls oder durch die Schwellenüberschreitung einer analogen Spannung – oder beides – ausgelöst wird. U. U. besteht die Möglichkeit, den Triggerzeitpunkt an eine beliebige Stelle des Zeitfensters setzen zu können, d. h. er muss nicht zwangsläufig am Anfang des Zeitfensters belassen werden. Entsprechend unterscheidet man den Datenbereich vor („pre-Trigger") und nach („post-Trigger") dem Trigger.

Weitere Gesichtspunkte bei der Auswahl von Messdatenerfassungskarten beziehen sich auf Softwarefragen. Die softwareseitige Unterstützung ist, je nachdem auf welchem Programmierniveau für den Einsteckkartenbetrieb gearbeitet werden soll, unterschiedlich umfangreich. Es sind die folgenden Schwierigkeitsgrade bei der Programmierung zu unterscheiden:

- „Menüprogrammierung", bei der eine begrenzte Zahl von Messparametern über Menüs eingestellt wird.
- Graphische Programmierung, bei der „Black Boxes" den Zugriff auf die Einsteckkarte erlauben. Dabei kann auf einen mehr oder minder großen Vorrat an üblichen Auswerteverfahren zurückgegriffen werden. Die Programmierung erfolgt durch „Verdrahten" der Funktionsblöcke und stellt meist umfangreiche Möglichkeiten zur Datenvisualisierung bereit.
- Verwendung von Unterprogrammbibliotheken für Hochsprachen wie C++ oder Basic. So lassen sich die Messdaten einfach komplexen Auswertungsalgorithmen zuführen. Die graphische Darstellung der Messdaten erfordert in diesem Fall größeren Programmieraufwand.
- Registerprogrammierung, bei der die einzelnen Bits und Bytes der in den PC-Arbeitsspeicher eingeblendeten Register der Einsteckkarte direkt manipuliert werden (Memory Mapped I/O), meist mit dem Ziel einer sehr schnellen Messdatenaufnahme.

Außer im letzten Fall muss darauf geachtet werden, wie effizient jeweils die Treibersoftware ist.

Multifunktionseinsteckkarten bieten in unterschiedlichem Maße Vorkehrungen, um schaltungsabhängige Einstellungen wie z. B. den Eingangsspannungsbereich eines A/D-Wandlers oder die Signalkopplung am Eingang (SE/DI) vollständig über die Software vornehmen zu können. Andernfalls ist man gezwungen, bei jeder Änderung die Einsteckkarte ausbauen zu müssen, um Brücken umzusetzen oder DIP-Schalter zu betätigen.

5.4.1.3   Prinzipieller Aufbau eines Multifunktionssystems

Um die konkrete Umsetzung der einzelnen Funktionen und das Zusammenspiel der Komponenten einer Multifunktionseinsteckkarte besser zu verstehen, ist in Abbildung 5-31 als Beispiel das Blockschaltbild einer typischen „Mittelklasse"-Einsteckkarte (PCI-Buskarte, 16 SE/8 DI-Analogeingänge, 12 Bit Auflösung, 250 kHz Abtastrate, 0 V bis 10 V, ±10 V, ±5 V Eingangsspannungsbereich, programmierbare Verstärkung 1, 2, 5, 10, 20, 50, 100, zwei 12-Bit-Analogausgänge mit 1 MS/s und ±10 V, 8 digital E/A, zwei 24-Bit-Zähler-/Zeitgebergruppen, analoge und digitale Triggerung) gezeigt. Die linke Sammelschiene fasst alle Signale der Kabelverbindung zur Signalkonditionierung zusammen, die rechte stellt den PCI-Bus dar.

Die 16 analogen Eingangsleitungen sind in zwei Achtergruppen geteilt, die jeweils mit einem analogen Multiplexer verbunden sind. Diesem Multiplexer zur Kanalwahl folgt hier eine zweite Multiplexerstufe. Über die zweite, auch doppelgleisige, Multiplexerstufe wird zwischen dem SE- und dem DI-Betrieb umgeschaltet und es können Spannungsreferenzen zur Selbstkalibration der Karte, Vergleichsspannungen für Triggerzwecke oder auch die Analogausgangsspannungen „eingeblendet" werden. Der nachfolgende programmierbare Verstärker und der A/D-Wandler werden über Kalibrations-D/A-Wandler gesteuert. Ohne diese Vorkehrungen für eine Selbstkalibration der A/D-Wandlungskette lässt sich die nötige Genauigkeit nicht erzielen. Man mache sich klar, dass für den Eingangsbereich von 0 V bis 10 V, eine Verstärkung von 100 und die 12 Bit Auflösung $U_{LSB} = 24\ \mu V$ ist! Am Verstärker wird die Analogspannung ganz geringfügig künstlich verrauscht (Dithering). Die digitalisierten Spannungswerte werden in einen FIFO-Speicher (First In - First Out) zwischengespeichert und über das Businterface an den PCI-Bus und den Prozessor bzw. Arbeitsspeicher übergeben.

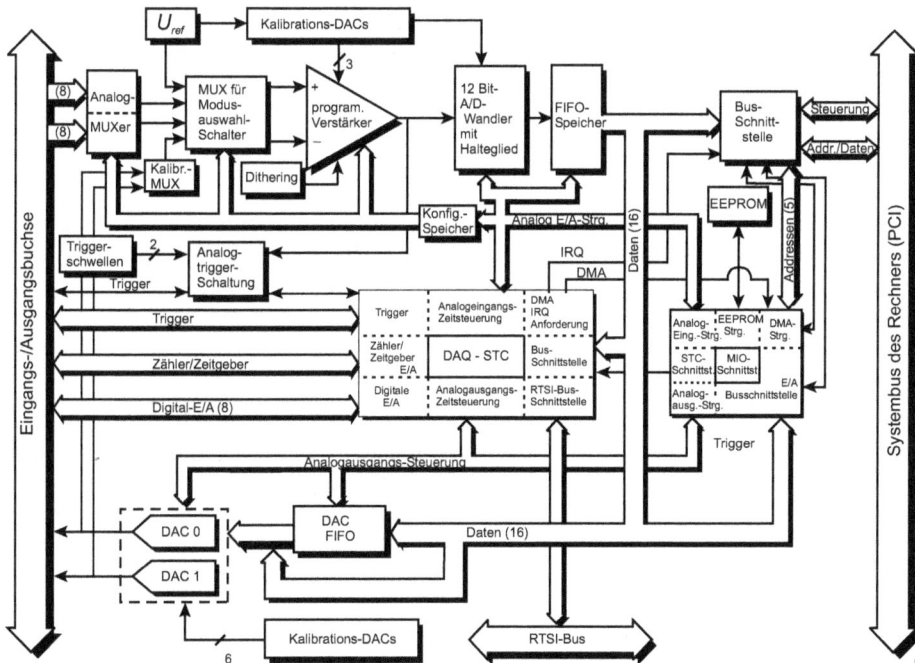

Abbildung 5-31: Blockschaltbild einer typischen Multifunktions-Messwerterfassungskarte (National Instruments)

Die Realisierung der zwei analogen Ausgangskanäle ist am unteren Rand des Blockschaltbilds gezeigt. Die zwei D/A-Wandler werden entweder über einen FIFO-Zwischenspeicher oder direkt über den Rechnerbus mit ihren Daten versorgt. Die Referenzspannungen für die D/A-Wandler werden mit separaten Kalibrations-D/A-Wandlern abgestimmt.

Die A/D- und D/A-Wandlungsketten werden, was die Einstellungen und den Zeitablauf angeht, jeweils von einem Kontrollbus gesteuert, der für die Analogeingänge zusätzlich über einen Konfigurationsspeicher verfügt. An den Logikbaustein (Gate Array), der die Steuerung vornimmt, sind auch alle anderen digitalen Signale angeschlossen, also die acht digitalen Ein-/Ausgänge, die zwei Zähler-/Zeitgeberkanäle, der digitale Trigger und über eine Analogstufe der analoge Trigger. Dieser Baustein löst je nach Wahl auch eine Unterbrechungsanforderung (Interrupt) an den Rechner aus bzw. steuert den direkten Datentransfer in den Arbeitsspeicher (DMA). Ebenso wird, falls mehrere Einsteckkarten in einem Rechner vorhanden sind, das Zusammenspiel der Karten, insbesondere was die Triggerung anbelangt, über eine direkte Busverbindung koordiniert. Die Implementierung der Kontrolllogik ist dementsprechend umfangreich und legt fest, wie flexibel die Datenerfassung angepasst werden kann – also u. a. auch, welche Funktionen softwaremäßig gesteuert werden können. Ein weiterer Logikbaustein handhabt den Datenverkehr mit dem Rechnerbus, insofern er von den Eigenschaften des Systembusses abhängt. Wollte der Hersteller die Karte auf einen anderen Rechnerbus anpassen, so müsste nur dieser Teil geändert werden.

Zusammenfassend wird deutlich, dass eine Multifunktionsdatenerfassungskarte erheblichen Schaltungs- und entsprechenden Entwicklungsaufwand erfordert, damit die aufgezeigten Leistungsdaten auch erreicht werden. Preisgünstige Karten müssen demgegenüber an vielen Stellen Kompromisse eingehen und man tut gut daran herauszufinden, in welcher Weise Leistungsumfang und Komfort eingeschränkt sind und ob die Einschränkungen für den konkreten Messaufbau beeinträchtigend sind.

5.4.1.4   Anschaltung von Messfühlern und -umformern

Die Vielzahl der Signalverbindungen, die an einer Multifunktionskarte angeschlossen werden müssen, werden auf der Rückseite des PCs auf einen 50- bis 100-poligen Stecker aufgelegt und über ein geschirmtes Kabel, wobei auch eine interne Schirmung zwischen den analogen und digitalen Signalen erfolgen sollte, der Signalverteilung in der Nähe des Messaufbaus zur Verfügung gestellt. Die Signalverteilung wird je nach Aufwand für die Signalaufbereitung (Signalkonditionierung) auf unterschiedliche Weise realisiert:

- Für den Fall, dass alle Analogkanäle mit *demselben Messfühlertyp* belegt werden (z. B. ausschließlich Thermoelementen), können für gängige Messfühler Platinen mit den entsprechenden Schaltungen zur Signalaufbereitung verfügbar sein. Die digitalen Signale werden dann abgezweigt und anderweitig verschaltet. Für die Erfassung einer sehr großen Anzahl langsamer Analogsignale (von einigen Hertz) kann eine weitere Multiplexerstufe vorgeschaltet werden. Es werden dann mehrere Signalaufbereitungsplatinen verbunden.

- Bei einer *Vielzahl verschiedener Analogsignaltypen* sollte auch die Signalkonditionierung modular gestaltet sein. Nach dem PC stellt dann eine Signalverteilungsplatine Steckverbindungen für die verschiedenen Signalkategorien, d. h. analoge bzw. digitale Signale, bereit. Es wird dann jeweils eine Trägerplatine für Messumformermodule bzw. für digitale E/A-Module (Relais) angeschlossen.

- Ist eine Signalaufbereitung für sehr viele Kanäle erforderlich, so kann es günstiger sein, ein *Einschubrahmensystem* zu verwenden (z. B. SCXI). In diesem Fall besorgt die Rückwandplatine („Backplane") die Signalverteilung und die Messumformung erfolgt in Einsteckmodulen.

- An einem direkten *Anschlussblock* werden die Signalleitungen ohne weitere Signalaufbereitung mit Schraubklemmen verbunden. Die Einsteckkarte und der PC sind in diesem Fall nicht gegen Überspannungen geschützt, außer es werden entsprechende Messumformer z. B. auf DIN-Hutschienen oder im Messfühlerkopf verbunden. In diesem Fall entfällt die Trägerplatine und die Stromversorgung kann meist mit gängigen Schaltschrankspannungen (z. B. 24 V) erfolgen.

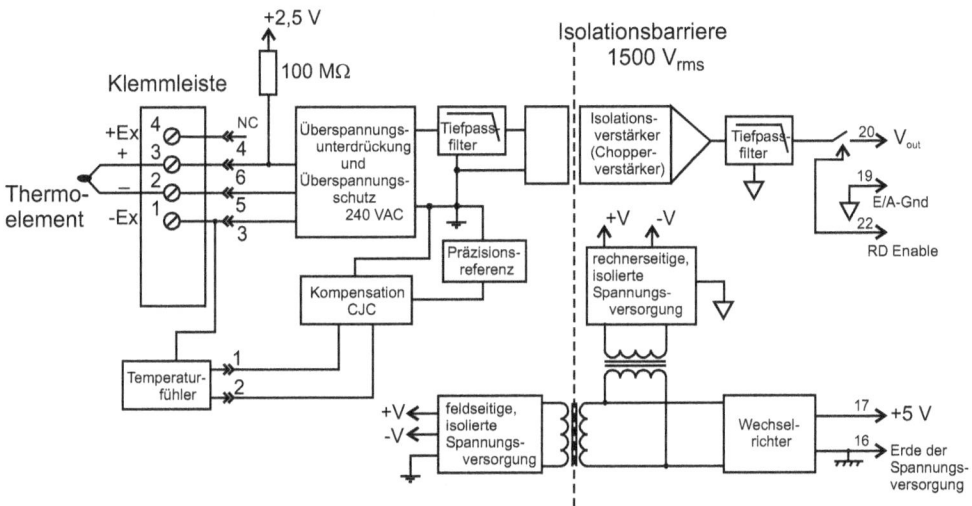

Abbildung 5-32: Aufbau eines 5B-Messumformermoduls zur Anschaltung von einem Thermoelement an eine Messdatenerfassungskarte

Bei den modularen Messumformermodulen sind so genannte 5B-Module recht weit verbreitet. Andere Messumformerbaureihen wie 3B- oder 7B-Module, bzw. ADAM3000-Module ähneln den 5B-Modulen funktionell. Tabelle 5-4 gibt eine Überblick über die Vielzahl erhältlicher 5B-Module. Abbildung 5-32 zeigt exemplarisch den Aufbau eines Thermoelement-Messumformers. Durch die Schutzschaltung im Eingang wird erreicht, dass ein dauerhaft angelegtes 230 V-Netzspannungssignal den Eingang des 5B-Moduls nicht zerstören kann. Durch einen Trennverstärker und die induktive Entkopplung der Spannungsversorgung für die Eingangsschaltung erreicht man eine Überschlagsfestigkeit von 1500 V (Effektivwert). Die Messdatenerfassungskarte und der PC werden also durch die rigorose galvanische Trennung vom Messfühler und dem Messaufbau vor versehentlich angelegten Überspannungen geschützt. In dem gezeigten Beispiel sind weiterhin zwei Tiefpassfilter vor und hinter dem Trennverstärker gezeigt, die einerseits Störungen des verwendeten Chopperverstärkers unterdrücken, andererseits aber so ausgelegt sind, dass sie als Antialiasfilter (mit einer Grenzfrequenz von 4 Hz) verwendet werden können. Die Signalunterdrückung beträgt bei 50 Hz bereits 90 dB. Die weiteren Elemente, wie die Präzisionsspannungsquelle und der Temperaturfühler zur Korrektur der Thermospannung in den Klemmverschraubungen (CJC, Cold Junction Correction), sind typisch für Thermoelementeingänge.

Für die Verteilung der digitalen Eingangs- und Ausgangssignale gelten ähnliche Überlegungen wie im Fall der Analogsignale. Viele gleichartige Digitalleitungen werden auf entsprechenden Anschaltplatinen zusammengefasst. Eingänge können optisch angekoppelt werden, sodass sie dann elektrisch isoliert sind. Die direkten TTL-Ausgänge einer Messdatenerfassungskarte können elektrisch nur sehr gering belastet werden. Sie werden zum Ansteuern entsprechender Relais benutzt, die entweder 24 V Gleichspannungen oder 230 V Wechselspannungen schalten. Möchte man Gleichspannungs- und Wechselspannungsein- und -ausgänge mischen, so erreicht man beim Einsatz von Halbleiterrelais (SSR, Solid State Relay) die größte Flexibilität. Für Zählereingänge sind optisch entkoppelte und überlastbare Eingänge nur bei relativ langsamen Impulsfolgen möglich.

Tabelle 5-4: Kategorien der 5B-Messumformermodule (für die Typen 5B30 und 5B31 sind beispielhaft die einzelnen Modultypen gezeigt).

Modul	Eingangsbereich	Ausgangsspannung
5B30, 5B31	Analoger Spannungseingang, geringe Bandbreite (4 Hz)	
5B30-01, -02, -03	±10 mV, ±50 mV, ±100 mV	±5 V
5B30-04, -05, -06	±10 mV, ±50 mV, ±100 mV	0 V bis +5 V
5B31-01, -02, -03	±1 V, ±5 V, ±10 V	±5 V
5B31-04, -05, -06	±1 V, ±5 V, ±10 V	0 V bis +5 V
5B31-07, -09	±20 V, ±40 V	±5 V
5B31-08, -10	±20 V, ±40 V	0 V bis +5 V
5B32	Analoger Stromeingang 0 mA bis 20 mA, 4 mA bis 20 mA bei 4 Hz und 1 kHz Bandbreite	
5B34	Linearisierte Zwei- oder Dreileiter-Widerstandsthermometer (0 V bis 5 V Ausg., 4 Hz)	
5B35	Linearisierte Vierleiter-Widerstandsthermometer (0 V bis 5 V Ausg., 4 Hz)	
5B36	Potentiometer-Eingang (0 V bis 5 V Ausgangsspannung, 4 Hz Bandbreite)	
5B37	Thermoelementeingang (0 V bis 5 V Ausgangsspannung, 4 Hz Bandbreite)	
5B38	Dehnungsmessstreifeneingang (± 5 V Ausgangssp., 4 Hz oder 10 kHz Bandbreite)	
5B39	Analoger Stromausgang (400 Hz oder 1 kHz Bandbreite)	
5B392	Abgestimmte Servomotoransteuerung (1 kHz Bandbreite)	
5B40	Analoger Spannungseingang mV-Bereich, große Bandbreite (10 kHz)	
5B41	Analoger Spannungseingang V-Bereich, große Bandbreite (10 kHz)	
5B42	Zweidraht-Transmitter-Schnittstelle (100 Hz Bandbreite)	
5B43	Eingang für induktiven Lagesensor (LVDT, DC)	
5B45	Frequenzeingang	
5B47	Linearisierter Thermoelementeingang (4 Hz Bandbreite)	
5B49	Analoger Stromausgang (50 mA, 400 Hz Bandbreite)	

Die hier nur im Ansatz aufgezeigte Vielfalt der Anschlussmöglichkeiten an eine Messdatenerfassungskarte lenkt bei der praktischen Zusammenstellung von Systemen manchmal von
ganz einfachen Fragen ab. Fehlende Kabel haben schon bei manchem Messaufbau zu erheblichen Verzögerungen geführt. Die Vielzahl der Einzelkomponenten sollte aus Gründen der
Abschirmung noch in ein Gehäuse gesetzt werden, vorzugsweise so, dass die Anschlüsse
auch zugänglich und die Kabel zugentlastet sind. In dieser Hinsicht kann man sich an Lösungen, die für tragbare Messsysteme zum Anschluss an Notebook-Datenerfassungskarten entwickelt wurden, orientieren.

5.4.1.5   Grenzen der Messdatenerfassung mit Einsteckkarten

Obwohl zweifelsohne arbeitsfähige und auch hochwertige Messdatenerfassungssysteme mit
direkt in den Systembus eingesteckten Karten betrieben werden, müssen an dieser Stelle
doch zwei grundlegende Probleme angesprochen werden.

Elektromagnetische Störeinflüsse: In einem Rechner wird zwischen zwei Spannungspegeln
(0 V und 5 V) mit maximal der Taktrate und d. h. hochfrequent hin und her geschaltet. Dadurch entstehen auf den Masseleitungen elektrische und im Rechnergehäuse entsprechende
elektromagnetische Störungen, die sich auf den empfindlichen Analogeingang der
A/D-Wandlerkarte auswirken können. Dieses Problem kann z. T. nur durch sorgfältige und
komplette Abschirmung gelöst werden. Insbesondere auf 16-Bit-Messdatenerfassungskarten
ist deshalb oftmals ein zusätzliches Gehäuse montiert. Die Situation kann zudem schlecht
kontrolliert werden, da PCs mit Einsteckkarten, wie beispielsweise der Graphikkarte, jeweils
individuell zusammengestellt werden, eine individuelle EMV-Vermessung aus Kostengründen aber unterbleibt.

Standardisierungssituation: Die meisten der im Folgenden vorgestellten Systeme sind, was
ihre Programmierung angeht, zu einem gewissen Grad international standardisiert worden.
Für PC-Messdatenerfassungssysteme gibt es in dieser Hinsicht keinerlei Standards, sodass
man, nachdem man sich auf einen Einsteckkartenhersteller oder auf eine Messdatenerfassungssoftware festgelegt hat, weitere Teile von demselben Hersteller beziehen muss.
Ganz besonders deutlich wird dieses Problem bei der Verfügbarkeit von Treibersoftware.
Man kann über die Tatsache, dass viele Kartenhersteller Treiber für ein bestimmtes Messdatenerfassungsprogramm zur Verfügung stellen oder umgekehrt viele solcher Programme einen bestimmten Kartentyp unterstützen, gewisse „De facto"-Standards ablesen. Diese besitzen aber keinerlei Verbindlichkeit.

5.4.2   Verwendung von externen Rechnerschnittstellen

Die für Einsteckkarten erwähnten Probleme elektromagnetischer Störungen auf empfindliche
Messungen lassen sich besser kontrollieren, wenn die an Rechnern vorhandenen externen
Schnittstellen verwendet werden, zumal im Bedarfsfall die meisten externen Schnittstellen
sogar galvanisch getrennt werden können. Ein weiterer Vorteil ist die größere Mobilität,
denn in der Regel kann die Messdatenerfassungseinheit beim Betrieb des Rechners umge-
steckt und demnach an einen anderen Rechner versetzt werden. Da Notebooks die im Folgenden genannten Schnittstellen z. T. auch besitzen, erstreckt sich die Mobilität u. U. auch
auf das gesamte Messsystem. Nachteile sind hingegen die z. T. sehr viel geringere Daten-
transferrate und bei manchen Schnittstellen die mangelnde Erweiterbarkeit.

Schon lange in Gebrauch sind die beiden „klassischen" Schnittstellen, d. h. die Parallel-schnittstelle (Centronics-Schnittstelle) für Drucker und die serielle V.24-Schnittstelle (EIA RS232C) für Modems. Dabei werden mit der Parallelschnittstelle wegen der höheren Daten-transferrate eher Multifunktionskarten verbunden (Centronics oder SPP, Standard Parallel Port, max. circa 100 KiB/s; EPP, Enhanced Parallel Port oder ECP, Enhanced Capability Port, max. 2,3 MiB/s bzw. 2,1 MiB/s). An der langsameren seriellen Schnittstelle (RS232C max. 115,2 kbit/s, V.24 max. 19,2 kbit/s) wird meistens nur ein einziger Messkanal ange-schlossen. In diesem Fall ist die Messumformerfunktion, wie z. B. die der 5B-Module oder der ADAM-3000-Module, schon integriert (6B- oder 9B-Module bzw. ADAM-4000-Module). Ein Vorteil der seriellen Schnittstellenverbindung ist, dass größere Entfernungen überbrückt werden können, eventuell auch als Stromschleife (20 mA-Schnittstelle, Linien-schnittstelle). Ein gravierender Nachteil der klassischen Schnittstellen ist, dass sie immer nur eine Punkt-zu-Punkt-Verbindung ermöglichen. Möchte man mehrere Messsysteme oder Messkanäle anschließen, so muss der Rechner mit Mehrfach-Schnittstellenkarten ausgestattet werden. Für die RS232C-Schnittstelle besteht die Möglichkeit, auf die EIA RS485-Schnittstelle überzugehen, die gewissermaßen einen seriellen „Bus" darstellt. Diese Spezifi-kation bildet z. T. die Grundlage für die Übertragung in industriellen Feldbussystemen – u. a. auch deshalb, weil Leitungslängen bis zu 1,2 km zugelassen sind – und wird deshalb in Kapi-tel 5.5.1.3 besprochen.

In der Nachfolge der klassischen Schnittstellen gibt es zwei konkurrierende Entwicklungen: Einerseits der USB (Universal Serial Bus) und andererseits der „Firewire" (IEEE 1394) als Teil der SCSI-Standards (Small Computer Systems Interface). In beiden Fällen werden höhe-re Datenübertragungsraten erreicht, sehr viel kompaktere Stecker als bei den klassischen Schnittstellen verwendet, und es ist möglich, eine Vielzahl von Geräten gleichzeitig und im Betrieb anzuschließen (USB: 1,5 MiB/s, max. 127 Geräte mit je 4,5 m maximalem Abstand; IEEE 1394: 12,3 MiB/s bis 49 MiB/s, max. 16 Geräte mit je 4,2 m maximalem Abstand an einem Strang, USB 2.0-High-Speed: 60 MiB/s, USB 3.0-Super-Speed: 625 MiB/s). In beiden Fällen können die Geräte über den Bus mit Strom versorgt werden. Für den USB sind seit der Jahrtausendwende eine Vielzahl von Messdatenerfassungssystemen verfügbar. In beiden Fällen kommt die Möglichkeit der zeitechten (isochronen) Übertragung dem Datentransfer von Messdaten entgegen.

Eine weitere Tendenz ist die Nutzung der vielfach schon vorhandenen Infrastruktur im Rah-men der Rechnervernetzung also dem „Ethernet" (10BaseT, d. h. 10 Mbit/s Übertragung über Twisted-Pair-Kabel oder 100BaseT bei 100 Mbit/s) mit dem TCP/IP (Transport Control Protocol/Internet Protocol). Auf diese Weise lassen sich weitverteilte Messstationen mit ei-nem zentralen Messdatenerfassungsprogramm verbinden. Es muss aber berücksichtigt wer-den, dass sich das Zeitverhalten bei dem beim Ethernet verwendeten CSMA/CD-Mechanismus (Carrier Sense Multiple Access/Collision Detection) nicht vorhersagen lässt und dass insbesondere bei starker Netzbelastung die Antwortzeiten beträchtlich werden kön-nen.

Auch Standard-Messgeräte wie Multimeter, Oszilloskope, Frequenzmesser, Spektral-analysatoren etc. können in der Regel über die RS232C-Schnittstelle an einen Rechner ange-schlossen werden. Da aber wegen des Punkt-zu-Punkt-Verbindungsprinzips nur ein Gerät angeschlossen werden kann und jeweils die Schnittstellenparameter (Baudrate, Parität, Handshake) und der Kabeltyp (Nullmodem-Kabel, unvollständige Verdrahtung) genau bekannt sein müssen, wird oftmals der robustere, im folgenden Kapitel vorgestellte IEEE 488-Bus eingesetzt.

5.4.3 Instrumentierungsbus IEEE 488

Der IEEE 488-Bus ist ein herstellerunabhängig standardisierter Instrumentierungsbus, der eigens für die Verschaltung von Messinstrumenten und -geräten mit einem Messrechner dient und es erlaubt, komplexere rechnerkontrollierte Systeme für Labor-, Mess- und Prüfzwecke aufzubauen. Dabei hat sich inzwischen auch eine allgemein akzeptierte Kommandosprache zur Geräteprogrammierung herauskristallisiert. Dieses Kapitel soll u. a. auch dazu dienen, am Beispiel die grundlegenden Eigenschaften der Kommunikation über einen Bus zu erläutern.

Ein kurzer Rückblick auf die Entstehungsgeschichte dieses Instrumentierungsbusses soll die vielen unterschiedlichen Bezeichnungen, die (fast) dasselbe meinen, erläutern. Im Jahr 1965 von der Firma Hewlett-Packard (HP) als HP-IB (Hewlett-Packard Interface Bus) vorgestellt wurde das Konzept von anderen Herstellern als GPIB (General Purpose Interface Bus) übernommen. Bei dem Versuch, im Jahre 1972 aus dem inzwischen etablierten „Standard-Interface" bei der IEC (International Electrotechnical Commission) einen internationalen „Interface-Standard" zu machen, setzte sich der HP-IB gegen einen deutschen Vorschlag durch, wurde aber – gewissermaßen als Kompromiss – mit einem anderen Stecker als IEC 625 im Jahr 1975 vereinbart. Auf dem Hintergrund schon auf dem Markt befindlicher Geräte reagierten die Amerikaner noch im gleichen Jahr mit der Industrienorm IEEE 488 (IEEE: Institute of Electrical and Electronic Engineers), die vom ANSI (American National Standard Institute) als ANSI MC 1.1 1976 übernommen wurde. Verbesserungen und Erweiterungen wurden 1987 mit den IEEE-Standards IEEE 488.1 („IEEE Standard Digital Interface for Programmable Instrumentation"), der im Wesentlichen den älteren Teil der Norm umfasst, und weiter mit IEEE 488.2, der durch eine schärfere Fassung von Buskommandofolgen und Fehlermeldungen einen noch stabileren Betrieb gewährleisten will, eingeführt. Neuere Geräte müssen sich an diese engeren Vorgaben halten, sollen aber beim Empfang von Nachrichten älterer Geräte großzügig verfahren („Precise Talking - Forgiving Listening"). Die Bemühungen zur Standardisierung der Geräteprogrammierung mündeten 1992 in der Gerätekommandosprache SCPI (Standard Commands for Programmable Instruments), die im Industriestandard IEEE 488.2-1992 („IEEE Codes, Formats, Protocols and Common Commands, and Standard Commands for Programmable Instruments") niedergelegt ist. Erweiterungen und Verbesserungen von SCPI werden weiterhin durch das SCPI-Konsortium diskutiert und jährlich veröffentlicht.

5.4.3.1 Busspezifikationen (IEEE 488.1)

Die grundlegenden Charakteristika eines Busses betreffen die strukturelle Anordnung von Geräten und deren Verbindungen (Busstruktur, Bustopologie) und die mechanischen und elektrischen Spezifikationen, sowie die Verfahren zur Datenübertragung (Buszuteilung, Übertragungssteuerung, Busprotokoll). Hier werden diese Begriffe anhand des IEEE 488-Instrumentierungsbusses erläutert. Eine allgemeinere Einführung findet man in [*Pfeiffer98*]. Vertiefende Darstellungen des IEEE 488-Busses geben [*Preuß und Musa93*] und [*Schumny93*].

Abbildung 5-33 zeigt Beispiele für die Verschaltung von Geräten am IEEE 488-Bus, wobei im einen Extrem (Abbildung 5-33a) eine linienförmige und im anderen Extrem (Abbildung 5-33b) eine sternförmige Buskonfiguration gewählt wurde. In der Praxis sind alle Mischformen mit Ausnahme einer Ringanordnung erlaubt, sodass man Geräte an einen bestehenden Bus einfach irgendwo hinzufügt. Zwischen zwei Geräten darf dabei maximal eine Kabellänge von 4 m liegen. Im Mittel soll die Kabellänge maximal 2 m betragen und die gesamte Länge darf 20 m nicht überschreiten. Es können höchstens 15 Geräte angeschlossen werden. Es lässt sich so eine maximale Übertragungsgeschwindigkeit von 1 MiB/s erzielen.

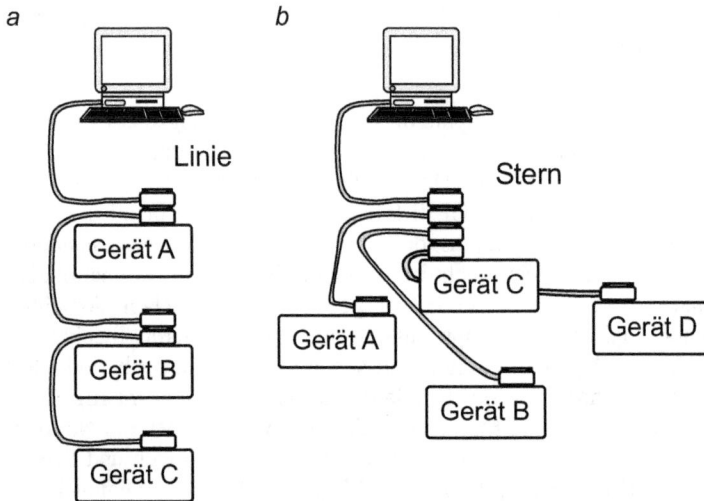

Abbildung 5-33: Mögliche Buskonfigurationen des IEEE 488-Instrumentierungsbusses. (a) Linienanordnung, (b) Sternanordnung

Jedes Gerät kann eine oder mehrere der folgenden „Rollen" am Bus spielen:

- Ein „Listener" empfängt Daten, wobei mehrere Geräte gleichzeitig „zuhören" können.
- Ein „Talker" sendet Daten. In diesem Fall darf dies nur ein Gerät.
- Ein „Controller" regelt den Kommunikationsfluss auf dem Bus, indem er den Geräten – sich eingeschlossen – ihre Rollen als Listener oder Talker zuweist. Es gibt immer nur einen aktiven Controller (CIC: Controller-In-Charge), in der Regel die Rechneranschaltung des Busses. Die Controllerfunktion kann auch einem anderen Gerät, sofern es dazu in der Lage ist, übertragen werden. Der Systemcontroller zeichnet sich darüber hinaus darin aus, dass der nach dem Einschalten oder Rücksetzen des Bussystems als erster die Rolle des aktiven Controllers erhält und alle weiteren Abläufe initiiert.

Die Rollen als Listener und Talker wechseln ständig. Wird z. B. von einem Messgerät eine Messung angefordert, so übermittelt die Rechnerschnittstelle als Talker die Daten über die Einstellungen des Messgeräts an dieses als Listener. Sendet das Messgerät das Messergebnis, so hat es die Rolle des Talkers übernommen und die Rechnerschnittstelle stellt den Listener dar. Ein Controller ist nicht zwingend erforderlich, beispielsweise, wenn Messergebnisse direkt an einen Drucker oder Plotter mit IEEE 488-Schnittstelle von einem Messgerät übermittelt werden. In diesem Fall wechseln die Rollen als Listener (Plotter) und Talker (Messgerät) nie.

Die mechanische Busspezifikation betrifft die Form der Stecker und der Buchsen an den Geräten (Abbildung 5-34). Ein IEEE 488-Stecker trägt auf seiner Rückseite immer eine Buchse, sodass die Stecker an einem Gerät aufeinander getürmt werden können (Abbildung 5-34). Diese Huckepack-Montage wird durch eine recht tiefe Messerleiste-Federleiste-Kombination ermöglicht, die zudem noch mit einer Schrauben-Gewinde-Kombination fixiert werden.

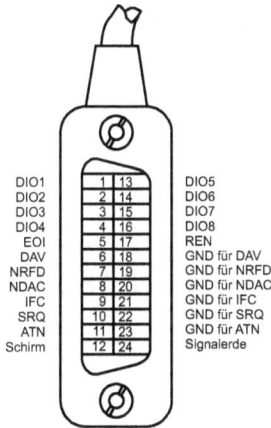

DIO1	1	13	DIO5
DIO2	2	14	DIO6
DIO3	3	15	DIO7
DIO4	4	16	DIO8
EOI	5	17	REN
DAV	6	18	GND für DAV
NRFD	7	19	GND für NRFD
NDAC	8	20	GND für NDAC
IFC	9	21	GND für IFC
SRQ	10	22	GND für SRQ
ATN	11	23	GND für ATN
Schirm	12	24	Signalerde

Abbildung 5-34: IEEE 488-Busstecker

In Abbildung 5-34 ist zudem die Zuordnung der elektrischen Signale zu den Steckkontakten eingetragen. Obwohl die Vielzahl der Signale auf den ersten Blick unübersichtlich erscheint, sind im Grunde nur drei Leitungsgruppen zu unterscheiden: Datenleitungen (DIO1-DIO8), Steuerleitungen für die Datenübertragung (DAV, NRFD, NDAC) und für das Busmanagement (IFC, REN, ATN, SRQ, EOI).

Tabelle 5-5: Datenleitungsgruppen des IEEE 488-Busses

Kürzel	Bezeichnung	Bedeutung
DIO1-8	Data In-Out	bitparallele, byteserielle Daten
DAV	Data Valid	Daten gültig
NRFD	Not Ready for Data	Nicht bereit zur Datenannahme
NDAC	Data Not Accepted	Daten nicht entgegengenommen
IFC	Interface Clear	Zurücksetzen des Bussystems
REN	Remote Enable	Umschaltung aller Geräte auf den Fernbedienbetrieb
ATN	Attention	Controllersignal für Busbefehle (ATN=1) oder Daten (ATN=0)
SRQ	Service Request	Bedienungsanforderung durch eines der Geräte
EOI	End or Identify	Markierung für das letzte Byte eines Datenblocks oder Identifizierung des Geräts, das einen Datentransfer wünscht.

Als elektrische Signale werden TTL-Pegel (ausgangsseitig: Low < 0,4 V, High > 2,4 V; eingangsseitig: Low < 0,8 V, High > 2 V) verwendet. Die Geräte sind mit dem Bus über eine „Open-Collector"-Schaltung verbunden, um die Ausgänge vor Zerstörung zu schützen. Sofern mit negativer Logik (Active-Low-Pegel, d. h. 1 ≈ „wahr" ≈ Low) gearbeitet wird, erfolgt dadurch eine ODER-Verknüpfung zwischen den Geräteausgängen, d. h. es schaltet dann schon der Ausgang eines einzelnen Geräts die Busleitung insgesamt. Diese Situation ist für die meisten Signalleitungen des IEEE 488-Busses erwünscht. Eine Ausnahme bilden die Signale „Ready for Data" und „Data Accepted", denn diese Zustände müssen von allen Geräten gesetzt werden. Da High-Signale (logisch 0) für die Open-Collector-Schaltung UND-verknüpft sind – also alle Geräte den Zustand 0 setzen müssen, damit die Busleitung auf High schaltet – muss für die beiden genannten Signale die Logik verdreht werden. Deshalb die Bezeichnungen „NRFD" und „NDAC".

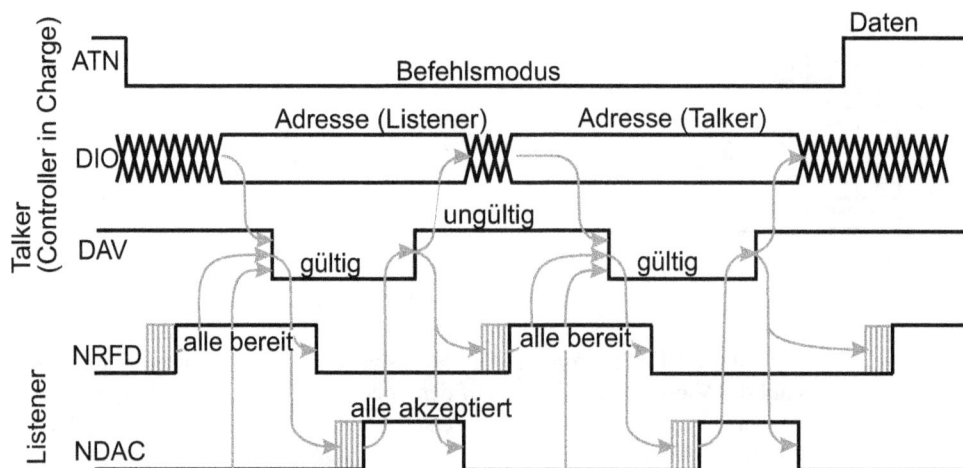

Abbildung 5-35: Dreidraht-Handshake-Verfahren des IEEE 488-Busses

Die Übertragung von Daten über die Datenleitungen DIO1-DIO8 erfolgt asynchron, sodass unterschiedliche Übertragungsgeschwindigkeiten möglich sind. Dabei legt das langsamste Gerät einer Businstallation ihre maximale Übertragungsgeschwindigkeit fest. Bei einer asynchronen Übermittlung der Daten muss ein Quittierungsverfahren (Handshake-Verfahren) angewendet werden. Beim IEEE 488-Bus wird ein vollverschränkter Dreidraht-Handshake über die Signalleitungen DAV, NRFD, NDAC eingesetzt. Abbildung 5-35 zeigt zur Erläuterung des Handshake-Verfahrens als Beispiel die Übermittlung einer Listener- und einer Talkeradresse seitens des Controllers. Es ist zu beachten, dass in Abbildung 5-35 die Spannungen auf den einzelnen Leitungen gezeigt sind und dass wegen der negativen Logik 0 V eine logische 1 bedeutet. Der Controller setzt für die Übermittlung der Adressen zuerst das ATN-Signal, da Busbefehle folgen. Danach signalisieren alle Geräte ihre Bereitschaft, indem sie das NRFD-Signal zurücknehmen. Der Talker, in diesem Fall der Controller, stabilisiert die Adressdaten auf den DIO-Leitungen und setzt DAV, sobald die Daten gültig sind. Daraufhin nehmen die Geräte ihr Bereitschaftssignal zurück, lesen die Daten und melden deren Übernahme durch Zurücksetzen des NDAC-Signals. Wenn dies alle Geräte getan haben, nimmt der Talker das DAV-Signal zurück und setzt die nächsten Adressdaten auf die Datenleitungen. Wenn die Geräte das DAV-Signal nicht mehr registrieren, geben sie wieder NDAC und signalisieren erneut die Bereitschaft, Daten entgegenzunehmen. Ab hier wiederholt sich der Handshake-Zyklus. Ganz am Ende schaltet der Controller in den Datenmodus und die adressierten Geräte werden nun ihrerseits einen Datenaustausch abwickeln. Abbildung 5-36 zeigt den geschilderten Ablauf in Form eines Busprotokolls, aus dem die genaue zeitliche Abfolge ersichtlich wird.

```
----------------------------------------------------------------------
       Timestamp         Data            Control
  mi  s  ms  us   ns  A  H   87654321  E A S R I  NR ND D
----------------------------------------------------------------------
   0  0   0   0  900     20  00100000  0 1 0 1 0   0  1 1  LA0  DAV^
   0  0   0   0   50     20  00100000  0 1 0 1 0   1  1 1       NRFD^
   0  0   0   3  150     20  00100000  0 1 0 1 0   1  0 1       NDACv
   0  0   0   0  100  K  4b  01001011  0 1 0 1 0   1  0 0       DAVv
   0  0   0   0   50  K  4b  01001011  0 1 0 1 0   1  1 0       NDAC^
   0  0   0   0  250  K  4b  01001011  0 1 0 1 0   0  1 0       NRFDv
   0  0   0  40  250  K  4b  01001011  0 1 0 1 0   0  1 1  TA11 DAV^
   0  0   0   0   50  K  4b  01001011  0 1 0 1 0   1  1 1       NRFD^
   0  0   0   3  200  K  4b  01001011  0 1 0 1 0   1  0 1       NDACv
   0  0   0   0   50  K  4b  01001011  0 1 0 1 0   1  0 0       DAVv
   0  0   0   0  100      0  00000000  0 1 0 1 0   1  1 0       NDAC^
   0  0   0   0  200      0  00000000  0 1 0 1 0   0  1 0       NRFDv
----------------------------------------------------------------------
```

Abbildung 5-36: Auszug eines Busprotokolls, das in etwa dem Handshake in Abbildung 5-35 entspricht.

Der prinzipielle Aufbau einer IEEE 488-Anschaltung eines Messgeräts, beispielsweise eines Digitalmultimeters, ist in Abbildung 5-37 zu sehen. Der Schnittstellenbaustein verfügt einerseits über eine IEEE 488-Seite, um die Kommunikation auf dem Bus abzuwickeln. Andererseits stellt er eine Geräteschnittstelle zur Verfügung, über die der interne Nachrichtenverkehr mit dem Mikroprozessor des Messgeräts erfolgt. Dafür sieht die Norm eine Reihe von internen Nachrichten wie z. B. lon (listen only, nur hören) oder rtl (return to local, Umschalten in den Handsteuerbetrieb) vor.

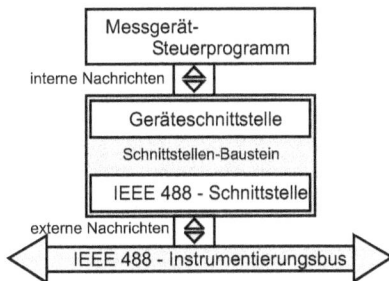

Abbildung 5-37: Prinzipieller Aufbau einer IEEE 488-Schnittstelle

Für die IEEE 488-Seite müssen nicht alle Funktionen, die der Standard vorsieht, implementiert werden. Aus diesem Grund findet man in den Spezifikationen von Messgeräten Angaben über die implementierten Schnittstellenfunktionen, wie z. B. „SH1, AH1, T6, TE0, L4,

LE0, SR1, RL1, PP0, DC1, DT1, C0, E1". Tabelle 5-6 gibt eine kurze Erklärung dieser Schnittstellenfunktionen. Die nachgestellte Zahl gibt jeweils die Ausstattungsvariante an, wobei ein „0" bedeutet, dass die Funktion nicht vorhanden ist.

Tabelle 5-6: Schnittstellenfunktionen einer IEEE 488-Busanschaltung
(fett gedruckte Funktionen müssen für IEEE 488.2 implementiert werden.)

Kürzel	Bezeichnung	Beschreibung
SH	Source Handshake	Handshake-Quelle, die Nachrichten auf den Bus bringen kann.
AH	Acceptor Handshake	Handshake-Senke, die Nachrichten über den Bus empfangen kann.
T/TE	Talker/ Extended Talker	Talker (bzw. Talker mit erweiterter Adressierung), der Gerätenachrichten an Listener übertragen kann.
L/LE	Listener/ Extended Listener	Listener (bzw. mit erweiterter Adressierung), der Gerätenachrichten empfangen kann.
SR	Service Request	Bedienanforderung an den Controller über SRQ-Leitung möglich.
RL	Remote/Local	Umschaltung zwischen Fern- und Handbetrieb möglich.
DC	Device Clear	Geräteschnittstelle kann zurückgesetzt werden.
DT	Device Trigger	Gerät kann durch Controller über den Bus getriggert werden.
PP	Parallel Poll	Parallelabfrage durch den Controller möglich.
C	Controller	Schnittstelle kann als Controller am Bus agieren.
E	Bus Driver	Hardware-Eigenschaften der Treiberbausteine

Nachrichten, die über den IEEE 488-Bus fließen, werden als externe Nachrichten bezeichnet. Dabei handelt es sich entweder um Schnittstellennachrichten, mit denen die Kommunikation auf dem Bus vom Controller organisiert wird (ATN = 1), oder um die Übertragung von Anwendungsdaten (ATN = 0, siehe Abbildung 5-38 und Abbildung 5-35). Bei den Schnittstellennachrichten, von denen einige in Tabelle 5-7 aufgelistet sind, unterscheidet man Universalbefehle, adressierte Befehle, Adressen und Sekundärbefehle (Unteradressen und Einstellung der Parallelabfrage).

Eine sehr wichtige Funktion an einem Instrumentierungsbus ist die Möglichkeit, das Programm im Messrechner bei unvorhersehbaren Ereignissen, beispielsweise einer Grenzwertüberschreitung oder der Beendigung einer komplexen Messung, durch eine Bedienanforderung (Service Request) im Programmfluss unterbrechen zu können, um dann in ein entsprechendes Unterprogramm zu verzweigen. Dies ermöglicht beim IEEE 488-Bus die SRQ-Leitung. Der Controller muss dann allerdings noch feststellen, von welchem Gerät die Bedienanforderung kam. Bei der Parallelabfrage (Parallel Polling) kann der Controller durch gleichzeitiges Setzen der Signale ATN und EOI die für die Parallelabfrage ausgewählten Geräte auffordern, die jeweils zugeordnete Datenleitung entsprechend dem Gerätezustand zu setzen. Bei der seriellen Abfrage (Serial Polling) muss der Controller von jedem Gerät ein Statusbyte empfangen, um beurteilen zu können, wo sich die Quelle für die Bedienanforderung befindet.

Abschließend sei bemerkt, dass es nicht genormte Erweiterungen des IEEE 488-Busses gibt, die es erlauben, im Bedarfsfall Limitierungen der Norm zu umgehen. In einer Hochgeschwindigkeitsvariante (HS488) ist eine Übertragungsrate von 8 MiB/s zwischen zwei Geräten bei höchstens 2 m Kabellänge möglich. Für 15 Geräte und eine Gesamtkabellänge von 15 m schrumpft die Übertragungsrate auf 1,5 MiB/s. Mit einem „Expander" kann der Bus auf 40 m und 28 Instrumente erweitert werden. „Extender" erlauben es, zusätzlich noch größere Entfernungen zu überbrücken (Parallelextender: 300 m bei 140 KiB/s, serieller Extender: 2 km mit 36 KiB/s über Lichtwellenleiter und 0,4 KiB/s über Koaxialkabel).

Tabelle 5-7: Externe Schnittstellennachrichten des IEEE 488-Busses (auszugsweise)

Kürzel	Bezeichnung	Beschreibung
ACG	*Addressed Command Group*	*adressierte Befehle*
GET	Group Execute Trigger	Triggerung aller augenblicklichen Listener-Geräte
PPC	Parallel Poll Configure	Vorbereitung aller Listener-Geräte für Parallelabfragen
TCT	Take Control	Momentaner Talker übernimmt die Controller-Funktion (CIC)
GTL	Go to Local	Umschaltung aller Listener-Geräte auf Handbetrieb
SDC	Selective Device Clear	Listener-Geräte werden zurückgesetzt.
UCG	*Universal Command Group*	*Universalbefehle*
DCL	Device Clear	Rücksetzen aller Geräteschnittstellen
LLO	Local Lock Out	Sperrung der Bedienelemente des Geräts
PPU	Parallel Poll Unconfigure	Parallelabfrage zurücknehmen
LAG	*Listener Address Group*	*Listener Adressen*
UNL	Unlisten	Alle momentanen Listener werden „entadressiert".
TAG	*Talker Address Group*	*Talker Adressen*
UNT	Untalk	Alle momentanen Talker werden „entadressiert". Erfolgt automatisch beim Empfang der eigenen Listener-Adresse oder einer fremden Talker-Adresse.
SCG	*Secondary Command Group*	*Sekundärbefehle oder Unteradressen*
PPE	Parallel Poll Enable	Geräte mit 2-Byte-Adresse antworten auf Parallelabfrage
PPD	Parallel Poll Disable	Geräte mit 2-Byte-Adresse nehmen an Parallelabfragen nicht teil.

5.4.3.2   Nachrichten und Kommandos (IEEE 488.2)

Die bisher genannten Eigenschaften des IEEE 488-Busses, d. h. die mechanischen und elektrischen Festlegungen und die Spezifikationen der Datenübertragung über den Bus, der Schnittstellenfunktionen der Geräte und der grundlegenden Nachrichtenprotokolle (z. B. serielle Abfragen oder Parallelabfragen), sind Gegenstand der IEEE 488.1-Norm.

Um einen noch stabileren und auch anwenderfreundlicheren Betrieb des IEEE 488-Busses zu erreichen, wurden 1987 weitere Festlegungen durch die IEEE 488.2-Norm getroffen. So wird ein Minimum an Schnittstellenfunktionen von jedem Gerät verlangt (siehe Tabelle 5-6) und es wurden einheitliche Nachrichtenprotokolle und Schnittstellenzustandsfolgen bestimmt, die insbesondere auch Fehlersituationen mit berücksichtigen. Weiterhin wurden einheitliche Datenformate, einheitliche Statusmeldungen für den Gerätezustand und ein Satz obligatorischer Gerätenachrichten definiert. Alle diese Maßnahmen dienen dazu, den Anwendern die Geräte des Busses in einer möglichst einheitlichen Form zur Verfügung zu stellen und somit die Entwicklungszeiten für die Einrichtung von Messsystemen zu verkürzen. Auf der anderen Seite wird von den Geräteherstellern ein größerer Aufwand verlangt. Durch die Geräteprogrammiersprache SCPI (Standard Commands for Programmable Instruments) wird die Vereinheitlichung auch auf die Gerätefunktionen selbst erweitert.

Vor einer vertiefenden Diskussion sollten an dieser Stelle die verschiedenen Arten von „Nachrichten" klar unterschieden werden (s. Abbildung 5-38). Interne Nachrichten werden nur innerhalb eines Messgeräts zwischen der IEEE 488-Geräteschnittstelle und dem Programm des Mikroprozessors im Messgerät ausgetauscht. Im Gegensatz dazu werden externe Nachrichten über den Bus zwischen verschiedenen IEEE 488-Schnittstellen verschickt. Dabei sind Schnittstellennachrichten mit ATN = 1 und Gerätenachrichten (ATN = 0) zu unterscheiden. Über Schnittstellennachrichten werden die Abläufe auf dem Bus gesteuert (siehe Tabelle 5-7). Z. B. setzt SDC (Selective Device Clear) die Geräteschnittstellen aller augenblicklichen Listener zurück. Bei Gerätenachrichten handelt es sich im Sinne des IEEE 488-Busses um Daten, denn eine Nachricht „MEASure:VOLTage:DC?", um beispielsweise ein Multimeter zu einer Gleichspannungsmessung aufzufordern, wird als ASCII-Daten byteweise übertragen. Es handelt sich um eine SCPI-Nachricht an das Gerät. Ein Messwert wird dann beispielsweise als Rückantwort „-2.5325 VDC" an den Rechner übermittelt, wobei es sich im Sinne des IEEE 488-Busses ebenso um eine Gerätenachricht (Geräteantwort) in Form von ASCII-Daten handelt.

Nachricht
├── interne Nachrichten
│   vom Geräteprogramm an die Geräteschnittstelle im selben Gerät
│   z. B.: rtl - return to local
└── externe Nachrichten
        zwischen Schnittstellen über den Instrumentierungsbus

├── Schnittstellennachricht
│   IEEE 488 - Befehl (ATN=1)
│   z. B.: SDC = "Selective Device Clear",
│   momentane Listener werden zurückgesetzt
└── Gerätenachricht
        IEEE 488 - Daten (ATN=0)
        z. B.: "MEASure:VOLTage:DC?" - Kommando an ein Messgerät
               "-2.5325 VDC"   - Messdaten

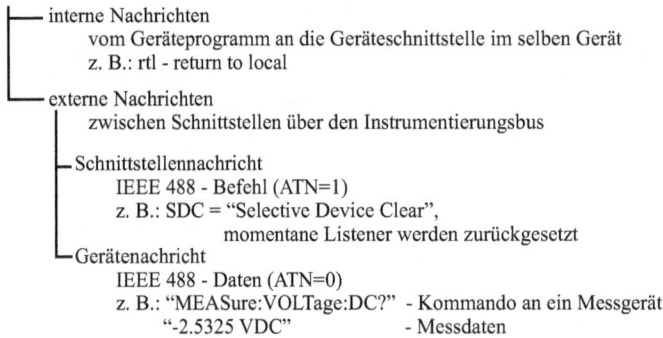

Abbildung 5-38:
Die verschiedenen
Nachrichtenbegriffe des
IEEE 488-Busses

Für jedes Gerät ist die Verarbeitung einer Reihe von verbindlichen Gerätenachrichten, die in Tabelle 5-8 aufgelistet sind, vorgeschrieben. Es handelt sich um Kommandos, mit denen Gerätedaten abgefragt oder geräteinterne Operationen gesteuert werden können. Weitere Gerätekommandos betreffen das Triggern und die Synchronisation von Messungen, die Parallelabfrage, sowie die Steuerung und Abfrage von Fehler- und Statusmeldungen.

Tabelle 5-8: Für alle IEEE 488.2-Geräte vorgeschriebene Kommandos,
inklusive einiger optionaler Kommandos.

Kürzel	Gruppe	Beschreibung	Kategorie
*IDN?	Gerätedaten	Identifikationsabfrage	Pflicht
*OPT?		Abfrage der Geräteoptionen	Option
*RST	geräteinterne Operation	Rücksetzen des Geräts (jedoch nicht von der Geräte-schnittstelle)	Pflicht
*TST?		Selbsttest mit Lesen des Ergebnisses	Pflicht
*OPC		Abschluss aller laufenden Operationen über ESR-Bit 0 melden	Pflicht
*OPC?	Synchronisation von Geräten	ASCII „1" in den Ausgabepuffer des Geräts schreiben, wenn alle laufenden Operationen beendet sind.	Pflicht
*WAI		Warten, bis alle vorhergehenden Kommandos oder Abfragen abgeschlossen sind	Pflicht
*IST?		Lesen des IST (individuellen Status-Registers)	Pflicht bei PP1
*PRE	Parallelabfrage	Parallelabfrage-Freigaberegister setzen	Pflicht bei PP1
*PRE?		Parallelabfrage-Freigaberegister lesen	Pflicht bei PP1
*CLS		Alle Statusregister und deren zugehörige Warte-schlangen löschen.	Pflicht
*ESE		Standardereignis-Freigaberegister setzen	Pflicht
*ESE?	Status und Ereig-nismeldungen	Standardereignis-Freigaberegister lesen	Pflicht
*ESR?		Standardereignisregister lesen	Pflicht
*SRE		Statusbyte-Freigaberegister setzen	Pflicht
*SRE?		Statusbyte-Freigaberegister abfragen	Pflicht
*STB?		Statusbyte lesen	Pflicht
*TRG	Triggerbefehle	Entspricht GET bei IEEE 488.1	Pflicht bei DT1

Zur Behandlung von Status- und Fehlermeldungen stehen bei der IEEE 488.2-Norm zwei Byte-Register zur Verfügung (siehe Abbildung 5-39): ein Statusbyte-Summenregister und das Standardereignisregister. Das Statusbyte-Summenregister „summiert" die Bedingungen von allen anderen Registern, indem nach Maßgabe eines Freigaberegisters alle Bits mit Ausnahme des siebten („Bit 6", da ab Null gezählt wird) ODER-verknüpft werden und dann über die logische Verknüpfung dieses siebte Bit setzen. Dabei wird eine Bedienanforderung über die SRQ-Leitung abgegeben. Über das Freigaberegister wird mit einer bitweisen UND-Verknüpfung gesteuert, welche der im Statusbyte-Summenregister gespeicherten Bits überhaupt zur Bedienanforderung führen sollen. Bit 4 (MAV, Message Available) zeigt an, ob der Ausgabepuffer des Geräts Werte enthält, und Bit 5 (ESB, Event Status Byte), inwieweit Standardereignisse vorliegen, wobei die Weitergabe der Ereignismeldungen wiederum über ein Freigaberegister gesteuert wird. Bit 4 und Bit 5 müssen gemäß der IEEE 488.2-Norm implementiert werden. Die Funktion von Bit 3 und Bit 7 wird, wie unten erläutert, durch SCPI festgelegt.

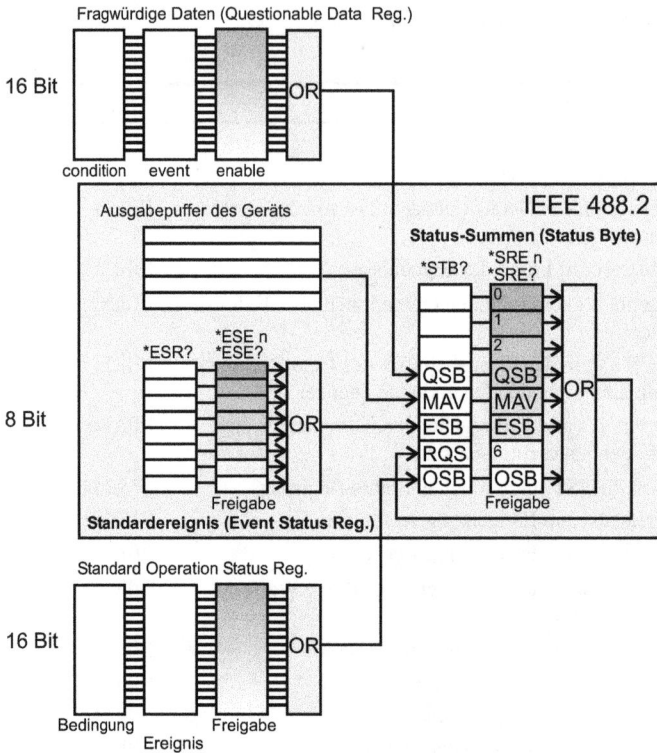

Abbildung 5-39:
Fehler- und Statusmodell
für IEEE 488-Geräte

Die einzelnen Bitpositionen im Standardereignisregister sind durch die IEEE 488.2-Norm festgelegt (Tabelle 5-9), sodass diese Meldungen nicht vom im Einzelfall verwendeten Messgerät abhängen. Die Freigaberegister werden mit den allgemeinen Befehlen *ESE und *SRE gesetzt bzw. durch *ESE? und *SRE? abgefragt. Mit *ESR? wird das Standardereignisregister und mit *STB? das Status-Summenregister ausgelesen bzw. über *CLS gelöscht.

Tabelle 5-9: Belegung des Standardereignisregisters

Bit 0	Vorgang beendet
Bit 1	Request Control
Bit 2	Abfragefehler
Bit 3	Gerätefehler
Bit 4	Ausführungsfehler
Bit 5	Befehlsfehler
Bit 6	User Request
Bit 7	eingeschaltet

Die IEEE 488.2-Norm legt im Einzelnen fest, unter welchen Bedingungen die entsprechenden Fehlermeldungsbits gesetzt werden. Ein Fehlerzustand kann dann auf verschiedene Arten und Weisen wieder zurückgesetzt werden:

- Das Bussignal IFC setzt den gesamten Bus zurück und hebt die Listener- und Talker-Adressierung sämtlicher Geräte auf.
- Die Schnittstellenfunktionen DCL oder SDC brechen laufende Befehle im Gerät ab, löschen den Eingangs- und Ausgabepuffer und versetzen das Gerät in den Ausgangszustand.
- *RST setzt das Gerät auf seine Voreinstellungswerte zurück, wirkt sich aber nicht auf die Fehlermeldungsregister aus.
- *CLS löscht alle Ereignisregister, die das Status-Summenregister beeinflussen.

Steht eine Reihe von verschiedenen Befehlen im Eingangspuffer eines Geräts, so werden die Befehle nach dem FIFO-Prinzip (First In - First Out) abgearbeitet. Für sequenzielle Befehle sieht das Geräteprogramm eine Hintereinander-Ausführung vor. Überlappende Befehle können „gleichzeitig" abgearbeitet werden, z. B. MEASure:RESistance? und SYSTem:BEEPer. Wurde für die Messung in diesem Beispiel eine lange Verzögerungszeit bis zur eigentlichen Durchführung der Messung eingestellt, so wird das Gerät zuerst einen Warnton liefern und erst später messen. Möchte man eine Synchronisation von Messung und Warnton erreichen, so muss man die sequenzielle Abarbeitung durch MEASure:RESistance?; *WAI; SYSTem:BEEPer erzwingen oder auf der Rechnerseite nach MEASure:RESistance?; *OPC? das Auftreten einer „1" im Ausgabepuffer abwarten bzw. bei MEASure:RESistance; *OPC die Bedienanforderung abarbeiten.

Auch für Controller sind in der IEEE 488.2-Norm weitere Eigenschaften festgelegt worden, so z. B. exaktere Definitionen für den Zeitablauf von Bussignalen, Buskontrollsequenzen und Busprotokolle. Buskontrollsequenzen legen fest, wie die einzelnen Busbefehle hintereinander angeordnet werden dürfen, z. B. „RECEIVE" zum Empfang einer Rückantwort. Busprotokolle fassen häufig verwendete Befehlsabfolgen zusammen, z. B. „FINDLSTN" für das Auffinden aller Listener. Das Grundprinzip für das Controllerverhalten ist „Precise Talking - Forgiving Listening", d. h. IEEE 488.2-Controller müssen sich sehr genau an die Regeln halten, was ihre eigene Kommunikation anbelangt, sollen aber mit den Meldungen älterer Geräte, die noch nicht der engeren Norm folgen, großzügig verfahren.

5.4.3.3 Programmierung des IEEE 488-Busses

Ursprünglich besaß fast jedes IEEE 488-Gerät eine eigene Kommandosprache, obwohl gleichartige Geräte verschiedener Hersteller in ihren Grundfunktionen weitgehend übereinstimmten. Ein Wechsel des Gerätelieferanten war dann mit einer kompletten Neuprogrammierung des Steuerprogramms für das Messsystem verbunden. Eine weitgehende Vereinheitlichung – einerseits innerhalb einer Geräteklasse aber zwischen verschiedenen Herstellern (vertikale Konsistenz) und andererseits bezüglich der Grundfunktionen zwischen verschiedenen Geräteklassen (horizontale Konsistenz) – wurde durch die Einführung der Gerätekommandosprache SCPI (Standard Commands for Programmable Instruments, IEEE 488.2-1992) erreicht, die sehr weitgehend auf der IEEE 488.2-1987 aufbaut. SCPI ist als „lebender" Standard konzipiert, der regelmäßig durch das SCPI-Konsortium fortgeschrieben wird. Die Verwendung von SCPI ist nicht auf den IEEE 488-Bus beschränkt. Es wird auch bei der

Steuerung von Messsystemen über serielle Schnittstellen (RS232C, USB) und in modularen Messsystemen (VXI, PXI) verwendet.

Ein Beispiel für ein SCPI-Kommando wäre die ASCII-Zeichenkette:

```
:SENSe:VOLTage:AC:RANGe:AUTO ON; SYSTem:BEEPer
```

Genau genommen handelt es sich um zwei durch ; aneinandergehängte SCPI-Kommandos. Die Zeichenkette könnte auch in der Kurzform

```
:SENS:VOLT:AC:RANG:AUTO ON; SYST:BEEP
```

übermittelt werden. In der Langform wurde die Freiheit, Groß- oder Kleinschreibung verwenden zu dürfen, dazu benutzt, gleichzeitig die Kurzform anzudeuten. Es darf entweder die Kurzform oder die vollständige Langform eingesetzt werden. Die Doppelpunkte trennen die verschiedenen Ebenen der Funktionshierarchie eines Instruments. Im Beispiel wird für die A/D-Wandlungsfunktion (SENSe) für eine Spannungsmessung (VOLTage) von Wechselsignalen (AC) mit einem Eingangsbereich (RANGe), der automatisch gewählt wird (AUTO), diese Funktion aktiviert (ON). Als Parameterwert wird ON von der Funktionshierarchie durch ein Leerzeichen getrennt.

Die Funktionen auf der höchsten Hierarchieebene der SCPI-Kommandos charakterisieren die Grundfunktionen von programmierbaren Instrumenten und stellen eine allgemeine Sichtweise von Mess- und Steuervorgängen dar (siehe Abbildung 5-40). Die Kernfunktionen eines Geräts sind entweder das Messen (Measurement Function) oder die Signalerzeugung (Signal Generation). Beim Messen folgt der Signalkonditionierung (INPut, z. B. Filterung, Verstärkung) die A/D-Wandlung (SENSe, z. B. Messfunktion, Eingangsbereich) und gegebenenfalls eine Verrechnung (CALCulate, z. B. Einheitenumrechnung). Bei der Signalerzeugung erfolgt bei Bedarf ebenso eine Umrechnung der vom Rechner gelieferten Werte (CALCulate), bevor die eigentliche D/A-Wandlung (SOURce) und eine elektronische Aufbereitung des Ausgangssignals (OUTPut) stattfinden. Beiden Zweigen ist gemeinsam, dass rechnerseitig die Daten in verschiedenen Datenformaten übermittelt werden können (FORMat) und dass eingangsseitig eine Vielzahl von anklemmbaren Kanälen über Multiplexer mit der Mess- bzw. Steuerfunktion verschaltet werden können (ROUTing). Die Bereiche des Triggerns (TRIGger) und des Speicherns (MEMory) sowie der Anzeigefunktionen (DISPlay) können jeweils für die Mess- oder Steuerfunktion implementiert sein. U. U. wird in einem Gerät, das beide Zweige besitzt, das Zusammenspiel von Messfunktion und Signalerzeugung koordiniert.

In SCPI werden verschiedene Befehlsebenen unterschieden. Auf der höchsten und komfortabelsten Ebene genügt für die Messfunktionseinstellung, das Triggern der Messung und die Bereitstellung der Daten im Ausgangspuffer ein Kommando, beispielsweise

```
MEASure:CURRent:AC?
```

Allgemein stellen SCPI-Kommandos, die mit einem Fragezeichen enden, Daten im Ausgangspuffer des Geräts bereit. Diese Daten sollten dann auch von einem Controller (Rechner) ausgelesen werden, damit Lesevorgänge nicht „alte" Daten von vorhergehenden Kommandos mit auslesen bzw. der Ausgangspuffer nicht überläuft. Dem obigen Kommando entspricht die nachfolgende Kommandofolge

```
CONFigure:CURRent:AC; READ?
```

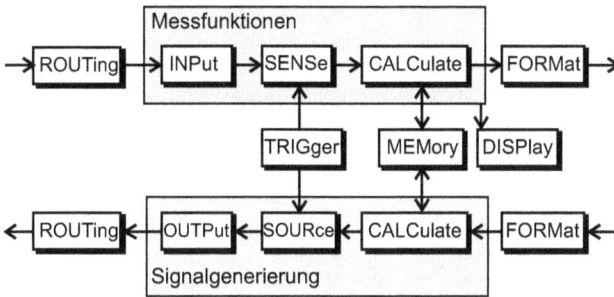

Abbildung 5-40: Oberste Hierarchieebene der SCPI-Kommandos

Das Gerät wird zuerst konfiguriert, wobei für nichtspezifizierte Größen im INPut-, SENSe-oder CALCulate-System die voreingestellten Werte übernommen werden. (Es empfiehlt sich deshalb, ein *RST vorausgehen zu lassen, damit die Voreinstellungen nicht von der Vorgeschichte des Geräts abhängen.) Durch READ? wird die Messung getriggert und der Ausgangspuffer gefüllt. Der Vorteil dieser Befehlsebene ist z. B., dass am Beginn einer Messkampagne einmal konfiguriert wird und anschließend eine Vielzahl von Messungen erfolgen kann. In der ausführlichsten Form in der untersten Befehlsebene lautet das Kommando

            CONFigure:CURRent:AC; INITiate; FETCh?

Hier wird die Triggerbedingung durch INITiate ausgelöst und das Messergebnis in einem internen Gerätespeicher abgelegt. Das Kommando FETCh? transferiert das oder die Ergebnisse dann in den Ausgangspuffer. Auf diese Weise kann ein eventuell schnellerer geräteinterner Speicher effizienter genutzt werden.

Das Fehlermeldungsmodell für SCPI ist um jeweils ein 16-Bit-Register für fragwürdige Daten (Questionable Data/Signal Register) und für den Gerätezustand (Standard Operation Status) erweitert (siehe Abbildung 5-39). Über das Register für fragwürdige Daten wird beispielsweise eine Spannungsüberlast, eine Stromüberlast, eine Widerstandsüberlast oder Grenzwertüberschreitungen signalisiert. Die möglichen Gerätezustände und ihre Zuordnung zu den Bits des Registers zeigt Tabelle 5-10.

```
#include <stdio.h>
#include "decl-32.h"
void main() {
    int     dmm;                           /* Multimeterhandle           */
    char    Messung[30];                   /* Speicher fuer Messwert     */
    int board=0;                           /* Schnittstellenkarte        */
    int pad=11;                            /* primaere Geraeteaddresse   */
    int sad=0;                             /* Sekundaeradresse           */
    dmm = ibdev(board, pad, sad, T10s, 1, 0);   /* 10 s Timeout          */
    ibwrt(dmm, "MEASure:RESistance?", 19L); /* Messung ausloesen          */
    ibrd(dmm, Messung, 20L);               /* Mess-Zeichenkette lesen    */
    Messung[ibcnt] = '\0';                 /* Zeichenkette beenden       */
            /* ibcnt: Anzahl der gelesenen Zeichen (globale Variable) */
    printf("Messwert: %s\n", Messung);
    ibonl(dmm, 0);                         /* Geraet Offline setzen      */
}
```

Abbildung 5-41: Einfaches C-Programm-Beispiel zum Steuern eines Multimeters. Es werden die NI-488-Funktionsaufrufe verwendet. Auf eine – für komplexe Programme unverzichtbare – Fehlerbehandlung wurde der Übersichtlichkeit halber verzichtet.

Für die konkrete Programmierung des IEEE 488-Busses stehen mehrere Möglichkeiten zur Verfügung:

- Mit einem interaktiven, zeilenorientierten Programm können Buskontrollsequenzen und Busprotokollbefehle direkt an die Instrumente geschickt werden. Diese Form der Programmierung eignet sich insbesondere zum Kennenlernen der Befehle und der Geräte.

- Verwendung von Programmiersprachen wie C/C++, Basic, Pascal oder FORTRAN. In diesem Fall werden die Buskontrollsequenzen oder Busprotokollbefehle über den Aufruf eines Unterprogramms ausgelöst. Durch die Verwendung einer Programmiersprache lassen sich beliebig komplexe Abläufe steuern. Abbildung 5-41 zeigt ein kurzes C-Programm für die Abfrage eines Messwerts von einem Multimeter.

Tabelle 5-10: Gerätezustände des Gerätezustandsregisters von SCPI

Bit	Bezeichnung	Bedeutung
0	CALibrating	Gerät kalibriert
1	SETTling	Einschwingen der Einstellung
2	RANGing	Gerät sucht geeigneten Eingangsbereich
3	SWEeping	Gerät führt Sweep durch
4	MEASuring	Gerät führt Messung durch
5	waiting for TRIG	Gerät wartet auf Triggerimpuls
6	waiting for ARM	Gerät wartet auf ARM (Triggervorbereitung)
7	CORRecting	Gerät korrigiert Daten
8-12		Frei verfügbare Bits für Geräteentwickler
13	INSTrument Summary Bit	Summenbit für das Gerätezustandsregister
14	PROGram running	Messprogramm läuft
15	=0	immer Null

- Verwendung von graphischen Programmiersprachen wie LabVIEW oder Agilent-VEE. In diesem Fall stehen viele Elemente zur Gestaltung einer Bedienoberfläche zur Verfügung bis hin zur Realisierung „virtueller Instrumente", also der Nachbildung der Instrumentenbedienung und -anzeige auf dem Rechnerbildschirm (siehe Kap. 5.6.1). Abbildung 5-42 zeigt ein Beispiel für ein virtuelles IEEE 488-Instrument und die oberste Ebene des graphischen Programms.

- Parametrieren von Messabläufen in Anwendungsprogrammen. Es können vorgefertigte Standardabläufe für Messungen durch Menüauswahl zusammengestellt werden. Dies ist zwar sehr einfach, erlaubt aber nur die vorgesehenen Abläufe und kann somit meist nicht an komplexere Messsituationen angepasst werden. Fast alle Anwendungsprogramme zum Messen unterstützen den IEEE 488-Bus.

Für die Anschaltung eines IEEE 488-Busses an einen Rechner werden entweder Einschubkarten oder Standardschnittstellen verwendet. Als Hardwareverbindungen werden ISA-, PCMCIA-, PCI-, IEEE 1394-, USB-, RS232C-, Parallelschnittstellen-, Ethernet-, NuBus-, SCSI-, EISA-, SBus- und MCA-Anschlüsse unterstützt. So besteht eine Anbindung an alle gängigen Rechnerplattformen, wie PCs, Macintosh, HP-Workstations (Serie 700), Sun-

SPARCStations, DEC-Alpha, SGI-Indy und IBM RS/6000. Dabei ist natürlich auch darauf zu achten, welche Betriebssysteme eingesetzt werden können. Die unterstützte Palette reicht von DOS über Windows NT/XP/7, MacOS, HP-UX, Solaris 1 und 2, OSF/1, IRIX bis zu AIX.

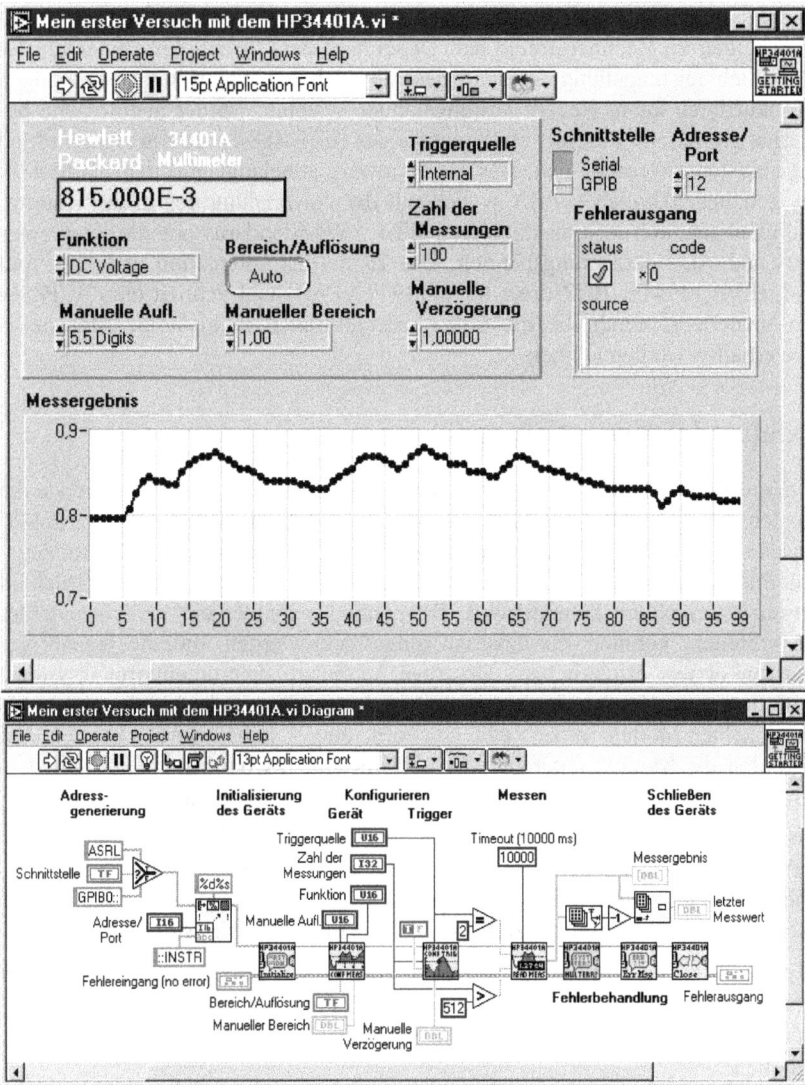

Abbildung 5-42: Datenflussprogramm (unten) und Bildschirmoberfläche (oben) eines mit LabVIEW (National Instruments) erstellten graphischen Programms zur Steuerung eines Digitalmultimeters.

Entsprechend stellt sich auch die Situation bei den Messgeräten dar, denn man bekommt fast jedes leistungsfähigere Tischmessgerät mit einer – oftmals optionalen – IEEE 488-Schnittstelle. Von den Geräteklassen her findet man Digitalvoltmeter, Digitalmultimeter, Oszilloskope, Signalgeneratoren, Spektrumsanalysatoren, Synthesizer, Zähler, Stromversorgungen und komplette Datenerfassungssysteme.

In Hinblick auf seine nunmehr 35jährige Geschichte, stellt der IEEE 488-Bus eine der langlebigsten Entwicklungen im Rechnerumfeld dar. Dabei half, dass er zur Zeit seiner Entstehung außergewöhnlich leistungsfähig war und deshalb nach wie vor mit vielen heutigen Schnittstellen konkurrieren kann. Neuere leistungsfähige Systeme wie der nachfolgend besprochene VXI-Bus greifen auf die Softwarekonzepte des IEEE 488-Busses in starkem Maß zurück. Derartige Systeme werden auch, was die Hardware anbelangt, mit dem IEEE 488-Bus kompatibel gehalten. Ähnlich verhält es sich mit der Anwendung des in der Übertragungsgeschwindigkeit deutlich leistungsfähigeren IEEE 1394-Standards auf die Kommunikation im Mess- und Automatisierungsbereich. Das IICP (Instrumentation and Industrial Control Protocol, IEEE 1394TA IICP unter www.1394TA.org) sieht explizit eine IICP488-Kommunikationsebene vor, durch die die Softwareinvestitionen in bisherige Messsteuerungsprogramme erhalten werden können.

5.4.4   Modulare Instrumentierungssysteme

Bei dem zuvor dargestellten IEEE 488-Instrumentierungsbus stellen die einzelnen Geräte die kleinsten Einheiten des Messsystems dar. Wegen des Aufwands für die IEEE 488-Schnittstelle wurden z. T. immer mehr Funktionen in ein und demselben Gerät zusammengefasst. Der Nachteil ist, dass in vielen komplexen Messgeräten in der Praxis nur ein Bruchteil der Funktionen auch tatsächlich benutzt wird. Damit die Anwender ein bedarfsgerechtes Messinstrument erhielten, konnten Zusatzkarten eingesteckt werden, die die jeweils gewünschten Messfunktionen ermöglichen. Derartige modulare Instrumentierungssysteme verwenden für umfangreiche Messsysteme einen Überrahmen (Einschubrahmen, „Kartenkäfig"), in den die einzelnen Module in der Regel von vorne eingeschoben werden können. Auf der Rückseite werden die Module untereinander und mit einem Controllermodul, auf dem das Geräteprogramm läuft, durch eine Rückwandplatine (Backplane) verbunden.

Neben dem Modularisierungsgedanken an sich, der bei sorgfältig definierten Schnittstellen für die Mechanik, die elektrischen Verbindungen und für das Busprotokoll den flexiblen Einsatz der erworbenen Module ermöglicht und auf diese Weise die getätigten Investitionen sichert, werden noch weitere Zielsetzungen durch den Einsatz modularer Systeme verfolgt:

- Modulare Systeme können kompakter aufgebaut werden, was entweder den Platzbedarf reduziert oder eine höhere Kanaldichte erlaubt.
- Wegen des kompakteren Aufbaus sind höhere Signal- und Datentransfergeschwindigkeiten möglich.
- Die einheitlichen Schnittstellen, die entsprechend genau dokumentiert sein müssen, ermöglichen es, dass auch andere Hersteller – insbesondere spezialisierte Unternehmen – zum Modulangebot beitragen können (offenes System).

Nachteil eines modularen Systems ist, dass die anfängliche Beschaffung eines Einschubrahmens verhältnismäßig teuer ist, weil für nicht genutzte Steckplätze die Stromversorgungs-
leistung vorgehalten wird und weil für die Einzelmodule und für das Einschubsystem *allgemeine* Maßnahmen gegen gegenseitige elektromagnetische Störungen vorgesehen sind. Störungen auf das Messsystem im Gesamten lassen sich allerdings besser kontrollieren. Weiterhin muss bei sehr kompakten Systemen die anfallende Wärme abgeführt werden.

Modulare Instrumentierungssysteme kommen dem entsprechend bei anspruchsvollen Mess-
datenerfassungsaufgaben an räumlich relativ begrenzten Systemen zum Einsatz, z. B.

- im Kraftfahrzeugbereich für Schwingungs- und Geräuschmessungen, Tests der KFZ-
  Elektronik (ECU, Electronic Control Unit) und von elektronischen KFZ-Komponenten,
  für Motorenteststände, Testfahrtvermessung, ...
- im Luftfahrtbereich für Turbinentests, Schwingungs- und Druckmessungen, Testflug-
  vermessungen, Test der Avionik, ...
- im Elektrotechnikbereich für automatische Testsysteme von Leiterplatten und Chips, für
  Telekommunikationseinrichtungen, ...
- in der Anlagentechnik z. B. für Kraftwerksregelungen, Windtunnelbetrieb und in der For-
  schung.

Wegen des erheblichen Entwicklungsaufwands für ein robustes modulares System wird ausgehend von einer bereits im Rechnerbereich bestehenden modularen Lösung versucht, durch
zusätzliche Forderungen, insbesondere bezüglich der elektromagnetischen Störungen, einen
Betrieb von empfindlichen Messmodulen zu gewährleisten. So hat sich aus dem VME-Bus,
der die Grundlage vieler Workstations bildet, der VXI-Bus entwickelt. In neuerer Zeit wurde
aus einer kompakten, modularen Variante des PCI-Busses, dem CompactPCI, von der Firma
National Instruments ein modulares Instrumentierungssystem, der PXI-Bus, entwickelt. Das
PXI-Bussystem ist in der Leistungsfähigkeit zwischen den Einschubkartenlösungen für PCs
und dem VXI-Bus anzusiedeln. Die Programmierung entspricht im Wesentlichen der einer
PC-Einschubkarte und verwendet kein SCPI. Im Folgenden wird das VXI-Bussystem ausführlicher dargestellt, da es auch den SCPI-Sprachstandard unterstützt.

5.4.4.1 VXI-Messsysteme

Die Definition des VXI-Bussystems (VXI: VME Extension for Instrumentation) erfolgte
durch ein Konsortium aller großen Messgerätehersteller und ist demnach als herstellerunab-
hängiger und offener Standard konzipiert (IEEE 1155). Zusätzlich zu den oben genannten
allgemeinen Gesichtspunkten für ein modulares Instrumentierungssystem wurden speziell
die folgenden Zielsetzungen verfolgt:

- Neben der offensichtlichen Modularität in der Hardware sollten auch die Softwaretreiber
  modular gestaltet werden.
- Es wurde auf Kompatibilität zu bestehenden Systemen geachtet. Neben dem VME-Bus
  wurde der IEEE 488-Bus vollständig in VXI integriert und die SCPI-Kommandosprache
  übernommen.
- Die Module sollten über einen Erkennungsmechanismus (Plug&Play) verfügen, sodass
  Einstellungen über Drahtbrücken (Jumper) und Schalter weitgehend entfallen können.
- Die Wärmeabgabe der Module und die Kühlleistung des Überrahmens werden bedarfs-
  orientiert aufeinander abgestimmt und es sind Maximalwerte festgelegt.

Der VME-Bus (IEEE 1014), auf dem der VXI-Bus basiert, hatte sich als Systembus für Rechner auf der Basis der 68000er Mikroprozessoren von Motorola entwickelt. Es werden Karten im einfachen Europakartenformat (10 cm × 16 cm × 2 cm, 16 Datenleitungen und 24 Adressleitungen, VXI: A-Size) und im Doppeleuropakarten-Format (23,3 cm × 16 cm × 2 cm, +16 Datenleitungen und +8 Adressleitungen, VXI: B-Size) für Überrahmen mit bis zu 20 Steckplätzen verwendet. Es handelt sich bei der Verwendung der Doppeleuropakarten also um ein echtes „32-Bit-System", wobei der Datentransfer asynchron erfolgt und im multiplexfreien Betrieb Datentransferraten von 40 MiB/s erreicht werden, die später im Multiplexbetrieb auf 80 MiB/s gesteigert wurden. Das Busprotokoll sieht bei größeren Datenmengen Blocktransfers vor und erlaubt einen Multiprozessorbetrieb.

Für VXI-Systeme sind, um eine ausreichende Packungsdichte zu erreichen und weitere Rückwandverbindungen zur Verfügung zu haben, zwei weitere Kartenformate definiert: C-Karten (C-Size: 23,3 cm × 34 cm × 3 cm, siehe auch Abbildung 5-44) und D-Karten (D-Size: 36,7 cm × 34 cm × 3 cm), wobei in der Praxis fast ausschließlich C-Karten oder für kleinere Systeme B-Karten verwendet werden. Kleinere Kartenformate können mit geeigneten Adaptern immer auch in einen größeren Einschubrahmen eingesetzt werden. Es sind überwiegend Einschubrahmen für 9 bzw. 20 Steckplätze (B-Size) und 4, 6 bzw. 13 Steckplätze (C-Size) oder auch kombiniert (6 C-Size, 3 B-Size) erhältlich. Tabelle 5-11 zeigt die Versorgungsspannungen und beispielhaft Werte für die maximale Gleichstromlast wie auch für die maximal erlaubten Laständerungen, die ohne Rückwirkung auf die Spannung bleiben. Für jeden Einschubrahmen wird eine Kühlleistungskurve, wie z. B. in Abbildung 5-43 gezeigt, spezifiziert. Die Kühlung der Modulelektronik ist dann sichergestellt, wenn Einschubmodule verwendet werden, deren Kühlbedarf innerhalb der Kühlleistungskurve liegt.

Tabelle 5-11: Versorgungsspannungen und -ströme für einen VXI-Einschubrahmen (beispielhaft)

Gleichspannung	+5 V	+12 V	-12 V	+24 V	-24 V	-5,2 V	-2 V
max. Gleichstromlast	60 A	12 A	12 A	12 A	12 A	60 A	30 A
max. Laständerung	9,0 A	2,5 A	2,5 A	5,0 A	5,0 A	8,5 A	4,5 A

Abbildung 5-44 zeigt, wie die Kartengrößen den Rückwandsteckern zugeordnet und wie die Signalgruppen an den Rückwandsteckern zusammengefasst sind. Am obligatorischen Stecker P1 dienen außer den üblichen Adress-, Daten- und Interruptleitungen (7 Ebenen) sowie den Versorgungsspannungen zusätzliche Leitungen der Fehlerbehandlung, der Busarbitrierung, über die der den Bus kontrollierende Prozessor festgestellt wird, und der Adressmodifikation, die u. a. den verschieden großen adressierbaren Speicherbereichen (16 Bit, 24 Bit und 32 Bit, entsprechend der Anzahl genutzter Adressleitungen) Rechnung trägt. Die Steckerbelegung stimmt mit der des VME-Busses überein.

ΔP am Modul (in mmH₂0)

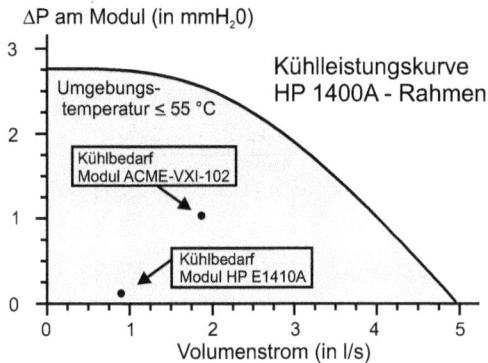

Abbildung 5-43: Kühlleistungs-
kurve eines VXI-
Einschubrahmens in C-Größe

Der optionale Stecker P2 erweitert den Bus zu einem echten 32-Bit-System und stellt zusätzliche Spannungen für Analogschaltkreise (±24 V) und ECL-Logikbausteine (-5,2 V, -2 V)
zur Verfügung. Modulidentifikationsleitungen ermöglichen die automatische Lokalisierung
von Modulpositionen im Einschubrahmen. Acht TTL-Triggerbusleitungen und zwei schnelle
ECL-Triggerbusleitungen sowie ein analoger Summenbus und eine 10 MHz-Clock dienen
zur Triggerung und Synchronisation der Messmodule. Benachbarte Module können über die
zwölf Leitungen des lokalen Busses direkt kommunizieren. Da in diesem Fall sehr unterschiedliche elektrische Pegel benutzt werden dürfen (TTL, ECL, niedrige, mittlere und hohe
Analogspannungen), identifizieren sich benachbarte Module durch passende mechanische
Schlüssel gegenseitig. Der noch selten verwendete Stecker P3 erweitert den lokalen Bus auf
32 Leitungen, stellt weitere ECL-Triggerbusleitungen und einen sternförmigen ECL-
Triggerbus sowie eine 100 MHz-Clock zur Verfügung.

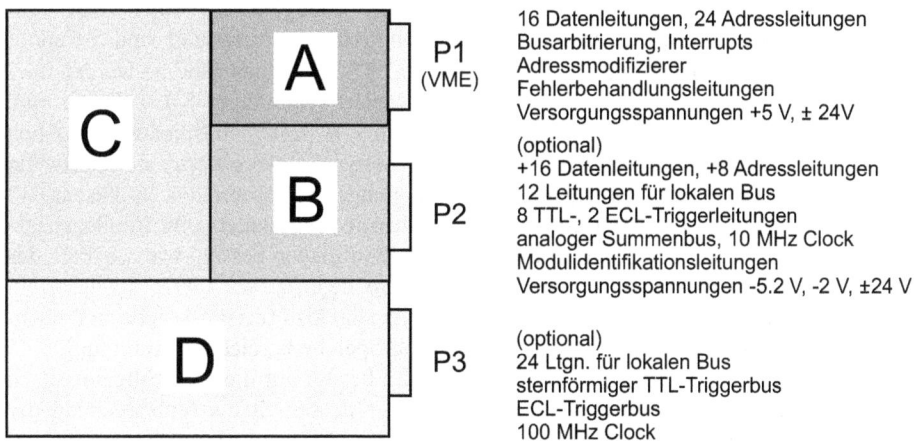

Abbildung 5-44: Modulabmessungen, Steckverbindungen und Signalleitungsgruppen der verschiedenen
VXI-Rahmentypen

Die sternförmigen Leitungsgruppen (Modulidentifikations-, Trigger- und Clockleitungen)
gehen immer vom am weitesten links liegenden Steckplatz des Einschubrahmens aus. Nur

das dort steckende Modul kann demnach die entsprechenden Kontrollfunktionen ausführen und wird als „Slot 0"-Modul bezeichnet.

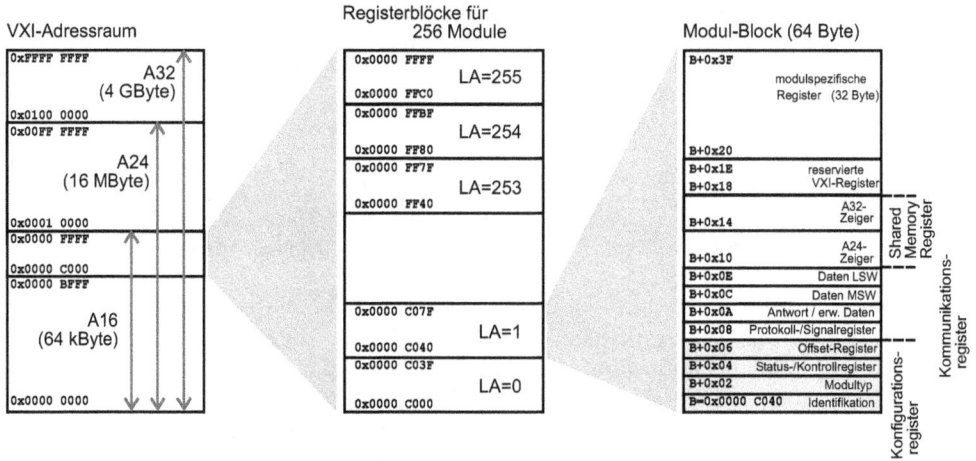

VXI-Adressraum

0xFFFF FFFF	A32 (4 GByte)
0x0100 0000	
0x00FF FFFF	A24 (16 MByte)
0x0001 0000	
0x0000 FFFF	
0x0000 C000	
0x0000 BFFF	A16 (64 kByte)
0x0000 0000	

Registerblöcke für 256 Module

0x0000 FFFF	LA=255
0x0000 FFC0	
0x0000 FFBF	LA=254
0x0000 FF80	
0x0000 FF7F	LA=253
0x0000 FF40	
0x0000 C07F	LA=1
0x0000 C040	
0x0000 C03F	LA=0
0x0000 C000	

Modul-Block (64 Byte)

B+0x3F	modulspezifische Register (32 Byte)
B+0x20	
B+0x1E	reservierte VXI-Register
B+0x18	
B+0x14	A32-Zeiger
B+0x10	A24-Zeiger
B+0x0E	Daten LSW
B+0x0C	Daten MSW
B+0x0A	Antwort / erw. Daten
B+0x08	Protokoll-/Signalregister
B+0x06	Offset-Register
B+0x04	Status-/Kontrollregister
B+0x02	Modultyp
B=0x0000 C040	Identifikation

Shared Memory Register / Kommunikations-register / Konfigurations-register

Abbildung 5-45: Speicherraum eines VXI-Systems

Das gesamte VXI-System kann für die Programmierung als ein großer Speicher betrachtet werden. Bei 16-Bit-Adressierung (A16) steht ein Speicherraum von 64 KiB, bei 24-Bit-Adressierung (A24) von 16 MiB und bei 32-Bit-Adressierung (A32) von 4 GiB zur Verfügung. Jedem VXI-Modul wird grundsätzlich ein Speicherbereich von 64 Byte zugeordnet, dessen Basisadresse dann eine logische Geräteadresse – vergleichbar einer IEEE 488-Geräteadresse – repräsentiert. Da maximal 256 logische Adressen reserviert sind, ist somit ein Speicherbereich von 16 KiB = $2^8 \cdot 2^6$ B fest vergeben[1]. Die einzelnen Module werden über das Lesen und Beschreiben ihres 64 Byte-Blocks gesteuert (Abbildung 5-45). Dabei sind zwei Typen von Modulen zu unterscheiden. Module wie z. B. Kanalmultiplexer lassen sich am einfachsten durch direktes Beschreiben von Speicherworten (Registern) steuern, wenn die Werte der einzelnen Bits entsprechende Schalterstellungen repräsentieren. In diesem Fall wird das Modul sicherlich nicht mit einem Mikroprozessor ausgestattet sein. Im Gegensatz dazu wird ein komplexes Gerät wie z. B. ein Digitalmultimeter besser, wie im Fall des IEEE 488-Buses, über Kommandonachrichten angesprochen, da im Gerät sowieso ein Mikroprozessor zu dessen Steuerung eingesetzt wird. Es sind also registerbasierte und nachrichtenbasierte Module zu unterscheiden, deren 64-Byte-Speicherbereiche in Abbildung 5-45 gemeinsam dargestellt sind. Ein registerbasiertes Modul besitzt nur die vier obligatorischen Konfigurationsregister zur Modulidentifizierung und für dessen Status (entsprechend der grau markierten Adressen in Abbildung 5-45). Der restliche Speicherbereich repräsentiert spezielle Funktionen des betreffenden Moduls. Beim nachrichtenbasierten Modul sind weitere Adressen für die Kommunikation und die gemeinsame Nutzung weiteren Speichers (Sha-

---

[1] Nach IEC 60027-2 ist B das Einheitenzeichen für Byte und die Vorsatzzeichen für 2^{10}, 2^{20}, 2^{30}, 2^{40}, 2^{50} und 2^{60} sind Ki, Mi, Gi, Ti, Pi, Ei.

red Memory) festgelegt. Neben dem Datenregister und den Adresszeigern dienen zwei Register zur Steuerung des softwaremäßigen Nachrichten-Handshakes (Word Serial Protocol). Da weitere 12 Byte für VXI-Zwecke reserviert sind, stehen für nachrichtenbasierte Module innerhalb des Modulblocks noch 32 Byte für modulspezifische Funktionen zur Verfügung. Für darüber hinaus gehenden Bedarf an Speicher müssen Adressen außerhalb der Modulblöcke gebucht werden. Dies trifft insbesondere für Speichermodule zu.

Registerbasierte Module sind zwar einfach aufgebaut und kostengünstig in der Herstellung, aber ihre Programmierung erfordert erheblich mehr Aufwand, da detaillierte Kenntnisse des Hardwareaufbaus und der Registerstruktur notwendig sind. Oftmals wird diese Aufgabe von einem übergeordneten VXI-Modul übernommen, wie z. B. im Fall eines Multimetermoduls, dem ein registerbasierter Kanalmultiplexer vorgeschaltet ist. Das Multimeter wird dann als Commander bezeichnet und der Kanalmultiplexer als Servant. Ein Commander kann wiederum Servant für ein nochmals übergeordnetes Modul sein, sodass sich am Ende eine Hierarchie ergibt. An deren Spitze steht der Resource-Manager (System-Manager), der nur einmal in einem VXI-System vorhanden sein kann und in der Regel in einem Slot 0-Modul integriert ist. Seine Aufgabe ist es insbesondere, beim Systemstart die einzelnen Module zu identifizieren, den Speicherbereich für die VXI-Module anzulegen und die Commander-Servant-Hierarchie aufzubauen.

Für VXI-Systeme ist eine Vielzahl von Systemkonfigurationen möglich, die zu einem stufenweisen Ausbau eines Systems geeignet sind (Abbildung 5-46).

- Zum Einstieg in die Verwendung von VXI-Systemen wird man sich einen kleinen Überrahmen in B-Größe oder C-Größe mit entsprechenden Modulen zulegen. Die Wahl der Kartengröße richtet sich nach dem Angebot von Modulen mit der gewünschten Funktionalität. Der Controller im VXI-System (Slot 0 und Resource-Manager) wird mit dem Rechner über den IEEE 488-Bus verbunden, wobei auch weitere vorhandene IEEE 488-Geräte in das System integriert werden können. Für allererste Versuche kann das System sogar über eine RS232-Schnittstelle angeschlossen werden. Die Datenübertragungsrate ist bestenfalls auf die des IEEE 488-Busses beschränkt, es kann aber der Messablauf weitgehend aufwärtskompatibel programmiert werden.

- Der weitere Ausbau eines VXI-Systems kann darauf abzielen, die Datenübertragungsgeschwindigkeit zum Rechner hin zu steigern. Die Verbindungsstrecke kann hierfür auf der Basis der IEEE 1394-Schnittstelle („Firewire") oder der Fibre-Channel-Schnittstelle (ANSI FC-AL, Fibre-Channel Arbitrated Loop) *seriell* erfolgen. Im ersten Fall erreicht man im Dauerbetrieb bis zu 48 MiB/s (bei max. 16 IEEE 1394-Geräten pro Strang mit 4,5 m Maximalabstand und 72 m Gesamtlänge) und im zweiten Fall bis zu 41 MiB/s (bei max. 127 Geräten, 30 m Maximalabstand bei Kupferverdrahtung, 3,8 km Gesamtausdehnung). Außer der IEEE 488-Anbindung – eventuell als „Hochgeschwindigkeits"-variante – steht mit dem MXI-Bus (Multisystem eXtension Interface) eine leistungsfähigere *Parallelschnittstelle* zum Rechner zur Verfügung. In der MXI-2-Spezifikation werden Datenübertragungsraten von maximal 23 MiB/s im Dauerbetrieb (max. 8 Geräte, max. Gesamtlänge 20 m) genannt.

- Bei der Erweiterung eines VXI-Systems kann die Situation auftreten, dass weitere Überrahmen zusammengeschaltet werden müssen, weil eine Vielzahl von Messkanälen und Modulen benötigt wird. In diesem Fall werden meistens C-Einschubrahmen verwendet, da sie höhere Kanaldichten erlauben und entsprechende Anschlusslösungen für viele Signalleitungen bestehen. Der MXI-Bus (MXI-2), der gewissermaßen als Kabelverlängerung der VXI-Rückwand betrachtet werden kann, diente bisher in der Regel als Verbindung zwischen den Einschubrahmen (maximal 8) und wird zunehmend durch die schnelleren seriellen Verbindungen (IEEE 1394 und FC-AL) ersetzt. B-Module können weiterhin eingesetzt werden, da man sie entweder über einen Adapter in C-Überrahmen einschieben kann oder einen ganzen B-Überrahmen über den MXI-Bus verbindet. Über den MXI-Bus oder die seriellen Verbindungen können auch VME-Systeme, die den EMV-Anforderungen von VXI nicht genügen, ohne Beeinträchtigung der Messmodule in ein Messsystem integriert werden.

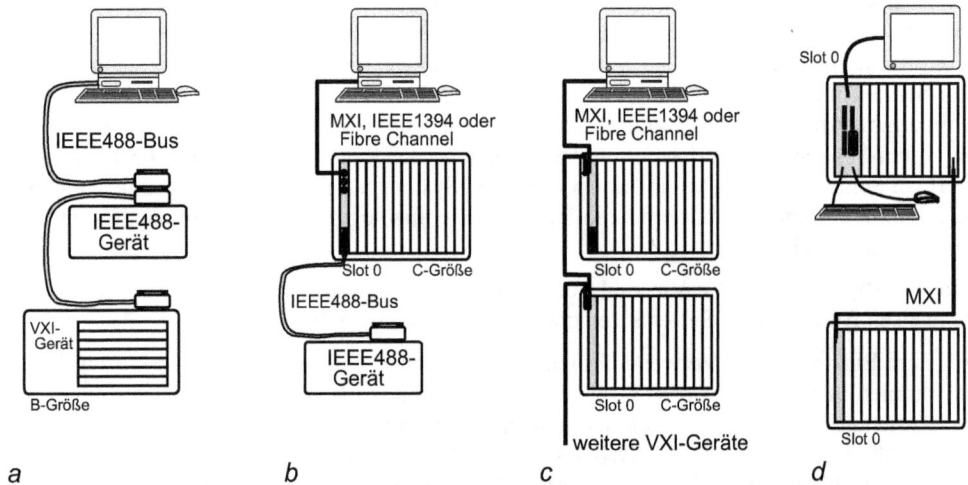

Abbildung 5-46: Ausbaustufen eines VXI-Systems: (a) Einsteigervariante mit IEEE 488-Anschaltung, (b) C-System mit schneller Verbindung zum Rechner, (c) Verbindung zwischen mehreren VXI-Rahmen und (d) Hochgeschwindigkeitsvariante mit im VXI-Rahmen eingebettetem Rechner.

- Die prinzipiell höchsten Datentransferraten erreicht man, wenn der Rechner direkt auf die VXI-Rückwand zugreifen kann, also mit in das Messsystem integriert wird und gleichzeitig als Slot 0- und Resource-Manager-Modul dient (Embedded Controller). Neben Rechnern in PC-Architektur sind auch eingebettete Rechner für Unix oder Echtzeitbetriebssysteme (LynxOS, VxWorks) erhältlich. Erweiterungen über serielle Verbindungen oder den MXI-Bus sind natürlich auch in diesem Fall möglich.

5.4.4.2 Programmierung von VXI-Systemen

Viele Messgerätetypen wie etwa Multimeter oder Oszilloskope sind inzwischen als VXI-Einschubmodule erhältlich. Der wesentlich kleinere Platzbedarf bringt es allerdings mit sich, dass Bedien- und Anzeigeelemente entfallen müssen und nur noch Anschlussbuchsen auf der Frontplatte vorhanden sind. Die Anzeige und die Bedienung müssen vollständig durch eine auf dem Messrechner installierte Software möglich sein. Der Rechner und die Software sind demnach ein integraler Bestandteil des „Messgeräts". Dieser Tatsache wurde durch die Gründung der VXI*plug&play* Systems Alliance Rechnung getragen, die Standardverfahren für die komplette Integration von VXI-Systemen entwickelt hat. Die Festlegungen betreffen insbesondere die Softwareschnittstellen zum Anwendungsprogramm und die I/O-Architektur für das VXI-System. Das primäre Ziel ist es, den Messsystem-Anwendern schlüsselfertige, startbereite Softwaremodule zur Integration in ihr oder sein Messprogramm zusammen mit dem Messmodul auszuliefern. Weitere Gesichtspunkte betreffen

- die allgemeine Festlegung des Funktionsumfangs der Softwaretreiber,
- die Modularisierung und den hierarchischen Aufbau der Softwaremodule,
- die Konsistenz des Softwaredesigns und der Implementierung,
- die Verfügbarkeit von Quelltexten,
- die Fehlerbehandlung,
- die Dokumentation und Hilfeinformationen,
- die Revisionskontrolle, Distributionsmedien und die Installation.

Tabelle 5-12: Für den Betrieb von VXI-Systemen vorgesehene Systemumgebungen

ANSI-C	MS C++ Borland C++ LabWin-dows/CVI	MS C++ Borland C++ LabWin-dows/CVI	MS C++ Borland C++ LabWin-dows/CVI	LabWin-dows/CVI Sunsoft cc Sunsoft CC	POSIX c89 HP CC
Run-time Link	MS C++ Borland C++ MS VB LabWin-dows/CVI LabVIEW Agilent VEE	MS C++ Borland C++ MS VB LabWin-dows/CVI LabVIEW Agilent VEE	MS C++ Borland C++ MS VB LabWin-dows/CVI LabVIEW Agilent VEE	LabVIEW Agilent VEE Sunsoft cc Sunsoft CC	LabVIEW Agilent VEE POSIX c89 HP CC
G	LabVIEW	LabVIEW	LabVIEW	LabVIEW	LabVIEW
	WIN	WIN95	WINNT	SUN	HP-UX

Die Festlegungen sind dabei so konkret, dass z. B. bestimmte Betriebssystemsgruppen (WIN, WIN95, WINNT, SUN, HP-UX) und Anwender-Programmierstile (ANSI C-Programm, Runtime-Zugriff, graphische Programmierung) in Form von Systemumgebungen (WIN, WIN95, ... , GWIN, GWIN95, ...) berücksichtigt werden (siehe Tabelle 5-12).

An zentraler Stelle der Spezifikation stehen die „Instrumententreiber" (Instrument Drivers), Softwaremodule, die mit jedem VXI-Modul mit ausgeliefert werden. Abbildung 5-47 zeigt, dass die Instrumententreiber ein modulspezifisches Bindeglied zwischen der Arbeits-umgebung des Anwenders (Entwicklungssystem, Application Development Environment) und dem Kommunikationssystem (Communication Management), das den Rechner mit der Messgerätehardware verbindet, darstellen. Wie die Abbildung zeigt, kann so nicht nur ein VXI-System angesprochen werden, sondern es können auch IEEE 488-Geräte und z. B. über die RS232-Schnittstelle angeschlossene Geräte einbezogen werden.

```
┌─────────────────────────────────────┐
│         Programmier-                 │
│    Entwicklungsumgebung              │
└─────────────────────────────────────┘
  Instrumententreiber-Schnittstelle (Software)
┌─────────────────────────────────────┐
│    Instrumententreiber               │
│    Funktionsbibliothek und Quelltexte│
└─────────────────────────────────────┘
  Kommunikations-Schnittstellen (Software)
┌─────────────────────────────────────┐
│    Kommunikationsmanagement          │
└─────────────────────────────────────┘
       Geräteschnittstellen (Hardware)
  Register WSP
┌──────────┬──────────┬───────────────┐
│   VXI    │ IEEE 488 │ Andere        │
│          │          │ z. B. RS232C  │
└──────────┴──────────┴───────────────┘
```

Abbildung 5-47:
Systemarchitektur von Instrumenten-
treibern
(Anmerkung: WSP = Word Serial
Protocol).

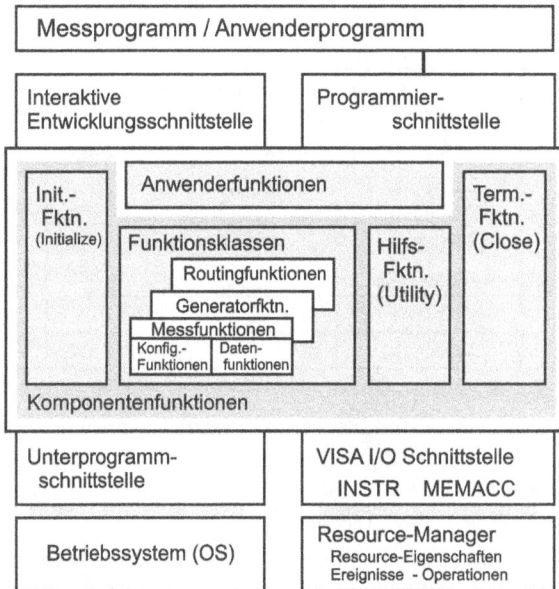

```
┌─────────────────────────────────────────────┐
│    Messprogramm / Anwenderprogramm           │
└─────────────────────────────────────────────┘
┌──────────────────────┬──────────────────────┐
│ Interaktive          │ Programmier-         │
│ Entwicklungsschnittstelle │ schnittstelle    │
├──────────────────────┴──────────────────────┤
│ ┌────────┬──────────────────────┬─────────┐ │
│ │ Init.- │ Anwenderfunktionen   │ Term.-  │ │
│ │ Fktn.  │                      │ Fktn.   │ │
│ │(Initialize)│ Funktionsklassen │ (Close) │ │
│ │        │ ┌──────────────────┐ │         │ │
│ │        │ │Routingfunktionen │ Hilfs-  │ │
│ │        │ ┌────────────────┐ │ Fktn.   │ │
│ │        │ │Generatorfktn.  │ (Utility)│ │
│ │        │ ┌──────────────┐ │         │ │
│ │        │ │Messfunktionen│ │         │ │
│ │        │ │Konfig.-│Daten-│ │         │ │
│ │        │ │Funktionen│funktionen│    │ │
│ │        └──────────────────┘ │         │ │
│ │ Komponentenfunktionen                 │ │
│ └────────────────────────────────────────┘ │
├──────────────────────┬──────────────────────┤
│ Unterprogramm-       │ VISA I/O Schnittstelle│
│ schnittstelle        │ INSTR   MEMACC       │
├──────────────────────┼──────────────────────┤
│ Betriebssystem (OS)  │ Resource-Manager     │
│                      │ Resource-Eigenschaften│
│                      │ Ereignisse - Operationen│
└──────────────────────┴──────────────────────┘
```

Abbildung 5-48: Funktionsgruppen
eines Instrumententreibers und Einord-
nung der VISA-Schnittstelle

Abbildung 5-48 detailliert die externen Schnittstellen und die interne Architektur eines Instrumententreibers. Anwenderseitig stellt der Instrumententreiber eine Programmierschnittstelle zur Verfügung, also eine Sammlung von Unterprogrammen oder Funktionsblöcken, mit denen auf die Instrumententreiberfunktionen zugegriffen wird, und eine interaktive
Bedienschnittstelle. Dabei handelt es sich in der Regel um ein fenster- oder textbasiertes
Programm, mit dem die Grundfunktionen des Instruments interaktiv probiert und dadurch
kennengelernt werden können. Als Standardschnittstelle zur Kommunikation mit den Instrumenten (Geräten) ist die VISA-E/A-Schnittstelle (Virtual Instrument Software Architec-

ture) vorgesehen. Nur wenn Funktionalitäten sich nicht über diese Schnittstelle realisieren lassen oder wenn auf Betriebssystemsfunktionen zurückgegriffen werden muss, kann auf selbsterstellte Unterprogramme – im Rahmen allgemeiner Vorgaben – ausgewichen werden.

Die Funktionalität des Instrumententreibers wird vertikal in verschiedene Funktionskomponenten gegliedert, die die typischen Abläufe eines Messprogramms berücksichtigen. So wird ein Gerät am Anfang immer initialisiert (Initialize) und am Ende in einen sinnvollen Ruhezustand versetzt werden müssen (Close). Die weiteren Funktionskomponenten fallen in die Kategorien Konfigurationsfunktionen, Aktions- und Statusfunktionen, Datenfunktionen und Hilfsfunktionen (Utility-Funktionen). Für diese Funktionen sind horizontal verschiedene Komplexitätsstufen vorgesehen. Ein einfacher Messvorgang sollte sich unter der Benutzung von wenigen einfachen „High-level"-Funktionen schnell umsetzen lassen. Bei Bedarf sollte es möglich sein, die Feinheiten eines Messvorgangs mit Hilfe von „Low-Level"-Funktionen steuern zu können, wobei im Extremfall direkt auf VISA-Funktionen zurückgegriffen werden kann. Bei den Funktionskategorien unterscheidet man zusätzlich verschiedene Fähigkeitsklassen (Capability Classes), da Geräte z. B. Messfunktionen (Measure), Funktionsgeneratorfunktionen (Source) oder Multiplexerfunktionen (Route) realisieren. Einige Funktionskomponenten sind zwingend vorgeschrieben. Dies betrifft Utility-Funktionen für das Rücksetzen und den Selbsttest, die Fehlerabfrage und -benachrichtigung und die Revisionsabfrage.

Die soeben erläuterten Zusammenhänge sollen an dieser Stelle an einem Beispiel verdeutlicht werden. Dazu zeigt Abbildung 5-49 Auszüge aus einem graphischen Beispielprogramm unter der graphischen Entwicklungsumgebung LabVIEW von National Instruments für ein VXI-Multimeter (E1412A von Agilent). Abbildung 5-49a zeigt die Bedienoberfläche des Programms, mit der in sehr einfacher Weise die Handbedienung nachgebildet wird, wobei zur Vereinfachung Menü-Auswahlfelder anstelle von Bedienknöpfen benutzt werden.

In Abbildung 5-49b ist das graphische Programm (Blockdiagramm) gezeigt. Dabei werden Funktionsblöcke mit Datenpfaden „verdrahtet". Das Rückgrat des Programms bildet die Folge Initialisieren-Konfigurieren-Triggervorbereitung-Triggern-Auslesen-Schließen. Den einzelnen Funktionsblöcken werden die Werte der Eingabeelemente der Bedienoberfläche zugeführt. Das Blockdiagramm des Unterprogramms für das Zurücklesen der Messwerte ist in Abbildung 5-49c gezeigt.

In Abbildung 5-49b werden „High-Level"-Funktionskomponenten zum Konfigurieren, Triggern und Messen benutzt. Abbildung 5-49d gibt einen Überblick über diese Funktionen. Über die Übergabe einer VISA-Sitzungskennung wird Bezug auf das einzelne Instrument genommen. Abbildung 5-49c zeigt in der untersten Programmierebene den direkten Zugriff auf VISA-Funktionen zur Kommunikation mit dem Gerät. Auf dieser Ebene nimmt der Instrumententreiber zudem Bezug auf die SCPI-Kommandos des Multimeters.

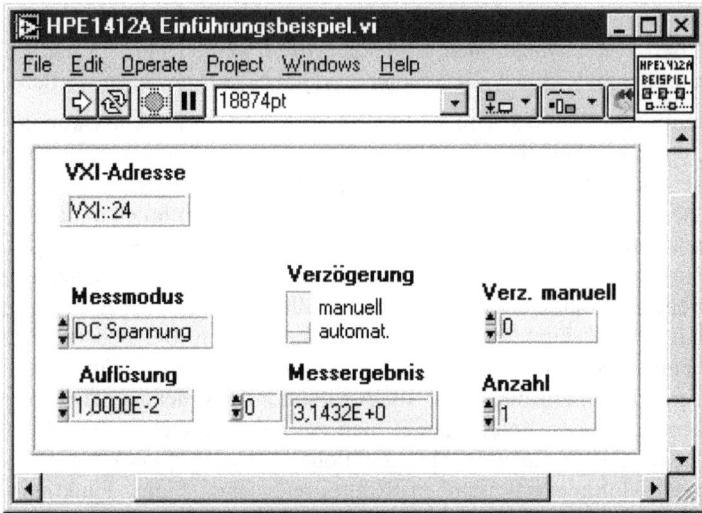

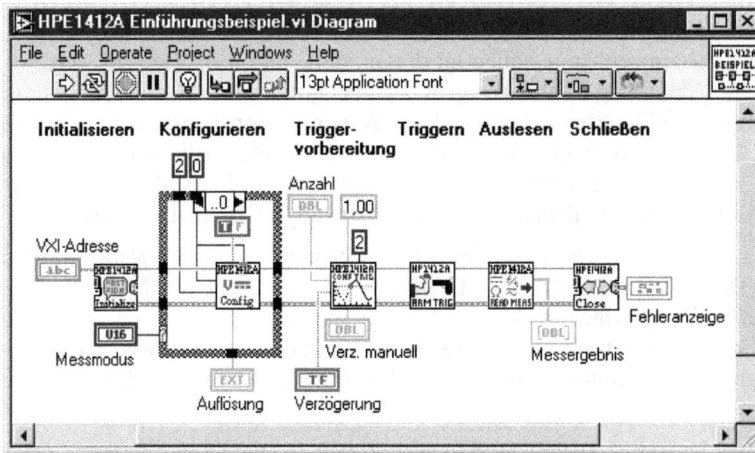

Abbildung 5-49: Beispiel für ein einfaches Programm, um eine Messung mit einem VXI-Multimeter zu machen. (a) Fenster zur Steuerung der Messung über den Bildschirm, (b) LabVIEW-Programm des Steuerungsfensters,

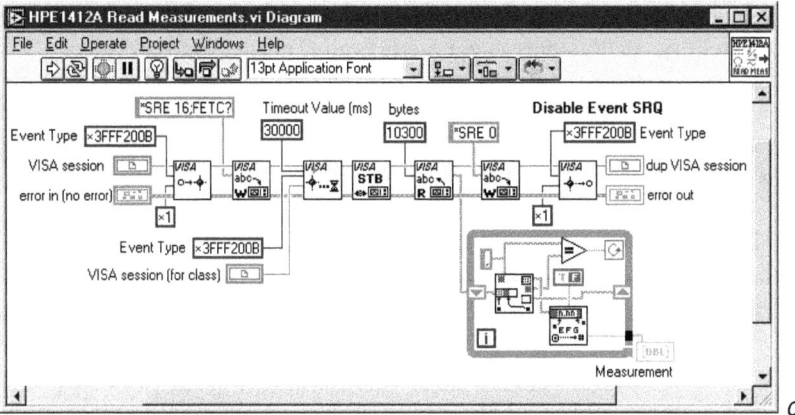

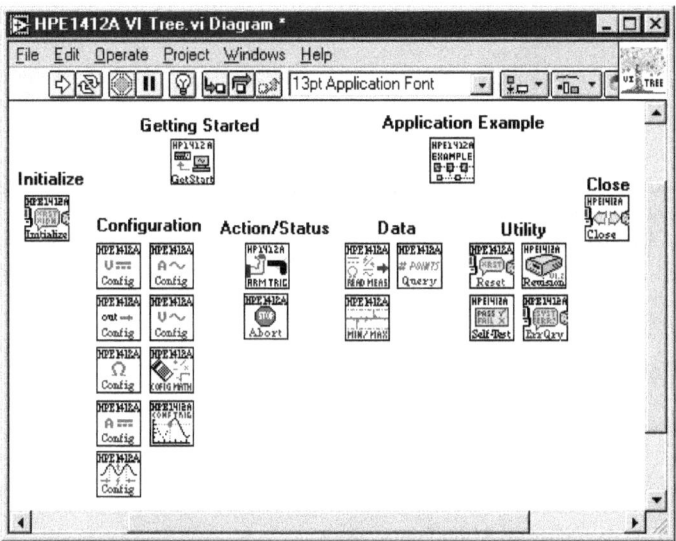

Fortsetzung Abbildung 5-49: (c) Unterprogramm zum Lesen einer Messung und (d) Übersicht über die Instrumententreiber-Funktionen, die für das VXI-Multimeter unter LabVIEW zur Verfügung stehen

VISA (Virtual Instrument Software Architecture) stellt den Instrumententreibern und auf der Ebene der „Low-Level"-Programmierung auch dem Anwendungsprogrammierer eine einheitliche Sichtweise auf alle in einem Messsystem vorhandenen Messinstrumente zur Verfügung. An dieser Stelle interessieren natürlich vorwiegend die Aspekte eines VXI-Systems, aber wie Abbildung 5-47 zeigt, deckt VISA auch andere Kommunikationssysteme zu Messgeräten ab. Jedes vorhandene Messmodul (Resource) präsentiert sich durch seine Eigenschaften (Attribute) und meldet verschiedene Ereignisse (Events). Weiterhin lassen sich verschiedene Funktionen (Operations) ausführen. Jedes Messmodul oder Instrument muss einen Mindestumfang an Eigenschaften, Ereignissen und Funktionen abdecken, die in einer Softwareschablone (Resource-Template, Tabelle 5-13 und Tabelle 5-14) festgelegt sind. Der Resource-Manager findet die verschiedenen Messmodule eines Messsystems auf, organisiert deren Hierarchie und stellt sie als Ressourcen zur Verfügung (Tabelle 5-15). In einem VXI-System werden Resource-Klassen für nachrichtenbasierte Instrumente (INSTR) und für registerprogrammierte Instrumente (MEMACC) unterschieden. Da die Liste der möglichen Attribute, Ereignisse und Funktionen sehr umfangreich ist, muss an dieser Stelle auf die VXI*plug&play*-Dokumentation (www.vxipnp.org) verwiesen werden.

Tabelle 5-13: In der VISA-Schablone vorgeschriebene Attribute

Symbolischer Name	Zugriffsrechte		Datentyp	Bereich
VI_ATTR_RSRC_IMPL_VERSION	RO	Global	ViVersion	0h to FFFFFFFFh
VI_ATTR_RSRC_LOCK_STATE	RO	Global	ViAccessMode	VI_NO_LOCK
				VI_EXCLUSIVE_LOCK
				VI_SHARED_LOCK
VI_ATTR_RSRC_MANF_ID	RO	Global	ViUInt16	0h to 3FFFh
VI_ATTR_RSRC_MANF_NAME	RO	Global	ViString	N/A
VI_ATTR_RSRC_NAME	RO	Global	ViRsrc	N/A
VI_ATTR_RSRC_SPEC_VERSION	RO	Global	ViVersion	00200000h
VI_ATTR_RM_SESSION	RO	Local	ViSession	N/A
VI_ATTR_MAX_QUEUE_LENGTH	R/W*	Local	ViUInt32	1h to FFFFFFFFh
VI_ATTR_USER_DATA	R/W	Local	ViAddr	**

*   Dieses Attribut wird RO, sobald viEnableEvent () das erste Mal aufgerufen wurde.
**   Wird im jeweiligen VPP-4.3.x-Framework-Dokument angegeben.

Tabelle 5-14: In der VISA-Schablone vorgeschriebene Funktionen

Life Cycle Control (Sitzungskontrolle)
```
    viClose(vi)
```
Characteristics Control (Attributfunktionen)
```
    viGetAttribute(vi, attribute, attrState)
    viSetAttribute(vi, attribute, attrState)
    viStatusDesc(vi, status, desc)
```
Asynchronous Operation Control (Asynchrone Ablaufsteuerung)
```
    viTerminate(vi, degree, jobId)
```
Access Control (Zugriffskontrolle)
```
    viLock(vi, lockType, timeout, requestedKey, accessKey)
    viUnlock (vi)
```
Operation Invocation and Event Reporting (Ablaufsteuerung und Ereignismeldungen)
```
    ViEnableEvent(vi, eventType, mechanism, context)
    ViDisableEvent(vi, eventType, mechanism)
    ViDiscardEvents(vi, eventType, mechanism)
    ViWaitOnEvent(vi, inEventType, timeout, outEventType, outContext)
    ViInstallHandler(vi, eventType, handler, userHandle)
    ViUninstallHandler(vi, eventType, handler, userHandle)
```

Tabelle 5-15: Funktionen des Resource-Manager und Regeln für den Aufbau von Resource-Namen

Resource-Manager
`viOpenDefaultRM()`
`viFindRsrc(sesn, expr, findList, retcnt, instrDesc)`
`viFindNext(findList, instrDesc)`
`viOpen(sesn, rsrcName, accessMode, timeout, vi)`

Aufbau von Adress-Zeichenketten für Resource-Namen	
Schnittstelle	*Syntax*
VXI	VXI[board]::*VXI logical address*[::INSTR]
GPIB-VXI	GPIB-VXI[*board*]::*VXI logical address*[::INSTR]
GPIB	GPIB[*board*]::*primary address*[::*secondary address*][::INSTR]
ASRL	ASRL[*board*][::INSTR]
VXI	VXI[board]::MEMACC
GPIB-VXI	GPIB-VXI[*board*]::MEMACC

Abbildung 5-50 bzw. Abbildung 5-51 zeigt jeweils ein einfachstes Beispiel für die C-Programmierung eines nachrichtenbasierten und eines registerbasierten Instruments. In Abbildung 5-52 wird weiterhin die Behandlung von Ereignissen demonstriert.

```c
#include "visa.h"
#define MAX_CNT 200
int main(void)
{
    ViStatus status;                    /* zur Fehlerabfrage         */
    ViSession defaultRM, instr;         /* Kommunikation, Sitzung    */
    ViUInt32 retCount;                  /* Anzahl gelesener Zeichen   */
    ViChar buffer[MAX_CNT];             /* Puffer fuer gel. Zeichen   */
    /* Am Anfang wird das System initialisiert                       */
    status = viOpenDefaultRM(&defaultRM);
    if (status < VI_SUCCESS) {/* Beenden nach Initialisierungsfehler*/
        return -1;
    }
    /* Oeffnen des VXI-Geräts                                        */
    /* Der Uebersicht halber wird auf Fehlerabfragen verzichtet.     */
    status = viOpen(defaultRM,"VXI0::1::INSTR",VI_NULL,VI_NULL,&instr);
    /* Setzen der Abbruchszeit fuer die Nachrichtenuebertragung      */
    status = viSetAttribute(instr, VI_ATTR_TMO_VALUE, 5000);
    /* Identifikation vom Geraet erfragen                            */
    status = viWrite(instr, "*IDN?\n", 6, &retCount);
    status = viRead(instr, buffer, MAX_CNT, &retCount);
    /* Hier sollte eigener Quelltext platziert werden                */
    /* Schließen des Systems                                         */
    status = viClose(instr);
    status = viClose(defaultRM);
    return 0;
}
```

Abbildung 5-50: Beispiel eines nachrichtenorientierten Programms zur Identifikationsabfrage eines VXI-Geräts

```
#include "visa.h"
int main(void)
{
    ViStatus status;                    /* zur Fehlerabfrage         */
    ViSession defaultRM, instr;         /* Kommunikation, Sitzung    */
    ViUInt16 deviceID;                  /* Speicher fuer Geraete-ID  */
    /* Am Anfang wird das System initialisiert                       */
    status = viOpenDefaultRM(&defaultRM);
    if (status < VI_SUCCESS) {/* Beenden nach Initialisierungsfehler*/
        return -1;
    }
    /* Oeffnen des VXI-Geräts                                        */
    /* Der Uebersicht halber wird auf Fehlerabfragen verzichtet.     */
    status = viOpen(defaultRM,"VXI0::16::INSTR",VI_NULL,VI_NULL,&instr);
    /* Geraete-ID lesen und dann in A24 Speicher schreiben           */
    status = viIn16(instr, VI_A16_SPACE, 0, &deviceID);
    status = viOut16(instr, VI_A24_SPACE, 0, 0x1234);
    /* Schließen des Systems                                         */
    status = viClose(instr);
    status = viClose(defaultRM);
    return 0;
}
```

Abbildung 5-51: Beispiel eines registerbasierten Programms zur Identifikationsabfrage eines VXI-Geräts. Fettschrift hebt die Änderungen gegenüber Abbildung 5-50 hervor. Es wird ein anderes Instrument angesprochen.

Allen Beispielen ist gemeinsam, dass über den Aufruf von `viOpenDefaultRM(...)` das gesamte Messsystem initialisiert wird und über `viOpen(...)` ein spezifisches Instrument verfügbar gemacht wird. Tabelle 5-15 gibt die Regeln für das Aufstellen von Instrumentadressen und Tabelle 5-16 einige Beispiele für Adressen. Am Ende wird durch zweimaligen Aufruf von `viClose(...)` zuerst das Instrument und dann das ganze System freigegeben. Auch das Setzen oder Lesen von Attributen erfolgt in ähnlicher Weise. Programmtechnisch werden eigene VISA-Datentypen verwendet (`ViStatus`, `ViSession`, `ViUInt32`, `ViChar`, ...), die unabhängig von der unterschiedlichen Umsetzung der C-Datentypen für die verschiedenen Betriebssystemsplattformen sind. Jeder VISA-Funktionsaufruf resultiert in einem Statuscode, während die Rückgabe von Handles (`defaultRM`, `instr`, `eventType`, `eventData`) oder Resultatwerten (`retCount`, `buffer`, ...) – typisch für C – über Variablenreferenzen erfolgt. Der Übersichtlichkeit halber wurde in den Beispielprogrammen auf eine konsequente Fehlerbehandlung verzichtet.

```
#include "visa.h"
int main(void)
{
    ViStatus status;                    /* zur Fehlerabfrage           */
    ViSession defaultRM, instr;         /* Kommunikation, Sitzung      */
    ViEventType eventType;              /* Ereignisidentifizierung     */
    ViEvent eventData;                  /* Ereignisspeicher            */
    ViUInt16 statID;                    /* Interrupt Status ID         */
    /* Am Anfang wird das System initialisiert                         */
    status = viOpenDefaultRM(&defaultRM);
    if (status < VI_SUCCESS) {/* Beenden nach Initialisierungsfehler*/
        return -1;
    }
    /* Oeffnen des VXI-Geräts                                          */
    /* Der Uebersicht halber wird auf Fehlerabfragen verzichtet.       */
    status = viOpen(defaultRM,"VXI0::16::INSTR",VI_NULL,VI_NULL,&instr);
    /* Treiber fuer Registrierung von Interrupts einstellen.           */
    status = viEnableEvent(instr,VI_EVENT_VXI_SIGP,VI_QUEUE,VI_NULL);
    /* Kommando an das Oszilloskop senden, die Messkurve               */
    /* aufzunehmen und nach Beendigung einen Interrupt zu schicken     */
    status = viWaitOnEvent(instr, VI_EVENT_VXI_SIGP, 5000, &eventType,
    &eventData);
    if (status < VI_SUCCESS) {
        /* Kein Interrupt nach 5000 ms empfangen                       */
        viClose(defaultRM);
        return -1;
    }
    /* Ereignisinfo wird angefordert und dann das Ereignis geloescht   */
    /* In diesem Fall wird die Status ID des Interrupts benoetigt.     */
    status = viGetAttribute(eventData, VI_ATTR_SIGP_STATUS_ID, &statID);
    status = viClose(eventData);
    /* Hier sollten die Daten vom Instrument eingelesen und            */
    /* verarbeitet werden. Beende dann Registrierung von Ereignissen.*/
    status = viDisableEvent(instr, VI_EVENT_VXI_SIGP, VI_QUEUE);
    /* Schließen des Systems                                           */
    status = viClose(instr);
    status = viClose(defaultRM);
    return 0;
}
```

Abbildung 5-52: Beispiel eines Programms zur Steuerung von VXI-Geräten mit Ereignisbehandlung

Tabelle 5-16: Beispiele für die Instrumentenadressierung unter VISA.

Adress-Bezeichner	Beschreibung
VXI0::1::INSTR	VXI-Gerät mit der logischen Adresse 1 an der VXI-Schnittstelle VXI0.
GPIB-VXI::9::INSTR	VXI-Gerät mit der logischen Adresse 9 in einem über IEEE 488 angeschlossenen VXI-System.
GPIB0::1::0::INSTR	IEEE 488-Gerät mit Primäradresse 1 und Sekundäradresse 0 an der Schnittstelle GPIB0.
ASRL1::INSTR	Gerät an der seriellen Schnittstelle 1.
VXI::MEMACC	Registerzugriff (Low-level) auf die VXI-Schnittstelle.
GPIB-VXI1::MEMACC	Registerzugriff auf die GPIB-VXI-Schnittstelle 1.

Für die eigentliche Datenübermittlung werden im Fall des nachrichtenorientierten Instruments die Aufrufe `viWrite(...)` und `viRead(...)` verwendet. Beim registerbasierten Instrument wird mit `viIn16(...)` und `viOut16(...)` direkt mit einem Speicherplatz gearbeitet, wobei das dritte Argument die Adresse relativ zur Basisadresse des Moduls ist. Im Beispiel wird das Identifikationswort gelesen, das relativ bei 0x0 steht (Abbildung 5-45). Bei der Ereignisbehandlung, die mit `viEnableEvent(...)` aktiviert wird, wartet man mit `viWaitOnEvent(...)` auf das Ereignis, allerdings nur solange, bis eine „Timeout"-Periode verstrichen ist. Andernfalls würde das Programm beim Ausfall oder bei Fehlersituationen im System nicht abbrechen können. Auch die Ereignisbehandlung muss mit `viClose(...)` deaktiviert werden.

Tabelle 5-17 soll am Ende noch einen Überblick über die Vielfalt der inzwischen verfügbaren VXI-Module geben. Der Umfang der Tabelle 5-17 verdeutlicht, dass inzwischen fast jede Messfunktion verfügbar ist und dass bei umfangreichen Messsystemen aus Platz- und Kostengründen der Einsatz eines VXI-Systems immer unverzichtbarer wird. Diese Entwicklung wird zudem durch umfangreiche und erfolgreiche Standardisierungsbestrebungen gestützt, die eine verlässliche Grundlage für die Ausbaubarkeit und die Weiterentwicklung von Messsystemen bilden.

Tabelle 5-17: Auswahl gängiger VXI-Modul-Klassen

Messmodule:	Digitalmultimeter, Digitaloszilloskope
	A/D-Wandler-Module (mit Multiplexern)
	Hochgeschwindigkeits-A/D-Wandler, Transientenspeicher
	Frequenzmesser, Zählermodule, Grenzwertgeber, Alarmgeber
	Digitale Signalprozessoren (DSP, Frequenzanalyse)
	Leistungsmessungsmodule (RF, HF)
	Druckmessmodule
	Speichermodule (schnell, groß)
Multiplexer:	FET, Reed-Relais, Leistungsrelais, Netzschalter
	Thermoelemente, Dehnungsmessstreifen, 3-Leiter, 4-Leiter
	RF-Signalmultiplexer (50 Ω, 75 Ω)
	Kreuzverschalt., Multiplexer mit simultanen Haltegliedern
Signalquellen:	Funktionsgeneratoren (freie Signalform), Synthesizer
	Gleichspannungs-, Gleichstromquellen
	Signalverstärker
Digitale Ein-/Ausgabe:	Logikanalysator, Testmustergenerator
	Digital I/O (isoliert), Schaltereingänge, Relaistreiberausgang
Sonstiges:	Prototypmodule (Breadboards)
	Busschnittstellen (MIL-STD1553, ARINC)
	Vielfache serielle Schnittstellen (RS232, RS422, RS485)
	Drehgeber, programmierbare Widerstände, Radar
	Zeitnormale

5.5   Industrielle Messdatenerfassung

Dieses Kapitel führt in die Messdatenerfassung im industriellen Umfeld ein, wenn also das Messen ausschließlich Mittel zum Zweck ist und die Produktqualität bzw. der sichere und wirtschaftliche Betrieb einer Anlage im Vordergrund stehen. Im Vergleich zu Messungen im Laborbereich muss das Hauptaugenmerk auf den zuverlässigen, störungsfreien Dauerbetrieb und auf möglichst geringe Kosten gerichtet werden.

Als Teil einer gesamten Fertigungsstraße oder einer verfahrenstechnischen oder energie-technischen Anlage stellen die Messtechnik und die Messdatenerfassung einerseits die Grundlage für die Steuerung und Regelung der Anlage (MSR: Messen-Steuern-Regeln) und andererseits die Basis für die Qualitätssicherung an den Produkten bereit. In diesem Umfeld ist zu berücksichtigen, dass durch Antriebe, Schweißgeräte, Öfen etc. starke elektromag-netische Störungen auf die Messelektronik einwirken und somit ein Hauptziel die störungssi-chere, zuverlässige Übertragung der Messgrößen darstellt. Aus diesem Grund werden die analogen Messspannungen möglichst schon im Messaufnehmer digitalisiert und dann mit entsprechenden Verfahren der Fehlererkennung und -korrektur digital über einen einfachen Bus („Feldbus") übertragen.

Anders als im Labormessbereich, wo mit dem IEEE 488- bzw. VXI-Bus allgemein akzep-tierte Standards bestehen, gibt es im Feldbusbereich eine fast unüberschaubare Vielzahl von Systemen auf dem Markt. Im Rahmen dieses Lehrbuchs kann demnach nur eine einführende Darstellung der grundlegenden Eigenschaften von Feldbussystemen und einiger weniger Beispiele gegeben werden. Aus diesem Grund wird an dieser Stelle auch vollständig auf die Darstellung herstellerspezifischer Systeme verzichtet, sondern es werden nur solche Feldbus-se besprochen, deren Spezifikationen – zumeist als Norm – offengelegt sind. Für eine tiefer-gehende Auseinandersetzung mit Feldbussystemen muss auf die Speziallliteratur verwiesen werden [*Schnell08, Kriesel00*].

Im Verlauf dieses Kapitels wird es anfänglich so erscheinen, als ob der behandelte Stoff nicht direkt mit Messwerten und Messwerterfassung zu tun habe. Das Ende dieses Kapitels und das Kapitel 5.6.2 werden dann aber sehr deutlich machen, wie wichtig es ist, eine klare logische Sicht von Begriffen wie einem „Messwert" oder einem „Messaufnehmer" insbeson-dere in Anbetracht konkreter Anwendungen zu haben.

5.5.1   Grundkonzepte von Feldbussystemen

Ähnlich wie bei der Organisation eines Industriebetriebs im Allgemeinen stellt man sich auch bei einer automatisierten Fertigung oder Anlage das Gesamtsystem hierarchisch ange-ordnet vor (s. Abbildung 5-53). An der Basis befindet sich der „Prozess", die Anlage, die Fertigungsstraße, ein Gebäude etc., wobei Messgrößen und Prozesszustände durch Sensoren und digitale (binäre) Eingänge erfasst werden. Über digitale (binäre) Ausgänge und Analog-ausgänge, werden Relais und Schütze bzw. Aktoren angesteuert, die das Verhalten und den Zustand des Prozesses beeinflussen können. Die Ein- und Ausgänge sind oftmals anlagen-oder gerätespezifisch gruppiert und werden in einem Feldbussegment zusammengefasst, das über Netzkoppler und -übergänge mit dem zugehörigen Prozessleitsystem verbunden wird.

Über ein Leitsystem (Prozessleitsystem, Fertigungsleitsystem, ...) wird der ständige Betrieb einer Anlage kontrolliert. Da auf dieser Ebene das Betriebspersonal eingreifen können muss, wird der Betriebszustand auf Anzeigen einer Leitwarte so präsentiert, dass eine geeignete Überwachung und Kontrolle durch das Personal stattfinden kann. Hierzu dienen u. a. auch Einrichtungen zur Qualitätssicherung (CAQ: Computer Aided Quality Control). Bei ausgedehnten oder umfangreichen Anlagen kann die Prozessleitebene in verschiedene Zellen aufgeteilt sein, die in einem zentralen Prozessleitbereich zusammengeführt werden.

Der Planungsbereich ist der Prozessleitebene übergeordnet. Hier wird einerseits festgelegt, welche Betriebsweise gefahren wird bzw. welche Produkte gefertigt werden. In letzterem Fall kommen z. B. Produktionsplanungs- und –steuerungssysteme (PPS) zum Einsatz. Weitere Tätigkeiten im Planungsbereich sind z. B. der Entwurf von Produkten (CAD: Computer Aided Design) oder auch Planungen für Erweiterungen oder Änderungen an der Anlage selber. Selbstverständlich hat auf dieser Ebene die Unternehmensplanung als solche schon einen erheblichen Einfluss.

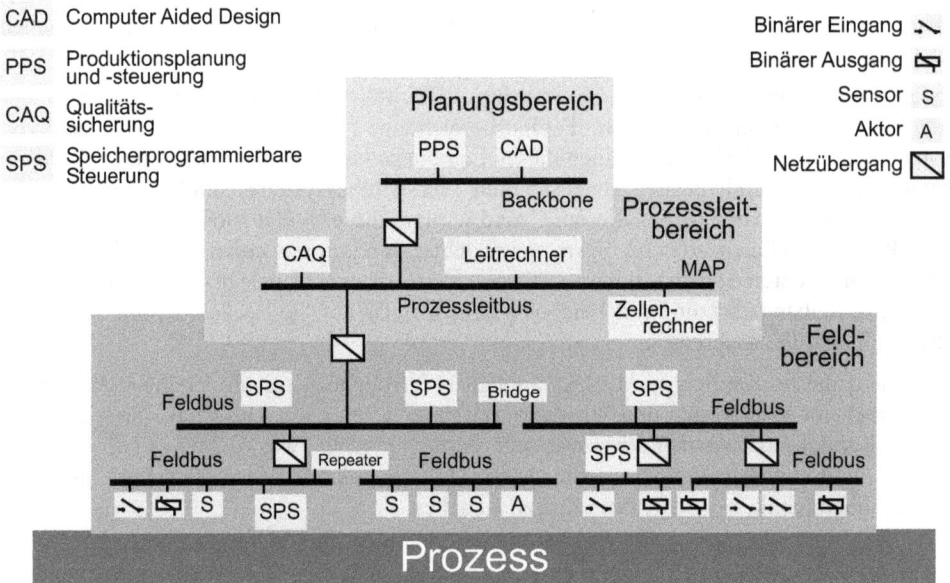

Abbildung 5-53: Automatisierungshierarchie im Fertigungsbereich

Wie man der Abbildung 5-53 entnehmen kann, werden die einzelnen Rechner auf jeder Ebene durch einen Kommunikationsbus verbunden. Auf der Planungsebene ist dies in der Regel das lokale Netzwerk (LAN: Local Area Network) des Unternehmens. Auf der Prozessleitebene dient der Prozessleitbus als Kommunikationsverbindung, wobei u. U. spezialisierte Busse und Kommunikationsprotokolle (z. B. MAP: Manufacturing Automation Protocol) verwendet werden. Im Feldbereich übernimmt der Feldbus diese Rolle.

Abbildung 5-53 zeigt auch, dass im Falle des Feldbusses zwei Konfigurationen unterschieden werden müssen, je nachdem, ob und an welcher Stelle sich speicherprogrammierbare Steuerungen (SPS) als „konventionelle" Automatisierungskomponente in einer Anlage befinden. Da viele Abläufe oftmals schon als SPS-Programme (nach DIN EN 61131-3) vorliegen, wird bei Anlagenerweiterungen versucht, die entwickelten Programme und die beschaffte Hardware weiterhin zu nutzen. Ein Feldbus kann dann entweder der SPS unterlagert sein und hilft, Sensoren und Aktoren schnell und kostengünstig zu verbinden (Sensor/Aktor-Bus), oder aber der Feldbus kann dazu dienen, verschiedene SPSen und weitere Automatisierungsgeräte wie Robotersteuerungen, CNC-Steuerungen etc. zu koppeln (Systembus). Im Zusammenhang dieses Buchs wird insbesondere auf die messgebernahen Feldbusvarianten eingegangen. Eine Behandlung der gesamten Automatisierungshierarchie würde einerseits den gesetzten Rahmen des Buchs sprengen und ist andererseits dann auch sehr stark vom Anwendungsfeld abhängig.

Im Folgenden werden für einige Anwendungsbereiche die jeweils wichtigsten technischen Anforderungen an entsprechende Feldbussysteme genannt. Im nächsten Kapitel werden dann die allen Anwendungsbeispielen gemeinsamen Anforderungen behandelt.

- Fertigungstechnik:
  Hohe Datenraten und Datenvolumina, schnelle und vorhersagbare Reaktionszeiten, kurze Zykluszeiten
- Chemische Produktion, Versorgungs- und Entsorgungstechnik:
  Betrieb in explosionsgefährdeten Bereichen, Betrieb im Freien, dezentraler Betrieb (z. B. von Motor-Kontrollzentren), zuverlässige Alarmgebung
- Kraftwerkstechnik, Energieverteilung:
  Große Zahl von Messstellen, kurze Reaktionszeiten, determinierte Zykluszeiten für digitale Regelung in kaskadierten Regelkreisen, elektromagnetische Verträglichkeit
- Kraftfahrzeugtechnik:
  Zuverlässigkeit, Unempfindlichkeit gegenüber elektromagnetischen Störungen (Zündung), vorhersagbare Reaktionszeiten, kurze Zykluszeiten
- Verkehrstechnik (Bahn, Schiff, Verkehrswege):
  Zuverlässigkeit, Betrieb im Freien, drahtlose Übertragung
- Gebäudetechnik:
  Sehr große Zahl von Datenpunkten, mittlere Zykluszeiten, Handhabung durch Handwerker, z. T. Betrieb im Freien

Die sehr unterschiedlichen Anforderungen in den verschiedenen Einsatzbereichen zeigen deutlich, dass in gewissem Umfang verschiedene Feldbuslösungen zur Verfügung stehen müssen – allerdings wohl nicht in dem Umfang, wie es derzeit noch der Fall ist.

5.5.1.1   Anforderungen an einen Feldbus

Die im Weiteren aufgezeigten Anforderungen an ein Feldbussystem stellen allgemeine Kriterien für dessen Einsatz dar. Je nach Betriebsumfeld sind zusätzlich die jeweils einschlägigen Normen zu beachten.

Leitungslängen und Netzstrukturen

Wegen der z. T. erheblichen Ausdehnung einer Anlage müssen die Leitungslängen bei Feldbussystemen von Metern bis zu Kilometern reichen. Die vorzusehenden Leitungslängen hängen immer eng mit den erlaubten Netzanordnungen (Netztopologie) zusammen: Die Verbindung kann als Linie, als Baumstruktur, als Ringstruktur oder in Sternstruktur erfolgen. Welche Struktur am günstigsten ist, hängt wiederum von der räumlichen Anordnung der Anlage ab. Ebenso sollte es möglich sein, die Übertragungsgeschwindigkeit anzupassen, sodass kleinere Systeme schneller kommunizieren können. Bei großen Entfernungen ist man natürlich durch die Signallaufzeiten begrenzt. In diesem Fall sollte ein dezentraler Betrieb vorgesehen sein, damit möglichst viele Funktionen vor Ort realisiert werden können.

Echtzeitverhalten

Das Feldbussystem muss in Echtzeit arbeiten. Das heißt einerseits, dass auf Alarmbedingungen innerhalb einer vorgegebenen Zeit reagiert werden muss (Latenzzeit) also insbesondere die Datenübertragung über den Feldbus abgeschlossen sein muss. Andererseits müssen innerhalb einer vorgegebenen Zykluszeit die wichtigen Betriebsgrößen erfasst und übertragen werden. So steht dann in regelmäßigen Zeitabständen ein Prozessabbild zur Verfügung, das u. a. für digitale Regelungen über den Feldbus verwendet werden kann. Die Zykluszeit bzw. Übertragungslücken machen sich in diesem Fall als unerwünschte Totzeit bemerkbar und müssen entsprechend begrenzt werden.

Sichere Datenübertragung

Die z. T. erheblichen Ströme, die in Antrieben, Öfen oder Schweißanlagen geschaltet werden, erzeugen elektromagnetische Störungen und wirken sich auf das elektrische Versorgungsnetz aus. Selbst unter diesen Betriebsbedingungen müssen die Daten sicher über den Feldbus übertragen werden. Es müssen deshalb alle Komponenten hohe Anforderungen an die elektromagnetische Verträglichkeit (EMV) erfüllen und es müssen Mechanismen zur Erkennung und Korrektur von Übertragungsfehlern vorgesehen werden. Aus diesem Grund werden in einem Feldbussystem prinzipiell digitale Daten und keine analogen Spannungswerte übertragen. Ein weiteres Kriterium für eine sichere Datenübertragung ist die ständige Verfügbarkeit des Feldbusses. Geräte sollten während des Betriebs hinzugefügt oder entfernt werden können.

Geringer Aufwand und Kosten

Trotz aller wünschenswerten technischen Eigenschaften sollte der (finanzielle) Aufwand für die Anlage möglichst gering sein, denn er geht natürlich direkt in die Kosten des Produkts ein. Durch die Einführung eines Feldbussystems treten an die Stelle von großen Schaltschränken oder gar Schalträumen und einer aufwendigen Verkabelung zu diesen „Schaltzentralen" kleine "Schaltschränke" bzw. Schaltkästen, die mit einem einzigen Kabel verbunden werden. Hierzu verwendet man in der Regel eine Zweidrahtleitung, die gesteckt oder geschraubt wird. Wegen der begrenzten Übertragungskapazität – insbesondere bei ausgedehnten Systemen – müssen weiterhin möglichst kurze Nachrichten und ein effizientes Übertragungsprotokoll eingesetzt werden. Weitere Gesichtspunkte sind eine einfache Installation, Instandhaltung und Wartung des Feldbussystems.

Optionen

Die zwei nachfolgenden Anforderungen werden zwar nicht immer, aber doch recht häufig gestellt:

Die Stromversorgung der Messwertaufnehmer sollte über den Feldbus erfolgen, da mit zunehmender Verwendung „intelligenter" Sensoren der Feldbus bis an die einzelne Messstelle gezogen wird und dann nicht jedes Mal eine separate Spannungsversorgung installiert werden muss.

Für den Einsatz in explosionsgefährdeten Bereichen müssen die elektrischen Leistungen, die über den Feldbus im Kurzschlussfall gezogen werden können, begrenzt werden. Es kann dann nur eine kleinere Anzahl von Feldbusgeräten an einem Feldbusstrang angeschlossen werden.

Übertragung von Prozessdaten und Parametrierungsdaten

Außer Prozessdaten, die in regelmäßigen Zeitabständen den Zustand der Anlage darstellen, müssen auch Daten zur Parametrierung von Feldgeräten übertragen werden. Parametrierungsdaten sind z. B. Grenzwerte für Alarmgeber, Beschleunigungskurven für Antriebe oder auch Programmupdates für ein Feldgerät. Sie werden in größerem Umfang bei der Inbetriebnahme, beim Umrüsten oder im Wartungsfall überspielt. Es muss aber genauso möglich sein, Parametrierungsdaten während des laufenden Betriebs zu übermitteln. Die Tabelle 5-18 zeigt, dass sich die Anforderungen bei der Übertragung von Prozessdaten und Parametrierungsdaten grundlegend unterscheiden. Ein Feldbussystem muss diese sehr gegensätzlichen Forderungen gleichzeitig erfüllen können.

Tabelle 5-18: Vergleich der Übertragungsanforderungen für Prozessdaten und Parametrierungsdaten

	Prozessdaten	Parametrierungsdaten
Netzwerkteilnehmer	große Anzahl einfacher Geräte	mittlere Zahl von komplexen Endgeräten
Informationsmenge	gering (8 bit bis 16 bit)	Blocklängen 10 B bis 1000 B
Informationsübertragung	zyklisch	azyklisch
Kommunikation	Werte unter Geräteadresse	verschiedene Kommunikationsdienste über Geräteadresse
Echtzeitanforderung	Zykluszeiten min. 1-5 ms	unkritisch
Beispiel: Antriebseinheit	Soll- und Istwert für Drehzahl, Lage ...	Anpassung an Motor, Getriebe ... Optimierung

Die gezeigte Gegensätzlichkeit für die Übertragung von Prozess- und Parametrierungsdaten zieht sich, wie Abbildung 5-54 zeigt, im Prinzip durch die gesamte Automatisierungshierarchie. Die unteren Hierarchieebenen erfordern schnelle, zuverlässige Reaktionszeiten, wohingegen jeweils nur geringe Datenmengen übertragen werden müssen. In den höheren Hierarchieebenen muss ein immer größerer Funktionsumfang abgedeckt werden, d. h. dass zunehmend größere Datenmengen versendet werden. Da die Planungshorizonte gleichzeitig länger werden, erfolgt die Übermittlung der Daten allerdings immer seltener. Das Produkt aus Datenvolumen und Kommunikationsfrequenz bleibt annähernd konstant.

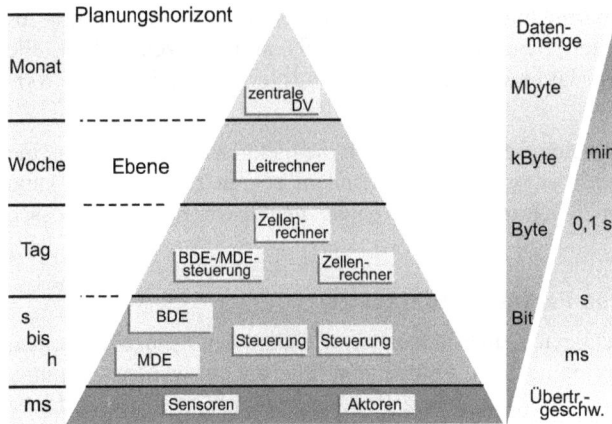

*Abbildung 5-54: Zusammenhang zwischen Reaktionszeit und Funktionalität
für die verschiedenen Ebenen der Automatisierungshierarchie.*

5.5.1.2   Überblick gängiger Feldbussysteme

In Abbildung 5-55 wird ein erster Überblick über gängige Feldbusse gegeben. Es wurde versucht – obwohl die Übergänge z. T. fließend sind – die Feldbusse zusätzlich in drei Kategorien einzuteilen.

Ein Sensor-Aktor-Bus verbindet vorwiegend einfache, meist binäre Sensoren und Aktoren. Von entscheidender Bedeutung sind ein gutes Echtzeitverhalten, eine einfache Handhabung und ein großes Angebot kostengünstiger Sensoren und Aktoren. Um den Echtzeitanforderungen gerecht zu werden, handelt es sich oftmals um zentrale Master-Slave-Systeme.

Ein Systembus dient der Kommunikation zwischen komplexeren Automatisierungsgeräten, wie z. B. speicherprogrammierbaren Steuerungen, Robotersteuerungen, Prozessstationen und den Rechnern und Visualisierungsstationen der Leitebene.

Objektnahe Systembusse nehmen eine Mittelstellung zwischen der Systemebene und der Sensor-Aktor-Ebene ein. Es können sowohl zeitkritische Sensoren und Aktoren einzelner Automatisierungsobjekte als auch komplexere Automatisierungskomponenten angeschlossen werden. In der Regel wird es sich um dezentrale Multimaster-Systeme handeln.

Die aufgezeigten Kategorien werden natürlich erst in großen Anlagen deutlich. In kleineren Anlagen bieten objektnahe Systembusse die meiste Flexibilität.

Systembusse

Profibus-FMS (Process Field Bus)
WorldFIP (Flux Information Processus)
P-Net (Process Net)
Interbus-S
Modnet/Modbus
Arcnet
Foundation Fieldbus
DeviceNet

Objektnahe Systembusse

Profibus-DP (Dezentrale Peripherie)
Profibus-PA (Prozessautomatisierung)
DIN-Messbus
Sercos (Serial Real Time Communication System)
Bitbus
CAN (Controller Area Network)
LON (Local Operating Network)

Sensor-Aktor-Busse

ASI (Actuator Sensor Interface)
Interbus-S, Interbus-Loop
HART (Highway Addr. Remote Transducer)
EIB (European Installation Bus)
M-Bus (Meter Bus)
eBUS (Energy Bus)

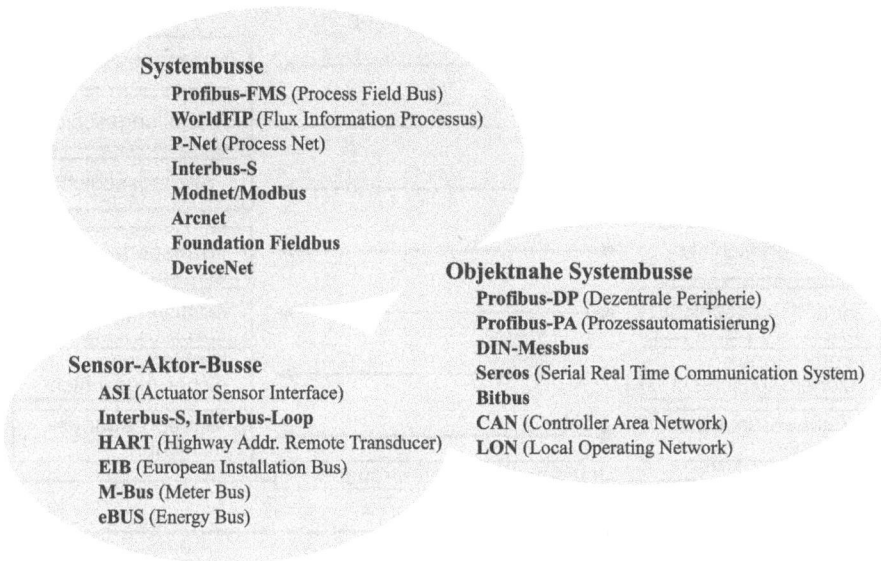

Abbildung 5-55: Feldbuskategorien

5.5.1.3   Grundlegende technische Eigenschaften von Feldbussystemen

ISO/OSI-Kommunikationsmodell

Die einzelnen Funktionskomponenten für die Kommunikation über einen Feldbus sind, wie bei jedem technischen Kommunikationssystem, am ISO/OSI-Grundmodell (ISO/IEC 7498) orientiert. In diesem Modell werden sieben Funktionsschichten jedes Netzteilnehmers unterschieden (siehe Abbildung 5-56). Die Kommunikation läuft nach den folgenden Grundprinzipien ab:

- Eine Funktionsschicht kann innerhalb des Rechners immer nur mit ihren Nachbarschichten Daten austauschen: Eine beliebige Schicht erhält von der übergeordneten Schicht Arbeitsaufträge und liefert Ergebnisdaten zurück. Entsprechend beauftragt sie die untergeordnete Schicht und nimmt die Ergebnisdaten entgegen.
- Über das Netz kann eine Funktionsschicht immer nur mit der entsprechenden Funktionsschicht eines anderen Netzwerkteilnehmers kommunizieren. Insgesamt gesehen erscheint für die Funktionsschicht die Kommunikation über die untergeordneten Schichten transparent.

Die Schichten 1-4 stellen das eigentliche Transportsystem zur Verfügung, die Schichten 5-7 werden als Anwendungsschichten bezeichnet.

virtuelle Verbindungen

Anwendungs-schichten	Anwendungsschicht ⟷	Anwendungsschicht	7
	Darstellungsschicht ⟷	Darstellungsschicht	6
	Sitzungsschicht ⟷	Sitzungsschicht	5
Tranportschichten	Transportschicht ⟷	Transportschicht	4
	Vermittlungsschicht ⟷	Vermittlungsschicht	3
	Verbindungs-sicherungsschicht ⟷	Verbindungs-sicherungsschicht	2
	Bitübertragungs-schicht ⟷	Bitübertragungs-schicht	1

tatsächlicher Datentransport

Physikalisches Übertragungsmedium

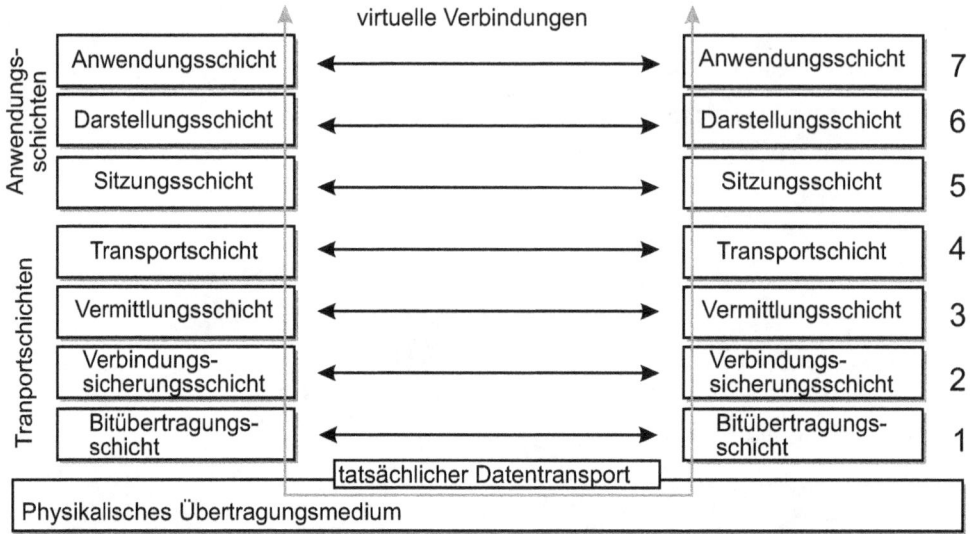

Abbildung 5-56: ISO/OSI-Kommunikationsmodell für vernetzte Systeme

1. Die *physikalische Schicht* bzw. *Bitübertragungsschicht* legt fest, mit welchen Übertragungsmedien, Steckern und elektrischen Signalen einzelne Bits übermittelt werden.
2. Die *Verbindungssicherungsschicht* oder *Bitsicherungsschicht* sorgt für den sicheren Transport der Daten von einer Station des Netzes zu einer anderen. Dazu werden die Daten so in Datenrahmen (Telegramme) verpackt, dass Übertragungsfehler erkannt und korrigiert werden können. Ebenso muss sichergestellt werden, dass keine Telegramme verloren gehen und dass die Zwischenspeicher einzelner Stationen nicht überlaufen.
3. Die *Vermittlungsschicht* oder *Netzwerkschicht* ist für den netzweiten Transport von der Datenquelle zur Zielstation verantwortlich. Sie legt insbesondere fest, über welchen Weg das einzelne Datenpaket zur Zieladresse gelangen kann (Routing).
4. Die *Transportschicht* stellt den Anwendungsprozessen einen Transportvorgang im Gesamten zur Verfügung, unabhängig davon, wie die Aufteilung in Datenpakete erfolgt. So werden z. B. Stationsnamen in Netzadressen aufgelöst, die Transportverbindung auf- und abgebaut und im Fehlerfall wiederhergestellt, geringe Datenströme zusammengefasst bzw. hohe Datenströme aufgeteilt usw.
5. Die *Sitzungsschicht* steuert die Kommunikation zwischen zwei Anwendungsprozessen. So wird beispielsweise überprüft, ob eine Berechtigung für die Benutzung des Transportsystems und der Gegenstation besteht. Insbesondere in Hinblick auf das jeweilige Betriebssystem werden Funktionen für die Verbindungssteuerung und die Datenübertragung, die Aktivitätsverwaltung und die Synchronisation zwischen Prozessen beider Netzstationen bereitgestellt.
6. Die *Darstellungsschicht* bereitet die Informationen in für den Transport geeignete Datenformate auf. So wird beispielsweise der Zeichensatz festgelegt oder die Informationen werden verschlüsselt. Graphik- oder Druckdaten müssen ebenso in transportgeeignete Formate umgesetzt werden.

7. Die *Anwendungsschicht* beinhaltet diejenigen Funktionen, mit denen Benutzerprogramme auf das Kommunikationsnetz zugreifen. Bei dem Benutzerprogramm kann es sich z. B. um eine verteilte Datenbank oder um ein Protokollierungs- oder ein Visualisierungsprogramm handeln. Der Zugriff durch das Benutzerprogramm erfolgt meist über eine Anwendungs-Programmierschnittstelle (API: Application Programming Interface).

Im Feldbusbereich werden aus Effizienzgründen in der Regel nicht alle ISO/OSI-Schichten implementiert. Meist beschränkt man sich auf die zwei untersten Transportschichten und die Anwendungsschicht. Soweit Funktionalitäten der übrigen Schichten benötigt werden, sind diese dann als Teil der Anwendungsschicht implementiert.

Physikalische Schicht/Bitübertragungsschicht (Physical Layer)

Diese Schicht legt die mechanische und elektrische Ankopplung eines Netzteilnehmers an den Bus und die elektrischen Spannungswerte der einzelnen Bits fest. In der Regel werden in Feldbussystemen verdrillte und geschirmte Zweidrahtleitungen verwendet, es können aber auch Mehrdraht- oder Koaxialleitungen, Lichtwellenleiter oder eine Funkübertragung zum Einsatz kommen. Die Steckverbindungen sind einfach gehalten und können u. U. durch direktes Anklemmen – ohne auf die Polung achten zu müssen – erfolgen.

Die elektrische Signalübertragung benutzt meistens das Basisband, d. h., dass „0" oder „1" durch Spannungspegel bzw. durch Pegelwechsel dargestellt werden. Sehr häufig wird als Übertragungsstandard die erdsymmetrische und für Mehrpunktverbindungen geeignete RS485-Schnittstelle verwendet. Tabelle 5-19 zeigt die Spannungswerte, die zwischen den beiden Leitungsadern vom Sender generiert bzw. durch den Empfänger noch registriert werden müssen. Modulationsverfahren, bei denen die Information auf eine oder mehrere sinusförmige Trägerfrequenzsignale (z. B. FSK: Frequency Shift Keying) aufmoduliert wird, werden im Feldbusbereich seltener verwendet.

Tabelle 5-19: Spannungspegel der RS485-Schnittstelle (bzw. ISO 8482)

	Sender	Empfänger	
	EIA 485 und ISO 8482	EIA 485	ISO 8482
0	$1{,}5\,\text{V} < U_\Delta < 5\,\text{V}$	$U_\Delta > 0{,}2\,\text{V}$	$U_\Delta > 0{,}3\,\text{V}$
1	$-5\,\text{V} < U_\Delta < -1{,}5\,\text{V}$	$U_\Delta < -0{,}2\,\text{V}$	$U_\Delta < -0{,}3\,\text{V}$

Werden die einzelnen zu übertragenden Bits zu einer Bitfolge zusammengefasst, so muss der Synchronisation zwischen Sender und Empfänger Rechnung getragen werden. Bei einer synchronen Übertragung wird dazu ein separates Taktsignal übermittelt. Abbildung 5-57a zeigt beispielsweise das NRZ-Verfahren (Non Return to Zero), bei dem mit jeder steigenden Taktflanke durch den Spannungspegel auf der Signalleitung der Bitwert festgelegt wird. Bei einer asynchronen Übertragung muss der Empfänger in der Lage sein, aus dem eintreffenden Signal gleichzeitig den Takt abzuleiten. Abbildung 5-57b zeigt als Beispiel das Differenzial-Manchester-Verfahren, bei dem jedes Bit mit einer Taktflanke beginnt. Fehlt ein weiterer Übergang während der nachfolgenden Bitzeit, so handelt es sich um eine „1", tritt ein solcher – egal in welche Richtung – auf, so liegt eine „0" vor. Das Differenzial-Manchester-Verfahren ist verpolungssicher, benötigt kein unabhängiges Taktsignal und besitzt keinen

Gleichspannungsanteil, d. h. ein gleichzeitig vorhandener Versorgungsspannungspegel bleibt unverändert.

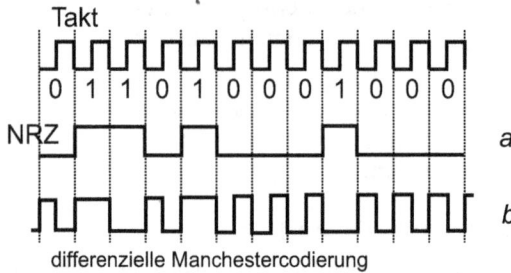

Takt

```
 0  1  1  0  1  0  0  0  1  0  0  0
```

NRZ   *a*

                             b

differenzielle Manchestercodierung

Abbildung 5-57: Beispiele für Bitkodierungsverfahren:
(a) NRZ: Non Return to Zero
(b) differenzielle Manchester-kodierung

Durch die für die Bitübertragungsschicht eines Feldbussystems vorgesehene Lösung werden viele operationelle Eigenschaften festgelegt: So sind die maximale Länge, die maximale Teilnehmerzahl und die Brutto-Übertragungsrate eines Bussegments festgelegt. Ebenso entscheidet sich die Frage, ob eine Stromversorgung einzelner Netzteilnehmer über den Bus möglich ist. Die Art der Kopplung zwischen Bussegmenten legt zudem die mögliche Gesamtausdehnung eines Feldbussystems, seine Topologie und die maximale Teilnehmerzahl fest.

Bitsicherungsschicht/Verbindungssicherungsschicht (Data-Link Layer)

Die Bitsicherungsschicht verpackt die Nutzinformation in Datenrahmen (Telegramme), damit der einzelne Teilnehmer den Bus nur für eine definierte Zeit belegt. Meistens werden verschieden Typen von Datenrahmen verwendet, z. B. zur Geräteidentifikation oder zur Nutzdatenübertragung. Das Buszugriffsverfahren regelt dann, welcher Teilnehmer zu welchem Zeitpunkt einen Datenrahmen senden darf.

Abbildung 5-58a zeigt einen typischen Telegrammaufbau. Das Startzeichen (Präambel) gibt den Empfängern die Möglichkeit, sich zu synchronisieren – sowohl auf die Bitzeiten wie auch auf Bytegrenzen. Es folgen üblicherweise die Zieladresse und die Quelladresse für das Telegramm und anschließend die Nutzdaten. Zum Abschluss werden in der Regel zwei Bytes zur Fehlererkennung bzw. -korrektur (FCS Frame Check Sequence) hinzugefügt und ein Endezeichen gesendet. Zur Fehlererkennung wird entweder ein Quersummenverfahren (Parität) oder das CRC-Verfahren (CRC: Cyclic Redundancy Check), bei dem der Rest einer „Polynom"-Division ermittelt wird, verwendet. Eine Fehlerkorrektur kann durch gleichzeitige Bestimmung der horizontalen und vertikalen Parität durchgeführt werden. Ein quantitatives Maß für die Störfestigkeit eines Codes ist die Hamming-Distanz h_D. Die Größe h_D-1 ist dann die maximale Anzahl gleichzeitig auftretender Bitfehler, die noch sicher erkannt werden. $h_D/2$ ist die maximale Anzahl korrigierbarer Bitfehler. Feldbussysteme sollten mindestens eine Hamming-Distanz $h_D = 4$ besitzen.

Die Telegrammübertragung erfolgt u. U. vollständig byteorientiert. Dann werden meistens UART-Zeichen übertragen (UART: Universal Asynchronous Receiver and Transmitter, DIN ISO 1177). Abbildung 5-58b zeigt den Aufbau eines solchen UART-Zeichens mit acht Datenbits.

a

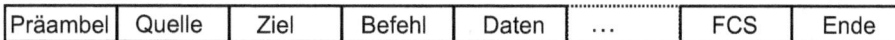

b

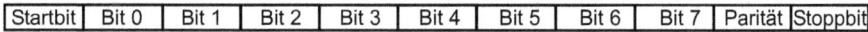

Abbildung 5-58: (a) Hypothetische Bytesequenz eines Telegramms, (b) Byteorientierte Übertragung mit UART-Zeichen

Bei einem kontrollierten Buszugriffsverfahren (Master/Slave-, Token- oder Token-Passing-Verfahren) ist der Sender immer eindeutig festgelegt, wohingegen bei einem zufälligen Buszugriffsverfahren jeder Netzteilnehmer zu einem beliebigen Zeitpunkt versucht, auf den Bus zuzugreifen. Ist der Bus frei, kann er ihn sofort benutzen, ansonsten muss der Zugriffsversuch wiederholt werden. Harte Echtzeitanforderungen können nur mit einem kontrollierten Busverfahren umgesetzt werden.

- Master-Slave-Verfahren: Ein ausgezeichneter und leistungsfähiger Netzteilnehmer, der Master, tritt jeweils mit einfachen, „passiven" Busteilnehmern, den Slaves, in Verbindung und regelt den gesamten Datenverkehr. Sollen Daten zwischen verschiedenen Slaves ausgetauscht werden, so kann dies nur über die Vermittlung des Masters geschehen. Fällt der Master aus, so liegt das ganze Bussystem still.
- Token-Prinzip: Hier sind alle Teilnehmer in der Lage, den Datenverkehr auf dem Bus zu steuern. Die Teilnehmer tauschen zyklisch ein Token, d. h. eine Nachricht oder ein elektrisches Signal - ähnlich einem Staffelstab, aus. Das Token berechtigt sie jeweils, den Datenverkehr abzuwickeln. Das Token-Prinzip kann als Token-Bus oder als geschlossener Token-Ring realisiert werden.
- Token-Passing: Nur einige Netzteilnehmer können als Master fungieren, die übrigen sind einfache Slaves. Das Token wird dann nur zwischen den Mastern ausgetauscht, die den Bus dann in der Master/Slave-Konfiguration benutzen.
- CSMA: Bei diesem zufälligen Buszugriffsverfahren hört jeder sendewillige Teilnehmer den Bus ab (Carrier Sense) und sendet nur, falls dieser frei ist. Ist der Bus belegt, so wird ein erneuter Sendeversuch entweder nach einer zufällig gewählten Wartezeit oder nach Beendigung der laufenden Nachricht unternommen (Multiple Access). Insbesondere im letzteren Fall kann es zu einer Nachrichtenkollision kommen, wenn zwei Teilnehmer gleichzeitig gewartet haben und mit ihrer Sendung beginnen. Um die Übertragungseffizienz zu verbessern, überwacht deshalb jede sendende Station auf ihrem Empfangskanal, ob das Signal auch tatsächlich anliegt und nicht durch eine Kollision abgeändert wurde (CSMA/CD: CSMA mit Collision Detection). Kam es zu einer Kollision, so wird mit einem kurzen Störsignal (jam) der gesamte Busverkehr gestoppt und erneute Sendeversuche werden nach einer zufällig gewählten Wartezeit begonnen, damit die Kollisionswahrscheinlichkeit geringer wird. Beim CSMA/CA-Verfahren (CA: Collision Avoidance) wird die Wahrscheinlichkeit für das Auftreten von Kollisionen zusätzlich dadurch verringert, dass den einzelnen Netzwerkteilnehmern unterschiedliche Prioritäten zugeordnet werden.

Innerhalb der Bitsicherungsschicht werden oftmals zwei Unterschichten definiert: Die Mediumszugriffssteuerung (MAC: Medium Access Control) kommuniziert mit der Schicht 1 und umfasst die bisher dargestellten Verfahren der Datensicherung und des Buszugriffs. Die logische Verbindungssteuerung (LLC: Logical Link Control) hingegen stellt der übergeordneten Schicht Dienste zur Verfügung, um eine Verbindung zu einer anderen Station aufzubauen. In diesem Zusammenhang werden beispielsweise die Adressen der einzelnen Netzteilnehmer definiert und verwendet, oder auch verschiedene Nachrichtenarten und Methoden der Nachrichtenbestätigung bereitgestellt. Die logische Verbindungssteuerungsschicht übernimmt also einen Teil der fehlenden Schichten 3-6.

Einen wesentlichen Einfluss auf den operationellen Einsatz haben die Datenfeldlänge und insbesondere der für die Datensicherung, die Adressierung und die Unterscheidung von Telegrammtypen getriebene Übertragungs-Overhead. Die Nettoübertragungskapazität kann aus diesem Grund deutlich geringer als die Bruttoübertragungsrate sein. Das Buszugriffsverfahren bestimmt wesentlich das Echtzeitverhalten eines Feldbussystems.

Anwendungsschicht (Application Layer)

Die Anwendungsschicht eines Feldbussystems stellt den Anwendungsprogrammen Dienste zur Verfügung, mit denen der Datenaustausch zwischen den einzelnen Prozessstationen festgelegt werden kann. Dabei bedient sich ein Anwendungsprogramm einer Programmierschnittstelle, die im Feldbusbereich ALI (Application Layer Interface) genannt wird. Diese Schnittstelle ist nicht direkt Teil der Anwendungsschicht, sondern bildet die Sicht des Anwendungsprogrammierers auf die Dienste der Anwendungsschicht ab. Da der Anwendungsprogrammierer nur die „kommunikativen" Teile der Gesamtfunktionalität der einzelnen Netzteilnehmer nutzt, fasst man diese Teile zu einem virtuellen Feldgerät (VFD: Virtual Field Device) zusammen (Abbildung 5-59). Die einzelnen Kommunikationsobjekte eines Geräts werden in dessen Objektverzeichnis verwaltet. Zwischen den virtuellen Feldgeräten definiert man dann Kommunikationsbeziehungen, die jeweils bestimmte Dienstzugangspunkte (SAP: Service Access Point) der beiden Geräte verbinden. Jede Kommunikationsbeziehung benutzt dann entsprechende Kommunikationsdienste.

Das Dienstespektrum der Anwendungsschicht eines Feldbussystems orientiert sich oftmals an der Manufacturing Message Specification (MMS, ISO 9506), einer nachrichten- und objektorientierten Dienstschnittstelle zum Strukturieren, Betreiben und Modifizieren von Automatisierungssystemen, die nach dem Client-Server-Prinzip arbeitet. Da die volle Spezifikation für den Feldbusbereich zu umfangreich ist, wurde eine Teilmenge, die FMS (Fieldbus Message Specification) definiert. Konkrete Feldbussysteme nutzen meistens wiederum nur einen Teil dieser Spezifikation (z. B. PMS: Peripherals Message Specification beim INTERBUS oder CMS: CAN Message Specification beim CAN-Bus; siehe Abbildung 5-60). Abbildung 5-61 zeigt als Beispiel die wichtigsten Dienste des PROFIBUS-FMS. Wie man sieht, gibt es Dienste für den Variablenzugriff, das Laden von Programmen, die Alarmbehandlung und das Netzwerkmanagement.

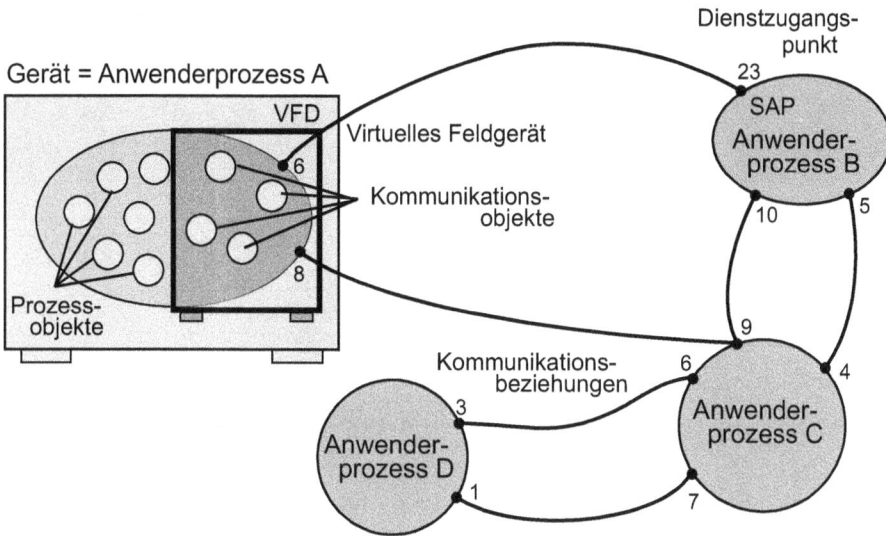

Abbildung 5-59: Virtuelle Feldgeräte und ihre Kommunikation

Das Netzwerkmanagement, mit dem die Netzkonfiguration insgesamt und die Funktionstüchtigkeit der einzelnen Netzwerkteilnehmer im Speziellen überprüft werden kann, stellt grundsätzlich eine sehr wichtige Komponente eines Feldbussystems dar. Das „sichtbare" Netzwerkmanagement der Anwendungsschicht stützt sich auf entsprechende Funktionen der darunter liegenden Schichten ab.

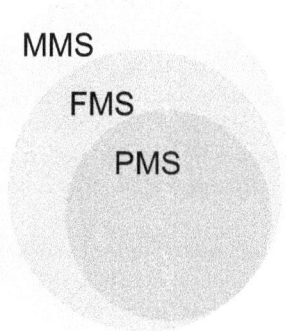

Abbildung 5-60: Hierarchie der verschiedenen MMS-Protokolle

Variablenzugriff	
Read	Read-with-type
Write	Write-with-type
Phys-Read	
Phys-Write	
Information-report	Inf.-rep.-with-type
Define-variable-list	
Delete-variable-list	

Ereignis-Management

Event-notification   Event-not.-with-type

Acknowledge-event-notification
Alter-event-condition-monitoring

Programmablauf-M.

Create-program-invocation
Delete-program-invocation

Start, Stop, Resume, Reset, Kill

Domänen-Management

Initiate-download-sequence
Download-segment
Terminate-download-sequence
Request-domain-download

Initiate-upload-sequence
Upload-segment
Terminate-upload-sequence
Request-domain-upload

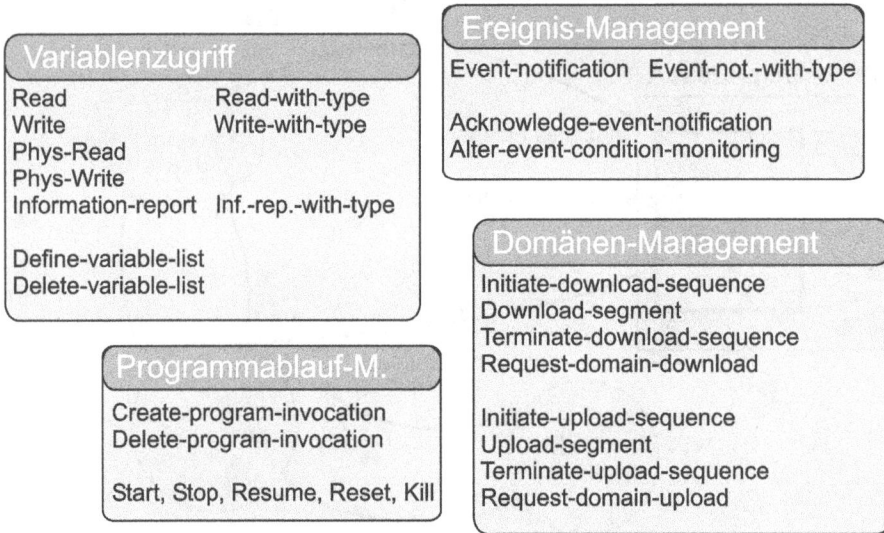

Abbildung 5-61: Kommunikationsdienste beim PROFIBUS-FMS (auszugweise)

Verbindungen von Netzen und Netzwerktopologien

Verschiedene Segmente eines Feldbusnetzes können auf verschiedene Art verbunden werden, wobei die Unterschiede darin liegen, bis zu welcher ISO/OSI-Schicht die übertragenen Nachrichten „ausgepackt" werden.

- Repeater arbeiten nur auf der physikalischen Schicht und dienen zur Signalverstärkung und somit zur Vergrößerung des Netzes. Über einen Repeater werden grundsätzlich alle Datenrahmen weitergegeben.
- Eine Bridge entpackt ein Datenpaket bis zur Verbindungssteuerungsebene (LLC) der Schicht 2 und kann deshalb entscheiden, ob das Datenpaket ins nächste Segment weitergegeben werden muss, oder ob es im Ursprungssegment verbleiben kann. Durch diese Filterwirkung lässt sich das Datenaufkommen auf den einzelnen Segmenten beeinflussen. Weiterhin kann eine Bridge mit unterschiedlichen Übertragungsgeschwindigkeiten auf den Segmenten umgehen.
- Ein Router dient in ausgedehnten Netzen zur Wahl des optimalen Transportwegs eines Datenrahmens und muss deshalb die Informationen der Schicht 3 lesen und Kenntnis über das gesamte Netzwerk besitzen. So wird z. B. verhindert, dass Telegramme auf Maschen des Netzes im Kreis laufen. Mit einem Router lässt sich das Verkehrsaufkommen auf den einzelnen Netzsegmenten gezielt steuern.
- Gateways lesen die Informationen der Anwendungsschichten. Sie dienen dazu, unterschiedliche Feldbussysteme zu koppeln.

Insgesamt können sich aufgrund der Kopplungsmöglichkeiten der verschiedenen Feldbussegmente bzw. auch aufgrund der physikalischen Realisierung der einzelnen Segmente verschiedene Netzwerktopologien ergeben (Abbildung 5-62). Dabei sind z. T. auch Mischformen möglich.

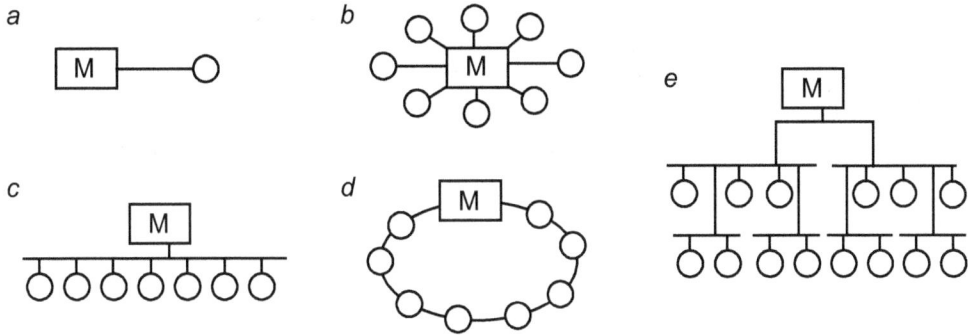

Abbildung 5-62: Grundmuster verschiedener Netzwerktopologien: (a) Punkt-zu-Punkt-Verbindung, (b) Stern, (c) Linie, (d) Ring, (e) Baum. Es ist zwar immer ein Master (M) gezeigt, aber nicht in jeder Anordnung ist ein solcher zwingend erforderlich.

- Linienstruktur: Die Netzteilnehmer sind wie Perlen auf einer Schnur aneinandergereiht. Dabei sind sie durch kurze Stichleitungen mit dem Hauptstrang verbunden.
- Baumstruktur: Von einer Stammleitung können längere Untersegmente abzweigen. Diese Struktur entspricht oft der geometrischen Anordnung einer Anlage.
- Ringstruktur: Es ergibt sich ein geschlossener Ring. Ein Telegramm, das in eine Richtung ausgesendet wurde, wird vom Sender oder von einem Router nach einem Umlauf wieder von der Leitung genommen.
- Punkt-zu-Punkt-Verbindung: Direkte Verbindung zweier Geräte untereinander, wobei keine weiteren Geräte hinzu geschaltet werden können. Z. B. unterstützt die RS232-Schnittstelle nur die Punkt-zu-Punkt-Verbindung.
- Sternstruktur: Die einzelnen Geräte sind über Punkt-zu-Punkt-Verbindungen mit einem zentralen Knoten gekoppelt. Dies entspricht der klassischen Rolle einer SPS, wobei anstelle von analogen Signalen digitalisierte übermittelt werden.

Ein weiterer wichtiger Gesichtspunkt, der die Netzwerktopologie beeinflusst, ist, ob die Teilnehmer aktiv oder passiv untereinander gekoppelt sind. Bei einer aktiven Kopplung empfängt ein Netzteilnehmer auf seiner Eingangsseite und sendet dann an seinem Ausgang. Er baut also im Grunde zum Vorgänger und zum Nachfolger jeweils eine Punkt-zu-Punkt-Verbindung auf. Bei passiver Kopplung hört der Netzwerkteilnehmer über eine Stichleitung passiv mit und muss zum Senden dann eine entsprechende Berechtigung erhalten. In der Abbildung 5-62 sind die Linien- und die Baumstruktur in passiver Kopplung gezeigt, wohingegen die Stern- und die Ringstruktur in aktiver Kopplung erfolgen.

5.5.1.4   Entstehung eines Feldbusgeräts

Die Hersteller von Feldbussensoren und -aktoren im Allgemeinen, aber auch die Hersteller von Speziallösungen, sind immer mehr gezwungen ihre Messaufnehmer feldbusfähig zu machen – und das oftmals für verschiedene Feldbussysteme. Wie entsteht aus einer guten Sensorhardware eine feldbusfähige?

Zum ersten Kennenlernen eines Feldbussystems ist ein Starterkit geeignet, der ein oder zwei einfache Feldbusgeräte, die Anschaltung an einen Rechner mit allen nötigen Kabeln und Software zum Konfigurieren und Betreiben des Minifeldbussystems enthält.

Mit einem Experimentierkasten oder einer Experimentierplatine (Breadboard) kann dann ein erstes Feldbusgerät selbst gestaltet werden. Dabei wird oftmals eine Kommunikation zwischen dem Mikroprozessor, den der Experimentierkasten auf der Feldbusseite zur Verfügung stellt, und dem Mikroprozessor, der die vorhandene Messaufnehmerhardware steuert, hergestellt. Im einfachsten Fall wird eine Standardschnittstelle oder ein zweiseitig lesbarer und beschreibbarer Speicher (DPM: Dual Ported RAM) benutzt.

In einem weiteren Schritt wird man die beiden Mikroprozessoren und deren Kommunikationsmechanismus durch einen einzigen ersetzen. Hierzu eignen sich insbesondere universelle Protokollchips bzw. Kommunikationsprozessoren, die feldbusseitig auf eine Reihe verschiedener Feldbussysteme eingerichtet werden können. Dies geschieht in einer ersten Stufe durch Zugriff auf eine käuflich erwerbbare Unterprogrammbibliothek. Muss der Feldbuszugriff weiter angepasst und optimiert werden, so wird man nicht umhin kommen, die Kommunikationsbibliothek entsprechend umschreiben zu lassen oder deren Quelltext zu lizenzieren.

Spätestens in diesem Stadium sollte man einen Busmonitor, mit dem die Bussignale und die Telegramme mitgeschrieben und analysiert werden können, einsetzen. So können dann auch erste eigene Tests durchgeführt werden, um zu sehen, ob sich die selbst entwickelten mit Feldbusgeräten anderer Hersteller vertragen.

Soll das Feldbusgerät an den Markt gebracht werden, muss es zusätzlich durch ein entsprechendes Feldbusgremium zertifiziert werden. Ein Konformitätstest stellt sicher, dass sich das Gerät an die Norm des Feldbussystems hält, also insbesondere, dass das Nachrichtenprotokoll eingehalten wird. Nur durch die Verwendung einheitlicher Testverfahren und Testmittel an neutraler Stelle kann erreicht werden, dass das Feldbusgerät als Kommunikationspartner des „offenen Systems" fehlerfrei arbeiten wird. Da bei einem Konformitätstest das Zusammenspiel mit Feldbusgeräten anderer Hersteller noch nicht überprüft wird, muss gegebenenfalls ein weiterer Interoperabilitätstest erfolgen. Hierbei wird das Feldbusgerät mit Feldbusgeräten desselben Anwendungsbereichs aber anderer Anbieter verschaltet und getestet. Bestehen für einen Anwendungsbereich oder eine Geräteklasse weiterreichende Profile, also Normen oder Richtlinien, die über die Kommunikation hinausgehen und anwendungsspezifische Datenformate und -strukturen festschreiben, so können weitere Profiltests nötig sein.

5.5.2   Sensor-Aktor-Feldbus am Beispiel des INTERBUS

Hauptaufgabe eines Sensor-Aktor-Feldbusses ist es, in regelmäßigen Zeitabständen Messwerte zu empfangen und Sollwerte an Aktoren zu liefern. Dabei müssen geringe Informationsmengen sehr schnell und in Echtzeit, also zeitlich determiniert, übertragen werden. Dies wird typischerweise in einer Master-Slave-Konfiguration realisiert, in der der Master die Slavestationen nach einem festen Muster „pollt" bzw. ihr Sollwerte vorgibt. Wegen der Vielzahl benötigter Sensoren und Aktoren sollten die Feldgeräte kostengünstig ausfallen und verfügen demnach über einen beschränkten Funktionsumfang. Als Beispiel für die Realisierung eines Sensor-Aktor-Feldbusses wird hier der INTERBUS [*Baginski und Müller98*] vorgestellt.

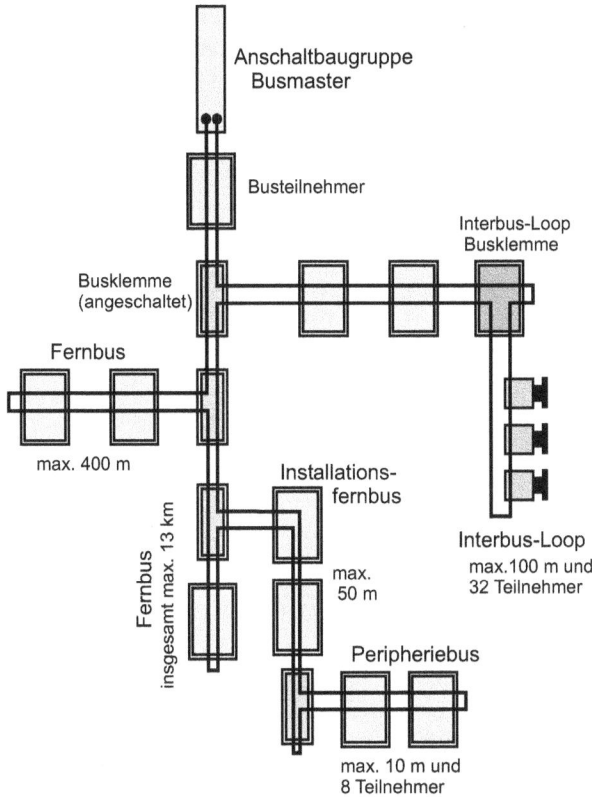

Abbildung 5-63: Beispiel einer INTERBUS-Konfiguration

Tabelle 5-20: Eigenschaften der verschiedenen Segmenttypen des INTERBUS

	Fernbus, Installations-fernbus	Lokalbus	INTERBUS-Loop
Max. Teilnehmerzahl	256	8 pro Lokalbus, 256 insgesamt	32
Max. Entfernung zwischen zwei Teilnehmern	400 m	1,5 m	10 m
Max. Gesamtausdehnung	12,8 km Kupferkabel 80 km Glasfaser	10 m	100 m
Max. Übertragungsgeschw.[2]	500 kbit/s	300 kbit/s	500 kbit/s
Spannungsversorgung der Teilnehmer	beim Installations-fernbus (max. 4,5 A)	max. 1 A	max. 1,5 A
Busanschluss	9-poliger D-SUB	15-poliger D-SUB	geklemmte, ungeschirmte Zweidrahtleitung

[2] Hier sind tatsächlich kbit/s = 1000 bit/s gemeint.

Abbildung 5-63 zeigt anhand eines Beispiels erst einmal, welche Segmenttypen für den Aufbau eines INTERBUS-Systems zur Verfügung stehen. Die Äste der baumförmigen Systemstruktur werden jeweils mit einem Buskoppler angeschaltet. Tabelle 5-20 fasst die Merkmale der einzelnen Segmenttypen zusammen. Trotz der baumförmigen Installation ist der IN-TERBUS, wie man der Abbildung 5-63 entnehmen kann, elektrisch ein Ring mit jeweils einer Punkt-zu-Punkt-Verbindung zwischen einem Teilnehmerpaar. Damit der Ring bei Störungen wie z. B. einem Leitungsbruch nicht vollständig ausfällt, können Busklemmen und Fernbusteilnehmer ein ausgefallenes Ende durch eine interne Brücke „abhängen".

Tabelle 5-21: Übertragungszeit des INTERBUS

$t_{ü} = [\ 13 \cdot (6 + n) + c \cdot m\ ] \cdot t_{Bit} + t_{SW} + 2 \cdot t_{Ph}$

$t_{ü}$ = Übertragungszeit

n = Anzahl der Nutzdatenbytes

m = Anzahl der installierten Feldbusteilnehmer

c = Konstante im Bereich 1,5...4

t_{Bit} = Bitdauer = 2 µs bei 500 kbit/s

t_{SW} = Softwarelaufzeit < 200 µs

t_{Ph} = Laufzeit auf dem Übertragungsmedium;
     bei Kupfer: t_{Ph} = 0,016 ms · l/km

l = Länge des Fernbuskabels in km

Der INTERBUS erreicht seine hohe Übertragungseffizienz dadurch, dass er nicht jeden einzelnen Teilnehmer mit einer Nachricht abfragt, sondern aufgrund der Ringstruktur eine „Summenrahmenübertragung" verwendet (Abbildung 5-64): Die wegen der Ringstruktur aneinandergereihten Datenregister der Teilnehmer erscheinen dem Master dabei wie ein langes Schieberegister. Nimmt man als Anfangssituation einmal an, dass alle Teilnehmer gerade ihre Ausgangsdaten für den Master auf das „Schieberegister" gesetzt haben und der Master die Eingangsdaten für die Teilnehmer, angeführt von einem „Loopcheck"-Wort, in einem internen Schieberegister bereithält (Abbildung 5-64a), so kann die Datenübertragungsphase beginnen. Dabei werden die Daten solange durch die Teilnehmer geschoben, bis das Loopcheck-Wort wieder beim Master angelangt ist. Nun lesen die Teilnehmer die für sie bestimmten Daten ein und im Master stehen die Ausgangsdaten der Teilnehmer in dessen internem Schieberegister zur Verfügung. Es folgt nun eine Fehlererkennungsphase, auf die hier nicht näher eingegangen werden soll (s. Abbildung 5-64b). Die Übertragungszeit kann gemäß der Tabelle 5-21 berechnet werden und liegt im Bereich von einigen Millisekunden. Dabei ist zu berücksichtigen, dass ein Nutzbyte mit fünf weiteren Steuerungsbits übertragen wird.

Bevor der Datenverkehr überhaupt gestartet werden kann, wird in einem Identifikationszyklus festgestellt, welche Teilnehmer sich im Ring befinden und wie breit jeweils das Datenregister ist (max. 32 Worte à 16 Bit).

Wie man in der Abbildung 5-64a erkennt, erscheinen die Eingangsdaten zyklisch in einem Speicherbereich des Masters. Ebenso muss der Master zyklisch den Ausgangsdatenbereich beschreiben. Dies entspricht genau der Arbeitsweise einer speicherprogrammierbaren Steuerung

(SPS), die normalerweise aus einem zyklisch aufgefrischten Speicherbereich der Eingangskarten Daten ausliest und die durch das SPS-Programm ermittelten Steuerungsdaten in den Speicherbereich der Ausgabekarten schreibt. Die Anschaltung von Sensoren und Aktoren über einen INTERBUS-Strang kann also nahtlos und parallel zu bestehenden SPS-Anschaltungen, für die alle Analogsignale zentral auf die SPS verkabelt werden mussten, erfolgen.

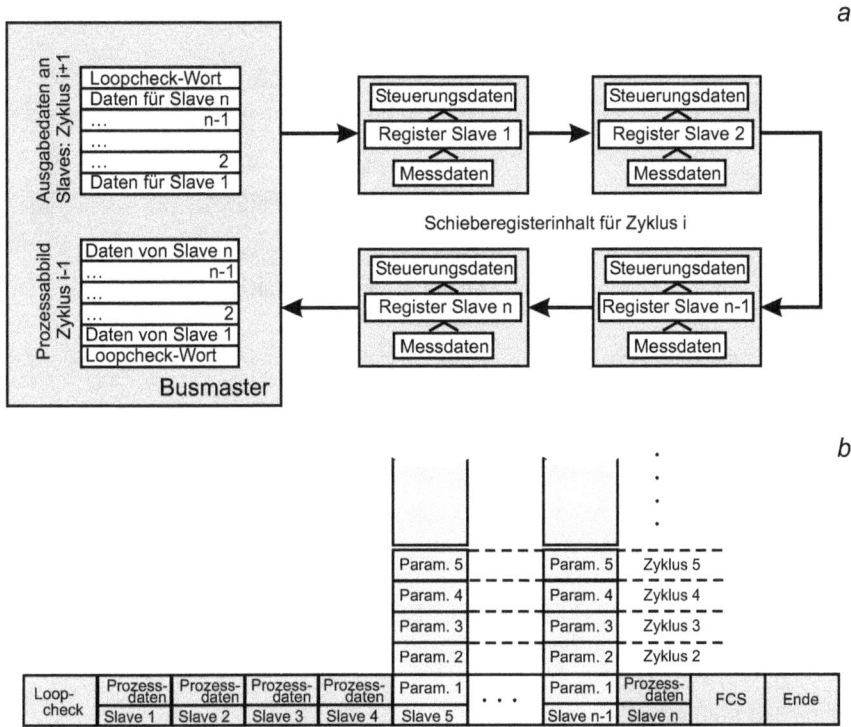

Abbildung 5-64: Summenrahmenübertragung des INTERBUS: (a) Schieberegisterstruktur (b) Telegrammaufbau und Übertragung von Parameterdaten

Das Datenregister kann bei komplexen Feldbusgeräten in einen Prozessdatenbereich und einen Parameterdatenbereich aufgeteilt werden (siehe Abbildung 5-64b). Für beide Datenbereiche wird einheitlich das oben aufgezeigte Übertragungsprinzip benutzt. Da mit jedem Datenzyklus ein weiteres Wort der Parameterdaten übertragen wird, gelingt es so, auch große Parameterblöcke zu übermitteln, ohne das Echtzeitverhalten der Summenrahmenübertragung zu stören. Zur Kennzeichnung des Anfangs und des Endes der Parameterdaten werden entsprechende „Header-" und „Trailer"-Blöcke verwendet.

Abbildung 5-65 zeigt die ISO/OSI-Modellschichten für den INTERBUS. Für die Behandlung der Prozessdaten durch den Prozessdatenkanal (PDC: Process Data Channel) wird vollständig auf die Protokollschichten verzichtet, damit die Daten ohne zeitaufwendige Dienstzugangsprozeduren als Prozessabbild schnell zur Verfügung stehen. Die Parametrierungsdaten werden hingegen nach dem Peripherie-Kommunikationsprotokoll (PCP: Peripheral Communication Protocol) abgearbeitet, das aus Anwendersicht insbesondere PMS-Dienste (PMS: Peripherals Message Specification), eine Untermenge von FMS (Fieldbus Message Specification, Abbildung 5-60) und MMS (Manufacturing Message Specification) bereitstellt. Aufgrund dieser Möglichkeiten kann der INTERBUS auch als objektnaher Systembus fungieren. Seine Stärken liegen aber eindeutig in der Echtzeitverarbeitung auf der Sensor-Aktor-Ebene.

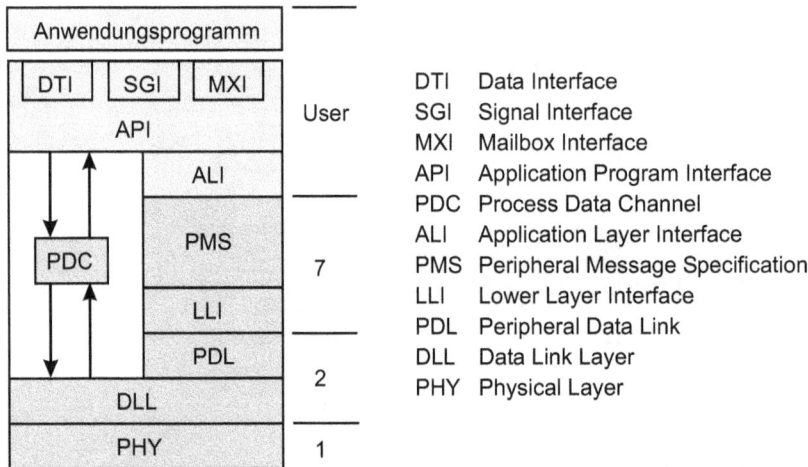

DTI	Data Interface	
SGI	Signal Interface	
MXI	Mailbox Interface	
API	Application Program Interface	
PDC	Process Data Channel	
ALI	Application Layer Interface	
PMS	Peripheral Message Specification	
LLI	Lower Layer Interface	
PDL	Peripheral Data Link	
DLL	Data Link Layer	
PHY	Physical Layer	

Abbildung 5-65: ISO/OSI-Schichten des INTERBUS

Auf Anwendungsebene sind beim INTERBUS eine Reihe von Profilen vereinbart, die deutlich machen, dass der INTERBUS insbesondere in der Fertigungsautomatisierung eingesetzt wird:

- Servoantriebe und Frequenzumrichter (DRIVECOM)
- Winkelkodierer und Digitalisierer (ENCOM)
- Bedien- und Anzeigegeräte (MMICOM)
- Schweißsteuerungen (WELDCOM)
- Robotersteuerungen
- Prozessregler
- Sensoren und Aktoren

Es handelt sich dabei um Geräteprofile, durch die die typischerweise auftretenden Datenstrukturen vereinheitlicht werden.

Neben dem INTERBUS (DIN EN 61158/61784), einschließlich des INTERBUS-Loops, gibt es eine Reihe weiterer Sensor-Aktor-Busse:

- AS-i (Aktuator-Sensor-Interface, DIN EN 50295): Dieser Feldbus ist für den einfachen und kostengünstigen Anschluss von binären Sensoren wie z. B. induktiven Nährungsschaltern, Lichtschranken, ... und von binären Aktoren (bzw. „Aktuatoren") wie z. B. Ventilen, Relais, Schütze optimiert. Über ein Gateway kann er z. B. dem PROFIBUS-DP unterlagert werden.

- HART (Highway Addressable Remote Transducer-Protokoll, DIN EN 61158/61784): Dieses Protokoll wurde ursprünglich als Punkt-zu-Punkt-Verbindung für Sensoren mit einer analogen 4 mA bis 20 mA-Schnittstelle entwickelt. Die digitalen Kommunikationssignale zur Parametrierung von Sensoren werden auf das analoge Sensorsignal aufmoduliert. Durch eine zusätzliche „Multidrop"-Variante mit Stichleitungen ist die Erweiterung zu einer echten Linienbusstruktur möglich. In diesem Fall wird kein Analogsignal mehr übertragen.

- KNX (DIN EN 50090 mit EIB, Europäischer Installationsbus): Es handelt sich um ein dezentrales, ereignisgesteuertes Bussystem für die Gebäudeautomation, vornehmlich im Bereich der Elektroinstallation, also für die Beleuchtungs-, Jalousie- und Laststeuerung. Da in diesem Bereich keine extremen Anforderungen an die Zykluszeiten gestellt werden, reicht ein zufälliges Buszugriffsverfahren (CSMA/CA) mit einer Übertragungsrate von 9,6 kbit/s aus.

- M-Bus (Meter-Bus, EN 13757): Dieses Bussystem ist für die Fernauslese von Verbrauchsmesseinrichtungen im Gebäudebereich (Gas-, Wasser- und Wärmemengenzähler) ausgerichtet. Wegen der bestehenden Eichpflicht sind hier hohe Anforderungen an die Übertragungssicherheit gestellt.

Zusammenfassend wird deutlich, dass Sensor-Aktor-Busse im Umfeld spezifischer Anforderungen der Feldebene entstanden sind, sei es wegen strenger Echtzeitanforderungen, eines hohen Kostendrucks aufgrund sehr großer Stückzahlen oder gesetzlicher Randbedingungen. Im Hinblick auf eine Gesamtanlage sollte immer geklärt werden, wie ein Sensor-Aktor-Bus an die Systemebene angeschlossen werden kann.

5.5.3   Dezentraler, objektnaher Systembus am Beispiel von LON

Objektnahe Systembusse versuchen, sowohl den Anforderungen der Sensor-Aktor-Ebene als auch denen der Systemebene (Leitebene) gerecht zu werden. Damit Feldgeräte direkt angeschlossen werden können, sollten bei einem objektnahen Systembus deshalb in gewissem Rahmen ein Echtzeitbetrieb und eine ausreichende Flächenausdehnung möglich sein. Auf der anderen Seite erfordert die Integration der Systemebene, dass ein objektnaher Feldbus multimasterfähig sein sollte. Im Extremfall, wie z. B. beim Local Operating Network (LON, EIA-709/EIA-852 bzw. DIN EN 14908), ist jeder Busteilnehmer in der Lage, am Bus als Master zu agieren. Aus diesem Grund soll im Folgenden der LON-Bus als Gegenpol zu Master-Slave-Systemen näher dargestellt werden (s. [*Dietrich99*]).

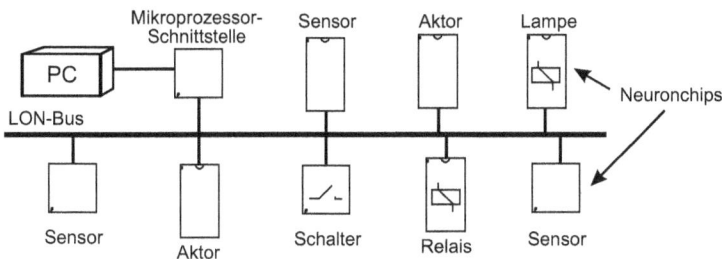

Abbildung 5-66: Dezentrale intelligente Automation beim LON-Bus

LON verfolgt als Grundkonzept eine konsequente dezentrale Automatisierung (siehe Abbildung 5-66), bei der auf jedem Netzwerkteilnehmer ein eigenständiges C-Programm abläuft, das über das LON-Netzwerk Daten und Ereignisse mit anderen Netzknoten austauschen kann. Auf diese Weise können z. B. ein Messwertaufnehmer und ein Stellglied vor Ort zu einem Regelkreis geschlossen werden und der weitere Eingriff eines Busmaster wird nicht mehr benötigt. Wie Abbildung 5-66 zeigt, muss es dennoch einen Netzknoten geben, der z. B. über einen PC mit der Systemebene verbunden ist, um einerseits die Netzwerkknoten zu laden und zu konfigurieren und andererseits den Netzverkehr zu überwachen und zu optimieren (Netzwerkmanagement).

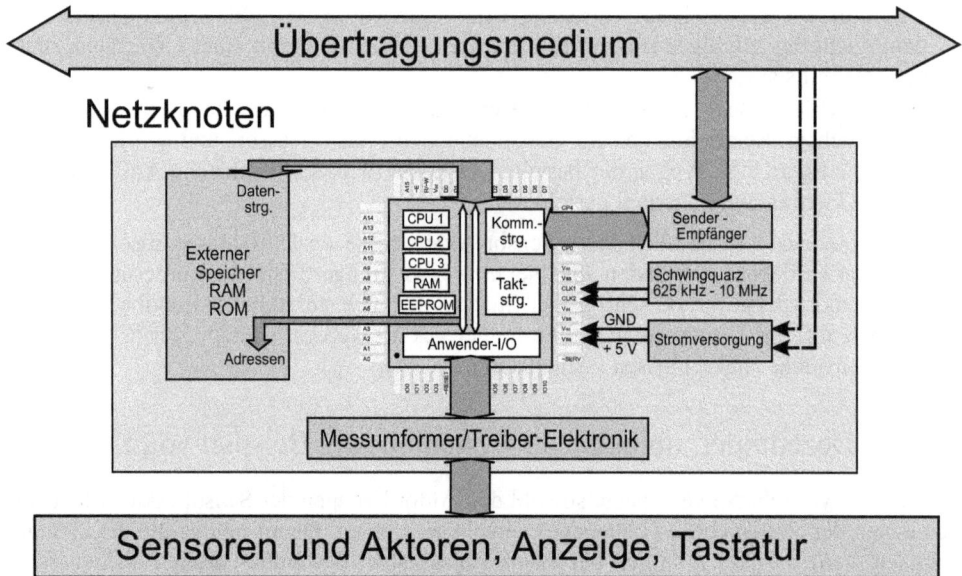

Abbildung 5-67: Aufbau eines LON-Netzwerkknotens mit einem Neuron-3150-Chip.

Abbildung 5-67 zeigt, wie ein einzelner Netzwerkknoten aufgebaut wird. Herzstück ist ein „Neuron"-Chip, der im Grunde ein kleines Rechnersystem einschließlich „Netzwerkkarte" darstellt. Drei Rechnerkerne (CPUs), zwei für die Kommunikationssteuerung und einer für das Anwendungsprogramm, sind auf dem Chip mit RAM- und programmierbarem, nichtflüchtigem ROM-Speicher (EEPROM) versorgt. Der in Abbildung 5-67 gezeigte Neuron-Typ verfügt über ein externes Speicherinterface, sodass Speicherplatz für umfangreichere Programme zur Verfügung steht. Für einfache Netzknoten gibt es auch Neuron-Typen, die ohne externen Speicher auskommen und intern je 1 KiB bzw. 2 KiB RAM- und EEPROM-Speicher sowie ROM-Speicher für die Firmware besitzen. Wegen der bei LON vorgesehenen Vielfalt an Übertragungsmedien, die sehr unterschiedliche Anforderungen bezüglich Leistungsbedarf und Baugröße stellen, ist die Sende-Empfangsschaltung (Transceiver) nicht im Neuronchip integriert. Dessen Kommunikationssteuerung liefert „Standard"-Signale, die sich leicht für die verschiedenen Transceiver-Schaltungen nutzen lassen. Ansonsten benötigt man auf der Platine eines Netzknotens nur noch einen Schwingquarz als Taktquelle und eine Spannungsversorgung – und natürlich noch die Schaltung für einen Sensor oder Aktor.

Messwertaufnehmer oder Stellglieder werden mit dem Neuronchip über bis zu elf I/O-Leitungen verbunden. Wie Abbildung 5-68 zeigt, sind für diese I/O-Leitungen eine Vielzahl von typischen Anschaltungen für Messwertaufnehmer aus dem Automatisierungsbereich bereits vorgesehen. Die einzelnen „I/O-Objekte" können über entsprechende Datenstrukturen bei der C-Programmierung sehr einfach angesprochen werden.

	I/O-Pins	0	1	2	3	4	5	6	7	8	9	10
Parallel-E/A – direkte E/A	Biteingänge oder -ausgänge											
	Byte-Eingang oder -Ausgang	alle Pins 0-7										
	Latcheingänge für neg. Pulsflanke											
	Nibble-Eingänge und -Ausgänge,	jeweils 4 Nachbarpins										
Parallel-E/A	MUXBus E/A	Daten 0-7								ALS	WS	RS
	Parallel E/A: Master/Slave A	Daten 0-7								CS	R/W	HS
	Parallel E/A: Slave B	Daten 0-7								CS	R/W	AO
serieller E/A	Magnetkarteneingang	Optionaler Timeout								C	D	
	Schieberegistereingänge oder -ausgänge	CD	CD	CD	CD	CD	CD	CD	CD	CD	CD	
	Neurowire E/A: Master	Optionales Chip Select								C	D	D
	Neurowire E/A: Slave	Optionaler Timeout								C	D	D
	serieller Eingang											
	serieller Ausgang											
Timer/Zähler-Eingänge	Zweirampen-A/D-Wandlung	Ctrl										
	Flankenabstandsmessung											
	Infrarotfernbedienungseingang											
	Pulslängen-Eingang											
	Periodenlängen-Eingang											
	Flankenzähler, Tachometereingang											
	Inkrementalzähler-Eingang					4+5		6+7				
	Totalitätszähler											
Timer/Zähler-Ausgänge	Frequenzausgang											
	Monoflop-Ausgang											
	Pulszahl-Ausgang											
	Pulsbreiten-Ausgang											
	Triac-Ausgang	Ctrl			Sync Input							
	getriggerte Ausgangspulsfolge	Ctrl			Sync Input							
☐ unbelegt	I/O-Pins	0	1	2	3	4	5	6	7	8	9	10
	elektrische Spezifikation	Stromsenke			Pull-ups					Standard		

Abbildung 5-68: Sensor- und Aktor-I/O-Objekte des Neuron. Unbelegte I/O-Pins können in den meisten Fällen durch andere I/O-Objekte belegt werden. Einige spezialisierte Objekte (Zählerdivision, I²C-Bus, Magtrack I, Touch-I/O und Wiegand-Kartenleser) sind nicht gezeigt.

Das Kommunikationsprotokoll wird „LonTalk" genannt. Wie Tabelle 5-22 zeigt, können zur Datenübertragung eine Vielzahl physikalischer Medien eingesetzt werden, wobei in der Praxis sehr oft die frei verdrahtbare Zweidrahtvariante (FTT-10A) verwendet wird. Wie man sieht, ist auch eine Übertragung über das 230 V-Netz möglich, was den Vorteil bietet, dass in schon bestehenden Installationen keine neuen Leitungen verlegt werden müssen. Der Zugriff auf das Übertragungsmedium erfolgt nach einem modifizierten CSMA-Verfahren, das berücksichtigt, dass bei quittierten Nachrichten eine gewisse Anzahl an Quittierungsversuchen der Nachricht folgen wird. Die Zugriffszeit auf einen Netzwerkknoten wird bei LON mit einer Wahrscheinlichkeit garantiert, die einen moderaten Echtzeitbetrieb ermöglicht und für Systeme mit sicherheitsrelevanten Aspekten eine Risikoabschätzung erlaubt.

Weitere Festlegungen des Kommunikationsprotokolls betreffen die Strukturierungsmöglichkeiten für LON-Netzwerke, die Adressierung der einzelnen Netzwerkknoten und die zur Verfügung stehenden Kommunikationsdienste.

Tabelle 5-22: Die wichtigsten Übertragungsmedien des LON-Busses. Kurzstreckenfunk-, Lichtwellenleiter- und Koaxialkabelparameter sind nicht gezeigt.

Transceiver	Medium	Übertragungsrate	Topologie	Entfernung	maximale Teilnehmerzahl
FTT-10A	Zweidrahtltg.	78 kbit/s	Bus, Stern, Ring, Kombinationen	500 m freie Topologie; 2700 m mit doppelseitigem Abschluss (Vervielfachung durch Repeater)	64
LPT-10	Zweidrahtltg.	78 kbit/s	Bus, Stern, Ring, Kombinationen	500 m freie Topologie; 2200 m mit doppelseitigem Abschluss (Vervielfachung durch Repeater)	32 bei 100 mA/Node 64 bei 50 mA/Node 128 bei 25 mA/Node
TPT/XF -78	Zweidrahtltg.	78 kbit/s	Bus	2000 m (3 m Stichleitung)	bis zu 64
TPT/XF -1250	Zweidrahtltg.	1,25 Mbit/s	Bus	500 m (0,3 m Stichleitung)	bis zu 64
PLT-10A	Stromnetz	10 kbit/s	frei	abhängig von Dämpfung und sonstigen Störungen	32385
PLT-21	Stromnetz	5 kbit/s	frei	abhängig von Dämpfung und sonstigen Störungen	32385
PLT-30		2 kbit/s			

Abbildung 5-69 zeigt beispielhaft eine LON-Netz-Struktur. Eine physikalische Übertragungsstrecke wird hier „Kanal" genannt. Kanäle können über Router bzw. Bridges verbunden werden, wobei sich ein Subnetz nur über eine Bridge ausdehnen darf, nicht aber über einen Router. Neben dem einzelnen Netzknoten stellt ein Subnetz die nächst größere logische Einheit dar. Ein oder mehrere Subnetze bilden eine Domäne. Innerhalb einer Domäne können Knoten über Subnetzgrenzen hinweg zu Gruppen zusammengefasst und gemeinsam angesprochen werden. Die Bildung von Gruppen ist also von der Verkabelung des LON-Netzes vollständig unabhängig. Domänen dienen dazu, den LON-Nachrichtenverkehr ver-

schiedener LON-Systeme, die „zufällig" das gleiche Übertragungsmedium, etwa das 230 V-
Netz verwenden, getrennt zu halten. Sollen Domänen dennoch Daten austauschen, kann dies
nur über einen eigens programmierten Gateway-Knoten geschehen. Zur Adressierung können die Netzknoten einzeln über ihren Namen oder die weltweit eindeutige Neuron-
Identifikationsnummer (Unicast), als Subnetz oder Gruppe (Multicast) oder als ganze Domäne (Broadcast) angesprochen werden. Wie der oder die Empfänger auf eine Nachricht reagieren können, ist durch verschiedene Kommunikationsdienste festgelegt. Bei einem bestätigten
Dienst senden entweder das Anwendungsprogramm („REQUEST"-Nachricht) oder die
Kommunikationsschichten des Empfängers („ACK"-Nachricht) eine Quittierungsnachricht
zurück. Bei einer bestätigten Nachricht an alle Knoten einer Domäne, muss man bedenken,
dass ein erhebliches Verkehrsaufkommen an Quittierungsnachrichten angestoßen wird. Un-
bestätigte Dienste werden nicht quittiert („UNACK"), können aber zur Sicherheit wiederholt
werden („UNACK_RPT"). Weiterhin ist es möglich, Nachrichten mit einer erhöhten Priorität bzw. verschlüsselt zu verschicken. Bei der Verschlüsselung müssen natürlich auch entsprechende Authentifizierungsschlüssel ausgetauscht werden.

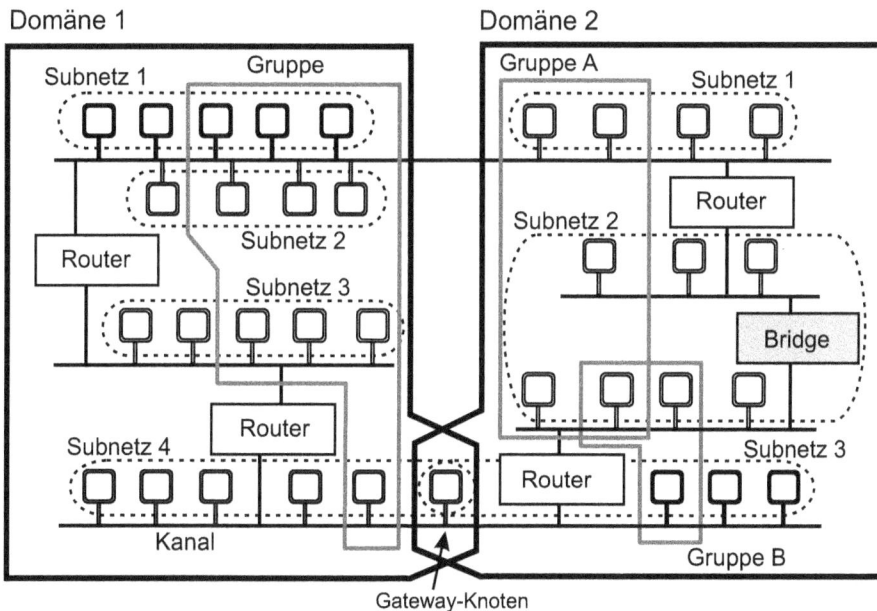

Abbildung 5-69: Beispiel für die Struktur eines LON-Netzwerks

Die Programmierung der Netzwerkknoten erfolgt in NeuronC, einem für die Ereignisbehandlung modifizierten C. Abbildung 5-70 zeigt ein ganz einfaches Beispiel, bei dem ein
Netzwerkknoten mit einem Schalter und ein anderer mit einer Lampe verbunden ist. Über
den Schalter soll die Lampe ein- bzw. ausgeschaltet werden. Wie man sieht, wird im Schal-
terknoten bei Änderung der Schalterstellung diese als input_value einer Netzwerkvariable mit Namen Schalterstellung zugewiesen. Dies löst automatisch die Versendung
der Nachricht aus. Die Schalterposition wird als when-Ereignis für das Biteingangs-I/O-

Objekt erfasst. Beim Lampenknoten erfolgt der Empfang der Nachricht ebenfalls über eine Netzwerkvariable, hier `Lampenzustand` genannt. In diesem Fall löst der Empfang durch die Kommunikationsschichten ein entsprechendes when-Ereignis im Anwenderprogramm aus. Der empfangene Wert wird dann an den Bitausgang, der mit der Lampe verbunden ist, mit `io_out` übermittelt. Bei umfangreichen Systemen – wie auch in diesem einfachen Beispiel – wird die reproduzierbare Abarbeitung der verschiedenen, eventuell priorisierten Ereignisse und der Systemereignisse wie z. B. „offline" oder „reset" durch einen so genannten Scheduler sichergestellt. Dieser stellt gewissermaßen das „Betriebssystem" des Neuronchips dar.

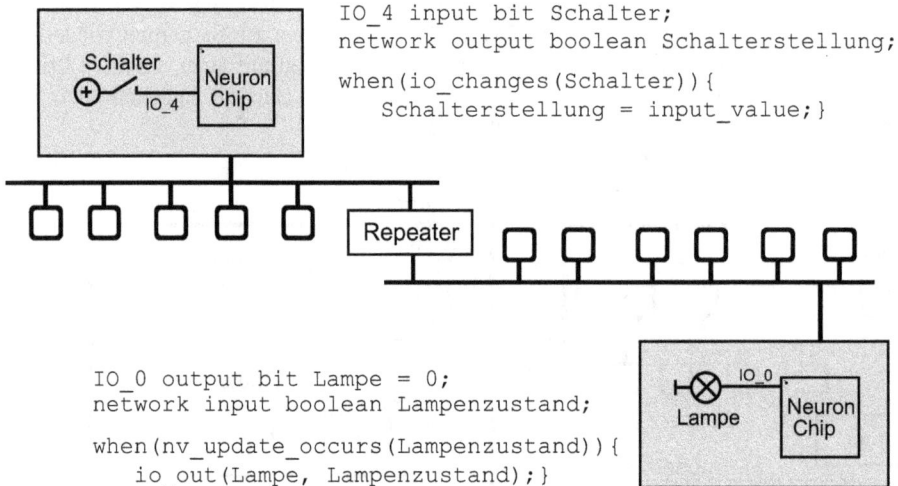

```
IO_4 input bit Schalter;
network output boolean Schalterstellung;

when(io_changes(Schalter)){
    Schalterstellung = input_value;}
```

```
IO_0 output bit Lampe = 0;
network input boolean Lampenzustand;

when(nv_update_occurs(Lampenzustand)){
    io_out(Lampe, Lampenzustand);}
```

Abbildung 5-70: Beispiel für die Programmierung der Kommunikation zwischen zwei LON-Knoten

Obwohl in diesem Beispiel ein selbstdefinierter Netzwerkvariablen-Typ verwendet wurde, ist es vorzuziehen, auf Standardnetzwerkvariablen (SNVT) zurückzugreifen. Für Standardnetzwerkvariablen ist die physikalische Interpretation des empfangenen Bitmusters festgelegt. Tabelle 5-23 zeigt als Beispiel die Festlegungen für eine Standardnetzwerkvariable zur Angabe von Leistungen und für Zeitmarken. In letzterem Fall handelt es sich um eine Struktur. Für die meisten gebräuchlichen Messwertangaben sind entsprechende Vereinbarungen in einem Standardnetzwerkvariablen-Verzeichnis definiert. Der große Vorteil bei der Verwendung von Standardnetzwerkvariablen ist, dass keine Unklarheiten über Einheiten und Skalierungen empfangener Größen entstehen, obwohl diese nicht explizit übertragen werden.

Kann die gewünschte Information wie z. B. bei Nachrichten variabler Länge nicht durch Standardnetzwerkvariablen bzw. Netzwerkvariablen übermittelt werden, so greift man auf „explizite" Nachrichten zurück.

Tabelle 5-23: Beispiele für die Definition von Standardnetzwerkvariablen-Typen (SNVT) bei LON

Standardnetzwerkvariablen-Typ	Wortbreite	Interpretation
SNVT_power	16 bit	0 W... 6553.5 W (0.1 W Auflösung)
SNVT_power_f	32 bit	$-1 \cdot 10^{38}$ W... $1 \cdot 10^{38}$ W (IEEE Gleitpunktzahl)
SNVT_power_kilo	16 bit	0 ... 6553.5 kW (0.1 kW Auflösung)

SNVT_time_stamp	Struktur	typedef struct {
		    unsigned long year;
		    unsigned short day;
		    unsigned short hour;
		    unsigned short minute;
		    unsigned short second;
		} SNVT_time_stamp;

Bei dem in Abbildung 5-70 gezeigten Beispiel wurde bisher verschwiegen, wie die Ausgangsvariable Schalterstellung mit der Eingangsvariable Lampenzustand verknüpft wird. Dieser Vorgang ist Teil des so genannten Installations-ABC:

A   Adressieren: Es wird die Netzwerkstruktur, also die Domänen, Subnetze und Gruppen festgelegt und die einzelnen Netzwerkknoten entsprechend zugeordnet.

B   Binden: Es werden die Netzwerkvariablen und die expliziten Nachrichten entsprechend der gewünschten Funktionalität miteinander verbunden.

C   Configurieren: Sowohl die konfigurierbaren Parameter der einzelnen Netzwerkknoten wie auch deren Kommunikationsparameter werden so eingestellt, dass der Netzbetrieb optimal erfolgt.

Dieser Installationsvorgang kann unterschiedlich kompliziert sein: Im einfachsten Fall wird hierzu ein Handgerät, das mit einem einfachen LON-System verbunden wird, dienen. Für verschiedenste Anwendungsbereiche stehen in der nächsten Stufe für PCs menü- und mausgeführte Projektierungswerkzeuge zur Verfügung. Selbstverständlich lässt sich ein Netzwerk auch mit den Entwicklungswerkzeugen für LON-Knoten, z. B. dem LON-Builder, vollständig konfigurieren.

Die bisher geschilderten Elemente von LON, also der Neuronchip mit seiner Firmware, die Übertragungsmedien und geeignete Transceiver und Router, Rechnerschnittstellen und die Werkzeuge zum Netzwerkmanagement und zur Entwicklung von LON-Knoten und -Netzwerken werden als „LONWORKS"-Technologie bezeichnet.

Im Hinblick auf das problemlose Zusammenspiel von LON-Komponenten der verschiedensten Hersteller (Interoperabilität) wurden darüber hinaus durch „LONMARK" an der Mess- und Regelungstechnik orientierte Anwendungsobjekte definiert. Dies sind ein „Node-Object", das der Überwachung und Beeinflussung der Funktion aller Objekte in einem Netzwerkknoten dient, allgemeine Sensor-, Aktor- und Reglerobjekte und spezielle Objekte, die ein Funktionsprofil eines spezielleren Anwendungsbereichs abdecken. Ein Netzwerkknoten kann durchaus mehrere LONMARK-Objekte implementieren. Abbildung 5-71 zeigt die allgemeine Struktur eines LONMARK-Objekts. Netzwerkvariablen werden in diesem Zusammenhang mit einem Präfix versehen, das die Übertragungsrichtung und die Speicherklasse angibt:

nvi-	Eingangsvariable (RAM)
nvo-	Ausgangsvariable (RAM)
nci-	Konfigurationsvariable (EEPROM)
nro-	nur lesbare Ausgangsvariable (ROM)

LONMARK sieht weiterhin eine im Netzwerkknoten hinterlegte Selbstdokumentation vor, aus der der Hersteller, die Geräteklasse bzw. -unterklasse, die Modelnummer und nach deren Zuordnung die Messstellenbezeichnung innerhalb des Systems hervorgehen. Für jede Netzwerkvariable wird grundsätzlich der Typ des übergeordneten Objekts, die Nummer der Variable innerhalb des Objekts und optional eine Zeichenkette hinterlegt. Die Möglichkeit, von einem Werkzeug zur Netzwerkkonfigurierung aus auf diese Dokumentation zurückgreifen zu können und eine entsprechende Datenbank zur Dokumentation der gesamten Anlage aufzubauen, ist bei großen Systemen von unschätzbarem Vorteil.

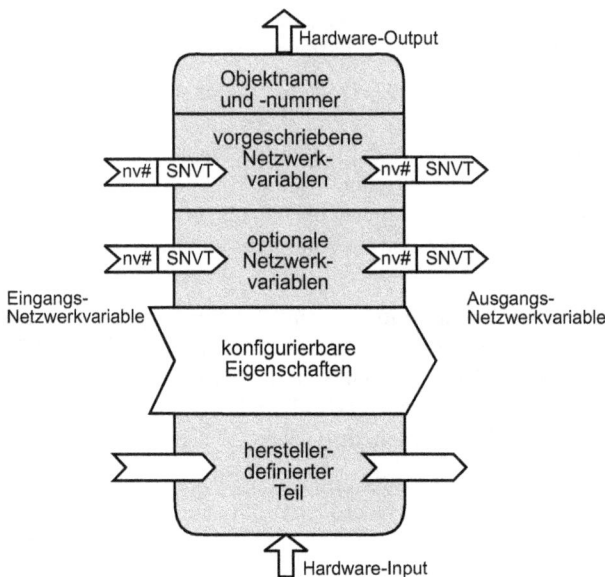

Abbildung 5-71: Allgemeine Struktur eines LONMARK-Objekts

Weitere objektnahe Systembusse, die meistens eine Mittelstellung zwischen einer vollständig dezentralen Lösung wie LON und einem reinen Master-Slave-System einnehmen, sind im Weiteren kurz zusammengefasst:

- CAN (Controller Area Network; ISO 11898) wurde ursprünglich von Bosch und Intel für eine störsichere ($h_D = 6$) und schnelle Vernetzung in Kraftfahrzeugen entwickelt. Die in dieser Branche üblichen hohen Stückzahlen und der außerordentlich hohe Preisdruck führten zu günstigen Produkten, die sich in mobilen Systemen und Maschinen, aber auch für Aufzüge und allgemeine Automatisierungseinrichtungen stark verbreitet haben. Voraussetzung ist eine nicht zu große Ausdehnung, da CAN auf hohe Übertragungsraten bei kurzen Entfernungen optimiert ist (1 Mbit/s bei 40 m, 50 kbit/s bei 1000 m). Die CAN-

Spezifikation umfasst im engeren Sinn nur die Schichten 1 und 2 des ISO/OSI-Modells. Für die Schicht 7 gibt es verschiedene Festlegungen (DIN EN 50325), beispielsweise CANopen, DeviceNet (www.odva.org) und SDS (Smart Distributed Systems).

PROFIBUS-DP und PROFIBUS-PA sind objektnahe Varianten des PROFIBUS-FMS und betreffen vornehmlich die Schichten 1 und 2 des ISO/OSI-Modells.

- PROFIBUS-DP (DP: dezentrale Peripherie; DIN EN 61158/61784) wurde im Hinblick auf Echtzeitfähigkeit und robusten Betrieb im Zusammenspiel mit SPSen spezifiziert. Der PROFIBUS-DP wird in der Praxis meist nur mit einem Master betrieben. Die Übertragungsgeschwindigkeit hängt von der Netzausdehnung ab (93,75 kbit/s mit maximal 7 Repeatern und 9600 m; 1,5 Mbit/s bei maximal 4 Repeatern; 12 Mbit/s bei 100 m). Die Daten der Busteilnehmer werden im Master-Slave-Zugriff (Polling) erfasst.
- PROFIBUS-PA (PA: Prozessautomatisierung, DIN EN 61158/61784) erweitert die Funktionalität des PROFIBUS-DP für den Einsatz in explosionsgefährdeten Bereichen. Für die Schutzart EEX i können maximal 6 bis 12 Teilnehmer mit Strom versorgt werden (max. 10 mA pro Teilnehmer). Die Übertragung erfolgt mit einer Datenrate von 31,25 kbit/s.
- DIN-Messbus (DIN 66348): Der DIN-Messbus wird vorwiegend im Bereich der industriellen Mess- und Prüftechnik wie auch der Prozessüberwachung eingesetzt. Da bei seiner Entwicklung die Physikalisch-Technische Bundesanstalt (PTB) beteiligt war, sind insbesondere auch eichpflichtige Messungen vorgesehen. Eine Besonderheit des DIN-Messbusses ist, dass getrennte Sende- und Empfangsleitungen verwendet werden (500 m bei maximal 1 Mbit/s). Die Anwendungsschicht ist eine Teilmenge von MMS.
- SERCOS (Serial Real Time Communication System, DIN EN 61158/61784) wurde für den Werkzeugmaschinenbereich insbesondere für die Verbindung von numerischen Steuerungen (NC, CNC) mit (Servo-)Antrieben entwickelt. Aus Gründen der Störsicherheit und der Übertragungsgeschwindigkeit (2 Mbit/s bis 4 Mbit/s) werden ausschließlich Lichtwellenleiter als Teil einer Ringstruktur für die Informationsübertragung verwendet. SERCOS sieht Zykluszeiten von 0,062 ms bis 65 ms vor, wobei in der Praxis eine Zykluszeit von etwa 1 ms erreicht wird.
- Bitbus (IEEE 1118): Der Bitbus dient zur Kommunikation zwischen SPSen und Mikrokontrollern in Fertigungssystemen. Wegen seines relativ langsamen Zeitverhaltens ist er für schnellen Sensor-Aktor-Betrieb weniger geeignet. Da er schon 1984 von Intel entwickelt und seine Spezifikation offengelegt wurde, ist er sehr verbreitet. Dazu trug insbesondere auch bei, dass frühzeitig geeignete Protokollchips (i8044, i80152 und andere) und sogar ein Echtzeitbetriebssystem (DCX-51) zur Verfügung standen.

5.5.4   Systembusse

Systembusse decken die Funktionalität in den höheren Hierarchieebenen eines Automatisierungssystems ab. Sie sollten für den Multimasterbetrieb geeignet sein, erfüllen aber in der Regel keine harten Echtzeitanforderungen mehr. Im Folgenden werden die wichtigsten Systeme kurz aufgezählt. Eine umfangreiche Übersicht geben [Kriesel00] und [Schnell08], wo man auch Verweise auf die Spezialliteratur findet.

- PROFIBUS-FMS (Process Fieldbus, Fieldbus Message Specification, DIN EN 61158/61784) ist die ursprüngliche Form des PROFIBUS, die sich durch einen sehr großen Funktionsumfang auszeichnet, aber wegen der relativ kleinen Datentransferraten (9,6 kbit/s bis 500 kbit/s) nur geringe Echtzeitanforderungen erfüllen kann. In dieser Hinsicht wird PROFIBUS-FMS als Systembus durch die objektnahen Varianten PRO-FIBUS-DP und PROFIBUS-PA ergänzt.

- WorldFIP (Flux Information Processus, DIN EN 61158/61784) ist im Leistungsumfang mit dem PROFIBUS-FMS vergleichbar und insbesondere in Frankreich und Italien verbreitet. Im Unterschied zum Client-Server-Modell des PROFIBUS-FMS verwendet FIP ein „Producer-Consumer-Modell", bei dem alle Teilnehmer mithören, um gewünschte Nachrichten zu empfangen. Ein Master kann über eine Kennung die Übermittlung bestimmter Slavedaten auslösen.

- FOUNDATION Fieldbus (ISA SP50 wie auch DIN EN 61158/61784) ging aus dem ISP (Interoperable Systems Project) und der amerikanischen WorldFIP-Nutzerorganisation hervor und ist bestrebt, *einen* international verbindlichen Feldbusstandard vorwiegend für den Bereich der Prozessautomatisierung zu etablieren. Dieser ist zur IEC-Normung vorgeschlagen. Neben einer eigensicheren langsamen Variante (31,25 kbit/s) wird für die Systemebene Fast-Ethernet (10 Mbit/s oder 100 Mbit/s), wie es in lokalen Netzen verwendet wird, vorgesehen. Auf Anwenderebene wurden eine Gerätebeschreibungssprache (DDL: Device Description Language) und Funktionsblöcke für standardisierte Anwendungsfunktionen festgelegt (siehe auch Kapitel 5.6.2).

- Arcnet (ANSI 878.1-3) entstand schon 1977 als Netz für die Bürokommunikation, wurde aber durch das Ethernet aus diesem Bereich vollständig verdrängt. Da es sich um ein schnelles, echtzeitfähiges Bussystem handelt, wird es verstärkt im industriellen Bereich eingesetzt.

Der INTERBUS wurde wegen seiner Leistungsfähigkeit als Sensor-Aktor-Bus schon im Kapitel 5.5.2 ausführlich beschrieben. Die Spezifikationen, insbesondere des PMS für die Schicht 7, ermöglichen auch einen Einsatz als Systembus. Manche herstellerspezifischen Systembusse wie etwa P-Net wurden aufgrund ihrer Verbreitung offengelegt und sind Teil der Normen DIN EN 61158 und DIN EN 61784.

Ein klarer Trend bei den Systembussen ist die zunehmende Integration des Ethernet, da diese Technologie einerseits sowieso für die überlagerten lokalen Netze verwendet wird und auch den Zugang über das Internet ermöglicht. Andererseits ist die Datenübertragung auf dem Ethernet mit inzwischen 100 Mbit/s bzw. künftig 1 Gbit/s so schnell im Vergleich zu üblichen Übertragungsgeschwindigkeit bei Feldbussen, dass bei entsprechender Netzauslegung Verzögerungen durch Kollisionen aufgrund des verwendeten CSMA/CD-Zugriffsmechanismus nicht mehr ins Gewicht fallen.

5.5.5   Beispiele für das Zusammenspiel verschiedener Feldbussysteme

Angesichts der Vielzahl von Feldbussystemen stellt sich schnell die Aufgabe, Daten zwischen verschiedenen Feldbussystemen auszutauschen. So kommt es in der Praxis oft vor, dass bei einer Erweiterung das Feldbussystem der bestehenden Maschine oder Anlage mit einem eventuell leistungsfähigeren Feldbus der Neuteile verbunden werden muss.

Sind nur zwei Feldbussysteme zu verbinden, so kann ein Gateway eingesetzt werden, d. h. ein Programm, das auf den Anwendungsschichten des ISO/OSI-Modells (siehe Abbildung 5-56) die Nachrichten umsetzt. Da es allerdings sehr aufwendig ist, solch ein Programm in voller Allgemeingültigkeit zu erstellen, beschränkt man sich meist auf die Umsetzung der in einer Anlage konkret verwendeten Nachrichtentypen.

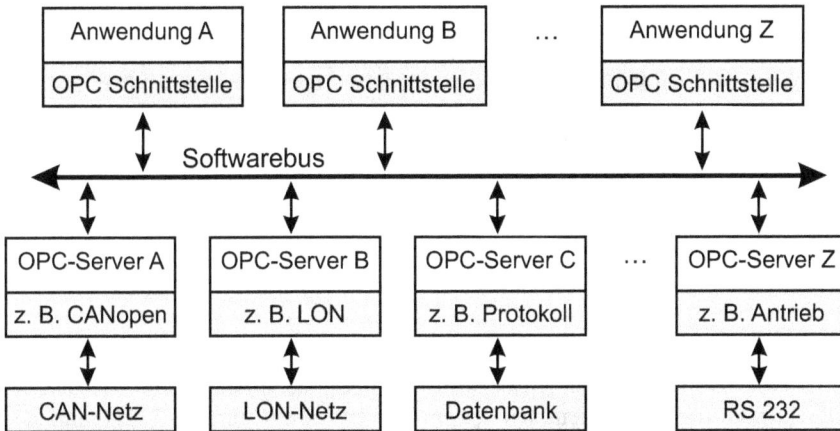

```
┌─────────────────┐  ┌─────────────────┐      ┌─────────────────┐
│  Anwendung A    │  │  Anwendung B    │ ...  │  Anwendung Z    │
├─────────────────┤  ├─────────────────┤      ├─────────────────┤
│ OPC Schnittstelle│ │ OPC Schnittstelle│     │ OPC Schnittstelle│
└─────────────────┘  └─────────────────┘      └─────────────────┘
        ↕         Softwarebus      ↕                    ↕
◄──────────────────────────────────────────────────────────────►
   ↕          ↕              ↕                           ↕
┌───────────┐ ┌───────────┐ ┌───────────┐      ┌───────────┐
│OPC-Server A│ │OPC-Server B│ │OPC-Server C│ ... │OPC-Server Z│
├───────────┤ ├───────────┤ ├───────────┤      ├───────────┤
│z. B. CANopen│ │z. B. LON  │ │z. B. Protokoll│  │z. B. Antrieb│
└───────────┘ └───────────┘ └───────────┘      └───────────┘
   ↕          ↕              ↕                           ↕
┌───────────┐ ┌───────────┐ ┌───────────┐      ┌───────────┐
│ CAN-Netz  │ │ LON-Netz  │ │ Datenbank │      │  RS 232   │
└───────────┘ └───────────┘ └───────────┘      └───────────┘
```

Abbildung 5-72: OPC (Open Process Control) als Schnittstelle zwischen verschiedenen Feldbussystemen und Visualisierungsanwendungen

Sollen mehrere Feldbussysteme zusammenarbeiten, so ist der Einsatz von Gateways nicht mehr handhabbar, weil Nachrichten, die nur „durchgereicht" werden, den Datenverkehr auf den einzelnen Feldbussystemen immer mehr aufblähen. Es muss vielmehr eine weitere Kommunikationsebene eingeführt werden, die den Datenverkehr zwischen den Feldbussystemen übernimmt. Diese Kommunikationsebene wird als Softwarebus realisiert (siehe Abbildung 5-72), da feldbusübergreifende Informationen in der Regel von den übergeordneten Leit- und Visualisierungssystemen benötigt werden. In Anlehnung an die angelsächsische Bezeichnungsweise spricht man übrigens oft von SCADA/HMI-Systemen (SCADA: Supervisory Control and Data Acquisition, HMI: Human Machine Interface). Die verschiedensten Leitsystem- und Visualisierungsprogramme können als Clients auf diesen Softwarebus zugreifen. Entsprechende Server für die einzelnen Feldbussysteme liefern dann die gewünschten Daten. Befinden sich die einzelnen Server- und Clientprogramme auf verschiedenen Rechnern, so nutzt man das meist vorhandene lokale Netz (LAN) und dessen Netzwerkprotokoll. Es ist offensichtlich, dass auf diesem Weg keine harten Echtzeitanforderungen mehr erfüllt werden können. Echtzeitverarbeitung bleibt die Aufgabe der einzelnen Feldbusse, die ja eigens zu diesem Zweck entwickelt wurden.

Aufbauend auf diesem Konzept wurde von der OPC-Foundation (www.opcfoundation.org, OPC: Open Process Control) eine Standardschnittstelle für die Prozesssteuerung definiert, die die Entwicklung von nahtlos miteinander interagierenden „OPC-Clients" und „OPC-Servern" ermöglicht. Jeder OPC-Server definiert einen Satz von „Elementen", aus denen einer oder mehrere OPC-Clients jeweils eine Zugriffsgruppe über einen Elementbrowser definieren können. Solche Elemente sind im einfachsten Fall einzelne Messgrößen. Die Elemente sind nicht die Datenquellen selber. Vielmehr fragt der OPC-Server bei einem Zugriff des OPC-Clients den Wert von der dahinterstehenden Datenquelle ab. Bei der Datenquelle kann es sich um ein Feldbussystem handeln oder aber auch um eine Datenbank, einen weiteren OPC-Server usw. Der Vorteil dieser Lösung ist, dass die Treibersoftware, um auf die Datenquelle zugreifen zu können, nur einmalig im OPC-Server implementiert werden muss. Eine Treibersoftware OPC-fähig zu machen, bedeutet natürlich auf der anderen Seite für die Hardwarehersteller zusätzlichen Aufwand.

Von der OPC-Foundation wurden bisher drei verschiedene Zugriffsfunktionalitäten spezifiziert:

- Data Access Specification (Version 2.0): Definiert Server für den Zugriff auf Echtzeitdaten.
- Alarms und Events Specification (Version 1.0): Definiert Server für die Erfassung und Verwaltung von Alarmen und Ereignissen.
- Historical Data Access Specification (Version 1.0): Definiert Server für den Zugriff auf Archivdaten.

Ein OPC-Client kann bei einem „Data Access"-OPC-Server zwei Objektschnittstellen aufrufen, ein „OPC-Server"-Objekt und ein „OPC-Group"-Objekt (siehe Abbildung 5-73). In einem Group-Objekt fasst der OPC-Client aus den im Server-Adressraum zur Verfügung stehenden „OPC-Items", das sind meistens einfache Mess- bzw. Prozessgrößen, die für eine bestimmte Aktion relevanten OPC-Items zusammen. Als ein OPC-Item werden der Prozesswert als solcher, eine Angabe über dessen Zuverlässigkeit und eine Zeitmarke übermittelt. Aktionen, wie beispielsweise das Lesen von Werten (IOPCSyncIO), können nur auf eine OPC-Group und nicht auf ein einzelnes OPC-Item angewendet werden.

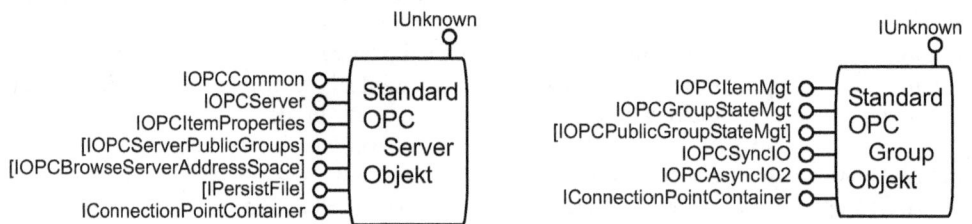

Abbildung 5-73: Sichtbare Objekte eines OPC-Data-Access-Servers (Version 2.0). Optionale Methoden sind in eckigen Klammern gezeigt. Außer IUnknown sind keine DCOM-Methoden aufgeführt.

Technologisch baut die OPC-Architektur auf dem netzwerkfähigen Softwarekomponenten-Modell von Microsoft Windows auf (DCOM: Distributed Component Object Model). In einer Softwarekomponente werden Daten und die binären Programmteile zur Bearbeitung dieser Daten zusammengefasst. Nach außen hin sind demnach im Sinne objektorientierten Programmierens nur noch „öffentliche" Daten und Methoden sichtbar. Wegen der Verwendung des Binärformats spielt es keine Rolle mehr, in welcher Programmiersprache die Softwarekomponente geschrieben wurde. Obwohl auf die Details dieser Technologie an dieser Stelle nicht eingegangen werden kann, sollte trotzdem erwähnt werden, dass OPC auf dem Hintergrund von DCOM zwei Schnittstellen unterscheidet: Das „Custom-Interface" wird für die Programmierung mit Hochsprachen wie C++ verwendet und setzt voraus, dass bei der Übersetzung des Anwenderprogramms die Eigenschaften der verwendeten Softwarekomponenten bekannt sind. Das „Automation-Interface" macht diese Voraussetzung nicht und muss deshalb in der Lage sein, die Softwarekomponenten zum Einbinden durch ein Anwendungsprogramm während der Laufzeit zur Verfügung zu stellen. Das Automation-Interface ermöglicht z. B. dann auch den Zugriff auf OPC-Server aus einer der gängigen Büroanwendungsprogramme zur Tabellenkalkulation oder zur Textverarbeitung heraus.

Trotz des großen Fortschritts, der durch die OPC-Spezifikationen für den gleichzeitigen Zugriff auf verschiedenste Feldbussysteme erzielt wurde, sollte nicht übersehen werden, dass wegen der Verwendung von DCOM der Einsatz auf Rechner mit 32-Bit-Windows als Betriebssystem beschränkt ist. Hier wäre natürlich eine Erweiterung auf vom Betriebssystem unabhängige Technologien wie beispielsweise JavaBeans und Jini wünschenswert. Wie Kapitel 5.6.2 noch zeigen wird, muss das Problem einer allgemein verbindlichen logischen Sichtweise der Eigenschaften und der Funktionalität einer Messstelle dringend gelöst werden.

5.6   Virtuelle Instrumentierung

Nachdem nun die Fragestellungen der Messdatenerfassung und der Kommunikation von Messwerten über Bussysteme ausführlich diskutiert und „im Griff" sind, soll zum Abschluss dieses Kapitels über das immer wieder aufgetretene Attribut „virtuell" reflektiert werden. Ein virtuelles Objekt ist ein Gegenstand, der nicht wirklich, sondern nur scheinbar existiert. Eine „virtuelle Realität", die über eine Datenbrille eingespielt wird, ist nicht tatsächlich vorhanden, sie besteht nur als Bild im Gehirn des Betrachtenden. Der Nutzen virtueller Realitäten ist, dass die Vorstellung des Betrachtenden soweit unterstützt wird, dass er eigene Schlussfolgerungen aus einer geplanten oder auch gefährlichen Szene ziehen kann. Dabei setzt man immer voraus, dass die virtuell präsentierte „Realität" auch in Wirklichkeit geschaffen werden kann oder schon besteht.

Das virtuelle Instrument oder Feldgerät stellt in diesem Sinne ein – flaches – Abbild der tatsächlichen Geräte auf dem Rechnerbildschirm dar, sodass der Betrachter schon in der Planungsphase mit dessen Funktionalität umgehen kann. Im Extremfall steht dem Nutzer – beispielsweise bei VXI-Modulen – nur noch das virtuelle Instrument zur Verfügung, da sich Bedienelemente am Modul selbst aus Platzgründen nicht unterbringen lassen. Beim virtuellen Instrument oder Feldgerät handelt es sich oft um ein vereinfachtes Bild: Das virtuelle Feldgerät beispielsweise besteht nur aus den Funktionalitäten, die über das Kommunikationssystem zugänglich sind (Abbildung 5-59), virtuelle Messgeräte zeigen nur die funktionellen Eigenschaften und nicht die Details von Gerätekommandos oder Geräteregistern.

Beim Umgang mit solchen virtuellen Geräten stellt man schnell fest, dass sich die virtuelle Darstellung und die Funktionalität gleichartiger Geräte von unterschiedlichen Herstellern nur geringfügig unterscheiden. Es ist somit sinnvoll, Richtlinien zu entwickeln, damit Grundfunktionalitäten in gleichartiger Weise für den Nutzer erscheinen. Auch die unterliegenden Softwarestrukturen sollten möglichst solchen Richtlinien gehorchen, denn sowohl bei der

Entwicklung von Messaufbauten als auch beim Aufbau von automatisierten Fertigungs- und Betriebseinrichtungen wird man spezifische Softwareteile selber erstellen müssen.

5.6.1 Virtuelle Instrumente

Im Bereich der Mess- und Testsysteme hat die „Interchangeable Virtual Instrument (IVI) Foundation" (www.ivifoundation.org) eine verallgemeinerte Sichtweise für Messgeräte geschaffen. Derzeit sind fünf Geräteklassen definiert (Tabelle 5-24).

Tabelle 5-24: Geräteklassen der
IVI-Spezifikation:

Digitalmultimeter (IviDmm)
Funktionsgeneratoren (IviFgen)
Netzgeräte (IviPower)
Oszilloskope (IviScope)
Schalter (IviSwtch)

Jede Geräteklasse oder -familie stellt eine rein logische Sichtweise (Schnittstelle) der Geräte für die Programme des Anwenders bereit (siehe Abbildung 5-74). Für den Anwender ist es deshalb erst einmal unwichtig, welches konkrete Gerät (später) verwendet wird. Das heißt natürlich auch, dass Geräte im Betrieb ohne Änderungen am Testprogramm ausgetauscht werden können. Für jedes reale Gerät muss zusätzlich eine Treibersoftware vom Hersteller bereitgestellt werden, die nach oben hin IVI-konform ist, damit sie von der entsprechenden Geräteklasse auch benutzt werden kann. Die Datenübertragung zwischen Rechner und Messgeräten schließlich benutzt die standardisierte VISA-Schnittstelle, sodass die Verbindung wahlweise über IEEE 488, RS232 oder VXI erfolgen kann.

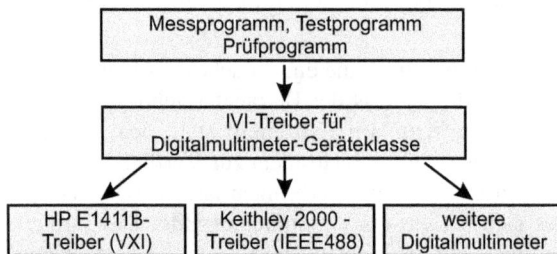

Abbildung 5-74:
Treiberarchitektur für IVI
(Interchangeable Virtual
Instruments)

Die Geräteeigenschaften innerhalb einer Geräteklasse werden durch Geräteattribute beschrieben. Tabelle 5-25 zeigt als Beispiel die Geräteklassen-Attribute eines Digitalmultimeters. Dabei sind im unteren Block die Attribute verschiedener Geräteklassenerweiterungen aufgeführt. Solche Geräteklassenerweiterungen wurden eingeführt, um dem größeren Funktionsumfang leistungsfähiger Digitalmultimeter Rechnung tragen zu können.

Tabelle 5-26 zeigt die Funktionshierarchie für das Beispiel eines Digitalmultimeters. Dabei spiegelt sich deutlich der Instrumententreiberaufbau der Abbildung 5-48 wider. An der letzten Spalte der Tabelle 5-26 kann man ablesen, dass ein Teil der Funktionen direkt durch die VXI*plug&play*-Architektur bedingt ist. Bei den IVI-Funktionen ist zwischen allgemeinen Funktionen, die für alle Geräteklassen benötigt werden, und den Digitalmultimeter-Funktionen zu unterscheiden. Weiterhin gibt es wie im Fall der Attribute erweiterte Digitalmultimeter-Funktionen, die man nicht bei allen Geräten findet.

Tabelle 5-25: Geräteeigenschaften (Attribute) der Digitalmultimeter-Geräteklasse des IVI

Attributname	Beschreibung
IVI_DMM_ATTR_FUNCTION	Messfunktion (Gleichspannung, Gleichstrom, ...)
IVI_DMM_ATTR_RANGE	Messbereich
IVI_DMM_ATTR_RESOLUTION	Auflösung in Dezimalstellen
IVI_DMM_ATTR_TRIGGER_SOURCE	Triggerquelle
IVI_DMM_ATTR_TRIGGER_DELAY	Triggerverzögerung
IVI_DMM_ATTR_AC_MIN_FREQUENCY	minimale Wechselspannungs-/Wechselstromfreq.
IVI_DMM_ATTR_AC_MAX_FREQUENCY	maximale Wechselspannungs-/Wechselstromfreq.
IVI_DMM_ATTR_SAMPLE_COUNT	Anzahl der Mehrfachmessungen
IVI_DMM_ATTR_SAMPLE_TRIGGER	Triggerquelle für Mehrfachmessungen
IVI_DMM_ATTR_SAMPLE_INTERVAL	Abtastrate bei Mehrfachmessungen
IVI_DMM_ATTR_TRIGGER_COUNT	Zahl der akzeptierten Triggerpulse
IVI_DMM_ATTR_MEAS_COMPLETE_DEST	Signalausg. für Pulse beim Abschluss einer Messung
IVI_DMM_ATTR_APERTURE_TIME	Aperturzeit
IVI_DMM_ATTR_APERTURE_TIME_UNITS	Einheit für Aperturzeitangabe
IVI_DMM_ATTR_AUTO_RANGE_VALUE	augenblicklicher Messbereich
IVI_DMM_ATTR_AUTO_ZERO	automatischer Nullpunktsabgleich
IVI_DMM_ATTR_POWERLINE_FREQ	Netzfrequenzeinstellung
IVI_DMM_ATTR_TRIGGER_SLOPE	Triggerpolarität

Ein sehr wichtiges Konzept bei IVI ist, dass die Geräteklassen auch zur Simulation bei der Softwareentwicklung verwendet werden können. Ohne diese Möglichkeit würde bei nicht angeschlossener Hardware schon beim ersten Initialisierungsaufruf eine Fehlerbedingung zurückgemeldet werden und das Messprogramm bricht somit ab. In der einfachsten Form meldet die aufgerufene Geräteklasse bei der Simulation eine „erfolgreiche" Durchführung zurück, sodass das Messprogramm nicht anhält. In der nächsten Stufe der Simulation erfolgt eine Überprüfung der eingestellten Bereiche und im eigentlichen Simulationsmodus werden sowohl Daten wie auch Status- und Fehlermeldungen an das Messprogramm übergeben.

Tabelle 5-26: Funktionshierarchie für die Digitalmultimeter-Geräteklasse des IVI.
VPP = VXIplug&play, IVI = allgemeine Funktionen, IviDmm = Digitalmultimeter-Funktionen,
IviDmmMultiPoint und IviDmmDeviceInfo: erweiterte Digitalmultimeter-Funktionen

Funktion	Funktionsname	zugrundeliegender Standard
Initialisierung	IviDmm_init	VPP
Konfigurationsfunktionen ...		
Konfiguration	IviDmm_Configure	IviDmm
Triggerkonfiguration	IviDmm_ConfigureTrigger	IviDmm
Konfiguration einer Mehrfach-messung	IviDmm_ConfigureMultiPoint	IviDmmMultiPoint
zusätzliche Fähigkeiten ...		
Berechnung der Genauigkeit	IviDmm_CalculateAccuracy	IviDmmDeviceInfo
Setzen/Lesen/Überprüfen von Eigenschaften ...		
Setze Eigenschaft ...	IviDmm_SetAttribute<type>	IVI
Lese Eigenschaft ...	IviDmm_GetAttribute<type>	IVI
Überprüfe Eigenschaft ...	IviDmm_CheckAttribute<type>	IVI
Messfunktionen ...		
Einlesen	IviDmm_Read	IviDmm
Mehrfachmessung einlesen	IviDmm_ReadMulitPoint	IviDmmMultiPoint
Low-Level Messfunktionen ...		
Messung vorbereiten	IviDmm_Initiate	IviDmm
Softwaretrigger senden	IviDmm_SendSWTrigger	IviDmm
Hole Daten	IviDmm_Fetch	IviDmm
Hole Mehrfachdaten	IviDmm_FetchMultiPoint	IviDmmMultiPoint
Abbruch	IviDmm_Abort	IviDmm
Hilfsfunktionen ...		
Zurücksetzen	IviDmm_reset	VPP
Selbsttest	IviDmm_self_test	VPP
Revisionsabfrage	IviDmm_revision_query	VPP
Fehlerabfrage	IviDmm_error_query	VPP
Fehlernachricht	IviDmm_error_message	VPP
Bereichsüberschreitung	IviDmm_IsOverRange	IviDmm
Fehlerinformationen ...		
Hole Fehlerinformation	IviDmm_GetErrorInfo	IVI
Fehlerinformation löschen	IviDmm_ClearErrorInfo	IVI
Exklusivbuchung ...		
Buche Sitzung	IviDmm_LockSession	IVI
Sitzung freigeben	IviDmm_UnlockSession	IVI
Schließen	IviDmm_close	VPP

Da diese Daten allerdings immer von der konkreten Messaufgabe abhängen, müssen diese Daten je nach Prüfsituation vom Testsoftware-Entwickler aufgesetzt werden.

IVI-Geräteklassentreiber stellen recht komplexe Softwareprodukte dar. Dies wird deutlich, wenn man sich vergegenwärtigt, dass ein Messprogramm mehrere Geräte derselben Geräteklasse ansprechen kann. Jedes Gerät derselben Klasse braucht dann im Geräteklassentreiber seinen eigenen Datenbereich. Aus Effizienzgründen wird man die Programmabarbeitung innerhalb des Geräteklassentreibers in unabhängigen Programm„Threads" ablaufen lassen. Weiterhin sollten Abfragen zum Gerätestatus nur dann wirklich zum Gerät übermittelt werden, wenn die Antwort an das Messprogramm nicht schon mit den Kenntnissen des Treibers beantwortet werden kann (Status-Caching). Inwieweit Status- und Messbereichsüberprüfungen durch den Geräteklassentreiber erfolgen sollen, muss natürlich vom Messprogramm aus konfigurierbar sein.

In der Summe erreicht man durch eine konsequente Virtualisierung der Messgeräteklassen eine verbesserte Austauschbarkeit und Wiederverwertbarkeit von Prüfprogrammen und Messgeräten. Durch die Simulationsmöglichkeiten werden zudem große Teile der Softwareentwicklung vom Zugriff auf die Messgeräte-Hardware entkoppelt – der Entwickler braucht nicht mehr im bisherigen Umfang ein „Testsystem" auf seinem Schreibtisch. Wichtiger ist in diesem Zusammenhang, dass die Softwareentwicklung schon beginnen kann, wenn die Hardware noch gar nicht vorhanden ist.

Verwendet man eine graphische Oberfläche zur Bedienung des Geräteklassentreibers, so kann auf diesem Weg ein Messgerät vom Rechner aus bedient werden. Dieselbe Oberfläche lässt sich dann auch für ein anderes Messgerät derselben Geräteklasse verwenden. Am Bildschirm muss man demnach nicht umlernen, im Gegensatz zu den Messgeräten selbst, die bei jedem Hersteller andere Schalteranordnungen und Schalterbelegungen haben.

5.6.2 Virtuelle Feldgeräte

Die Abbildung 5-59 führte das „virtuelle Feldgerät" als die Teile eines Feldgeräts ein, die über die Feldbuskommunikation für ein Mess- oder Steuerprogramm sichtbar sind. Darüber, was ein Anwender sich bei der Bedienung oder der Programmierung einer Anlage unter diesem Feldgerät vorstellt, wurde nichts gesagt.

Im Feldbusbereich wird die anwendungsspezifische Interpretation der Kommunikationsobjekte eines Feldgeräts durch die Bildung von Profilen unterstützt. Durch derartige Profile versucht man einerseits durch die Beschränkung auf die in einem Anwendungsgebiet oder für einen Gerätetyp tatsächlich benötigten Feldbusfunktionen, die Gerätehandhabung und -programmierung zu vereinfachen. Dieser reduzierte Funktionsumfang wird als „Kommunikationsprofil" bezeichnet. Andererseits legt man typische Datenstrukturen und Funktionsabläufe fest, um die Handhabung der Kommunikation und der Geräte zu vereinheitlichen und somit leichter austauschbar zu machen. Wie schon angedeutet, unterscheidet man Geräteprofile, z. B. Profile für Absolutwinkelgeber oder drehzahlveränderbare Antriebe bzw. Einachssteuerungen, und Branchenprofile, z. B. für die Fertigungsautomatisierung oder die Gebäudetechnik.

Der Begriff der Interoperabilität, d. h. dem zuverlässigen Datenaustausch zwischen den unterschiedlichsten Feldgeräten, muss dann zu einem Interoperabilitätsbegriff im Sinne eines

Profils erweitert werden. So wird gewährleistet, dass auch die anwendungsspezifischen Datenstrukturen verlässlich ausgetauscht werden können.

„Interoperabilität" darf nicht mit der Austauschbarkeit von Geräten verwechselt werden. Austauschbarkeit setzt viel weiter reichende Festlegungen der Gerätefunktionalität in einem konkreten Anwendungsbereich voraus. Werden z. B. zwei Drucksensoren mit einer analogen Standardstromschnittstelle (4 mA bis 20 mA) gegeneinander ausgetauscht, so ist noch lange nicht gesagt, dass sie denselben Druck-zu-Strom-Umrechnungsfaktor verwenden. Dieser muss also im Messprogramm zum richtigen Zeitpunkt dauerhaft geändert werden. Bei einem mikroprozessorgesteuerten, „intelligenten" Feldbusgerät mag die Situation insofern besser sein, dass diese Faktoren hinterlegt sind und somit in das Messprogramm automatisch übernommen werden können. Aber wer garantiert, dass das eingetauschte, feldbusfähige Druckmessgerät dieselbe Auflösung besitzt?

Um aufzuzeigen, dass in der Praxis noch viel mehr bedacht werden muss, ist in der Abbildung 5-75 als Beispiel die Funktionseinheit „Analoge Eingänge", wie sie im Sensorik/Aktorik-Profil des PROFIBUS festgelegt ist, wiedergegeben. Dieser Funktionseinheit werden analoge Messsignale (Ströme oder Spannungen) zugeführt und in digitale Werte, hier „Messwerte" genannt, umgewandelt. Die Übermittlung an den Busmaster kann als Festpunkt- oder als Gleitpunktzahl erfolgen. Weiterhin können technische Störungen (Kurzschluss, Spannungsausfall, Leitungsbruch, ...) und Prozessstörungen (Überschreiten von oberen oder unteren Alarm- bzw. Warngrenzen) als Ereignisdaten mit entsprechender Priorität gesendet werden. Die benötigten Grenzwertdaten werden umgekehrt von der Leitebene für die Funktionseinheit bereitgestellt. In der Initialisierungsphase werden der Modultyp, die Messbereichsdaten und Kürzel für die zu verwendenden Größeneinheiten und Umrechnungsfaktoren ausgetauscht. Die in der Abbildung 5-75 genannten Klassenangaben charakterisieren hier die Leistungsklasse der Funktionseinheit. Einfache Analogeingänge müssen nur die Funktionalität der Klasse 1 erfüllen, die leistungsfähigsten gehören der Klasse 4 an. Geräte dieses Profils können nur dann ausgetauscht werden, wenn man sich auf die Funktionen der Klasse 1 beschränkt.

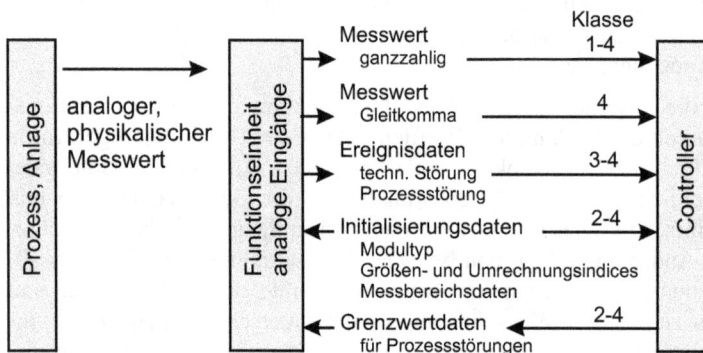

Abbildung 5-75: Funktionseinheit „Analoge Eingänge" gemäß dem Profil „Sensorik/Aktorik" des PROFIBUS

An dieser Stelle muss betont werden, dass diese Funktionseinheit nur für ein PROFIBUS-System definiert ist. Greift eine Leitsystem z. B. über OPC-Server auf verschiedene Feldbussysteme zu, so gibt es derzeit leider noch keine verbindlich definierten „Funktionsblöcke".

Abbildung 5-76 soll eine Vorstellung davon geben, wie ein Funktionsblock für eine Temperaturmessstelle aussehen könnte; wobei man sofort darüber diskutieren muss, ob man die Einteilung von verschiedenen Funktionsblöcken an der gewünschten Messgröße orientieren sollte oder wie in Abbildung 5-75 am Gerät. Der Anlagenbetreiber und Anwendungsprogrammierer denkt in Messgrößen und sieht demnach einen Analogeingang immer in Verbindung mit dem angeschlossenen und kalibrierten Messaufnehmer. Der Hersteller von Anlagenkomponenten kennt diese Zuordnung nicht und wird sich an den Eigenschaften seines Einzelbausteins orientieren. Hier könnte eine Lösung sein, im Feldbusbaustein Speicherbereiche zur späteren „Personalisierung" vorzusehen, z. B. indem man gemessene Kalibrationsfaktoren hinterlegt.

Im normalen Betrieb wird die Temperaturmessstelle der Abbildung 5-76 in regelmäßigen Abständen Messwerte und gegebenenfalls Status- bzw. Diagnosedaten liefern. Die Statusdaten geben genauere Auskunft über den Zustand des Messwerts, z. B. ob es zu Grenzwertüberschreitungen kam. Die Diagnosedaten charakterisieren den Zustand des Geräts, z. B. ob der Messaufnehmer noch angeschlossen ist. Status- und Diagnosedaten können auch asynchron über entsprechende Alarm- oder Ereignismeldungen gesendet werden.

Eingangsseitig würden von der Messstelle beispielsweise die Grenzwertdaten, der anlagenspezifische Name der Messstelle und der Betriebsmodus entgegengenommen. Neben dem normalen Betrieb kann ein Selbsttest oder eine Simulation gefahren werden. Im Simulationsbetrieb wird die Anlage beispielsweise noch nicht beschickt bzw. die Messaufnehmer sind noch nicht installiert. Der Messstelle wird dann ein Prozesswert übermittelt, den sie als „Messwert" weitergibt. So können die Kommunikation und die Visualisierungs- und Auswertesoftware unabhängig vom Prozess schon erprobt werden. Bei der Inbetriebnahme oder im Wartungsfall kann es nötig sein, eine neue Programmversion auf die Messstelle zu überspielen. Die Version sollte dann abfragbar sein.

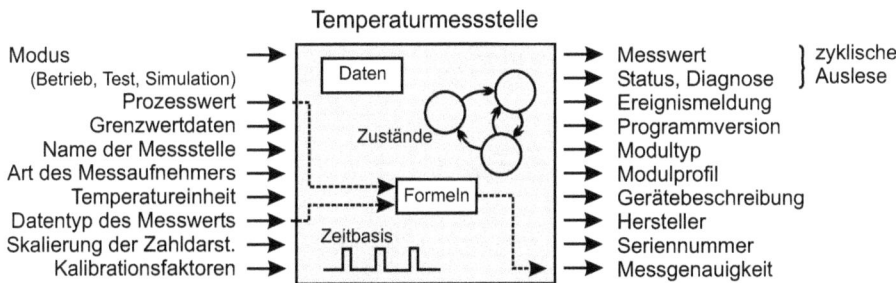

Abbildung 5-76: Mögliche Funktionsblockdarstellung einer Temperaturmessstelle

Die Messstelle liefert außerdem Verwaltungsinformationen wie den Modultyp, das Modulprofil, den Hersteller und die Seriennummer. Sehr nützlich ist es, wenn man die Gerätedokumentation direkt über den Feldbus abfragen kann, eventuell in einer Gerätebeschreibungssprache. Das Leitsystem kann dann diese Informationen in seine Anlagendatenbank integrieren. Umgekehrt können in der Messstelle wichtige Funktionsdaten, wie z. B. die Art des Messaufnehmers, dessen Kalibrierung, die physikalische Einheit der Messgröße, deren Datentyp oder mögliche Umskalierungen fest hinterlegt werden. Auf dem Hintergrund all dieser Informationen könnte die Messstelle dann auch eine Angabe über die Genauigkeit des Messwerts z. B. in Form der Messunsicherheit liefern.

Da der Funktionsblock der Abbildung 5-76 eine rein logische Sicht der Messstelle darstellt, kann er auch bei einer Anlagensimulation während der Anlagenplanung oder bei der Betriebsplanung benutzt werden. Wie die Abbildung andeutet, muss man für eine derartige Simulation allerdings auch Kenntnisse über die internen Abläufe in der Messstelle haben, z. B. nach welchen Formeln die Berechnungen durchgeführt werden, welche Daten die Messstelle benutzt, welche Zustände sie durchlaufen kann und wie der Zeitablauf der internen Vorgänge ist.

Es sei nochmals betont, dass die Darstellung der Abbildung 5-76 keiner anerkannten Norm entspricht. Sie soll vielmehr dazu anregen, die genannten Aspekte bei der Softwareentwicklung von Feldbusgeräten und bei der Simulation von Anlagen zu beherzigen. Eine einheitliche und unmissverständliche Sichtweise der einzelnen Anlagenkomponenten im Rahmen eines verbindlichen Standards würde Anwendern und Planern sehr helfen, das Wesentliche einer Anlage zu sehen und sich weniger mit dem gut gemeinten Einfallsreichtum bei der Beschreibung und der Dokumentation des einfachen Problems, etwas zu messen, auseinandersetzen zu müssen.

6 Aufgaben und Projekte

Die nachfolgenden Aufgaben und Projekte sollen helfen, die gewonnenen Kenntnisse zur Messtechnik und Messdatenerfassung zu festigen und zu vertiefen. Da ein guter Teil der Aufgaben beide Aspekte beleuchtet – den Messaufnehmern wird ja die Messdatenerfassungskette nachgeschaltet –, wurden sie am Ende des Buchs zusammengefasst. Die Reihenfolge der Aufgaben spiegelt in etwa die Kapitelfolge des Buchs wider. Bei den Projekten ist dies nicht der Fall, da zu einer Anwendung sämtliche Lösungsmöglichkeiten ausgelotet werden sollen.

Die Aufgaben entstammen vorwiegend Klausuren der Vorlesung „Messdatenerfassung". Eine Prüfung dauert dabei 60 min und umfasst einen thematischen Querschnitt von vier bis sechs der nachfolgenden Aufgaben. Da parallel zur Vorlesung ein Messdatenerfassungslabor absolviert wird und somit auch eine praktische Anschauung des in diesem Buchs präsentierten Materials entsteht, dürften einige der Aufgaben „schwierig" erscheinen. Der werte Leser sollte sich hier aufgefordert fühlen, die noch bestehenden Lücken durch eine eigene Recherche in der Literatur und dem Internet aufzufüllen.

Das Spektrum der Aufgaben bevorzugt manche Themen, insbesondere wenn Aufgaben sehr konkret Werte nennen, Quelltextausschnitte zeigen oder auf detaillierten Dokumentationen beruhen. Der Grund dafür ist, dass die Werte bzw. Programmausschnitte mit einer Testmessung an entsprechenden Geräten verifiziert wurden und nicht jede in diesem Buch genannte Hardware bzw. Dokumentation auch zur Verfügung stand.

Eine Zusammenstellung der Lösungen zu den Aufgaben befindet sich in Vorbereitung und wird demnächst als Zusatzmaterial auf den Internetseiten des Verlags zum Titel zu Verfügung stehen (www.oldenbourg-wissenschaftsverlag.de).

6.1   Aufgaben

1. Lineare Regression

Abbildung 6-1 zeigt den Zusammenhang der diffusen und der globalen Strahlung am 3.3.2006 von 7:00 bis 18:00 am Standort der Hochschule Offenburg. Es sind zudem eine lineare Regression und deren Ergebnisse eingetragen.

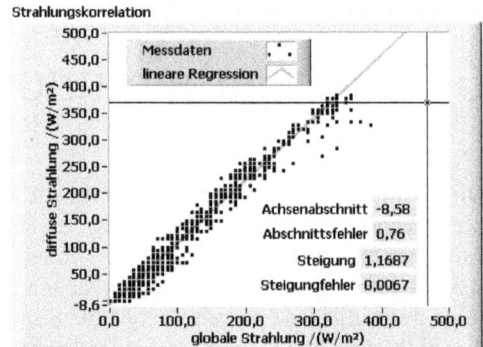

Abbildung 6-1: Korrelation zwischen globaler und diffuser Strahlung am 3.3.2006

(a) Was ist das Grundprinzip einer Anpassung durch eine lineare Regression? Geben Sie die Anpassungsfunktion an.

(b) Nach welchem Kriterium erfolgt die Anpassung, d. h. wie werden die Parameter der Anpassungsfunktion bestimmt?

(c) Was könnte die Ursache für den mit dem Cursor markierten „Ausreißer" sein? Deuten auf diese Ursache noch mehr Messpunkte hin?

(d) Was ist zur Bewölkung am 3.3.2006 zu sagen?

2. Drehzahlmessung über Wechselsignal

Ein einfacher Generator – z. B. ein Fahrraddynamo – liefert das Wechselspannungssignal in Abbildung 6-2. Es soll die Drehzahl des Generators bestimmt werden. Hierzu kann eine so genannte „Schmitt-Trigger"-Schaltung verwendet werden, in die die Wechselspannung eingespeist wird. Die nebenstehende Abbildung stellt die Übertragungsfunktion eines Schmitt-Triggers dar, die das typische Schalthystereseverhalten zeigt.

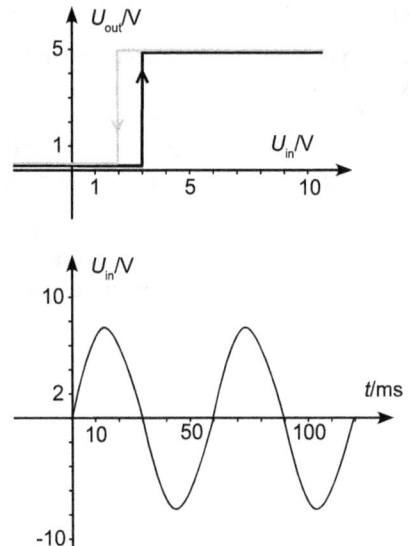

Abbildung 6-2: Übertragungsfunktion für einen Schmitt-Trigger (oben), mit dem das Wechselsignal (unten) verarbeitet wird.

(a) Zeichnen Sie in die zeitliche Darstellung des Wechselspannungssignals das Signal am Ausgang des Schmitt-Triggers ein.

(b) In welche Art von Eingang eines Messdatensystems sollte man das Ausgangssignal des Schmitt-Triggers am besten einspeisen?

(c) Welches Problem kann sich ergeben, wenn das Wechselspannungssignal stark verrauscht ist?

(d) Welches Problem entsteht, wenn die Amplitude des Wechselspannungssignals immer kleiner wird?

3. Druckmessfühler
Erläutern Sie das Funktionsprinzip eines Druckmessfühler-Typs Ihrer Wahl.

(a) Wie können mit dem gewählten Druckmessfühler Differenzdruckmessungen, Über- bzw. Unterdruckmessungen gegenüber Atmosphärendruck und Absolutdruck-Messungen durchgeführt werden? Falls solche Messungen nicht möglich sind, begründen Sie entsprechend.

(b) Erklären Sie in Hinblick auf die Verwendung des Druckmessfühlers in einem Messdatenerfassungssystem, wie der Druckwert in einen elektrischen Spannungswert umgesetzt werden kann.

(c) Nennen Sie zwei Einflussfaktoren, die die Lebensdauer des Druckmessfühlers begrenzen können.

4. Druckabfall an einer Normblende
Der Volumenstrom in einem Wasserrohr soll über den Druckabfall an einer Normblende mit Durchmesser $d = 39$ mm (Wirkdruckverfahren) gemäß der Formel $\dot{V} = 0,74\, A_\mathrm{d}\sqrt{\dfrac{2\Delta p}{\rho}}$ gemessen werden. A_d: Öffnung der Normblende, ρ: Dichte des Wassers; Δp: Druckabfall an der Normblende. Es steht ein Differenzdruckaufnehmer für maximal 20 kPa mit einem Normsignalausgang (0 V bis 10 V) und einer Genauigkeit von 0,01 % zur Verfügung. Das Signal wird über einen 12-Bit-A/D-Wandler mit einem Eingangsbereich von ±10 V digitalisiert. Welcher Volumenstrommessbereich steht dann effektiv zur Verfügung?

5. Differenzdruck-Messung
Beim Einfahren einer Anlage stellt sich die Frage, ob zwei vorhandene, unabhängige Druckaufnehmer-Messstellen (Maximaldruck 1 MPa entsprechend 10 V am Messumformer, Gesamtgenauigkeit 0,2 % vom Vollausschlag) für eine Differenzdruckmessung bei ca. 0,45 MPa eingesetzt werden können. Druckdifferenzen bis zu maximal 500 hPa sollen mit einer Genauigkeit von 5 % ermittelt werden. Es steht eine PC-Einschubkarte mit 8 Bit Auflösung und den Eingangsbereichen 0 V bis 5 V, 0 V bis 10 V und ±10 V zur Verfügung. Reichen die vorhandenen Messmittel aus?

6. Einfacher Volumenstromzähler

Abbildung 6-3 zeigt einen einfachen Volumenstromzähler für Flüssigkeiten.

(a) Wie wird dieser Volumenstromzähler-Typ
genannt?

(b) Erklären Sie, wie der Sensor arbeitet und
wie er elektronisch ausgelesen wird.

(c) Was ist ein entscheidender Nachteil dieses
Volumenstromzähler-Typs? Kennen Sie
einen Volumenstromzähler-Typ, der diesen
Nachteil nicht aufweist?

(d) Wie kann dieser Sensor benutzt werden, um
den Massenstrom bzw. einen Wärmestrom
zu bestimmen?

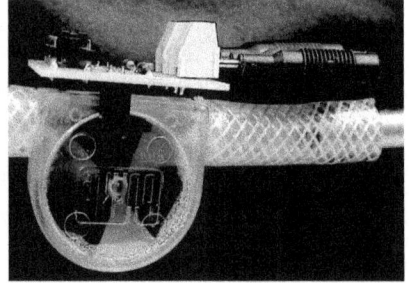

*Abbildung 6-3: Eigenbau eines einfachen
Volumenstromzählers mit Flügelrad und
Gabellichtschranke*

Wie geeignet wäre dieser Volumenstromzähler, um
den Volumenstrom von Gasen zu messen?

7. Temperaturmessung

Erläutern Sie drei prinzipielle Methoden, wie Temperatur gemessen werden kann. Geben Sie
für jeden Fall ein spezifisches Beispiel eines realen Temperatursensors. Welchen Temperaturbereich deckt jeder dieser Sensoren ab? Wählen Sie **einen** der drei genannten Temperatursensoren aus und erläutern Sie

(a) was das Ausgangssignal dieses Temperaturfühlers ist,

(b) wie dieses Ausgangssignal umgeformt werden muss, um ein
Standardspannungssignal (0 V bis 10 V) zu ergeben,

(c) wie dann die Temperatur ausgerechnet wird, falls Ihnen der
Standardspannungssignalwert vorliegt.

8. Thermoelement vom Typ T

Zur Messung der Temperatur einer Kältemischung werden die beiden Anschlüsse eines
Thermoelements vom Typ T direkt an die kupfernen Eingangsklemmen eines empfindlichen
Spannungsverstärkers mit einer Verstärkung von 100 angeschlossen. Im Raum herrscht eine
Temperatur von 18 °C.

(a) Welche Temperatur hat die Kältemischung, wenn am Ausgang des Verstärkers eine
Spannung von -315,3 mV gemessen wird? Benutzen Sie eine geeignete Tabelle aus
DIN EN 60584 oder der NIST-Monographie 175 ([*NIST10*]) und fertigen Sie eine
Skizze an, die alle thermoelektrischen Kontakte des Aufbaus zeigt.

(b) Wie würde man den Messaufbau ändern, um von den Raumtemperaturverhältnissen
unabhängig zu werden und sich gleichzeitig besser an die Messbedingungen, denen
die Tabelle zugrunde liegt, anzupassen?

(c) Wie wird der Einfluss der Raumtemperatur bei einer Langzeitmessung praktisch
unterbunden? Dabei steht kein Personal für regelmäßige Eingriffe zur Verfügung.

(d) Welchen Eingangsspannungsbereich sollte ein A/D-Wandler, der die Ausgangsspannung des oben erwähnten Spannungsverstärkers digitalisiert, haben, wenn Temperaturen von -200 °C bis 350 °C gemessen werden müssen?

9. Thermoelement vom Typ T

Ein Thermoelement vom Typ T (Kupfer/Kupfer-Nickel), das in eine heiße Flüssigkeit eingetaucht ist, wird direkt mit dem Eingang eines Digitalvoltmeters (DVM) verbunden. Die Eingangsbuchsen am DVM sind aus Kupfer und die beiden Buchsen befinden sich bei Raumtemperatur (23 °C). Das DVM zeigt 14,184 mV an. Fertigen Sie eine Skizze des Messaufbaus an, die alle Thermoelementkontakte und ihre Temperatur deutlich zeigt.

(a) Welche Temperatur hat die Flüssigkeit? Benutzen Sie eine geeignete Tabelle aus der DIN EN 60584 oder der NIST-Monographie 175 ([*NIST10*]), die die thermoelektrische Spannung eines Typ-T-Thermoelements bei verschiedenen Temperaturen bezogen auf ein Typ-T-Thermoelement bei 0 °C angibt.

(b) Erweitern Sie ihre Skizze so, dass die Verwendung dieser Referenztabelle für dieses Messproblem gerechtfertigt werden kann.

10. Thermoelement vom Typ K

Ein NiCr/Ni(Chromel/Alumel)-Thermoelement (Typ K) wird für eine Temperaturmessung benutzt.

(a) Erklären Sie kurz, was ein Thermoelement macht.

(b) Skizzieren Sie eine Messkonfiguration, in der auch ein Referenz-Thermoelement desselben Typs bei 0 °C verwendet wird.

(c) Markieren Sie die Polarität der Thermoelemente in der Skizze unter Berücksichtigung der Tatsache, dass ein NiCr-Pt-Kontakt bei 100 °C eine Spannung von 2,81 V am NiCr-Anschluss und ein Ni-Pt-Kontakt bei 100 °C eine Spannung von -1,29 mV am Ni-Anschluss zeigen.

(d) Schließen Sie die Verbindung zu den Kupferdrähten eines Voltmeters in Ihrer Skizze ein und tragen Sie die Polaritäten ein. Kupfer zeigt gegenüber Pt (Platin) eine Spannung von 0,76 mV am Kupferanschluss.

(e) Welche Annahme muss gemacht werden, damit die Verbindungen zu den Kupferdrähten die Temperaturmessung nicht beeinflussen?

11. Thermoelement vom Typ K

Um die Temperatur von Trockeneis (festes Kohlendioxid) zu bestimmen, werden zwei NiCr-NiAl-Thermoelemente (Typ K) verwendet, wobei die NiCr-Leitungen der beiden Thermoelemente verbunden sind. Das eine der beiden Thermoelemente befindet sich im Trockeneis, das andere in einem Gemisch von destilliertem Eis und destilliertem Wasser. Die beiden NiAl-Drähte sind mit den kupfernen Eingangsbuchsen eines empfindlichen Digitalmultimeters verbunden. Tabelle 6-1 zeigt die „Spannungsreihe" der auftretenden Metalle, d. h. die gegenüber Platin bei 100 °C gemessenen Thermospannungen. (Deshalb ist Platin mit

Tabelle 6-1: Spannungsreihe

Material	Thermospannung gegenüber Pt bei 100 °C
NiCr	2,81 mV
Cu	0,76 mV
Pt	0,00 mV
NiAl	-1,29 mV

0,00 mV angegeben.) Zudem ist eine geeignete Tabelle der DIN EN 60584 oder der NIST-Monographie 175 ([*NIST10*]) für NiCr-NiAl-Thermoelemente über das Internet zu besorgen.

(a) Fertigen Sie eine Skizze des Messaufbaus an, aus der alle thermoelektrischen Kontakte zu ersehen sind – auch die „unerwünschten".

(b) Tragen Sie an jedem auftretenden Thermoelement-Kontakt die Polung ein.

(c) Am Digitalmultimeter wird eine Spannung von -2,887 mV abgelesen. Welche Temperatur herrscht im Trockeneis?

(d) Nun wird das eine Thermoelement aus dem Trockeneis genommen und solange an der Luft liegen gelassen, bis sich der Spannungswert nicht mehr ändert. Welche Raumtemperatur herrscht, wenn 0,808 mV abgelesen werden?

12. Thermoelement vom Typ J

Um Temperaturen zu messen, wird ein Eisen/Konstantan-Thermoelement (Fe/CuNi, Typ J) benutzt. Eine entsprechende Referenztabelle (NIST-Monographie 175, [*NIST10*]) ist im Internet oder als DIN EN 60584 verfügbar. Um thermoelektrische Spannungen gegenüber anderen Materialien abzuschätzen, kann die nebenstehende Tabelle dienen. Sie gibt die thermoelektrischen Spannungen im Kontakt zu Platin (Pt) bei 100 °C an.

Tabelle 6-2: Thermospannungen gegenüber Platin

Material	U/mV (bei 100 °C)
CuNi	-3,51
Pt	0,00
Cu	0,76
Fe	1,89

(a) Fertigen Sie eine Skizze für eine Messkonfiguration an, die ein zweites Typ-J-Thermoelement als Referenz bei 0 °C benutzt. Die Kontakte zu einem Instrument zur Messung der resultierenden Thermospannung sollen auch eingetragen werden.

(b) Tragen Sie die Polarität jedes Thermokontakts mit Hilfe von Tabelle 6-2 ein.

(c) Bestimmen Sie die Eingangsspannung am Messgerät für eine Temperatur von 550 °C.

(d) Welche Spannung ergibt sich, wenn sich das Referenzelement versehentlich bei Raumtemperatur (20 °C) befindet?

(e) Schätzen Sie ab, wie sehr sich die Eingangsspannung im Messgerät verschiebt, wenn zwischen den beiden Eingangsbuchsen eine Temperaturdifferenz von 5 K besteht.

13. Pt100-Widerstandsthermometer

Versuchen Sie, für einen Pt100-Widerstand zur Messung von Temperaturen im Bereich von -30 °C bis 100 °C eine optimale Messkonfiguration mit einer Konstantstromquelle und einem A/D-Wandler zu entwerfen. Gehen Sie von gängigen Werten für die programmierbare Eingangsverstärkung, für den Eingangsspannungsbereich und für die A/D-Wandler-Auflösung aus.

(a) Berechnen Sie die Temperaturauflösung für die getroffene Wahl.

(b) Welcher Wert für die Temperaturauflösung ergibt sich, wenn aus Gründen der Selbsterwärmung des Widerstands entschieden wird, den Konstantstrom um einen Faktor 10 zu reduzieren?

Die Temperaturabhängigkeit für den Pt100-Widerstand ist durch die folgende Formel gegeben: $R(\vartheta) = 100\,\Omega \cdot \left(1 + 3{,}85 \cdot 10^{-3}\, \dfrac{1}{\mathrm{K}} \cdot \vartheta\right)$

14. Pt100-Widerstandsthermometer

Platin (Pt) wird wegen seiner chemischen Stabilität gerne als Material für Widerstandsthermometer benutzt. Oberhalb 0 °C hängt der Widerstand von Platin von der Temperatur t (gegeben in Celsius) angenähert entsprechend der Formel $R(t) = R_0 \cdot (1 + A \cdot t + B \cdot t^2)$ mit $A = 3{,}9083 \cdot 10^{-3}\ °\mathrm{C}^{-1}$, $B = -5{,}775 \cdot 10^{-7}\ °\mathrm{C}^{-2}$ und $R_0 = 100\ \Omega$ ab.

  (a) Was ist der Widerstand des Pt-Widerstandsthermometers bei 25 °C?
  (b) Wenn man ein lineares Widerstandsverhalten für den Temperaturbereich zwischen 0 °C und 100 °C annimmt, wie groß ist die Steigung der $R(t)$-Darstellung?
  (c) Wie groß ist dann die Differenz zwischen dem angenommenen linearen Verhalten und dem wahren $R(t)$-Verhalten bei 25 °C?
  (d) Was ist die beste Methode, den Widerstand des Pt100-Widerstandsthermometers elektrisch zu messen?
  (e) Um ein Aufheizen des Widerstandsthermometers durch den durchfließenden Strom zu vermeiden, könnte der Strom z. B. auf 2 mA begrenzt worden sein. Welche Spannung resultiert dann bei der Temperatur von 25 °C?

15. Vierleitermessung mit Pt100-Widerstandsthermometer

Ein Pt100-Messfühler ist in ein Gemisch von destilliertem Wasser und Eis destillierten Wassers vollständig eingetaucht. An seinen vier Anschlussleitungen, von denen zwei jeweils gleichfarbige Ummantelungen aufweisen (rot bzw. weiß), werden die folgenden Widerstandswerte gemessen: $R_{\text{rot-rot}} = 0{,}523\ \Omega$, $R_{\text{weiß-weiß}} = 0{,}519\ \Omega$, $R_{\text{rot-weiß}} = 100{,}555\ \Omega$

  (a) Ermitteln Sie auf der Grundlage dieser Messwerte den Widerstand des Messfühlers möglichst genau.
  (b) Wie gut wird dieser Wert durch eine Vierleitermessung von $R_{\text{Vierleiter}} = 100{,}035\ \Omega$ bestätigt?
  (c) Welcher Zusammenhang besteht zwischen dem Widerstand und der Temperatur des Messfühlers?
  (d) Berechnen Sie damit den Temperaturwert des Messfühlers für den Fall der Vierleitermessung.
  (e) Handelt es sich demnach um einen Messfühler der Toleranzklasse A oder B?
  (f) Welchen Fehlereinfluss könnte der (vom Messgerät) gewählte Messstrom haben?

16. Temperaturmessung an einem Tauspiegel

In einem Feuchtemessgerät muss die Temperatur des Tauspiegels mit einem Pt100-Widerstandsthermometer in einem Bereich von –60 °C bis 90 °C gemessen werden ($R(\vartheta) = 100\ \Omega \cdot (1 + \alpha \cdot (\vartheta - 0\ °\mathrm{C}))$ mit $\alpha = 3{,}85 \cdot 10^{-3}\ 1/\mathrm{K}$ und ϑ der Temperatur in °C). Die Temperaturmessung muss mit einer Genauigkeit von 0,1 °C erfolgen. Zur Speisung des Pt100-Widerstands wird eine 1-mA-Konstantstromquelle verwendet. Das Spannungssignal des Pt100-Widerstands wird in Vierleitertechnik abgegriffen und um einen Faktor 50 verstärkt.

(a) Welche Bitauflösung muss ein A/D-Wandler zur Digitalisierung der verstärkten
     Spannung haben, wenn dessen Eingangsspannungsbereich von 0 V bis 10 V reicht?
(b) Ist der Eingangsbereich von 0 V bis 10 V für die Messung geeignet?

17. Messung von Temperaturdifferenzen

Für eine Baureihe von Kältemaschinen sollen für alle Temperaturmessstellen einheitlich
Pt100-Widerstandsthermometer $(R_{Pt100}(0° C) = 100\ \Omega,\ \frac{\Delta R}{\Delta \vartheta} = 0,385 \frac{\Omega}{K})$ verwendet werden,
die alle über eine Konstantstromquelle von 10 mA gespeist werden sollen. Es wird von Ver-
dampfungstemperaturen um 0 °C und Verflüssigungstemperaturen von 40 °C ausgegangen.
Da das Expansionsventil digital geregelt werden soll, müssen im Bereich von 40 °C bis
55 °C Temperaturdifferenzen auf 0,25 K genau digitalisiert werden.

(a) Falls ein A/D-Wandler mit einem wählbaren Eingangsbereich von 0 V bis 10 V,
     0 V bis 5 V, 0 V bis 2 V und 0 V bis 1 V zur Verfügung steht, welche Auflösung
     muss der Wandler dann mindestens besitzen?
(b) Machen Sie zuerst eine ungefähre Abschätzung und dann eine genaue Analyse über
     das Signal-zu-Rausch-Verhältnis.

18. Messung einer Temperaturspreizung

In einem Kühlgerät muss die Temperaturspreizung zwischen Vor- und Rücklauf an einem
Wärmetauscher auf 0,01 K und die Rücklauftemperatur (bis maximal 30 °C) auf 0,1 °C genau gemessen werden. Eine A/D-Wandlerkarte (12 Bit, Eingangsbereich ±10 V) kann individuell Kanäle um 1, 2, 5, 10, 20, 50 und 100 verstärken. Erreicht man mit zwei separaten
NiCr/Ni-Thermoelementen (40,95 µV/°C) und einer softwaremäßigen Differenzbildung
schon die gewünschte Genauigkeit oder sollte ein Thermoelement-Paar die Differenz besser
direkt messen.

19. Fast-Fourier-Transformation

Geben Sie ein Beispiel für eine Messung, bei der eine Fast-Fourier-Transformation (FFT)
verwendet wird. Welche Informationen liefert die FFT?

20. Berechnung eines Frequenzspektrums

Ein Spannungssignal wurde mit einem A/D-Wandler digitalisiert und ergab N Digitalisie-
rungswerte $x_0, x_1, \dots , x_{N-1}$.

(a) Wie berechnet man daraus auf einem Rechner ein Frequenzspektrum? Geben Sie
     die Berechnungsformel an.
(b) Was versteht man unter einer FFT-Berechnung des Frequenzspektrums und wann
     kann sie verwendet werden?
(c) Was für eine typische Symmetrie findet man im Frequenzspektrum und wie ist der
     Zusammenhang mit dem Aliaseffekt?

21. Mechanische Schwingungen an einem Windrad

Der Generator eines Windrads hat zwei Betriebsarten, bei denen entweder zwei oder drei Wechselspannungsperioden pro Umdrehung erzeugt werden. Mit Hilfe eines Getriebes wird die Drehgeschwindigkeit des Rotors für den Generator um den Faktor 8,27 erhöht. An seinem Ausgang soll der Generator 50 Hz für das Wechselstromnetz liefern.

(a) Wie groß ist je nach Betriebsart die Drehgeschwindigkeit des Rotors?

(b) Weil die Rotorachse nicht ausgewuchtet ist, werden mechanische Schwingungen des Masts verursacht. Falls Sie diese Schwingungen mit einem Beschleunigungssensor und einem Messdatenerfassungssystem vermessen, wie sollte die Abtastrate bei diesen Messungen unabhängig von der Betriebsart mindestens gewählt werden?

(c) Falls höhere Harmonische der Grundschwingungsfrequenzen erregt werden und vermessen werden müssen, wie würde man das Messdatenerfassungssystem entsprechend konfigurieren?

(d) Welche Art von Datenanalysemethode würde helfen, um herauszufinden, ob höhere Harmonische auftreten?

22. Mechanische Schwingungen an einer Maschine

An einer rotierenden Maschine werden mit einem Beschleunigungssensor (Ausgangssignal ± 5 V entsprechend ± 5 g) Schwingungsuntersuchungen durchgeführt. Es steht ein 12-Bit-A/D-Wandler mit einer maximalen Abtastrate von 10 kHz und einem Eingangsbereich von ± 10 V zur Verfügung.

(a) Welche Beschleunigungen können mit dieser Anordnung gerade noch erfasst werden?

(b) Wie können die Frequenzen der Eigenschwingungen der Maschine ermittelt werden?

(c) Welche Vorkehrungen muss man treffen, damit die Messung nicht durch den Aliaseffekt verfälscht wird?

23. Vermessung von Luftkanalgeräuschen

Zur Digitalisierung von Luftkanalgeräuschen steht ein Breitbandverstärker (10 kHz Eckfrequenz) mit einem nachgeschalteten 9-poligen Besselfilter (10 kHz Eckfrequenz, Dämpfung 54 dB/Oktave) als Antialiasfilter zur Verfügung. Die Aliasfrequenzen sollen um mehr als 50 dB unterdrückt werden.

(a) Welche Abtastrate muss somit mindestens gewählt werden?

(b) Falls eine PC-Einschubkarte mit einer maximalen Abtastrate von 100 kHz und mit einem Multiplexer zur Verfügung steht, wie viele Mikrophone können maximal installiert werden?

(c) Welche Fensterfunktion würden Sie wählen, um ein möglichst pegeltreues Frequenzspektrum zu erhalten?

24. Messung von Körperschall

Bei einer Untersuchung zur Übertragung von Körperschall sollen Frequenzen bis 500 Hz gemessen werden. (Der Körperschall kann dazu z. B. mit einem Trittschallhammerwerk in einem angrenzenden Raum erregt werden.) Der verwendete Beschleunigungsmesser wird für Frequenzen oberhalb 1000 Hz maximal zu 1 % durch unerwünschten Raumschall beeinflusst.

(a) Wie hoch muss bei der Verwendung eines Antialias-Filters mit der Eckfrequenz von 500 Hz und einer Steigung von –20 dB/Oktave im Dämpfungsbereich die Abtastfrequenz mindestens gewählt werden, damit die Verfälschungen durch den Raumschall weniger als 1 Promille betragen?

(b) Skizzieren Sie im Frequenzbereich die maximale zu erwartende Störamplitude und die Wirkung des Filters.

(c) Bei welchen Frequenzen wirken sich die Raumschallstörungen mit und ohne Antialias-Filter aus?

25. Gleichgrößenmessungen an einem Solarpanel

Ein Solarpanel liefert maximal 1,2 kW bei 48 V. Zur Überwachung sollen sowohl die Ausgangsspannung als auch der Laststrom aufgezeichnet werden. Die Ausgangsspannung wird durch einen Spannungsteiler gemessen (s. Abbildung 6-4). Die Laststrommessung erfolgt mit einem Widerstand $R_s = 5$ mΩ, über den der Spannungsabfall registriert wird.

Es steht entweder ein zweikanaliger 14-Bit-A/D-Wandler (Eingangsbereich 0 V bis 10 V) oder ein achtkanaliger 12-Bit-A/D-Wandler (Eingangsbereich 0 V bis 10 V) mit einem programmierbaren Vorverstärker (Verstärkungen 1, 10, 50, 100) zur Verfügung.

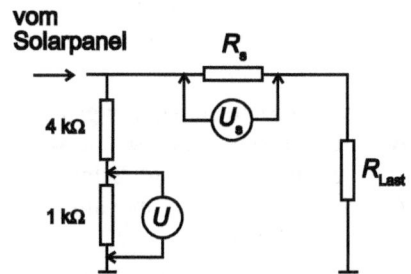

Abbildung 6-4: Vermessung eines Solarpanels

(a) Welchen der beiden würden Sie im Hinblick auf eine möglichst genaue Laststrommessung einsetzen?

(b) Geben Sie für Ihre Wahl die Messgenauigkeit für die Ausgangsspannung und den Laststrom (als U_{LSB}) an.

26. Charakterisierung von Wechselspannungssignalen

Nennen und erklären Sie eine Methode, wie die „Amplitude" einer sinusförmigen Wechselspannung (ohne eine A/D-Wandlung durchzuführen) gemessen werden kann.

(a) Misst Ihre Methode den Effektivwert, den Maximalwert oder den Gleichrichtwert der Sinuswelle?

(b) Geben Sie Definitionen dieser Werte.

(c) Wie sind die Umrechnungsfaktoren zwischen diesen Werten?

(d) Wie ist es zu interpretieren, wenn der lineare Mittelwert über eine Periode des Wechselspannungssignals $\bar{u} = \dfrac{1}{T}\int_0^T u(t)\, dt$ von Null abweicht?

27. Digitalisierung eines Wechselspannungssignals

Das dargestellte Wechselspannungssignal (Abbildung 6-5) mit einer Amplitude von 6,5 V soll auf „0,2 % genau" aufgezeichnet werden.

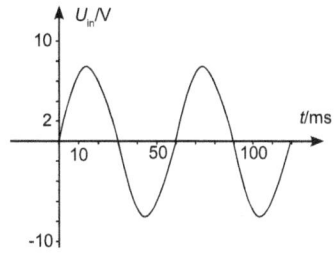

Abbildung 6-5:
Wechselspannungssignal

(a) Drücken Sie die Genauigkeitsanforderung (absolut) als maximale Rauschsignalamplitude in Volt aus.

(b) Welche Genauigkeitsanforderung, formuliert als Signal-zu-Rausch-Verhältnis, ergibt sich dann für einen zur Digitalisierung verwendeten A/D-Wandler, wenn dieser einen Eingangsspannungsbereich von -10 V bis +10 V besitzt? Beachten Sie, dass dabei die Amplituden verglichen werden müssen.

(c) Wie viele Bitstellen müssen dann die aus der A/D-Wandlung resultierenden Digitalzahlen mindestens haben?

(d) Welche Kodierung wird üblicherweise für den hier vorliegenden Fall eines bipolaren Eingangsspannungsbereichs verwendet? Geben Sie die für eine Eingangsspannung von +10 V, 0 V und -10 V resultierenden Digitalwerte an.

(e) Mit welcher Abtastfrequenz muss das Wechselspannungssignal mindestens digitalisiert werden?

(f) Welches Problem tritt auf, wenn die Abtastfrequenz zu niedrig gewählt wird?

28. Abtastung von Wechselspannungssignalen

Bei einem Wasserkraftwerk dreht sich die Generatorwelle mit 120 Umdrehungen pro Minute und der Generator liefert Drehstrom bei 50 Hz.

(a) Wie viele Polpaare besitzt der Generator?

(b) Zeichnen Sie den zeitlichen Spannungsverlauf für die drei (symmetrischen) Phasen quantitativ auf.

(c) Zeichnen Sie in einem zweiten Schaubild den Spannungsverlauf auf, wenn an jeder Phase ein Brückengleichrichter verwendet wird.

(d) Mit welcher Abtastrate muss man dann eine Messung durchführen, mit der man eine mögliche „Restwelligkeit" in der resultierenden Gleichspannung aufspüren möchte?

(e) Mit welcher Maßnahme kann man eine solche „Restwelligkeit" vermindern?

29. Frequenzanalyse für das Wechselspannungssignal einer Windkraftanlage

Ein bestimmter Windradtyp kann sich mit einer Drehgeschwindigkeit von bis zu 600 Umdrehungen pro Minute drehen. Der Generator hat sechs Pole und liefert demnach drei Spannungs- bzw. Stromperioden pro Umdrehung. Aufgrund der Polform ist die generierte Signalform nicht perfekt sinusförmig, sondern enthält Vielfache der Grundfrequenz (höhere Harmonische)

(a) Wenn ein A/D-Wandler mit einer maximalen Abtastfrequenz von 5 kHz zur Verfügung steht, welches ist die höchste höhere Harmonische, die sich noch einwandfrei messen lässt?

   (b) Warum sollten höhere Harmonische mit darüberhinausgehenden Frequenzen
       unterdrückt werden?

   (c) Wie sollten diese höheren Harmonischen unterdrückt werden? Skizzieren Sie mit
       einem Diagramm im Frequenzbereich, wie diese Unterdrückung die höheren
       Harmonischen oberhalb der höchsten einwandfrei gemessenen Harmonischen
       beeinflusst.

30. Brückengleichrichter an einer Windkraftanlage

An einem Windrad werden 24 s für 25 volle Umdrehungen gestoppt. Ein Getriebe erhöht die
Drehzahl der Generatorwelle auf das Achtfache der Rotorachse des Windrads.

   (a) Welche Wechselspannungsfrequenz erzeugt der einphasige Generator, wenn er
       sechs Polpaare besitzt, d. h. sechs Perioden pro Generatorwellenumdrehung
       erzeugt?

   (b) Skizzieren Sie, wie mit einem Brückengleichrichter aus der einphasigen
       Wechselspannung eine Gleichspannung zur Speisung eines Akku-Blocks erzeugt
       werden kann.

   (c) Wie vermindert man eine mögliche „Restwelligkeit" der Gleichspannung?

   (d) Welche Abtastrate muss man zum Messen der Restwelligkeit theoretisch und
       praktisch in dem oben genannten Beispiel mindestens wählen?

   (e) Erläutern Sie, was passiert, wenn die Abtastrate zu gering gewählt wird.

   (f) Könnte die Wechselspannung direkt in das elektrische Versorgungsnetz eingespeist
       werden?

31. Diskrete Fouriertransformation

Wie muss man ein zeit- und amplitudenkontinuierliches Messsignal „behandeln", damit man
eine diskrete Fouriertransformation (DFT) an ihm durchführen kann?

32. Signalumwandlung

Skizzieren Sie, in welcher Form eine Prozessgröße, wie beispielsweise eine Temperatur, die
mit einem Pt100-Widerstandsthermometer gemessen wird, anschließend durch die Messgrö-
ßenumformung und die digitale Erfassung mit einem A/D-Wandler „verändert" wird. Skizzieren Sie insbesondere, wie der zeitliche Verlauf der Messgröße ganz am Ende der Kette
nach der A/D-Wandlung repräsentiert wird.

33. Charakteristische Kenngrößen von Messumformern

Nennen Sie die charakteristischen Größen, die das statische und das dynamische Verhalten
von Messwertgebern und Messumformern beschreiben und somit zur Angabe ihrer Qualität
herangezogen werden. Erläutern Sie **eine** statische und **eine** dynamische Kenngröße Ihrer
Wahl genauer.

34. Anschließen eines Messumformers

Ein Messumformer liefert ein Ausgangssignal von 0 V bis 10 V, das über eine Leitung mit
einem Leitungswiderstand von jeweils 3 Ω für die Signal- bzw. die Masseader an einer 12-

Bit-Datenerfassungskarte angeschlossen wird. Der Messumformer wird über eine eigene Spannungsversorgung betrieben. Da weitere Verbraucher an dem Versorgungsnetz hängen, fließt ein Strom von 5 mA über die Masseader des Signalkabels.

(a) Welche Spannung misst der Eingangsverstärker (Eingangswiderstand 100 MΩ) beim Anschluss mit gemeinsamem Massepunkt für alle weiteren Eingänge („Single ended"), wenn der Messverstärker 10 V liefert?

(b) Um wie viel ist das (digitale) Gesamtergebnis bei Vollaussteuerung dann verfälscht?

35. Messumformermodule
An welcher Stelle können 5B-Module in der Messwerterfassung eingesetzt werden und wie werden sie montiert und verschaltet?

(a) Geben Sie ein Beispiel für die Funktion eines 5B-Moduls.

(b) Welche wichtige Eigenschaft besitzen **alle** 5B-Module gemeinsam?

36. Vermessung eines Messumformers (für Thermoelement vom Typ T)
Für einen Temperaturmesskanal mit einem linearisierenden Messverstärker für NiCr/Ni-Thermoelemente soll die Linearisierung überprüft werden. Tabelle 6-3 zeigt die Thermoelementspannung für NiCr/Ni nach DIN EN 60584.

Tabelle 6-3: Thermospannungen von NiCr/Ni

Der Messverstärker verstärkt das Thermoelementsignal so, dass ein Temperaturbereich von 0 °C bis 1000 °C einem Ausgangsspannungsbereich von 0 V bis 5 V entspricht. Nach dem Messverstärker wird das Spannungssignal mit einem 16-Bit-A/D-Wandler mit einem Eingangsspannungsbereich von 0 V bis 10 V digitalisiert.

Zur Überprüfung wird ein Referenzkanal mit einem weiteren NiCr/Ni-Thermoelement, das bei genau der gleichen Temperatur gehalten werden kann wie das des Messkanals, und einem 16-Bit-A/D-Wandler (0 V bis 10 V Eingangsspannungsbereich, programmierbare Verstärkung von 1, 2, 10 und 100) verwendet.

t /°C	U /mV
0	0,000
100	4,095
200	8,137
300	12,207
400	16,395
500	20,640
600	24,902
700	29,128
800	33,277
900	37,325
1000	41,269

(a) Vergleichen Sie die Temperaturauflösung des Messkanals mit der des Referenzkanals.

(b) Wie viele U_{LSB} ist bei 300 °C für den Referenzkanal der tatsächliche Messwert von dem theoretischen Wert bei angenommener idealer Linearität entfernt?

(c) Welche Probleme könnten die Messung beeinträchtigen?

37. Messumformer für ein Thermoelement vom Typ T
Ein Thermoelement vom Typ T wird benutzt, um Temperaturen im Bereich zwischen 300 °C und 350 °C zu messen. Einige der Spezifikationen einer Messumformereinheit für Typ-T-Thermoelemente (5B37-T-03) sind in Tabelle 6-4 angegeben.

(a) Wie groß ist die Verstärkung dieses Messumformers?

(b) Vergleichen Sie die einzelnen Beiträge zur Messgenauigkeit, um ihren jeweiligen Einfluss beurteilen zu können.

(c) Wenn der Messumformer bei einer Temperatur von 10 °C betrieben wird, welcher der temperaturabhängigen Fehlereinflüsse (Eingangsoffset, Ausgangsoffset, Verstärkung, „cold junction"-Korrektur) dominiert die Messung mit dem Thermoelement?

(d) Wie vergleicht sich der dominierende temperaturabhängige Fehler mit der gesamten Genauigkeit des Messumformers?

Tabelle 6-4: Eigenschaften eines 5B37-T-03-Messumformers

Spezifikationsgröße	Spezifikation (typischer Wert bei 25 °C)	Bemerkungen
Temperaturspanne	-100 °C bis 400 °C	
entspr. Eingangsspannung	-3,378 mV bis 20,869 mV	
Ausgangsspannungsbereich	0 V bis 5 V	
Genauigkeit	±0,05 % der Spanne ±10 µV RTI ±0,05 % V_z ±0,25 °C (CJC-Sensor, falls vorhanden)	Schließt kombinierten Enfluss der Wiederholbarkeit, der Hysterese und Nichtlinearität ein. RTI: bezogen auf die Eingangsspannung V_z: nominelle Eingangsspannung für 0 V am Ausgang
„Cold Junction"-Kompensation	±0,0125 °C/K	von +5 °C bis 45 °C
Stabilität gegenüber Umgebungstemperatur Eingangsoffset Ausgangsoffset Verstärkung	1 µV/K ±20 µV/K ±25·10^{-6} des Anzeigewerts/K	

38. Funktion eines Halteglieds
Abbildung 6-6 zeigt den Signalverlauf am
Eingang eines Halteglieds. Darunter ist das
Steuersignal am Halteglied gezeigt.

   (a) Skizzieren Sie den Verlauf am
       Ausgang des Halteglieds.
   (b) Markieren Sie die Aperturzeit und
       die Einstellzeit.
   (c) Wie sieht das Ausgangssignal aus,
       falls eine nennenswerte Haltedrift
       vorliegt?
   (d) Erläutern Sie den Begriff „Apertur-
       Jitter".

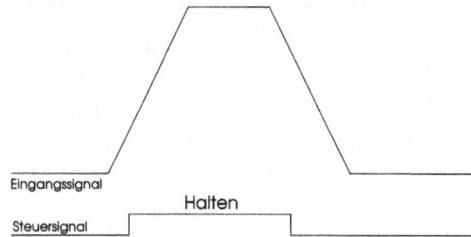

Abbildung 6-6:
Eingangs- und Steuersignal an einem Halteglied

39. Halteglied
Sie bekommen sehr preisgünstig einen 18-Bit-A/D-Wandler angeboten, dessen Wandlungszeit mit 1 ms und dessen Eingangsbereich mit ± 10 V angegeben wird. Mit diesem A/D-
Wandler soll der Netzbrumm auf einer Leitung von einem Messwertgeber untersucht werden.

   (a) Wie groß darf die Spannungsamplitude des Netzbrumms höchstens sein, wenn kein
       Halteglied eingesetzt wird?
   (b) Welche Spannungsamplitude kann beim Einsatz eines Halteglieds mit einem
       Aperturjitter von 5 ns sinnvoll digitalisiert werden?

40. Eingangsbereichsaussteuerung
Ein A/D-Wandler besitzt einen Eingangsspannungsbereich von ± 10 V und eine Genauigkeit
von 16 Bit. Seine Konversionszeit beträgt 25 ms.

   (a) Welche Signalfrequenz darf dem Wandler bei 40 % Aussteuerung durch ein
       Sinussignal maximal angeboten werden, damit seine volle Genauigkeit genutzt
       werden kann?
   (b) Mit welchen Maßnahmen kann man die maximal zulässige Signalfrequenz
       gegebenenfalls erhöhen?

41. Simultanes Abtasten
Eine Datenerfassungskarte besitzt vier Eingangskanäle mit „simultanem Sampling". Die
Karte besitzt allerdings nur einen A/D-Wandler.

   (a) Wie müssen die Bausteine zum Umschalten und zum Halten der Signale angeordnet
       werden?
   (b) Welche Eigenschaften dieser analogen Eingänge sollten im Datenblatt mindestens
       spezifiziert sein?

42. Aliaseffekt
Erläutern Sie im Zeitbereich und im Frequenzbereich, wie der Aliaseffekt zustande kommt.

(a) Mit welcher Maßnahme verhindert man den Aliaseffekt?

(b) Erklären Sie im Zeit- und im Frequenzbereich, wie sich die getroffene Maßnahme jeweils auswirkt.

(c) Zeigen Sie auf, wie man im Fall einer akustischen Messung konkret die Abtastrate wählt.

43. Aufzeichnung eines Maschinengeräuschs

Das Geräusch einer Maschine wird auf 2000 Hz geschätzt.

(a) Welche Abtastfrequenz sollte man für eine digitale Aufzeichnung des akustischen Signals mindestens wählen?

(b) Was passiert, wenn die Signalfrequenz das 0,75-fache der Abtastfrequenz beträgt? (Skizzieren Sie dazu das Signal über mehrere Perioden, tragen Sie die Abtastzeitpunkte ein und verbinden Sie die digitalisierten Werte.)

(c) Welche Gegenmaßnahmen muss man für diesen Fall treffen?

44. Wahl der Bitauflösung

Ihnen steht eine Signalquelle mit einem Signal-Rausch-Abstand von 1000:1 zur Verfügung.

(a) Mit wie vielen Bits müssen Sie dieses Signal mindestens digitalisieren?

(b) Welche Digitalisierungsfehler können Sie durch ein Kalibrationsprogramm später noch korrigieren?

45. Vermessung von Netzbrumm

Der zeitliche Verlauf eines annähernd sinusförmigen Netzbrumm-Signals (50 Hz) wird innerhalb einer Sekunde 1024mal abgetastet. Die 1024 Werte des zeitlichen Signalverlaufs werden einer schnellen Fouriertransformation (FFT) unterworfen.

(a) Skizzieren Sie das resultierende Fouriertransformationsspektrum für die Amplitude.

(b) Versehen Sie das Spektrum mit einer Frequenzskala.

(c) Erläutern Sie anhand des Spektrums, wie der Aliaseffekt zustande kommt.

(d) Für welche Signalfrequenzen würde bei dieser Messung der Aliaseffekt auftreten?

46. Digitalisierung von Netzbrumm

Ein sinusförmiges Signal von 50 Hz soll digitalisiert werden.

(a) Mit welcher Abtastfrequenz sollte man das Signal sinnvollerweise digitalisieren?

(b) Zeigen Sie in einer zeitlichen Darstellung auf, was bei einer falsch gewählten – und im Vergleich dazu bei der richtig eingestellten – Abtastfrequenz passiert.

(c) Welche Maßnahmen sind zu ergreifen, wenn dem sinusförmigen Signal Störfrequenzen überlagert sind, die weit über der maximalen Wandlungsfrequenz des A/D-Wandlers liegen?

47. Aufzeichnung eines Druckverlaufs

Für den Gasmotor eines Blockheizkraftwerks soll der Druckverlauf im Zylinder für eine volle Umdrehung des Motors vermessen werden. Dabei sollen für die vollständige Umdrehung 120 Messwerte aufgezeichnet werden. Der Motor dreht sich mit einer konstanten Drehzahl von $n = 3000$ min^{-1}.

(a) Welche Bitauflösung muss für den A/D-Wandler mit einem Eingangsbereich von 0 V bis 10 V mindestens gewählt werden, wenn eine Druckauflösung von 0,5 % des Messbereichs des Druckaufnehmers gefordert wird und dieser für seinen Messbereich Spannungen von 0 V bis 1 V liefert.

(b) Wenn man die Abtastfrequenz entsprechend den genannten Anforderungen einstellt, welche Frequenz dürfen dann Druckschwankungen maximal aufweisen?

(c) Unter der Voraussetzung, dass sich der Druckverlauf bei jeder Umdrehung streng periodisch fortsetzt, lässt sich die Messung – trotz des Aliaseffekts – mit einer Abtastrate von z. B. nur 49,6 Hz durchführen. Skizzieren Sie im Zeitbild, warum dies möglich ist und berechnen Sie, wie viele Messwerte bei der Abtastrate von 49,5 Hz „pro Motorumdrehung" zur Verfügung stehen.

48. Anti-Aliasfilter

Abbildung 6-7 zeigt das Übertragungsverhalten eines 4-Hz-Tiefpassfilters, das als
Anti-Aliasfilter eingesetzt werden kann.

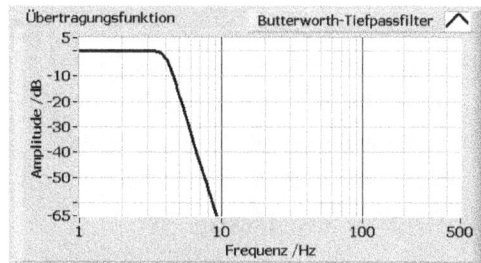

(a) Erläutern Sie allgemein den Aliaseffekt und seinen Zusammenhang mit dem Abtasttheorem.

(b) Wie muss man für das gezeigte Filter die Abtastfrequenz wählen, wenn bei einer Messung Fehlereinflüsse – insbesondere auch durch den Aliaseffekt – von 1 % zugelassen sind?

Abbildung 6-7: Anti-Aliasfilter (Tiefpass)

(c) Mit welchem Faktor musste demnach die Eckfrequenz des Filters multipliziert werden, damit man die gewählte Abtastfrequenz erhält?

(d) Bei einem einfachen RC-Tiefpassfilter (mit derselben Eckfrequenz) erreicht man im „Sperrbereich" des Filters eine Abnahme der Amplitude von -20 dB pro Dekade (Zehnerpotenz). Zeichnen Sie dieses Verhalten in die Abbildung 6-7 ein.

(e) Welche minimale Abtastfrequenz ergibt sich dann für die in (b) gestellten Anforderungen?

49. Aliaseffekt

Geben Sie ein Beispiel für einen (fehlerhaften) Messaufbau, bei dem der Aliaseffekt auftritt. Erläutern Sie, wie der Aliaseffekt in Ihrem Beispiel zustande kommt.

50. Fensterung

Was versteht man unter einem „Fenster" in der Messwerterfassung und -verarbeitung?

(a) Was ist der Unterschied zwischen einem Rechteckfenster und einem Kaiserfenster mit $\beta = 10$.

(b) Wie wirken sich diese Fenster bei einer Frequenzanalyse aus?

51. Abtastung von Inkrementalgebersignalen

Um die zwei phasenverschobenen Rechtecksignale eines In-krementalgebers zu überprüfen, steht ein Datenerfassungs-system mit einer Auflösung von 12 Bit, einem Eingangs-spannungsbereich von 0 V bis 10 V und einer maximalen Abtastrate von 100 kHz zur Verfügung. Die Signale sind in der nebenstehenden Abbildung gezeigt. Der Inkrementalge-ber liefert 1200 Pulse pro Umdrehung.

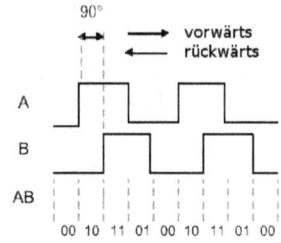

Abbildung 6-8:
Signale eines Inkrementalgebers

(a) Was ist im Prinzip die maximale Drehgeschwindigkeit, die gemessen werden kann?

(b) Die Fourierreihe eines Rechtecksignals ist gegeben gemäß

$$f(t) = \frac{1}{2} + \frac{2}{\pi} \cdot \left(\sin \omega t + \frac{\sin 3\omega t}{3} + \frac{\sin 5\omega t}{5} + \frac{\sin 7\omega t}{7} + \ldots \right)$$

Was ist demnach ein Problem bezüglich der oben erwähnten Bestimmung der maximalen Drehgeschwindigkeit?

(c) Wie würden Sie das Problem lösen?

(d) Was ist wichtig, wenn beide Signale (A und B) zu messen sind?

(e) Wie werden die Ausgangsignale eines Inkrementalgebers normalerweise registriert?

52. A/D-Wandlerauflösung

Für eine Vielzahl von Messumformern, die an ihrem Ausgang alle 0 V bis 5 V liefern und deren Messgenauigkeit bezogen auf den Vollausschlag bestenfalls 0,025 % beträgt, wird ein geeigneter A/D-Wandler zur Digitalisierung gesucht. Kann in diesem Fall ein 12-Bit-Wandler mit einem Eingangsbereich von 0 V bis 10 V eingesetzt werden? Begründen Sie das Ergebnis.

53. Digitalisierung eines Druckverlaufs

Der Druckverlauf in einem Kolben eines Verbrennungsmotors, der maximal bei 6000 Um-drehungen pro Minute läuft, soll auf 1 % genau registriert werden.

(a) Welche Bitauflösung muss ein zur Digitalisierung eingesetzter A/D-Wandler mindestens besitzen?

(b) Welche Digitalisierungsrate ist mindestens zu wählen?

54. Digitalisierung eines Solarimetersignals

Ein Solarimeter besitzt einen Messbereich bis 1000 W/m² und eine Systemgenauigkeit von 0,1 W/m² (Solarimeter mit angeschlossenem Messumformer).

(a) Wie viele Bits sind erforderlich, falls die Digitalisierung für eine Genauigkeit von 1 W/m² bzw. für 0,1 W/m² erfolgen soll?

(b) Das Datenblatt des Solarimeters nennt eine Kalibrationskonstante von 4,13 mV/(W/m²). Können die oben ermittelten Bitauflösungen unter der Voraussetzung, dass der A/D-Wandler einen Eingangsbereich von 0 V bis 10 V bzw. von 0 V bis 5 V besitzt, beibehalten werden?

55. Abtastung bei einem Digitalmultimeter

Wie groß ist die maximale Abtastrate des Agilent 34401A Digitalmultimeters für Gleichspannungsmessungen (siehe [*Agilent10*] für die Spezifikationen)?

(a) Was ist demnach die theoretische Grenze für die Frequenz von „Gleichspannungs"-Eingangssignalen?

(b) Erklären Sie was passiert, wenn diese Grenze überschritten wird.

(c) Wie hoch ist diese Grenze in einer praktischen Messsituation und was beeinflusst diese praktische Grenze?

56. A/D-Wandlung

Was ist die Aufgabe eines A/D-Wandlers?

(a) Zeichnen Sie eine repräsentative Übertragungsfunktion (Ausgang vs. Eingang) eines A/D-Wandlers.

(b) Welche Art von Rauschen führt ein A/D-Wandler in ein Messsystem ein?

(c) Welche Arten von Messfehlern verursacht ein A/D-Wandler außer dem Rauschen?

(d) Geben Sie ein Beispiel für eine praktische A/D-Wandler-Schaltung und beschreiben Sie, wie diese arbeitet.

57. A/D-Wandlung mit dem Zweirampenverfahren

Erläutern Sie die Funktionsweise eines Zweirampen-A/D-Wandlers anhand einer Skizze für den Spannungsverlauf am Ausgang des Integrators, solange eine konstante Eingangsspannung herrscht.

(a) Wie sieht der Spannungsverlauf für eine niedrigere (konstante) Eingangsspannung aus?

(b) Was ist ein wesentlicher Vorteil dieses A/D-Wandlers, insbesondere bei äußeren Störeinflüssen?

(c) Welche Integrationszeit sollte man zur Unterdrückung von Netzspannungsstörungen in Europa bzw. in Nordamerika wählen?

(d) Kann man einen Zweirampen-A/D-Wandler so betreiben, dass er ohne Änderung auf beiden Kontinenten benutzt werden kann?

58. Zweirampenverfahren bei Digitalmultimetern

Die meisten tragbaren Digitalmultimeter (DMMs) benutzen ein Zweirampen-A/D-Wandlungsverfahren.

(a) Erklären Sie, wie dieses Verfahren arbeitet, indem Sie die Ausgangsspannung der Integratorstufe gegen die Zeit für zwei verschiedene Eingangsspannungswerte darstellen.

(b) Warum und unter welcher Bedingung ist das Zweirampen-A/D-Wandlungsverfahren besonders für Situationen geeignet, in denen Störungen durch das Netz (Netzbrumm) ein Problem sind?

(c) Wie stellen die Hersteller sicher, dass sie denselben DMM-Typ auf dem europäischen (50-Hz-Netz) und auf dem amerikanischen (60-Hz-Netz) Markt verkaufen können?

59. Wahl der Integrationszeit für ein Zweirampen-A/D-Wandler
Erläutern Sie welchen Vorteil die Wahl eines Zweirampen-A/D-Wandlers bietet, wenn in einer Umgebung gemessen werden muss, in der Netzbrumm-Probleme schwierig zu beheben sind. Wie sollte in einem solchen Fall die Wandlungszeit gewählt werden?

60. Integrator bei der Zweirampen-A/D-Wandlung
Für einen Zweirampen-A/D-Wandler ist das Lade- und Entladeverhalten durch den Eingangswiderstand $R = 50\,\Omega$, die Rückkoppelkapazität $C = 22\,\mu F$ und die Aufladezeit von $t_1 = 1{,}65$ ms festgelegt. Die Eingangsspannung beträgt einmal $U_e = 3$ V und bei einer zweiten Messung $U_e = 6{,}5$ V. Es wird eine Referenzspannung von $U_{ref} = -10$ V verwendet.

(a) Skizzieren Sie den Spannungsverlauf $U_a(t)$ am Ausgang des Integrationsglieds.
(b) Erläutern Sie, wie der resultierende Digitalwert der A/D-Wandlung bestimmt wird.
(c) Was ist ein entscheidender Vorteil eines Zweirampen-A/D-Wandlers bei der Messung gestörter Signale?

61. Integratorverhalten bei einem Zweirampen-A/D-Wandler
Bei einem Zweirampen-A/D-Wandler werden am Integrator eine Kapazität von 0,1 μF und ein Widerstand von 47,6 kΩ verwendet. Die Integrationszeit ist auf 12,5 ms eingestellt. Berechnen Sie, welche Spannung der Ausgang des Integrators für ein konstantes Eingangssignal von 1,38 V erreicht. Um wie viel wird die Ausgangsspannung des Integrators im schlechtesten Fall verschoben, falls sich ein Netzbrumm mit einer Amplitude von 2,5 mV dem Eingangssignal überlagert? (Hinweis: $\int \sin(a \cdot x)\,dx = -\dfrac{\cos(a \cdot x)}{a}$)

62. Vergleich von Zweirampen- und Multiple-Slope-Rundown-Verfahren
Erläutern Sie den Unterschied zwischen einem Zweirampen-A/D-Wandler und einem A/D-Wandler, der nach dem „Multiple Slope Rundown"-Verfahren arbeitet:

(a) Skizzieren Sie zur Erklärung des Funktionsprinzips jeweils den zeitlichen Spannungsverlauf am Ausgang des Integrators.
(b) Welche positive Eigenschaft bezüglich des Einflusses von Störsignalen ist beiden gemeinsam?
(c) Welche Genauigkeit kann man jeweils bestenfalls erreichen?
(d) Drücken Sie die Genauigkeit durch das Signal-Rausch-Verhältnis aus. Machen Sie die Angabe sowohl in Dezibel als auch als Verhältnis.

63. Digitalmultimeter mit „Multi-slope"-Verfahren
In den Spezifikationen des Digitalmultimeters Agilent 34401A ([Agilent10]) wird erwähnt, dass eine „multi-slope"-A/D-Wandlungstechnik mit drei „rundown"-Phasen verwendet wird.

(a) Erklären Sie das Prinzip dieser A/D-Wandlungsmethode und vergleichen Sie es mit der Zweirampenmethode.
(b) Unter der Überschrift „Measurement Noise Rejection" sieht man, dass die „Normal Mode Rejection" für die Netzfrequenz (Netzfrequenzunterdrückung) im Fall von

Integrationszeiten unterhalb von 16,7 ms (20 ms) für Netzfrequenzen von 60 Hz (50 Hz) sehr stark abnimmt. Erklären Sie mit einem Diagramm, warum das so ist.

(c) Die Auflösung des Digitalmultimeters wird mit „6½ Stellen" angegeben, womit gemeint ist, dass für sechs gültige Stellen eine Ungenauigkeit von eins in der letzten Stelle besteht und gleichzeitig eine Messbereichsüberschreitung von 20 % gestattet ist. Demnach zeigt in dem bipolaren Messbereich von ±1 V die Anzeige maximal den Wert 1,200 000 V. Drücken Sie die Auflösung als Signal-zu-Rausch-Verhältnis aus und schätzen Sie die Zahl der benötigten Bitstellen für die A/D-Wandlung ab.

64. Nachlaufender Inkrementalwandler

Erläutern Sie die Funktionsweise eines nachlaufenden Inkrementalwandlers. Was sind typische Werte für die Genauigkeit und die Wandlungsgeschwindigkeit?

65. Wägeverfahren

Erläutern Sie das Wägeverfahren (sukzessive Approximation) zur A/D-Wandlung. Geben Sie typische Werte bezüglich der Genauigkeit und der Wandlungsgeschwindigkeit an.

66. A/D-Wandlung nach dem Wägeverfahren

An dem Eingang eines A/D-Wandlers, der nach der Methode der sukzessiven Approximation (Wägeverfahren) arbeitet, liegen 3,523 V an. Der A/D-Wandler besitzt einen Eingangsspannungsbereich von 0 V bis 5 V und digitalisiert mit 8 Bit Auflösung. Erklären Sie, wie dieser Wandler die Eingangsspannung digitalisiert und welches Bitmuster der A/D-Wandler an seinem seriellen Ausgang ausgibt.

67. A/D-Wandlung nach dem Wägeverfahren

Ein Wägeverfahren-A/D-Wandler besitzt einen Eingangsspannungsbereich von ±5 V und eine Wortbreite von 16 Bit.

(a) Erläutern Sie, wie das A/D-Wandlungsverfahren arbeitet.
(b) Welche (wahrscheinlichste) Eingangsspannung lag an, wenn sich am Ende der A/D-Wandlung der (hexadezimal dargestellte) Digitalwert `0x102E` ergab?
(c) Wie werden negative Eingangsspannungswerte in der Regel digital dargestellt?
(d) Welches Signal-zu-Rausch-Verhältnis ergibt sich für diesen A/D-Wandler und welcher „prozentualen Messgenauigkeit" entspricht dieses?

68. A/D-Wandlung mit Wägeverfahren

Für einen A/D-Wandler-Chip wird spezifiziert, dass es sich um einen 12-Bit-„Successive Approximation"-Wandler handelt. Er benötigt für die eigentliche Konversion 8 μs und ist mit einer integrierten Sample/Hold-Schaltung mit einer Einstellzeit von 2 μs ausgestattet. Weiterhin wird ein S/R von 72 dB und ein Eingangsspannungsbereich von ±3 V angegeben.

(a) Bestimmen Sie aus der angegebenen Wortbreite von 12 Bit das Signal-Rausch-Verhältnis selber und vergleichen Sie es mit dem angegebenen Wert.
Welches Rauschen ergibt sich *jeweils* für ein Signal mit einer Amplitude von 3 V?

(b) Berechnen Sie U_{LSB}. Was bedeutet diese Angabe? Was bedeutet dabei die
     Abkürzung „LSB"?
(c) Was ist die Grundfunktion der Sample/Hold-Schaltung? Skizzieren Sie beispielhaft
     einen vollständigen Umwandlungszyklus.
(d) Mit welcher Abtastrate kann dieser A/D-Wandler höchstens arbeiten?
(e) Erläutern Sie kurz das „Successive Approximation"-A/D-Wandlungsverfahren.

69. Wägeverfahren

An einem nach dem Wägeverfahren arbeitenden 4-Bit-A/D-Wandler mit einem Eingangsspannungsbereich von 0 V bis 5 V sinkt (am Ausgang des vorgeschalteten Halteglieds) die
Spannung von 2,53 V auf 2,47 V.

(a) Skizzieren Sie für beide Fälle, wie sich die Vergleichsspannung am
     Komparatoreingang im Verlauf der A/D-Wandlung ändert.
(b) Zeigen Sie, welcher Digitalwert jeweils während der Wandlung entsteht.

70. A/D-Wandler mit Parallelwandlung

Welche A/D-Wandlertypen verwenden ein Parallelwandlungsverfahren? Skizzieren Sie, wie
ein Parallelwandler funktioniert und nennen Sie seinen Hauptvorteil bzw. -nachteil.

71. Parallel-A/D-Wandler

Skizzieren und erläutern Sie einen 8-Bit-A/D-Wandler, der nach dem erweiterten Parallelverfahren arbeitet. Was sind typische Werte für die Genauigkeit und die Wandlungsgeschwindigkeit?

72. Parallelwandler

Erklären Sie, wie eine Eingangsspannung von 2,348 V von einem 4 bit parallelen A/D-
Wandler (Flashwandler), der einen Eingangsspannungsbereich von 0 V bis 10 V hat, in eine
digitale Zahl umgewandelt wird.

(a) Welcher Bereich von Eingangsspannungen resultiert in derselben Digitalzahl?
(b) Wie schnell kann ein gut entworfener Parallelwandler diese A/D-Wandlung
     durchführen?
(c) Was ist dann die maximale Frequenz für das Eingangssignal und wie stellt man
     sicher, dass das Eingangssignal diese Frequenz nicht überschreitet?
(d) Was passiert, wenn diese maximale Frequenz direkt am A/D-Wandlereingang
     dennoch überschritten würde?

73. Erweitertes Parallelverfahren

Ein A/D-Wandler, der nach dem erweiterten Parallelverfahren arbeitet, besitzt zwei Parallelwandlerstufen mit jeweils 3 Bit Auflösung.

(a) Erläutern Sie anhand der Eingangsspannungen an den beiden Parallelwandlerstufen,
     wie eine Eingangsspannung von 4,08 V digitalisiert wird, wenn der
     Eingangsspannungsbereich 0 V bis 5 V beträgt.
(b) Welchen Digitalwert liefert der Wandler in diesem Fall?

74. Erweitertes Parallelverfahren

Erläutern Sie das Funktionsprinzip für einen 12-Bit-A/D-Wandler, der nach dem erweiterten Parallelverfahren arbeitet, in Form einer Skizze. Der A/D-Wandler habe einen Eingangsbereich von 0 V bis 10 V. Am Eingang liege eine Spannung von 2,76 V an.

(a) Welche Spannung liegt am Ausgang der ersten Digitalisierungsstufe vor?
(b) Welche Spannung wird von der zweiten Digitalisierungsstufe gewandelt.
(c) Geben Sie den resultierenden Digitalwert an.

75. Erweitertes Parallelverfahren

Skizzieren Sie einen dreistufigen A/D-Wandler, der nach dem erweiterten Parallelverfahren arbeitet und eine Gesamtauflösung von 15 Bit besitzt.

76. Datenerfassungssystem

Nennen Sie ein Beispiel für ein Datenerfassungssystem für den Laborbereich. Welches sind typische Eigenschaften, Vorteile und Nachteile?

77. Eigenschaften einer Messdatenerfassungskarte

In einem Prospekt für PC-Messdatenerfassung werden für eine Einschubkarte folgende Angaben gemacht:

100 kHz Multifunktionskarte, 16-Bit-Eingangskanäle: 16 SE/8 DI, 0 V bis 10 V, ±10 V, 2 DAC (16 Bit), 8 digitale I/O, 3 Counter/Timer

(a) Erklären Sie, welche Größen diese Angaben spezifizieren.
(b) Geben Sie für die verschiedenen Eingangstypen jeweils ein Beispiel für einen Messfühler, der angeschlossen werden könnte.

78. Eignung eines Messdatenerfassungssystems

Nehmen Sie an, Ihnen steht ein Datenerfassungssystem mit folgenden Spezifikationen zur Verfügung: 16 Bit Auflösung, eine programmierbare Verstärkung von 1, 10, 20, 50, 100, 200, Eingangsspannungsbereiche von ±10 V und von 0 V bis 10 V und eine Abtastfrequenz von 20 kHz.

(a) Was für eine Temperaturauflösung ergibt sich, wenn Sie ein Typ-J-Thermoelement direkt mit seinem Eingang verbinden und die Einstellungen optimal vorgenommen sind? Beziehen Sie sich dazu auf die DIN EN 60584 oder die NIST-Monographie 175 ([*NIST10*]).
(b) Kann man die durch die Nichtlinearität verursachte Abweichung bei 250 °C messen? Für diesen Vergleich soll der Temperaturbereich von 0 °C bis 500 °C als „linear" betrachtet werden. Drücken Sie die Abweichung in Bit aus.
(c) Schlagen Sie ein geeignetes A/D-Wandlungsverfahren vor und erklären Sie kurz, wie es arbeitet.
(d) Was wird normalerweise für ein Digitalisierungssystem für Sensorspannungen außer der eigentlichen A/D-Wandlerschaltung noch benötigt?

79. Auswahl eines Messdatenerfassungssystems

An elf Temperaturmessstellen sollen mit Pt100-Widerstandsthermometern ($R_{480\,°C}$ = 274,22 Ω; $R_{500\,°C}$ = 280,90 Ω; $R_{520\,°C}$ = 287,53 Ω) Temperaturen bei 500 °C auf 0,1 K genau gemessen werden. Als Konstantstrom stehen für die Vierleitermessungen jeweils 10 mA zur Verfügung. Welche der in Tabelle 6-5 aufgeführten Messwerterfassungskarten sind für die Messungen geeignet?

Tabelle 6-5: Leistungsdaten verschiedener Messdatenerfassungskarten

Kartentyp	16E-2	64E-3	16DE-10	16E-10	16-XE-50	16-X	PC+
Analogeingänge							
Kanäle	16SE/8 DI	64SE/32DI	16SE/8DI	16SE/8DI	16SE/8DI	16SE/8DI	8SE/4DI
Abtastung /kHz	500	333	100	100	20	100	83,3
Auflösung /b	12	12	12	12	16	16	12
Eingangsber. /V	±10, ±5 0 bis 10	±10, ±5 0 bis 10	±10, ±5 0 bis 10	±10, ±5 0 bis 10	±10 0 bis 10	±10 0 bis 10	±5 0 bis 10
Verstärkungen	1, 2, 5, 10, 20, 50, 100	1, 2, 5, 10, 20, 50, 100	1, 2, 5, 10, 20, 50, 100	1, 2, 5, 10, 20, 50, 100	1, 2, 10, 100	1, 2, 5, 10, 20, 50, 100	1, 2, 5, 10, 20, 50, 100
Analogausgänge							
Kanäle	2	2	2	2	2	2	2
Auflösung /Bit	12	12	12	12	12	16	12
Digitalsignale							
Digital-E/A	8	8	32	8	8	8	24
Zähler/Timer	2	2	2	2	2	3	3
RTSI	ja	ja	ja	ja	ja	ja	nein

80. Messsystem für eine Wetterstation

Eine Wetterstation ist mit den in Tabelle 6-6 aufgelisteten Messwertgebern ausgestattet. Die Messdatenerfassung soll zu Testzwecken mit einer PC-Einschubkarte realisiert werden, die acht differenzielle Analogeingänge und zwei Analogausgänge, jeweils mit 16 Bit Auflösung, besitzt. (Es stehen jeweils Spannungsbereiche von 0 V bis 10 V zur Verfügung. Für die Analogeingänge kann die Verstärkung individuell auf 1, 2, 5, 10, 20, 50 und 100 eingestellt werden.) Weiterhin ist die PC-Einschubkarte mit drei Zählereingängen und 24 digitalen Kanälen bestückt, die in 8er-Gruppen beliebig als Ein- oder Ausgänge konfiguriert werden können. Für den Betrieb der Wetterstation stehen drei Konstantstromquellen mit jeweils einem Ausgangsstrom von 10 mA zur Verfügung.

(a) Erläutern Sie, wie Sie die einzelnen Messwertaufnehmer an der Einschubkarte anschließen würden.

(b) Welche Verstärkung muss jeweils für die einzelnen Analogeingänge gewählt werden?

(c) Überprüfen Sie für einen Analogeingang Ihrer Wahl, ob bei der gewählten Verstärkung auch die gewünschte Genauigkeit erreicht wird. Hierfür reicht die Berechnung von U_{LSB} aus.

Tabelle 6-6: Messaufnehmer einer Wetterstation

Messaufnehmer	Empfindlichkeit	Genauigkeit
Solarimeter	1,14 mV/(W/m²)	2,3 W/m²
Solarimeter mit Schattenband	1,14 mV/(W/m²)	2,3 W/m²
Pt-100-Widerstandsthermometer	0,385 Ω/K	0,1 K
Haarhygrometer mit Potentiometer	100 Ω bis 1 kΩ entsprechend 10 % bis 100 % relative Feuchte	1 % r. F.
Barometer mit Potentiometer	189 Ω bis 210,4 Ω entsprechend 945 hPa bis 1052 hPa	0,25 hPa
Schalensternanemometer mit Impulsausgang	1 Impuls pro 1,1 m Windweg Windgeschwindigkeit von 1 m/s bis 35 m/s	0,5 m/s
Windfahne mit Absolutwinkelgeber	1200 Sektoren pro 360°	0,5°

81. Energieinsel der Hochschule Offenburg

Für den Betrieb der Energieinsel der Hochschule Offenburg müssen die in der Tabelle 6-7 zusammengestellten Signale erfasst bzw. die genannten Schalter betätigt werden:

Bezüglich der Genauigkeit wird bei allen Messumformer-Ausgangsspannungen eine Genauigkeit von 0,2 % vom Vollausschlag gefordert. Als eine Möglichkeit zur Datenerfassung wird erwogen, eine oder mehrere USB-Messdatenerfassungsmodule, deren Eigenschaften man in Tabelle 6-8 auswählen kann, zu verwenden.

(a)   Treffen Sie eine möglichst kostengünstige Wahl, um den Messbedarf zu decken.

(b)   Mit welcher Rate können die Messwerte bestenfalls erfasst werden?

Tabelle 6-7: Messaufnehmer einer Energieinsel

Stück	Messgröße	Messumformerausgang
6	Gleichstrom (Shunt-Widerstände)	0 mV bis 60 mV
2	Gleichspannung	0 V bis 10 V
3	Wechselstromleistung	0 V bis 10 V
2	Wechselspannung	0 V bis 10 V
8	Pt-100 mit Konstantstrom 10 mA	ca. 1,1 V
1	Solarimeter	0 mV bis 100 mV
1	Impulszähler	5 V Rechteckpulse
12	Schalter	0 V (aus) oder 5 V (an)

Tabelle 6-8: Leistungsdaten verschiedener USB-Messdatenerfassungsmodule

Modultyp USB-	6008	6210	6221	6251	6281
Preis /€	159	579	979	1349	1899
Analogeingänge					
Kanäle	8SE/4DI	8SE/16DI	16SE/8DI	16SE/8DI	16SE/8DI
Abtastung /kHz	10	250	250	1250	625
Auflösung /b	12	16	16	16	18
Eingangsber. /V	±10	±10	±10	±10	±10
Verstärkungen	0.5, 1, 2, 2.5, 5, 8, 10	1, 2, 10, 50	1, 2, 10, 50	1, 2, 5, 10, 20, 50, 100	1, 2, 5, 10, 20, 50, 100
Analogausgänge					
Kanäle	2	-	2	2	2
Auflösung /Bit	12	-	16	16	16
Digitalsignale					
Digital-E/A	12	-	32	24	24
Zähler/Timer	1	2	2	2	2
Zähler max. Freq. /MHz	5	80	80	80	80

82. Auswahl eines Messsystems

Mehrere repräsentative Blockhütten einer Feriensiedlung sollen über zwei Jahre messtechnisch beobachtet werden, um Aussagen über deren Nutzungsprofil zu erhalten. Zu diesem Zweck sollen ein Stromzähler (1000 Impulse/kWh), ein Wärmezähler (25 Impulse pro Liter, Temperaturmessstellen im Vor- und Rücklauf) und je Raum ein Raumtemperaturfühler installiert werden. Weiterhin sollen die Einschaltzeiten der größeren Haushaltsgeräte (Herd, Geschirrspülmaschine, Waschmaschine, Kühl- und Gefrierschrank) erfasst werden.

Schlagen Sie ein geeignetes Messsystem vor und erläutern Sie, wie die einzelnen Messgrößen aufgeschaltet und erfasst werden. Machen Sie zusätzlich Aussagen, wie der Dauerbetrieb erfolgen kann und welche Probleme dabei auftreten können.

83. Signalankopplung bei Messdatenerfassungssystemen

Erläutern Sie, was im Zusammenhang mit PC-Einschubkarten unter einem „single ended (SE)" und einem „differenziellen (DI)" Eingang verstanden wird. Nennen Sie jeweils eine typische Messsituation, in der die jeweilige Eingangsvariante zu bevorzugen wäre. Wie wirkt sich die Anschaltvariante auf die Kosten aus?

84. Kostengünstiges USB-Messdatenerfassungsmodul

Für ein kostengünstiges USB-Messdatenerfassungssystem werden die folgenden Angaben gemacht:

8SE/4 DI analog, 14 Bit, 48 kHz, ±20 V, G = 1, 2, 4, 5, 8, 10, 16, 20
2 AO, 12 Bit, 150 Hz; 12 DI/DO; 32 Bit counter

(a) Erläutern Sie, was die Angaben im Einzelnen bedeuten.
(b) Was ist die kleinste Spannungsdifferenz, die dieses USB-Modul noch erfassen kann?
(c) Wenn das USB-Modul auf diese maximale Empfindlichkeit eingestellt ist; in welchem Spannungsbereich können dann Messungen vorgenommen werden?
(d) Was ist zu klären, um für eine konkrete Messung mit fünf Digitaleingängen und sechs Digitalausgängen zu arbeiten?
(e) Wie groß darf die Frequenz eines sinusförmigen Eingangssignals bei diesem Modul für eine einwandfreie Messung sein?

85. Hochwertiges USB-Messdatenerfassungsmodul
In der Kurzbeschreibung eines hochwertigen USB-Messdatenmoduls finden sich die folgenden Angaben.

6 DI/12 SE Simultaneous, 16 Bits, ±10 V, ±5 V, 225 kHz pro Kanal,
4 AO, 16 Bits, 500 kHz, ±10 V, ±5 mA max.,
32 DIO, 2 Ports; 2 Counter/Timer: 3 Quadratdecoder, 32 Bits pro Kanal

(a) Erläutern Sie, was diese Angaben im Einzelnen bedeuten.
(b) Was ist die kleinste Spannungsdifferenz, die dieses USB-Modul noch erfassen kann?
(c) Was ist das Besondere an diesem USB-Modul, d. h. in welchem Sinne ist es als hochwertig zu bezeichnen?
(d) Was ist zu klären, wenn ein konkreter Messaufbau 13 Digitaleingänge und 3 Digitalausgänge erfordert?

86. PC-Temperaturmesssystem
Zur Untersuchung der Temperaturschichtung in einem Wasserspeicher werden zehn NiCr/Ni-Thermoelemente in verschiedenen Höhen entlang des Speichers installiert. Die Temperaturmessung soll mit einer Auflösung von 0,1 K erfolgen. Eine geeignete Tabelle der Thermospannungen steht als DIN EN 60584 oder auf dem Internet zur Verfügung (NIST-Monographie 175, [NIST10]).

(a) Wählen Sie aus Tabelle 6-8 eine PC-Einschubkarte aus, an die die Thermoelemente direkt angeschlossen werden können.
(b) Was ist außer einer ausreichenden Auflösung bei der Anschaltung von Thermoelementen zusätzlich zu berücksichtigen?
(c) Welche Probleme könnten sich durch den Einsatz einer PC-Einschubkarte ergeben?
(d) Warum kann das Auswerteprogramm nicht einfach durch Multiplikation der gemessenen Eingangsspannungswerte mit einem Kalibrationsfaktor diese in Temperaturen umrechnen?

87. IEEE 488-Bus
Nennen Sie die wichtigsten Merkmale des IEEE 488-Busses.

(a) Erläutern Sie die Funktion der einzelnen Signalgruppen.
(b) Wo wird der IEEE 488-Bus in der Messdatenerfassung vorwiegend eingesetzt?

88. Instrumentierungsbus

Der Ausdruck in Abbildung 6-9 stammt von einem Busmonitor für den IEEE 488-Bus. Markieren Sie, wann auf dem Bus Busbefehle und wann Daten übertragen wurden. Welche Daten wurden übertragen? Zu welcher Aktion wird das angeschlossene Gerät durch die Daten aufgefordert?

```
      Data              Control
A   H  87654321  E A S R I NR ND D
----------------------------------------------------------
    a  00001010  0 1 0 1 0  1 1 0            ATN^      REN^
@  40  01000000  0 1 0 1 0  0 1 1   TA0
?  3f  00111111  0 1 0 1 0  0 1 1   UNL
,  2c  00101100  0 1 0 1 0  0 1 1   LA12
    4  00000100  0 1 0 1 0  0 1 1   SDC
@  40  01000000  0 1 0 1 0  0 1 1   TA0
?  3f  00111111  0 1 0 1 0  0 1 1   UNL
,  2c  00101100  0 1 0 1 0  0 1 1   LA12
    4  00000100  0 0 0 1 0  0 1 0            ATNv
*  2a  00101010  0 0 0 1 0  0 1 1   DAB
i  69  01101001  0 0 0 1 0  0 1 1   DAB
d  64  01100100  0 0 0 1 0  0 1 1   DAB
n  6e  01101110  0 0 0 1 0  0 1 1   DAB
?  3f  00111111  1 0 0 1 0  0 1 1   DAB      EOI^
d  64  01100100  0 1 0 1 0  1 1 0            EOIv      ATN^
?  3f  00111111  0 1 0 1 0  0 1 1   UNL
   20  00100000  0 1 0 1 0  0 1 1   LA0
L  4c  01001100  0 1 0 1 0  0 1 1   TA12
n  6e  01101110  0 0 0 1 0  0 1 0            ATNv
H  48  01001000  0 0 0 1 0  0 1 1   DAB
E  45  01000101  0 0 0 1 0  0 1 1   DAB
W  57  01010111  0 0 0 1 0  0 1 1   DAB
...
```

Abbildung 6-9: Ausgabe eines IEEE 488-Busmonitorprogramms

89. Busnorm

Nennen Sie die wichtigsten Teilaspekte, die in einer Busnorm üblicherweise spezifiziert werden.

90. SCPI

Geben Sie ein Beispiel für ein SCPI-Kommando und erläutern Sie den Aufbau und die Wirkung des Kommandos.

    (a) Warum wurde diese Kommandosprache eingeführt?

    (b) Was versteht man unter „kompiliertem SCPI" und für welche Messsysteme setzt man es ein?

91. Gerätesteuerung über den IEEE 488-Bus

Ein Digitalmultimeter wird über den IEEE 488-Bus mit der folgenden Sequenz von ASCII-Befehlen angesprochen:

```
:SENSe:VOLTage:AC:RANGe MAX
:INITiate
:DISPlay:"Fertig"
```

(a) Um welche „Programmiersprache" handelt es sich?

(b) Skizzieren Sie, welche Modellvorstellung über ein Messgerät dieser Sprache zugrunde liegt.

(c) Erläutern Sie die einzelnen Funktionsblöcke des Modells.

92. Gerätebefehl für Labormessgerät

Der nachfolgende Befehl wird an ein Labormessgerät gesendet:

```
SENSE:CURRENT:AC:RANGE:AUTO OFF;
```

(a) Welchen Standard bzw. welche Standards hält dieses Gerät ein und wie nennt man die verwendete Befehlssprache?

(b) Was für ein Konzept wird mit der Angabe der Doppelpunkte angedeutet?

93. Gerätebefehle für einen Funktionsgenerator

An einen Funktionsgenerator wird vom PC aus die Zeichenkette

```
sour:func:shap SIN; sour:func:volt 3.5; sour:func:offs 0.5
```

übermittelt.

(a) Welche Einstellungen des Funktionsgenerators werden hiermit bewirkt? Geben Sie den maximalen und den minimalen Ausgangsspannungswert an, der resultiert.

(b) Um wie viele „Anweisungen" handelt es sich hierbei und in welcher „Sprache" sind diese formuliert?

(c) Formulieren Sie die Anweisungen in die ausführlichere Form um und zerlegen Sie die gezeigte Zeile in Einzelanweisungen.

(d) Wie ist eine solche Einzelanweisung prinzipiell aufgebaut?

(e) Ergänzen Sie die Anweisungen um eine Anweisung, die die Frequenz des Funktionsgenerators auf 440 Hz einstellt.

94. Gleichspannungsmessung mit Digitalmultimeter

Für Gleichspannungsmessungen an einem Batteriesatz einer Energieinselanlage wird ein Digitalmultimeter Agilent 34401A (Spezifikationen siehe [*Agilent10*]) benutzt.

(a) Angenommen, es wird bei 56,7 V gemessen, wie groß ist die Langzeit-Genauigkeit (1 a), wenn die Temperaturen nur geringfügig um 23 °C schwanken?

(b) Was ist die Gesamtgenauigkeit, wenn das Multimeter mit einer Messrate von fünfzig Messungen pro Sekunde betrieben wird?

95. Spezifikation für ein Digitalmultimeter (DMM)

Im Internet stehen die Spezifikationen eines Digitalmultimeters (Keithley 2000, [*Keithley10*]) zur Verfügung.

(a) Was ist die 90-Tage-Genauigkeit einer Widerstandsmessung von 139 Ω, wenn man annimmt, dass eine Vierleitermessung mit einem optimal eingestellten Eingangsbereich durchgeführt wird?

(b) Wie stellt man sicher, dass diese Messung nicht durch Netzbrumm beeinträchtigt wird? Wie unterstützt der Hersteller dieses Unterfangen?

(c) Wie kann das DMM mit einem Rechner verbunden werden, um z. B. große Datenmengen aufzuzeichnen?

(d) Welches Kommando würden Sie an das DMM schicken, um die oben erwähnte Messung durchzuführen?

96. Rechnersteuerung eines Digitalmultimeters

Sie wollen ein Tisch-Digitalmultimeter an Ihren Computer anschließen.

(a) Welche Art der physikalischen Verbindung zwischen dem Messgerät und dem Rechner würden Sie wählen?

(b) Erklären Sie, wie Sie weitere Laborgeräte in diesen Aufbau integrieren können.

(c) Welche Software würden Sie auf dem Rechner verwenden? Was ist eine essentielle Komponente dieser Software?

(d) Erklären Sie wie die Software mit dem Gerät kommuniziert.

(e) Geben Sie ein ausführliches Beispiel, wie Sie das Gerät dazu bringen können, dass es fünfzig Messungen macht. Wie können Sie diese auf dem Bildschirm anzeigen lassen?

97. Gerätebefehle an ein Digitalmultimeter

Die Befehlsfolge in Abbildung 6-10 wird an ein Digitalmultimeter gesendet.

```
*rst; *cls
conf:fres
sens:fres:rang:auto off
sens:fres:rang 100.0
read?
```

Abbildung 6-10:
Gerätebefehle an ein Digitalmulti-
meter

(a) Was ist der prinzipielle Unterschied zwischen den Befehlen der ersten Zeile und den Befehlen der zweiten bis fünften Zeile?

(b) Erläutern Sie den strukturellen Aufbau der Befehle der dritten und vierten Zeile und geben Sie ein weiteres Beispiel, bei dem eine andere Messgröße (Ihrer Wahl) gemessen wird.

(c) Was muss das Programm auf dem PC als nächstes tun, nachdem der Befehl **read?** gesendet wurde?

(d) Nennen Sie zwei unterschiedliche Programmierungsvarianten, wie die Kommandofolge mit einem Programm an das Gerät gesendet werden kann.

(e) Wie bezeichnet man die Softwareschnittstelle, auf die beide Programmvarianten zugreifen?

(f) Welche Hardwareschnittstellen kennen Sie, mit denen das Digitalmultimeter an einem Rechner angeschlossen werden kann, so dass die Kommandofolge übertragen werden kann? Bedenken Sie, dass das Digitalmultimeter möglicherweise Teil eines umfangreicheren Messsystems ist.

98. Langzeitmessung mit einem Digitalmultimeter
Die Kommandofolge in Abbildung 6-11 dient zur
Steuerung eines Digitalmultimeters.

(a) Wie heißt diese Kommandosprache?

(b) Wie wird die funktionale Struktur des
Messprozesses in der genannten
Kommandosprache repräsentiert?

(c) Wo möglich, bringen Sie jede Zeile der
Kommandofolge mit der entsprechenden
Funktionseinheit in Verbindung.

(d) Welches allgemeine Konzept wird durch
die Struktur des Kommandos
SENSe:VOLTage:DC:RANGe MIN
wiedergegeben?

(e) Mit welchen Hardwaresystemen kann eine Kommandofolge wie die gezeigte zu den
Messgeräten übertragen werden?

```
*cls
*rst
SENSe:VOLTage:DC:RANGe MIN
TRIGger:DELay 120
SAMPLe:COUNt 721
DISPlay:TEXT:DATA 'MEASURING'
DISPlay:TEXT:STATe ON
INITiate
```

Abbildung 6-11: Kommandos zur Steuerung eines Digitalmultimeters

99. Digitalmultimeter für VXI-System
An ein Digitalmultimeter wird die folgende Sequenz von
SCPI-Befehlen gesendet:

(a) Erläutern Sie die Wirkung der genannten SCPI-
Kommandos.

(b) Könnte diese Kommandosequenz auch für einen
Digitalmultimeter-Einschub in einem VXI-
Messsystem verwendet werden?

(c) Welche Arten der Programmierung/Ansteuerung
von VXI-Einschubgeräten unterscheidet man?

```
*RST
*CLS
CONF:RES 10000,0.01
TRIG:COUN 10
READ?
```

Abbildung 6-12: SCPI-Befehle an ein Digitalmultimeter

100. IEEE 488- und VXI-System
Skizzieren Sie ein reines VXI- und ein reines IEEE 488-Messsystem mit jeweils mindestens
drei Geräten möglichst unterschiedlicher Funktionalität.

(a) Was sind Vorteile des VXI-Systems gegenüber dem IEEE 488-System, was ist ein
wesentlicher Nachteil?

(b) Skizzieren Sie weiterhin, wie die beiden Systeme zu einem Messsystem kombiniert
und an einen Messdatenerfassungsrechner angeschlossen werden können.

101. Vergleich von IEEE 488 und VXI
Nennen Sie drei Eigenschaften, in denen ein IEEE 488-System und ein VXI-System sich
sehr stark ähneln.

Führen Sie drei Eigenschaften auf, in denen sich ein IEEE 488-System und ein VXI-System
wesentlich unterscheiden.

102. Nachrichten- und registerorientierte Programmierung
Was ist der Unterschied zwischen nachrichten- und registerorientierter Programmierung einer Einsteckkarte bzw. eines Einschubmoduls? Nennen Sie jeweils ein Beispiel eines Bussystems, das eine der beiden Programmierungsvarianten einsetzt.

103. VXI-Messsystem
Skizzieren Sie den Aufbau eines möglichst kostengünstigen VXI-Messsystems.

(a) Erläutern Sie, wie sich dieses einfache VXI-System stufenweise erweitern lässt.

(b) Welche unterschiedlichen Einschubrahmen und Busverbindungen zu weiteren Messgeräten und -systemen bzw. zu einem Leitrechner können dabei realisiert werden?

(c) Inwieweit muss die Software an die einzelnen Systeme angepasst werden?

104. Ausbaustufen eines VXI-Systems
Welche verschiedenen Ausbaustufen für VXI-Systeme gibt es in Hinblick auf die Ankopplung an einen Auswerterechner? Erläutern Sie, worin der Zugewinn in der Leistungsfähigkeit jeweils besteht.

105. VXI-Einschubmodule
In welchen Kartenformaten gibt es VXI-Einschubmodule?

(a) Gesetzt den Fall Sie hätten einen C-Size-Überrahmen (Crate) zur Verfügung, welche Kartenformate können darin betrieben werden?

(b) Was muss beachtet werden, damit die Module ausreichend gekühlt werden?

106. VISA
Erläutern Sie, wofür die Abkürzung „VISA" steht und was sie bedeutet.

(a) In welchem Zusammenhang steht VISA mit einem Instrumententreiber?

(b) Geben Sie ein Beispiel für einen VISA-Funktionsaufruf.

(c) Für welche Messsysteme wurde VISA vorwiegend entworfen?

(d) Nennen Sie zusätzlich zwei weitere Kommunikationsschnittstellen zu Messgeräten, für die VISA auch verwendet werden kann.

107. VISA-Adressierung von Laborgeräten
In einem Messsystem werden drei verschiedene Laborgeräte verwendet und mit den Adressen VXI0::5::INST, GPIB::12::INSTR und ASRL1::INST angesprochen.

(a) Über welche Schnittstellen sind die drei Geräte jeweils hardwaremäßig mit dem Rechner verbunden, damit Daten kommuniziert werden können?

(b) Erklären Sie für eine Adresse, was die einzelnen Bestandteile bedeuten.

(c) Die einheitliche Darstellung der Adressen ist Teil der VISA-Spezifikation. Was bedeutet die Abkürzung „VISA" ausführlich?

108. VXI-Programmierung

Das Programm in der Abbildung 6-13 dient
zur Programmierung eines VXI-Moduls.

```
char buf[512];
int fd=open("/dev/vxi/primary", O_RDWR);
int laddr=vxi_get_addr("DMM_1");
write(fd, "MEASure:RESistance?", 20);
read(fd, buf, 512);
printf("Messergebnis: %s", buf);
```

(a) Welcher Programmiersprachen- und
welcher Geräteansteuerungssprachen-
standard werden in diesem Fall
verwendet?

Abbildung 6-13: Programmausschnitt zur
VXI-Programmierung

(b) Welche Programmierungsvariante für
VXI-Module wird in diesem Fall
eingesetzt?

(c) Nennen Sie eine weitere Möglichkeit,
wie man VXI-Geräte programmieren kann.

(d) Was sind die Nachteile der nebenstehend gezeigten Programmierungsvariante?

(e) Mit welchem Konzept können diese Nachteile überwunden werden, ohne auf die
Vorteile, die sich durch die Verwendung einer standardisierten
Geräteansteuerungssprache bieten, zu verzichten?

109. Instrumententreiber

An zentraler Stelle der VXI*plug&play*-Spezifikation steht der Begriff des „Instrumententreibers".

(a) Welche Schnittstellen bietet ein Instrumententreiber dem Anwender?

(b) Über welche Schnittstelle(n) greift der Instrumententreiber auf die Hardware zu?

(c) Aus welchen Funktionsgruppen besteht ein Instrumententreiber?

110. Handshake

Was versteht man unter einem „Handshake" bei der Datenübertragung zwischen Kommunikationspartner an einem Bussystem? Skizzieren Sie ein Beispiel und erläutern Sie es.

111. Feldbusse

Welche allgemeinen Forderungen sind an einen Feldbus für die Messdatenerfassung im industriellen Bereich zu stellen?

112. Bereitstellung eines Prozesswerts

Aus welchen zumeist elektronischen Komponenten muss ein Messkanal, der am Ende den
digitalisierten Messwert einer Prozessgröße für ein Leitsystem zur Verfügung stellen soll,
aufgebaut werden? Erläutern Sie kurz die Grundfunktion jeder Komponente.

113. Prozess- und Parameterdaten auf einem Feldbus

Für Daten, die über ein Feldbussystem kommuniziert werden, wird eine Unterscheidung
zwischen Parameterdaten und Prozessdaten gemacht. Erklären Sie den Unterschied zwischen
Parameter- und Prozessdaten, insbesondere insofern konfligierende Anforderungen an den
Feldbus resultieren.

(a) Geben Sie ein Beispiel für ein typisches Gerät, das sowohl Parameter- als auch Prozessdaten erzeugt, und erläutern Sie, welche Funktion jeder Datentyp erfüllt.

(b) Welcher Nachrichtentypen eignet sich in einem LON-System besonders gut für die Handhabung von Prozessdaten?

(c) Wie könnten Parameterdaten am besten über ein LON-System kommuniziert werden?

114. Übertragung von Prozess- und Parameterdaten

Erläutern Sie, welche unterschiedlichen Anforderungen die Übermittlung von Prozessdaten bzw. von Parametrierungsdaten innerhalb eines Feldbussystems an diesen stellen. Inwieweit wird das Zeitverhalten des Feldbussystems durch die Übertragung von Daten der einen bzw. der anderen Kategorie beeinflusst?

115. Interoperabilität von Feldbussystemen

Was versteht man unter dem Begriff „Interoperabilität" insbesondere im Zusammenhang mit Feldbussystemen?

(a) Wie wird Interoperabilität für den Austausch physikalischer Messgrößen beim LON-Feldbussystem realisiert?

(b) Geben Sie bitte ein Beispiel.

(c) Wie verwirklicht der LON-Feldbus Interoperabilität für Anwendungsfunktionen?

116. Echtzeitverhalten von Feldbussen

Erläutern Sie den wesentlichen Unterschied zwischen dem Echtzeitverhalten des INTER-BUS und des LON-Feldbusses. Welche Zykluszeiten lassen sich in etwa jeweils erreichen?

117. INTERBUS-System

Zeichnen Sie ein Beispiel für eine INTERBUS-Installation mit mindestens zwei unterschiedlichen Bussegmenttypen auf.

(a) Erläutern Sie, worin sich die beiden Bussegmente unterscheiden.

(b) Wie fließt die Information durch das von Ihnen gezeichnete System?

(c) Erläutern Sie, wodurch das Echtzeitverhalten des INTERBUS begründet ist.

118. Zyklische und azyklische Übertragung beim INTERBUS

Mit welchem Konzept für die Datenübertragung wird beim INTERBUS die Schere zwischen den Anforderungen durch die zyklische Übertragung von Prozessdaten einerseits und die sporadische, azyklische Übertragung von Parameterdaten andererseits gelöst?

119. Feldbusverkabelung

Der Verkabelungsaufwand an einer speicherprogrammierbaren Steuerung (SPS) soll durch den Einsatz des INTERBUS reduziert werden.

(a) Erläutern Sie, was sich bezüglich der Verkabelung durch den Einsatz des INTERBUS ändert.

(b) Wie werden Prozessdaten bzw. Parametrierungsdaten zwischen der SPS und dem INTERBUS ausgetauscht?

(c) Muss das Steuerungsprogramm in der SPS neu geschrieben werden?

120. PROFIBUS

Beim PROFIBUS nennt man die einzelnen Messstationen bzw. Aktoren im Kommunikationsnetz „virtuelle Feldgeräte".

(a) Erläutern Sie diesen Begriff.

(b) Was versteht man beim PROFIBUS unter einer Kommunikationsbeziehung, was unter einem Kommunikationsdienst?

(c) Geben Sie ein Beispiel für einen Kommunikationsdienst.

121. Tokenring

In einem Feldbussystem befinden sich vier aktive Teilnehmer („Master" M1-M4) und fünf passive Teilnehmer („Slaves" S1-S5).

(a) Skizzieren Sie, wie das System als „logischer Tokenring" bzw. wie es als zentrales System mit „delegiertem Token" aufgebaut werden könnte.

(b) Erläutern Sie jeweils die Funktionsweise.

122. Vergleich von PROFIBUS und Bitbus

In welchen Eigenschaften unterscheiden sich der PROFIBUS und der Bitbus? Wo liegen jeweils die Anwendungsgebiete?

123. LON-System

Abbildung 6-14 zeigt die Hardwarekomponenten eines LON-Systems. Ebenso ist die Grenze zwischen zwei vollständig unabhängigen Systemen angedeutet.

(a) Markieren Sie die sich ergebende Domänenstruktur und geben Sie jeweils zwei Beispiele für Subnetze bzw. Gruppen.

(b) Welche Adressierungsvarianten gibt es, mit denen ein einzelner Netzknoten individuell angesprochen werden kann?

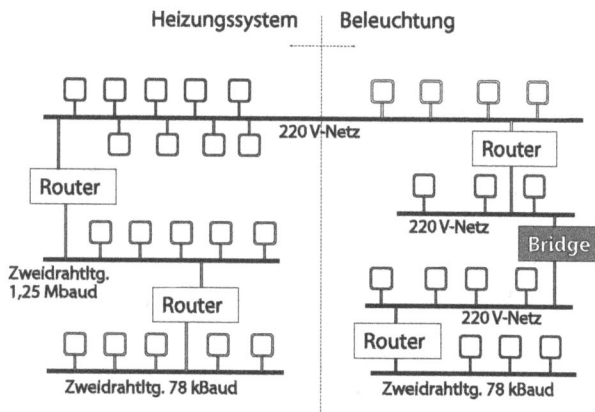

Abbildung 6-14: LON-System mit zwei Domänen

124. Programmierung der LON-Kommunikation
Geben Sie ein Programmbeispiel, wie beim LON-Bus Daten von einem Netzknoten zu einem anderen übergeben werden können. Was muss zusätzlich bei der Inbetriebnahme erfolgen, damit die Datenübergabe auch funktioniert?

125. Standardnetzwerkvariablen in LON
Das „Local Operating Network" (LON) definiert als Grundlage für den Informationsaustausch über den Feldbus so genannte Standardnetzwerkvariablen-Typen (SNVT).

(a) Was versteht man unter einem Standardnetzwerkvariablen-Typ?
(b) Was ist der Vorteil der Verwendung von Standardnetzwerkvariablen?
(c) In welchem Fall kann nicht auf Standardnetzwerkvariablen zurückgegriffen werden?

126. Automatisierung einer Solaranlage mit LON
In einem Gebäudeautomationssystem auf LON-Basis (FTT10) soll eine thermische Vakuumröhren-Kollektoranlage integriert werden. Der LON-Knoten für die Kollektoranlage soll zwei Strahlungsmesswerte, acht Monitortemperaturen und eine Regeltemperatur an die Gebäudeautomation liefern.

(a) Welche verschiedenen Typen von LON-Nachrichten können für die Weitergabe der Daten erwogen werden?
(b) Welchen Typ von Kommunikationsdienst würde man für die Monitormessdaten bzw. den Regelmesswert wählen?
(c) Nennen Sie ein Übertragungsmedium, das man für die Übermittlung der Daten benutzen könnte.
(d) Erläutern Sie, wie ein LON-Netzwerk strukturiert werden kann und wie man die Kollektoranlage integrieren würde (– auf dem Hintergrund des von Ihnen gewählten Übertragungsmediums).

127. LON-Dachzentrale
In einem Gebäude ist in einer Dachzentrale ein LON-System für die Verbindung der Heizungs- und Lüftungszentrale mit einem Bedienrechner im obersten Stockwerk installiert. Die Verbindung erfolgt über eine Zweidrahtleitung (78 kBaud). Es soll nun zusätzlich der gesamte Stromverbrauch erfasst werden. Im Keller wird zu diesem Zweck ein leistungsmessender LON-Knoten eingebaut.

(a) Wie kann der Leistungswert mit dem geringsten baulichen Aufwand zur Zentrale übermittelt werden?
(b) Welche zusätzlichen Übertragungselemente wären für Ihre Lösung dann vorzusehen?
(c) Skizzieren Sie den resultierenden Netzaufbau.
(d) Welche Art Datenelemente würden Sie aus Sicht des NeuronC-Programms im Leistungsmesserknoten zur Übermittlung verwenden?
(e) Was wäre zur Bestimmung von Verbrauchswerten noch erforderlich?

128. Inbetriebnahme eines LON-Systems

Was sind die wesentlichen Schritte bei der Inbetriebnahme eines LON-Feldbussystems ausgehend von fertig beschafften Ein-/Ausgabe-LON-Modulen?

(a) Nennen Sie ein Beispiel für ein Software-Werkzeug, das die Inbetriebnahme unterstützt.

(b) Welche Entscheidung muss vor der Beschaffung bezüglich der Datenübertragung gefällt werden?

129. Automatisierung einer Energieinsel-Anlage mit LON

Die verschiedenen Komponenten eines Energieinsel-Aufbaus sind mit einer Leitwarte über LON als industriellem Kommunikationssystem verbunden.

(a) Wofür steht die Abkürzung „LON" und was ist ein „LON-Knoten" hardwaremäßig, softwaremäßig und kommunikationsmäßig?

(b) Wozu werden Standardnetzwerkvariablen-Typen („SNVT"s) eingesetzt?

(c) Angenommen das Photovoltaik-Modul liefert maximal 4,6 kW, der Windgenerator 5,4 kW und das BHKW elektrisch 3,3 kW und thermisch 12,7 kW, was wäre in jedem Einzelfall die beste Wahl des SNVT in Hinblick auf eine gute Auflösung? Siehe auch Tabelle 6-8.

(d) Selektieren sie gemäß Ihrer Wahl einen der obigen Maximalwerte und geben Sie das Bitmuster, das über das LON zur Leitwarte übertragen wird, an.

Tabelle 6-9: Auszug aus der SNVT-Liste (englisch)

SNVT name	SNVT_power	SNVT_power_kilo	SNVT_power_f
SNVT index	27	28	57
Measurement	power	power	power
Type Category	unsigned long	unsigned long	float
Type Size	2 Bytes	2 Bytes	4 Bytes
Raw Range	0...65535	0...65535	IEEE 754
Type Resolution	0,1 W	0,1 kW	N/A
Unit	W	kW	W
Valid Type Range	0 W to 6553,5 W	0 kW to 6553,5 kW	$-3,40282 \cdot 10^{38}$ to $3,40282 \cdot 10^{38}$

130. Automatisierung von Schaltern mit LON

Das kurze Programm, das in Abbildung 6-15 gezeigt ist, ist Teil einer Software eines Automatisierungsgeräts, das für Schalter verwendet wird.

(a) Wie nennt man das Automatisierungssystem, das in diesem Fall verwendet wird?

(b) Was bewirkt die erste Zeile?

```
IO_4 input bit aSwitch;
network output boolean positionOfSwitch;

when (io_changes(aSwitch)) {
    positionOfSwitch = input_value;
}
```

Abbildung 6-15: Programm für einen Schalter

(c) Erklären Sie, welche Teile des Programms zur Übermittlung einer Nachricht über das Netz des Automatisierungssystems dienen.

(d) Wenn diese Nachricht von einem Automatisierungsgerät, das mit Leuchten ausgestattet ist, empfangen werden soll, was wären die wichtigsten Programmanweisungen, diese Nachricht zu empfangen?

(e) Was müssen Sie abgesehen von den Programmen in den beiden Automatisierungsgeräten noch sicherstellen, damit die Nachricht tatsächlich übermittelt wird? Bedenken Sie, dass es eine Vielzahl von Schaltern und Leuchten geben könnte.

(f) Wie kann man erreichen, dass sich die Geräte interoperabel verhalten?

131. LON-System mit Schalter und Lampen

In Abbildung 6-16 finden Sie ein kleines NeuronC-Programm eines LON-Netzwerk-knotens, an dem ein Schalter und zwei LEDs angeschaltet sind und der mit einem größeren LON-Netzwerk verbunden ist.

```
IO_1 input bit Schalter;
IO_4 output bit LED01 = 0;
IO_5 output bit LED02 = 0;
network input boolean Ausgabewert;

when (io_changes(Schalter)) {
        io_out(LED01, input_value);
}
priority when (nv_update_occurs(Ausgabewert)){
        io_out(LED02, Ausgabewert);
}
```

Abbildung 6-16: Programm eines LON-Knotens

(a) Erläutern Sie, unter welchen Bedingungen LED01 bzw. LED02 aufleuchtet.

(b) Erklären Sie mit Hilfe des internen Taskschedulers, welche Lampe bei „gleichzeitigem" Eintreffen der zugehörigen Ereignisse zuerst aufleuchtet.

132. Programmierung von SNVTs

Die in Abbildung 6-17 und Abbildung 6-18 wiedergegebenen Programmausschnitte zeigen, wie eine Temperaturmessstelle ihren Messwert in einem LON-System zur Verfügung stellt und wie ein LON-Knoten mit einer Großanzeige Temperaturwerte entgegennimmt. Die Tabelle 6-9 zeigt weiterhin, welche Standardnetzwerkvariablen-Typen für die Übermittlung von Temperaturwerten benutzt werden können.

```
// Temperaturmessstelle
network output SNVT_temp Temp1;
...
when (io_update_occurs(ADC)) {
...
   Temp1=(100*(milliVolt-1000))*10+2740;
}
...
```

Abbildung 6-17:
Programm einer Temperaturmessstelle

(a) Welcher Temperaturwert wird gerade übermittelt, wenn das Telegramm den Nutzwert `0x0F00` transportiert?

(b) Erläutern Sie, wie durch die Benutzung von SNVTs Interoperabilität sichergestellt wird.

(c) Grenzen Sie den Begriff „Interoperable" gegen die Begriffe „Interworkable" und „Interchangeable" ab.

```
// Anzeigetableau
network input SNVT_temp TempDispl;
...
when (nv_update_occurs(TempDispl)) {
display(TempDispl);
}
...
```

Abbildung 6-18:
Programm einer Anzeigetafel

Tabelle 6-10: Standardnetzwerkvariablen-Typen für Temperaturwerte

SNVT-Name	SNVT -Index	Messgröße	Datentyp	Länge /byte	Bereich (Auflösung)
SNVT_temp	39	Temperatur	Festpunktzahl unsigned long	2	-274 °C bis 6279,5 °C (0,1 K)
SNVT_temp_p	105	Temperatur	Festpunktzahl signed long	2	-273,17 °C bis 327,66 C (0,01 K)
SNVT_temp_f	63	Temperatur	Gleitpunktzahl	4	-273,17 °C bis $3,4 \cdot 10^{38}$ °C

133. NeuronC-Programmierung

In dem in Abbildung 6-19 gezeigten NeuronC-Programmkopf für einen LON-Knoten sind verschiedene I/O-Objekte und verschiedene Netzwerkvariablen verwendet. Stellen Sie zusammen, welche I/O-Objekttypen und welche Netzwerkvariablentypen jeweils benutzt werden und erläutern Sie in jeder Kategorie einen Typ.

134. LON-Übertragungsmedien

Welche verschiedenen Übertragungsmedien können in einem LON-Feldbussystem verwendet werden? Skizzieren Sie für ein Übertragungsmedium Ihrer Wahl, welche Netzwerktopologie verschaltet werden darf.

```
#pragma    enable_io_pullups
#pragma    enable_sd_nv_names
#include   "io_state.h"
#define     NUM_DIGITS  4    // Compile for Gizmo-2
#include   "display.h"
#include   "temperat.h"
#include   "string.h"
#include   "float.h"
#include   <control.h>

IO_0 output frequency clock(1)  IO_piezo;
IO_1 output bit IO_red_LED = LED_OFF;
IO_2 output bit IO_green_LED = LED_OFF;
#pragma ignore_notused IO_green_LED
IO_3 input  bit IO_right_pb;
IO_4 input  quadrature  IO_encoder;
IO_7 input  bit IO_left_pb;

network input    SNVT_temp     nviTempNum = 2740;
network output   SNVT_str_asc  nvoTempStr;

float_type    TempNum, Zehn, zsv, TempZehn, Temp;
char          TempAsc[31];
long          encoder_pos;
unsigned long notes[7];
int           i;
```

Abbildung 6-19: Programmkopf in NeuronC

135. LON-Kommunikation
Mit welchen Übertragungsstrecken können LON-Knoten untereinander verbunden werden?

    (a) Welche Typen von Zweidrahtverbindungen werden unterschieden?
    (b) Wann greift ein einzelner LON-Knoten auf das Übertragungsmedium zu?
    (c) Welcher Teil des Neuron-Chips ist für diesen Zugriff zuständig?

136. LONMARK
Skizzieren Sie die Bestandteile eines LONMARK-Objekts.

    (a) Wie kommunizieren LONMARK-Objekte untereinander?
    (b) Geben Sie ein Beispiel für ein LONMARK-Objekt.
    (c) Was sind die Ziele von LONMARK?
    (d) Wo muss man sich hinwenden, wenn man mehr über LONMARK erfahren will?

137. OPC
Seit einigen Jahren werden in der industriellen Erfassung von Messdaten vermehrt OPC-Server und OPC-Clients eingesetzt.

    (a) Skizzieren Sie ein Beispiel mit jeweils mehreren OPC-Servern und -Clients und erläutern Sie kurz die jeweilige Funktion.
    (b) Was ist das entscheidende Konzept des OPC-Standards und welche Problematik wurde durch dessen Einführung gelöst?
    (c) Was bedeutet die Abkürzung „OPC" und welche Ideen sollen mit den hinter der Abkürzung stehenden Begriffen transportiert werden?

138. Virtuelle Instrumentierung
Was ist ein virtuelles Instrument? Geben Sie ein Beispiel. Erläutern Sie Vor- und Nachteile dieses Konzepts.

6.2 Projekte

6.2.1 Windgeneratorvermessung

Ein Windgenerator soll nominell bei einer Drehzahl von 700 min^{-1} arbeiten und darf maximal bei 900 min^{-1} betrieben werden. Der sechspolige Generator liefert eine Wechselspannung mit einer entsprechend der Drehzahl variierenden Frequenz. Dabei entstehen bei einem Umlauf drei volle Sinusperioden.

Da die elektrische Energie des Windgenerators in ein 50 Hz-Stromversorgungsnetz eingespeist werden soll, muss die vom Generator gelieferte Wechselspannung zuerst gleichgerichtet und dann mit einem Wechselrichter in eine Wechselspannung von 50 Hz und 230 V gewandelt werden.

1. Abtastung des Signals

   Um sich ein genaues Bild von den Eigenschaften der vom Generator erzeugten Wechselspannungen und Wechselströme machen zu können, sollen diese durch ein Messdatenerfassungssystem mit einem A/D-Wandler aufgezeichnet werden.

   (a) Welche Abtastfrequenz muss (theoretisch) mindestens gewählt werden, wenn der Generator ein reines Sinussignal liefert?

   (b) Es steht ein Tiefpassfilter mit einer Eckfrequenz von 90 Hz und mit einer „Steigung" von -40 dB/Oktave im Durchlassbereich zur Verfügung. Skizzieren Sie in einem Bodediagramm das Übertragungsverhalten des Tiefpassfilters.

   (c) Markieren Sie ebenso die Amplituden der höheren Harmonischen des Sinussignals. Dabei soll angenommen werden, dass die Amplitude höherer Harmonischer jeweils 10 % der Amplitude der eins niedrigeren Harmonischen erreicht.

2. A/D-Wandlung

   Die A/D-Wandlung werde durch einen 8-Bit-Wandler mit einem Eingangsbereich von -10 V bis 10 V vorgenommen, der nach dem Wägeverfahren arbeitet.

   (a) Erläutern Sie wie die A/D-Wandlung bei einer Eingangsspannung von 5,34 V erfolgt.

   (b) Welches konkrete Ergebnis liefert die A/D-Wandlung?

   (c) Geben Sie die Grenzen des U_{LSB}-Bereichs, in dem die Eingangsspannung liegt, als Spannungswert, als Digitalzahl und als Dezimalzahl an.

   (d) Was ist für die Ausgabe der digitalisierten Daten beim Wägeverfahren typisch?

3. Messdatenerfassungssystem

   Es steht eine PC-Einschubkarte zur Messdatenerfassung zur Verfügung, die Analogeingänge (8 SE/4 DI) mit 14 Bit Auflösung, einem Eingangsspannungsbereich von -10 V bis 10 V und einer maximalen Abtastrate von 50 kHz besitzt.

   (a) Zwei Eingänge werden für die Messung der Leistung zwischen dem Gleichrichter und dem Wechselrichter vorgesehen. Die Gleichspannung erreicht maximal 30 V und muss demnach um einen Faktor 3 reduziert werden, der Gleichstrom von maximal 30 A wird mit einem „Shunt-Widerstand" von 0,3 Ω gemessen. Wie genau ist dann die Leistungsmessung?

   (b) Wenn zusätzlich die Leistung vor dem Gleichrichter oder nach dem Wechselrichter durch direktes Messen des Wechselspannungs- und des Wechselstromsignals mit geeigneten Messumformern bestimmt werden soll, welche Problematik ergibt sich bezüglich der Abtastung der Signale? Denken Sie an den internen Aufbau der meisten PC-Einschubkarten mit vielen Analogeingängen.

4. Drehzahlmessung

   Als fester Bestandteil der Automatisierungseinrichtungen der Windkraftanlage soll eine Drehzahlmessung eingerichtet werden. Hierzu kann
   eine so genannte „Schmitt-Trigger"-Schaltung
   verwendet werden, in die die in der Maximal-
   amplitude auf 10 V reduzierte Wechselspannung eingespeist wird. Die Abbildung 6-20
   stellt die Übertragungsfunktion eines Schmitt-
   Triggers dar, die das typische Schalthystereseverhalten zeigt.

   (a) Zeichnen Sie in die zeitliche Darstellung
       des Wechselspannungssignals das Signal
       am Ausgang der Schmitt-Trigger-Schaltung
       ein.
   (b) In welche Art von Eingang eines
       Messdatensystems sollte man dieses
       Ausgangssignal am besten einspeisen?
   (c) Welches Problem kann sich ergeben, wenn
       das Wechselspannungssignal stark
       verrauscht ist?
   (d) Welches Problem entsteht, wenn die
       Amplitude des Wechselspannungssignals
       immer kleiner wird?

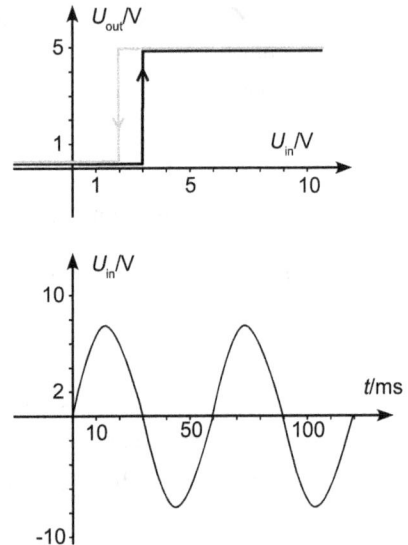

   *Abbildung 6-20: Übertragungsfunktion für
   einen Schmitt-Trigger (oben) für das
   Wechselsignal (unten)*

5. Automatisierungssystem

   Die Drehzahl des Windgenerators, seine Ausrichtung, die momentane Leistung und die
   in das Stromnetz eingespeiste Energie sowie die Windrichtung werden als Betriebsparameter von einem LON-Knoten erfasst.

   (a) In welchem Format sollte der LON-Knoten seine Daten möglichst über das LON-
       Netzwerk kommunizieren und welches allgemeine Konzept steht dahinter?
   (b) Was muss gemacht werden, damit ein Leitsystem als Gegenstelle die Informationen
       des LON-Knotens auch tatsächlich empfängt?
   (c) Um Beschädigungen des Rotors bei Starkwind zu verhindern, kann die
       Windgeneratorgondel motorisch über einen weiteren LON-Knoten gedreht werden.
       Skizzieren Sie den nötigen Informationsfluss über das LON-System. Welche
       Grundeigenschaft von LON im Vergleich zu anderen Feldbussystemen macht sich
       dabei hinsichtlich der Betriebssicherheit besonders positiv bemerkbar?
   (d) In welcher Hinsicht müssen bei LON – wieder im Vergleich zu anderen
       Feldbussystemen wie z. B. dem INTERBUS – Leistungseinschränkungen akzeptiert
       werden?

6.2.2   Solarzellenvermessung

Abbildung 6-20 zeigt die nominellen Kennlinien einer einzelnen Solarzelle. I_{SC} ist der Strom bei Kurzschluss der Solarzellenanschlüsse und U_{OC} die Leerlaufspannung bei unverbundenen Anschlüssen. Entlang einer Kennlinie variiert der Lastwiderstand demnach von kleinen Widerständen (bei I_{SC}) zu großen Widerständen (bei U_{OC}).

Für den Aufbau eines Teststands für derartige Solarzellen steht ein USB-Multifunktions-messdatenerfassungsmodul zur Verfügung. Seine Daten sind:

- 16 SE/8 DI Analogeingänge mit 12 Bit Auflösung, einer maximalen Abtastrate von 50 kHz, Eingangsbereichen von 0 V bis 10 V und ±10 V und variabler Verstärkung von 1, 10, 20, 50 und 100.
- 2 Analogausgänge mit 12 Bit und maximal 5 MHz Ausgaberate
- 16 digitale Ein-/Ausgänge in Vierergruppen frei konfigurierbar; 3 Timer-Ein-/Ausgänge.

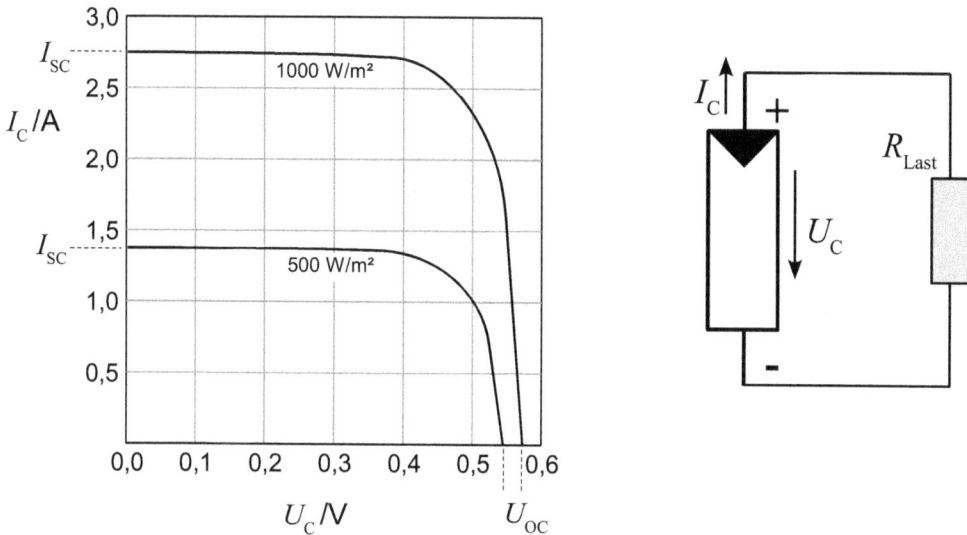

Abbildung 6-21: Kennlinienfeld einer Solarzelle (nominell) und zugehöriges Schaltbild

1. Messerfassungsmodul

    Schlagen Sie einen einfachen Messaufbau unter Verwendung des USB-Messdaten-erfassungsmoduls vor, mit dem die Kennlinien möglichst umfassend und automatisiert gemessen werden können, wobei insbesondere I_{SC} und U_{OC} zu bestimmen sind. Ebenso von Interesse ist der Bereich, in dem die Solarzelle maximale Leistung liefert.

    (a) Geben sie die zusätzlich erforderlichen Messmittel an.

    (b) Zeigen Sie auf, wie die Messung von I_C durchgeführt werden muss.

(c) Hinweis: Orientieren Sie sich an der Kennlinie für eine Einstrahlung von 1000 W/m².

2. Temperaturmessung
Da I_{SC} und U_{OC} temperaturabhängig sind, soll eine Temperaturmessung mit einem Pt100-Widerstandsthermometer ($\Delta R/\Delta T = 0,385\ \Omega/K$) eingerichtet werden. Dabei ist ein Temperaturbereich von -20 °C bis 100 °C abzudecken.

Wählen Sie die optimale Einstellung des USB-Messdatenerfassungsmoduls und ermitteln Sie die Temperaturauflösung.

3. Auflösung
Lässt sich bei der Verwendung von Temperatursensoren mit einer Genauigkeit von 0,01 K und einer erwarteten temperaturabhängigen Abnahme von 0,4%/K für U_{OC} bei einem Temperatur"sprung" von 0,01 K eine Änderung des digitalisierten Ergebnisses für U_{OC} – bei Einsatz des oben genannten USB-Messdatenerfassungsmoduls – feststellen?

Falls nicht, so ermitteln Sie die mindestens erforderliche Bitauflösung.

4. Genaue Messungen mit Labormessgeräten
Falls aus Genauigkeitsgründen entschieden würde, das USB-Messdatenerfassungsmodul durch Labormessgeräte zu ersetzen – in diesem Fall ein genaues Digitalvoltmeter und ein Nano-Amperemeter – wie müssten diese Geräte in den automatisierten Messstand eingebaut werden?
(a) Skizzieren Sie den Teststandaufbau.
(b) Erläutern Sie sowohl die zusätzlichen Hardware- wie auch Softwarekomponenten für diesen Aufbau.
(c) Geben Sie mindestens zwei Beispiele für geeignete Steuerkommandos an die Messgeräte.

5. Datenbereitstellung
Wie könnte ein Teststandaufbau für die Solarzellentests an OPC angebunden werden?
(a) Was bedeutet die Abkürzung „OPC"?
(b) Geben Sie ein einfaches Beispiel für ein konkretes OPC-System, das den obigen Teststand einschließt.
(c) Mit welchem wesentlichen Ziel setzt man OPC-Technologie ein?
(d) Nennen Sie eine der allgemein verfügbaren Basissoftwaretechnologien, mit denen OPC implementiert werden kann.

7 Literatur

[*Agilent10*] *Agilent Technologies Inc.* Agilent 34401A Multimeter Data Sheet. www.agilent.com/find/34401A, aufgerufen 2010-01-17 11:03

[*Best91*] *Best, Roland*: Digitale Meßwertverarbeitung. R. Oldenbourg Verlag, München, 1991

[*Baginski und Müller98*] *Baginski, Alfredo* und *Müller, Martin*: Interbus-S: Grundlagen und Praxis. Hüthig-Verlag, Heidelberg, 2. Auflage, 1998

[*Dietrich99*] *Dietrich, D., Loy, D. und Schweinzer, H.-J. (Hrsg.)*: LON-Technologie – Verteilte Systeme in der Anwendung. Hüthig-Verlag, Heidelberg, 1999

[*Henn01*] *Henn, Hermann, et al.*: Ingenieurakustik: Grundlagen, Anwendungen, Verfahren. Verlag Vieweg, Braunschweig, 3. Auflage, 2001

[*Keithley10*] *Keithley Instruments GmbH*. Multimeter 2000 Bedienungsanleitung. http://www.keithley.de/products/dmm/?path=2000/Documents#4, aufgerufen 2010-01-17 11:18

[*Kriesel00*] *Kriesel, Werner, et al.*: Bustechnologien für die Automation: Vernetzung, Auswahl und Anwendung von Kommunikationssystemen. 2. Aufl. Hüthig-Verlag, Heidelberg, 2000

[*NIST10*] *NIST – National Institute of Standards and Technology*: NIST ITS-90 Thermocouple Database. http://srdata.nist.gov/its90/main/its90_main_page.html, aufgerufen 2010-01-17 10:50

[*Pfeiffer98*] *Pfeiffer, Wolfgang*: Digitale Meßtechnik: Grundlagen, Geräte, Bussysteme. Springer-Verlag, Berlin, 1998

[*Preuß und Musa93*] *Preuß, Lothar* und *Musa, Harald*: Computerschnittstellen CENTRONICS·V.24·IEC-BUS. Carl Hanser Verlag, München, 2. Auflage, 1993

[*Schnell08*] *Schnell, Gerhard, Herausgeber*: Bussysteme in der Automatisierungs- und Prozesstechnik: Grundlagen, Systeme und Trends der industriellen Kommunikation. Vieweg+Teubner-Verlag, Wiesbaden, 7. Auflage, 2008

[*Schumny93*] *Schumny, Harald, Herausgeber*: Meßtechnik mit dem Personal Computer Meßdatenerfassung und -verarbeitung. Springer-Verlag, Berlin, 3. Auflage, 1993

[*Schwetlick97*] *Schwetlick, Horst*: PC-Meßtechnik: Grundlagen und Anwendungen der rechnergestützten Meßtechnik. Verlag Vieweg, Braunschweig, 1997

[*Stever89*] *Stever, Scott D.*: „An $8^{1}/_{2}$-Digit Digital Multimeter Capable of 100,000 Readings per Second and Two-Source Calibration" und folgende Artikel. Hewlett-Packard Journal, Bd. 40, Nr. 2, S. 8, Hewlett-Packard, Palo Alto, 1989

[*Tietze und Schenk10*] *Tietze, Ulrich* und *Schenk, Christoph*: Halbleiterschaltungstechnik, Springer-Verlag, Berlin, 13. Auflage, 2010

[*Tränkler96*] *Tränkler, Hans-Rolf*: Taschenbuch der Meßtechnik mit Schwerpunkt Sensortechnik. R. Oldenbourg Verlag, München, 4. Auflage, 1996

[*Thuselt92*] *Thuselt, F.*: PROFIBUS-Profil Sensorik / Aktorik – Rahmenblatt. PROFIBUS-Nutzerorganisation e. V., Karlsruhe, 1992

7.1   DIN-Normen zur Messtechnik und Messdatenerfassung

DIN 1301-1:2002	**Einheiten**: -: Einheitennamen, Einheitenzeichen.
DIN 1301-2:1978	-: Allgemein angewendete Teile und Vielfache
DIN 1301-3:1979	-: Umrechnung für nicht mehr anzuwendende Einheiten
DIN 1313:1998	**Größen (Physikalische Größen und Gleichungen)**
DIN 1319-1:1995	**Grundlagen der Messtechnik**: -: Grundbegriffe
DIN 1319-2:2005	-: Begriffe für Messmittel
DIN 1319-3:1996	-: Auswertung von Messungen einer einzelnen Messgröße, Messunsicherheit
DIN 1319-4:1999	-: Auswertung von Messungen, Messunsicherheit
DIN 66348-1:1986	**Schnittstellen und Steuerungsverfahren für die serielle Messdatenübermittlung**: -: Start-Stop-Übertragung, Punkt-zu-Punkt-Verbindung
DIN 66348-2:2005	-: Start-Stop-Übertragung Messbus
DIN 66348-3:1998	-: Anwendungsdienste, Telegramme und Protokolle
DIN EN 1434-3:2008	**Wärmezähler**: Datenaustausch und Schnittstellen
DIN EN 13757-1:2002	**Kommunikationssysteme für Zähler und deren Fernablesung**: -: Datenaustausch
DIN EN 13757-2:2004	-: Physical und Link Layer
DIN EN 13757-3:2004	-: Spezieller Application Layer
DIN EN 13757-4:2005	-: Zählerauslesung über Funk (Fernablesung von Zählern im SRD-Band von 868 MHz bis 870 MHz)

DIN EN 13757-5:2008	-: Weitervermittlung
DIN EN 13757-6:2008	-: Lokales Bussystem
DIN EN 14908-1:2005	**Firmenneutrale Datenkommunikation für Gebäudeautomation und Gebäudemanagement – Gebäudenetzprotokoll:** -: Datenprotokollschichtenmodell
DIN EN 14908-2:2005	-: Kommunikation über paarig verdrillte Leitungen
DIN EN 14908-3:2006	-: Kommunikation über die Stromversorgungsleitungen
DIN EN 14908-4:2006	-: Kommunikation mittels Internet Protokoll (IP)
DIN EN 14908-5:2009	-: Implementierung
DIN prEN 14908-6:2006	-: Anwendungselemente (Entwurf)
DIN EN 50090-2-1:1994	**Elektrische Systemtechnik für Heim und Gebäude (ESHG):** -: *Systemübersicht*: Architektur
DIN EN 50090-2-2:2007	-: -: Allgemeine technische Anforderungen
DIN EN 50090-2-3:2005	-: -: Anforderungen an die funktionale Sicherheit für Produkte, die für den Einbau in ESHG vorgesehen sind
DIN EN 50090-3-1:1994	-: *Anwendungsaspekte*: Einführung in die Anwendungsstruktur
DIN EN 50090-3-2:2004	-: -: Anwendungsprozess ESHG Klasse 1
DIN EN 50090-3-3:2009	-: -: ESHG-Interworking-Modell und übliche ESHG-Datenformate
DIN EN 50090-4-x:2004	-: *Medienunabhängige Schicht*: Anwendungsschicht für ESHG Klasse x
DIN EN 50090-4-2:2004	-: -: Transportschicht, Vermittlungsschicht und allgemeine Teile der Sicherungsschicht für ESHG Klasse 1
DIN EN 50090-4-3:2004	-: -: Kommunikation über IP (EN 13321-2:2006)
DIN EN 50090-5-1:2005	-: *Medien und medienabhängige Schichten*: Signalübertragung auf elektrischen Niederspannungsnetzen für ESHG Klasse 1
DIN EN 50090-5-2:2004	-: -: Netzwerk basierend auf ESHG Klasse 1, Zweidrahtleitungen (Twisted Pair)
DIN EN 50090-5-3:2006	-: -: Signalübertragung über Funk
DIN EN 50090-7-1:2004	-: Systemmanagement: Managementverfahren
DIN EN 50090-8:2000	-: Konformitätsbeurteilung von Produkten
DIN EN 50090-9-1:2004	-: Installationsanforderungen - Verkabelung von Zweidrahtleitungen ESHG Klasse 1
DIN EN 50295:1999	**Niederspannungsschaltgeräte: Steuerungs- und Geräte-Interface-Systeme, Aktuator Sensor Interface (AS-i)**
DIN EN 50325-1:2002	**Industrielles Kommunikationssubsystem basierend auf ISO 11898 (CAN):** -: Allgemeine Anforderungen
DIN EN 50325-2:2000	-: DeviceNet

DIN EN 50325-3:2001   -: Smart Distributed System (SDS)

DIN EN 50325-4:2002   -: CANopen

DIN EN 60584-1:1995   **Thermopaare**:
                        -: Grundwerte der Thermospannungen

DIN EN 60584-1-Berichtigungen:1998
                        -: Grundwerte der Thermospannungen

DIN EN 60584-2:1993   -: Grenzabweichungen der Thermospannungen

DIN EN 60584-3:2008   -: Thermoleitungen und Ausgleichsleitungen - Grenzabweichun-
                        gen und Kennzeichnungssystem

DIN EN 60751:2008   **Industrielle Platin-Widerstandsthermometer und Platin-
                        Temperatursensoren**

DIN EN 61131-1:2003   **Speicherprogrammierbare Steuerungen**:
                        -: Allgemeine Informationen

DIN EN 61131-3:2003   -: Programmiersprachen

DIN EN 61131-3-Beiblatt 1:2005
                        -: Leitlinien für die Anwendung und Implementierung von Pro-
                        grammiersprachen für Speicherprogrammierbare Steuerungen

DIN EN 61131-5:2001   -: Kommunikation

DIN EN 61131-7:2000   -: Fuzzy-Control-Programmiersprachen

DIN EN 61158-2:2008   **Industrielle Kommunikationsnetze – Feldbusse**:
                        -: Spezifikation des Physical Layer (Bitübertragungsschicht)

DIN EN 61158-3-x:2008   -: Dienstfestlegungen des Data Link Layer (Sicherungsschicht):
                        Typ x-Elemente (siehe Tabelle 7-1)

DIN EN 61158-4-x:2008   -: Protokollspezifikatione des Data Link Layer (Sicherungs-
                        schicht): Typ x-Elemente (siehe Tabelle 7-1)

DIN EN 61672-1:2003   **Elektroakustik – Schallpegelmesser**:
                        -: Anforderungen

DIN EN 61672-2:2003   -: Baumusterprüfungen

DIN EN 61672-3:2006   -: Periodische Einzelprüfung

DIN EN 61784-1:2007   **Industrielle Kommunikationsnetze – Profile**
                        -: Feldbusprofile (siehe Tabelle 7-1)

DIN EN 61784-2:2007   -: Zusätzliche Feldbusprofile für Echtzeitnetzwerke basierend auf
                        ISO/IEC 8802-3

DIN EN 61784-3:2007   -: *Funktional sichere Übertragung bei Feldbussen*: Allgemeine
                        Regeln und Profilfestlegungen

DIN EN 61784-3-1:2008   -: -: Zusätzliche Festlegungen für Kommunikationsprofilfamilie 1
                        [FOUNDATION Fieldbus]

DIN EN 61784-3-2:2008   -: -: Zusätzliche Festlegungen für Kommunikationsprofilfamilie 2
                        [CIP]

DIN EN 61784-3-3:2008	-: -: Zusätzliche Festlegungen für Kommunikationsprofilfamilie 3 [PROFIBUS und PROFINET]
DIN EN 61784-3-6:2008	-: -: Zusätzliche Festlegungen für Kommunikationsprofilfamilie 6 [INTERBUS]
DIN EN 61784-5-x:2007	-: Feldbusinstallation- Installationsprofile für die Kommunikationsprofilfamilie x
DIN EN ISO 5167-1: 2003	**Durchflussmessung von Fluiden mit Drosselgeräten in voll durchströmten Leitungen mit Kreisquerschnitt:** -: Allgemeine Grundlagen und Anforderungen
DIN EN ISO 5167-2: 2003	-: Blenden
DIN EN ISO 5167-3: 2003	-: Düsen und Venturidüsen
DIN EN ISO 5167-4: 2003	-: Venturirohre
DIN IEC 625-1:1981	**Ein byteserielles bitparalleles Schnitstellensystem für programmierbare Messgeräte:** -: Funktionale, elektrische und mechanische Festlegungen, Anwendung des Systems und Richtlinien für den Entwickler und Anwender
DIN IEC 625-2:1981	-: Vereinbarungen über Codes und Datenformate
DIN ISO 1177:1989	**Zeichendarstellung bei Serienübergabe**
DIN ISO/IEC 2002:1996	**Zeichencodestruktur und Erweiterungstechniken**

Tabelle 7-1: Zusammenhang zwischen den Normen DIN EN 61784 und DIN EN 61158

Festlegung in DIN EN 61784-1		*entsprechende DIN EN 61158 Typen*
CPF	*Kommunikationsprofil-Familie*	*Typ*
1	FOUNDATION Fieldbus	1, 5, 9
2	CIP (Common Industrial Protocol)	2
3	PROFIBUS, PROFINET	3, 10
4	P-NET	4
5	WorldFIP	7
6	INTERBUS	8
8	CC-Link	18
9	HART	20
16	SERCOS	16

7.2   Weiterführende Literatur zur Messtechnik

Früh, K. F. (Hrsg.): Handbuch der Prozessautomatisierung. 4. Aufl., Oldenbourg Verlag, München 2008

Hart, Hans et al.: Messgenauigkeit. Oldenburg Verlag, München 1997

Hoffmann, Jörg (Hrsg.): Handbuch der Messtechnik. 2. Aufl., Carl Hanser Verlag, München 2004

Pfeifer, Tilo: Fertigungsmesstechnik, 2. Aufl., Oldenbourg Verlag, München 2001

Profos, Paul, Pfeifer, Tilo (Hrsg.): Handbuch der industriellen Messtechnik. Oldenburg Verlag, München 2002

Schrüfer, Elmar: Elektrische Messtechnik. 9. Aufl., Carl Hanser Verlag, München 2007

Stichwortverzeichnis